Bauchemie für das Bachelor-Stu

Roland Benedix

Bauchemie für das Bachelor-Studium

Modern – Kompetent – Kompakt

3. Auflage

Roland Benedix
Leipzig, Deutschland

ISBN 978-3-658-18495-7   ISBN 978-3-658-18496-4   (eBook)
DOI 10.1007/978-3-658-18496-4

Die Deutsche Nationalbibliothek verzeichnet diese Publikation in der Deutschen Nationalbibliografie; detaillierte bibliografische Daten sind im Internet über http://dnb.d-nb.de abrufbar.

Springer Vieweg
© Springer Fachmedien Wiesbaden GmbH 2014, 2017

Lektorat: Dipl.-Ing. Ralf Harms

Gedruckt auf säurefreiem und chlorfrei gebleichtem Papier

Springer Vieweg ist Teil von Springer Nature
Die eingetragene Gesellschaft ist Springer Fachmedien Wiesbaden GmbH
Die Anschrift der Gesellschaft ist: Abraham-Lincoln-Str. 46, 65189 Wiesbaden, Germany

Vorwort zur 3. Auflage

Die Chemie für Bauingenieure und Architekten stellt weder ein Sondergebiet dar, noch fußt sie auf anderen Grundlagen als die Chemie für Polygrafen, Maschinenbauer oder Chemiker. Der Titel des Lehrbuchs „Bauchemie für das Bachelor-Studium" soll lediglich auf eine Auswahl aus dem umfangreichen Wissensgebiet der Chemie hinweisen, die vom Autor unter dem Blickpunkt der spezifischen Belange eines Bauingenieurs bzw. Architekten getroffen wurde.

Die Lehrveranstaltung „Bauchemie" ist an Universitäten und Hochschulen meist nur einsemestrig angelegt, mitunter werden bauchemische Grundlagen und Sachverhalte auch im Rahmen von Baustofflehre- bzw. Werkstoff-Vorlesungen vermittelt. Unbestritten ist, dass grundlegende chemische Kenntnisse für den angehenden Bauingenieur bzw. Architekten unerlässlich sind, meist bemerkt er das erst nach dem Studium in der Praxis! Das betrifft wichtige physikalisch-chemische Eigenschaften anorganischer und organischer Baustoffe, ihre Wechselwirkung mit anderen Baustoffen sowie ihr Verhalten gegenüber aggressiven Umweltschadstoffen, aber auch die Kenntnis der Mechanismen, die zur korrosiven Zerstörung metallischer und nichtmetallischer Baustoffe führen – einschließlich möglicher Gegenmaßnahmen. Die Chemie ist auch gefragt, wenn es um die Durchsetzung der Nachhaltigkeit im Baugeschehen geht. Hierher gehören Strategien zur Reduktion von Kohlendioxid bei der Zementherstellung, zur Entwicklung biobasierter Rohstoffe für die bauchemische Industrie und zur Entwicklung nachhaltiger, maßgeschneiderter Baustoffe.

An der bisher gewählten Gliederung des Lehrstoffs wurde festgehalten: Allgemein-chemische Grundlagen, Luft und Luftinhaltsstoffe, Wasser und wässrige Lösungen, Redoxgleichgewichte und Grundlagen der Elektrochemie, Chemie der Baumetalle sowie Chemie nichtmetallisch-anorganischer und organischer Stoffe im Bauwesen.

Der Lehrstoff wurde ergänzt, klarer dargestellt und aktualisiert. Zusätzliche Abbildungen und Schemata sollen es dem Leser erleichtern, Zusammenhänge herzustellen und Verbindungen zwischen theoretischen Sachverhalten und praktischen Problemstellungen zu erkennen.

Mein Dank gilt zuerst den Herren Prof. Dr.-Ing. habil. Wolf-Peter Ettel (HTWK Leipzig) und Prof. Dr. Dr. h. c. habil. Lothar Beyer (Universität Leipzig) für die stete Bereitschaft zu fachlicher Diskussion und Unterstützung. Des Weiteren danke ich allen Fachkollegen und Fachleuten der Industrie, die mit konstruktiver Kritik zur Verbesserung des Buches beigetragen haben. Mein Dank gilt weiterhin den Herren Prof. Dr.-Ing. habil. Jochen Stark und Dr. Bernd Möser (F. A. Finger-Institut für Baustoffkunde, Bauhaus-Universität Weimar) für die Bereitstellung von ESEM-Aufnahmen zur Zementhydratation und zu ausgewählten Baustoffen. Frau Diplomchemikerin Uta Greif danke ich herzlich für ihre langjährige fachliche Unterstützung sowie für ihre Hilfe bei der mühevollen Tätigkeit des Korrekturlesens.

Schließlich danke ich dem Verlag Springer Vieweg, insbesondere Frau Annette Prenzer, für die ausgezeichnete, konstruktive Zusammenarbeit.

Leipzig, Sommer 2017   Roland Benedix

Inhaltsverzeichnis

1 Allgemein-chemische Grundlagen

Die Chemie beschäftigt sich mit der Zusammensetzung, den Eigenschaften und den Reaktionen der Stoffe. Und dabei ist es belanglos, ob es sich bei den Stoffen um anorganische Bindemittel, um Natursteine, um polygrafische Druckschichten oder metallische Werkstoffe handelt. Für praktische Belange ist besonders das Verhalten der Stoffe untereinander bzw. gegenüber aggressiven Umweltmedien von Interesse. Um beispielsweise technische Prozesse wie etwa die Herstellung von Baustoffen, aber auch die korrosive Zersetzung von Baustoffen zu verstehen und zu beherrschen, sind Grundlagenkenntnisse zum Aufbau und zur Struktur der Materie sowie ihren Bindungsverhältnissen, zur Energetik chemischer Reaktionen sowie zu Säure-Base- und Redoxreaktionen unerlässlich.

1.1 Chemische Grundbegriffe – Grundgesetze

1.1.1 Stoffe

Heterogene und homogene Gemische. Die uns umgebenden Stoffe können je nach den vorliegenden Zustandsbedingungen, charakterisiert durch die *Zustandsgrößen* Temperatur und Druck, in drei verschiedenen **Aggregatzuständen** auftreten: als Gas, als Flüssigkeit oder als Feststoff. Ein **Gas** kann im Prinzip jedes beliebige Volumen einnehmen, es hat keine spezifische Form. Auch eine **Flüssigkeit** hat keine definierte Form. Sie nimmt jeweils die Form des Gefäßes an, in dem sie sich befindet. Für eine gegebene Temperatur besitzt eine Flüssigkeit jedoch ein konstantes Volumen. Ein **fester Stoff** ist sowohl durch ein definiertes Volumen als auch durch eine spezifische Form charakterisiert. Er ist - ebenso wie die Flüssigkeit - kaum komprimierbar. Die Gesamtheit der Stoffe lässt sich wie folgt einteilen:

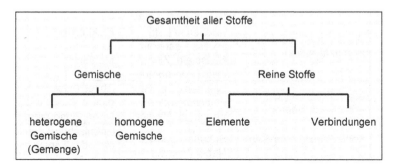

In heterogenen Gemischen (auch heterogenen Systemen) lässt sich der uneinheitliche Aufbau bereits mit bloßem Auge feststellen, mitunter bedarf es dazu aber erst einer Lupe oder eines Mikroskops. Die einzelnen, in sich homogenen Bestandteile heterogener Gemische werden Phasen genannt. Unter einer **Phase** versteht man einen chemisch einheitlich aufgebauten Stoff, der von den anderen Teilen (Phasen) des heterogenen Systems durch Phasengrenzen getrennt ist. An den Phasengrenzen ändern sich die Eigenschaften sprunghaft. Da Gase unbegrenzt mischbar sind, bilden Gasgemische unter normalen Bedingungen nur eine Phase. Dagegen können in flüssig-flüssigen, flüssig-festen oder fest-festen heterogenen Gemischen mehrere Phasen nebeneinander vorliegen. So existieren in einem Eisen-Schwefel-Gemenge zwei feste, in Kalkmilch (Calciumhydroxid/Wasser) eine feste und eine flüssige und im *Granit* drei feste Phasen (Quarz, Glimmer, Feldspat) nebeneinander. Ein Gemisch aus Öl und Wasser, beide Flüssigkeiten sind *nicht* miteinander mischbar, enthält zwei flüssige Phasen nebeneinander. Das Gasgemisch Luft besteht aus einer gasförmigen Phase.

Im Gegensatz zu den heterogenen Gemengen gibt es Mischungen von Stoffen, die ein einheitliches Erscheinungsbild zeigen. Sie werden als **homogene Gemische** oder homogene Systeme bezeichnet. Die einzelnen Bestandteile der Stoffe sind so fein ineinander verteilt, dass sie selbst mit dem Mikroskop nicht mehr zu unterscheiden sind. Zu den homogenen Gemischen gehören vor allem Lösungen (echte Lösungen), aber auch Gasgemische sowie die in Form von Mischkristallen vorliegenden Legierungen.
Da in einem Gemisch die Eigenschaften der einzelnen Bestandteile im Wesentlichen erhalten bleiben, kann es auf physikalischem Wege wieder in seine Bestandteile zerlegt werden. Dabei nutzt man typische Stoffeigenschaften der Komponenten des Gemischs für die jeweiligen Trennoperationen aus, wie z. B. die Teilchengröße, die Dichte, die Löslichkeit, den Siedepunkt oder die Adsorbierbarkeit. Bevorzugte Trennoperationen im Bauwesen sind vor allem das *Sieben* und das *Schlämmen* zur Auftrennung fester Gemenge. Beispiele für homogene und heterogene Gemische sowie Trennverfahren sind in Tab. 1 aufgeführt.

Tabelle 1.1 Beispiele für homogene und heterogene Mischungen

Komponenten	Homogene Gemische	Heterogene Gemische	Trennverfahren
fest - fest	mischkristallbildende Legierungen; z. B. Bronze, Messing	Beton, Granit, Gusseisen	Sieben, Schlämmen, Lösen in Säure
fest - flüssig	wässrige Kochsalzlösung, Zuckerlösung	Suspensionen (Sand in Wasser), Schlamm	Filtrieren, Abdampfen
fest - gasförmig	Wasserstoff oder Sauerstoff in Metallen	Rauch (z. B. Rußteilchen in Luft), poröse Feststoffe: Bimsstein, Ziegelstein, Porenbeton	Elektrofilter Mahlen
flüssig - flüssig	Alkohol-Wasser-Gemische, verd. Säuren	Bitumen- und Teeremulsionen, Fetttropfen in Wasser	Absetzenlassen, Zentrifugieren, Ausfrieren, Destillieren, Adsorbieren[1]
flüssig - gasförmig	Kohlendioxid oder Sauerstoff in Wasser gelöst	Schaum, Sprays, Nebel (Wassertröpfchen in Luft)	Entmischung durch Rühren oder Temperaturänderung, Absorption[2] der gasförmigen Komponente
gasförmig - gasförmig	Gasgemische (z. B. Luft)	keine Beispiele, Gase mischen sich homogen	Luftverflüssigung und fraktionierte Destillation, Absorption bzw. Adsorption einer Gaskomponente

[1] *Adsorbieren/Adsorption*: Anlagern von gelösten festen oder gasförmigen Stoffen an die Oberfläche von Festkörpern (Adsorptionsmittel) infolge intermolekularer Wechselwirkungskräfte.

[2] *Absorption*: Gasförmiger Stoff wird in einer Flüssigkeit entweder physikalisch gelöst oder es kommt zwischen der flüssigen Phase und dem gasförmigen Stoff zu einer chemischen Reaktion.

Der **reine Stoff** besitzt eine genau definierte Zusammensetzung und kann durch eine Reihe physikalisch-chemischer Eigenschaften (*Stoffkonstanten*) charakterisiert und eindeutig identifiziert werden. Die wichtigsten sind Schmelz (Smp.)- und Siedepunkt (Sdp.), Dichte, dielektrisches Verhalten sowie elektrische und Wärmeleitfähigkeit. Schmelz- und Siedepunkt ermöglichen eine schnelle und eindeutige Charakterisierung von Feststoffen und Flüssigkeiten. Reine Feststoffe besitzen einen scharfen Schmelzpunkt, reine Flüssigkeiten sieden bei einer konstanten Temperatur.

Man unterscheidet zwei Arten von reinen Stoffen: Elemente und Verbindungen. **Elemente** sind die Grundbausteine, aus denen sich die gesamte Materie zusammensetzt. Sie bestehen aus *gleichartigen* Atomen. Bis heute sind 118 chemische Elemente bekannt. Jedes chemische Element hat einen Namen und wird durch ein *Elementsymbol* charakterisiert. Die für das Elementsymbol benutzten Abkürzungen bestehen aus einem oder zwei Buchstaben, die sich vom griechischen oder lateinischen, aber auch teilweise vom deutschen Elementnamen ableiten. Beispiele sind: Natrium (Na), Sauerstoff (O von Oxygenium), Phosphor (P), Silicium (Si) und Eisen (Fe von Ferrum). Die Elemente lassen sich mit den Mitteln des Chemikers, d.h. mit begrenzter Energiezufuhr in Form von Wärme, Licht, mechanischer oder elektrischer Energie, nicht weiter zerlegen. **Verbindungen** sind aus Elementen in einem vorbestimmten Massenverhältnis aufgebaut. Sie können mit chemischen Methoden wieder in die Elemente zerlegt werden. Die durch die Verbindungsbildung veränderten Elementteilchen können ein Ionengitter (Salze wie $NaCl$ und $CaCO_3$) oder **Moleküle** (z. B. H_2O, HNO_3, H_3PO_4 bzw. CH_3OH) bilden. Im ersten Fall spricht man von *ionischen Verbindungen* und im letzteren von *Molekülverbindungen*.

Die Schreibweisen H_2O und H_3PO_4 bezeichnet man als **Summen-** oder **Bruttoformel** der beiden Verbindungen Wasser und Phosphorsäure. In der Summenformel werden die Symbole der beteiligten Elemente aneinandergereiht und die jeweilige Anzahl der Atomsorte durch einen Index angegeben. Sie sagt nichts über die Verknüpfung der Atome im Molekül aus. Diese Aufgabe übernimmt die Strukturformel (s. a. Kap. 1.4.1):

Elektrisch geladene atomare und molekulare Teilchen nennt man **Ionen**. Positiv geladene Ionen, wie z. B. Na^+, Ca^{2+}, Al^{3+}, werden als **Kationen** und negativ geladene Teilchen, wie z. B. Cl^-, SO_4^{2-}, HCO_3^-, als **Anionen** bezeichnet. Ein Natriumion (Kation) ist damit ein Teilchen, das eines seiner Elektronen verloren hat, ein Chloridion (Anion) ein Teilchen, das ein zusätzliches Elektron aufgenommen hat. Die Namen Kation und Anion wurden ursprünglich im Zusammenhang mit der Elektrolyse (Kap. 4.3) definiert. Als Kationen bezeichnete *Faraday* Teilchen, die bei einer Elektrolyse zur Katode (negative Elektrode) und als Anionen Teilchen, die bei einer Elektrolyse zur Anode (positive Elektrode) wandern.

Die Anzahl der positiven oder negativen Ladungen eines Ions bezeichnet man als seine **Wertigkeit**. Wenn beispielsweise das Calciumatom zwei Elektronen abgibt, wird es zum zweiwertigen Calciumion Ca^{2+}. Bei Elementen, die verschieden geladene Kationen bilden können, wird das Kation häufig durch Angabe seiner Wertigkeit charakterisiert. Man fügt sie als römische Zahl an den Elementnamen an. Diese Schreibweise dient vor allem der Angabe der Wertigkeit des Kations in Verbindungen, z. B. Blei(IV)-oxid, Eisen(III)-oxid.

1.1.2 Massenverhältnisse bei chemischen Reaktionen, Mengenangaben

Massenverhältnisse. Chemische Prozesse werden durch stöchiometrische Umsatzglei-chungen, den sogenannten **Reaktionsgleichungen**, beschrieben. Die auf der linken Seite der Gleichung stehenden Symbole oder Formeln der Ausgangsstoffe (Edukte) werden mit den rechts stehenden Symbolen oder Formeln der Reaktionsprodukte durch einen, die Richtung des Reaktionsablaufes kennzeichnenden Pfeil verbunden.

Eine chemische Reaktionsgleichung besitzt einen *qualitativen* und einen *quantitativen* Aspekt. Die qualitative Aussage bezieht sich auf die Art der reagierenden Atome bzw. Moleküle, die quantitative Aussage findet in dem 1774 von *Lavoisier* formulierten grundle-genden **Gesetz der Erhaltung der Masse** ihren Niederschlag.

> **Bei einer chemischen Reaktion ist die Gesamtmasse der Ausgangsstoffe gleich der aller Reaktionsprodukte.**

Eine weitere quantitative Gesetzmäßigkeit, die sich mit den Massenverhältnissen beschäf-tigt in denen chemische Elemente miteinander reagieren, wurde 1797 von *Proust* erkannt:

> **Verbinden sich zwei oder mehrere Elemente miteinander, so erfolgt dies in einem konstanten Massenverhältnis *(Gesetz der konstanten Proportionen).***

1 g Kohlenstoff verbindet sich stets mit 2,67 g Sauerstoff zu Kohlendioxid (CO_2) und nicht mit einer davon abweichenden Menge (z. B. 6 g Sauerstoff).

Die Erweiterung dieses Gesetzes auf den Fall, dass zwei Elemente nicht nur eine, sondern mehrere Verbindungen miteinander bilden, erfolgte durch *Dalton* (1803):

> **Bilden zwei Elemente mehrere Verbindungen miteinander, dann stehen die Mas-sen des einen Elements, die sich jeweils mit der gleichen Masse des anderen Ele-ments verbinden, zueinander im Verhältnis kleiner ganzer *Zahlen (Gesetz der multiplen Proportionen, s. Tab 1.2).***

Tab. 1.2 zeigt den im Gesetz der multiplen Proportionen formulierten Zusammenhang am Beispiel der Stickstoff-Sauerstoff-Verbindungen.

Tabelle 1.2 Stickstoff-Sauerstoff-Verbindungen und das Gesetz der multiplen Proportionen

Verbindung	% N	% O	N : O
N_2O	63,65	36,35	1 : 0,571 = 1 : (**1** · 0,571)
NO	46,68	53,32	1 : 1,142 = 1 : (**2** · 0,571)
N_2O_3	36,85	63,15	1 : 1,714 = 1 : (**3** · 0,571)
NO_2	30,45	69,55	1 : 2,284 = 1 : (**4** · 0,571)
N_2O_5	25,94	74,06	1 : 2,855 = 1 : (**5** · 0,571)

Die vorstehend aufgeführten Gesetzmäßigkeiten fanden ihre einfache atomtheoretische Erklärung in der 1808 entwickelten Atomhypothese von *Dalton* **(Dalton-Theorie):**

➢ Chemische Elemente bestehen aus kleinsten Teilchen, den Atomen.

➢ Atome können weder geschaffen noch vernichtet werden.

➢ Die Atome eines chemischen Elements sind identisch und besitzen die gleiche Masse.

➢ Demzufolge besitzen Atome verschiedener Elemente unterschiedliche Massen.

➢ Die Vereinigung der Atome zu einer Verbindung erfolgt im Verhältnis einfacher ganzer Zahlen.

Absolute und relative Atommasse. Die *absoluten Atommassen A* der chemischen Elemente sind aufgrund ihrer außerordentlich geringen Werte ($10^{-27}...10^{-25}$ kg) schwer zu handhaben. Da für stöchiometrische Berechnungen ohnehin nicht die Masse eines einzelnen Atoms, sondern stets das Verhältnis zwischen den Massen der verschiedenen Atome von Interesse ist, werden *relative* Atommassen benutzt. Die *relative Atommasse A_r* (früher Atomgewicht) ist die auf ein Standardatom bezogene Atommasse. Sie ist eine relative Zahl ohne Einheit. Als Standardatom wurde 1961 das Kohlenstoffisotop $^{12}_{6}C$ mit der relativen Atommasse 12 festgelegt.

> **Die relative Atommasse eines Elements gibt an, wie viel Mal so schwer ein Atom des betreffenden Elements im Vergleich zu einem Zwölftel der Masse des Kohlenstoffisotops $^{12}_{6}C$ ist.**

Die **atomare Masseneinheit u** ist als ein Zwölftel der absoluten Masse eines Atoms $^{12}_{6}C$ definiert (u = 1,660 5655 · 10^{-27} kg). Die in Kap. 1.2.1 angegebenen Massen für Protonen und Neutronen beziehen sich auf diese Masseneinheit. Unter Benutzung der atomaren Masseneinheit u ergibt sich für A_r :

$$A_r = \frac{A}{u} \tag{1-1}$$

Die entsprechenden molekularen Begriffe sind analog definiert. Die **relative Molekülmasse** erhält man durch Addition der relativen Atommassen aller am Aufbau des Moleküls beteiligten Atome: $M_r = \sum A_r$.

Aufgabe: Berechnung der relativen Molekülmasse M_r der Schwefelsäure H_2SO_4

S	=	1 x 32,1 =	32,1
2 H	=	2 x 1 =	2
4 O	=	4 x 16 =	64
M_r (H_2SO_4)	=		98,1

Für stöchiometrische Berechnungen werden im Allgemeinen auf eine Dezimalstelle gerundete A_r-Werte benutzt.

Stoffmenge - Mol. Um eine quantitative Beziehung zwischen dem atomaren Bereich und dem Bereich der wägbaren Substanzen herzustellen, wurde die **Stoffmenge n** eingeführt. Die SI-Einheit der Stoffmenge ist das Mol (Einheitenzeichen: mol). Wiederum wird die Stoffmenge, in der ein Element oder eine Verbindung vorliegt, durch Vergleich mit einer Bezugsmenge ermittelt. Als Bezugsmenge wurde die Anzahl der in 12 g des Kohlenstoffisotops $^{12}_{6}C$ enthaltenen Atome festgelegt.

Das Mol ist die Stoffmenge eines Systems, das aus ebenso viel Einzelteilchen besteht wie Atome in 12 Gramm des Kohlenstoffisotops $^{12}_{6}C$ enthalten sind.

Bei der Benutzung des Mol müssen die Einzelteilchen spezifiziert werden, es können Atome, Ionen, Moleküle, Elektronen oder Formeleinheiten sein. Die Anzahl der elementaren Teilchen pro Mol ist eine Naturkonstante. Sie wird zu Ehren des italienischen Physikers *Avogadro* als **Avogadro-Konstante (N_A)** bezeichnet:

$$N_A = 6{,}022\,0453 \cdot 10^{23}\ \text{mol}^{-1}\quad (N_A \approx 6{,}022 \cdot 10^{23}\ \text{mol}^{-1}).$$

Die Avogadro-Konstante ist der Proportionalitätsfaktor zwischen der Teilchenanzahl N und der Stoffmenge n eines Stoffes: $N = N_A \cdot n.$

Ist die Anzahl der Moleküle eines **Gases** gleich der Avogadrokonstanten N_A, liegt ein Mol des Gases vor. Nach dem Satz von *Avogadro: Gleiche Volumina von Gasen enthalten unter gleichen Bedingungen die gleiche Anzahl von Molekülen*, müssen die molaren Volumina beliebiger Gase bei **Normbedingungen** (273,15 K, 101,3 kPa) *gleich* sein.

Ein Mol eines Gases nimmt unter Normbedingungen ein Volumen von 22,4 Litern ein. Dieses Volumen wird als molares Volumen bzw. Molvolumen V_M bezeichnet.

Molare Masse (Molmasse). Die Masse, die ein Mol Atome bzw. Moleküle besitzt, bezeichnet man als molare Masse M. Als stoffmengenbezogene Größe stellt die molare Masse eine Beziehung zwischen der Stoffmenge n und der wägbaren Masse m her.

Die molare Masse M eines Elements oder einer chemischen Verbindung ist der Quotient aus der Masse m und der Stoffmenge n dieser Stoffportion.

$$\boxed{M = \frac{m}{n}} \qquad\qquad \text{[g/mol]} \qquad\qquad (1\text{-}2)$$

Die molare Masse M eines Atoms bzw. Moleküls ist zahlenmäßig gleich der relativen Atom- bzw. Molekülmasse, besitzt jedoch die Einheit g/mol.

Zusammenfassend lässt sich feststellen, dass das Symbol eines chemischen Elements neben der qualitativen Aussage über die *Art des Elements* und der quantitativen Aussage über *ein* Atom des Elements, auch für *ein Mol* des Elements steht. Zum Beispiel steht Ne für das Edelgas Neon, für ein Atom Neon und für ein Mol Neonatome (6,022 · 10^{23} Neonatome). Analoges gilt für die Formel einer chemischen Verbindung.

Durch Umstellen von Gl. (1-2) ist es möglich, aus der molaren Masse M und der Masse m die Stoffmenge n und damit die Teilchenzahl N zu ermitteln (Gl. 1-3):

$$\boxed{n = \frac{m}{M}} \qquad\qquad \text{[mol]} \qquad\qquad (1\text{-}3)$$

Aus der Molmasse und dem Molvolumen kann die Dichte eines Gases bei Normbedingungen berechnet werden.

Aufgabe: Welche Dichte besitzt gasförmiger Sauerstoff bei Normbedingungen?

$$M(O_2) = 32 \text{ g/mol}, \; V_M = 22,4 \text{ l/mol}; \qquad \rho(O_2) = \frac{M(O_2)}{V_M} = \frac{32 \text{ g / mol}}{22,4 \text{ l / mol}} = 1,429 \text{ g / l}$$

1.1.3 Allgemeine Zustandsgleichung der Gase

Bei chemischen Reaktionen liegen Normbedingungen, für die das Molvolumen definiert ist, praktisch kaum vor. Die Zustandsgleichung der Gase ermöglicht die Berechnung der bei chemischen Umsätzen entstehenden Gasvolumina in Abhängigkeit von den konkret vorherrschenden Druck- und Temperaturverhältnissen.

Für die physikalische Beschreibung des gasförmigen Zustands genügen drei Größen: der Druck p, die Temperatur T und das Volumen V. Die Ableitung allgemeiner Gesetzmäßigkeiten hinsichtlich Druck- und Temperaturabhängigkeit des Gasvolumens erfordert die Definition des **idealen Zustandes**. Er lässt sich durch folgende Merkmale charakterisieren:

  a) ungeordnete, regellose Bewegung der Gasmoleküle,
  b) keine intermolekularen Wechselwirkungen zwischen den Molekülen,
  c) vernachlässigbares Eigenvolumen der Gasmoleküle.

Bei hohen Temperaturen (→ große Molekülbeweglichkeit) und niedrigen Drücken (→ wenig Gasmoleküle im Reaktionsraum) nähern sich alle Gase dem idealen Zustand. Gase, die den Bedingungen *a) - c)* nicht genügen, bezeichnet man als *reale Gase*.

Allgemeine Gasgleichung. Aus der Druckabhängigkeit des Gasvolumens $V \sim 1/p$ (Gesetz von *Boyle-Mariotte*) und seiner Temperaturabhängigkeit $V \sim T$ (Gesetz von *Gay-Lussac*) resultiert $V \sim T/p$. Für die Zustandsgleichung der idealen Gase ergibt sich damit die Kurzform (1-4).

$$\frac{p \cdot V}{T} = konst. \tag{1-4}$$

Bei vorgegebenem Gasvolumen V und der Temperatur T hängt der Gasdruck p und damit die Konstante von der Gasmenge ab, die sich im Gefäß befindet. Um die Konstante zu bestimmen, wird Gl.(1-4) in die Form (1-5) überführt.

$$\boxed{\frac{p \cdot V}{T} = \frac{p_n \cdot V_n}{T_n}} \tag{1-5}$$

Die Größen mit dem Index n beziehen sich auf den Normzustand. Durch den Bezug auf die jeweils gleiche Anzahl von Molekülen wird die Konstante in Gl. (1-4) unabhängig von der Art und der Masse des Gases. Die Allgemeingültigkeit von Gl. (1-5) ergibt sich, wenn V_n durch das Produkt $n \cdot V_M$ ersetzt wird, n = Teilchenmenge, V_M = Molvolumen (Gl. 1-6).

$$\boxed{\frac{p \cdot V}{T} = \frac{p_n \cdot n \cdot V_M}{T_n}} \tag{1-6}$$

Der Ausdruck $\dfrac{p_n \cdot V_M}{T_n}$ wird zur **allgemeinen Gaskonstanten** R zusammengefasst:

$$R = \frac{101,25\ kPa \cdot 22,414\ l/mol}{273,15\ K} = 8,3145\ \frac{kPa \cdot l}{mol \cdot K} = 8,3145\ \frac{Pa \cdot m^3}{mol \cdot K}$$

$R = 8,3145\ Pa \cdot m^3/(mol \cdot K) \quad = 8,3145\ kPa \cdot l/(mol \cdot K) \quad = 8,3145\ J/(mol \cdot K)$
$\ 8314,5\ Pa \cdot l/(mol \cdot K) \quad\ = 0,08314\ bar \cdot l/(mol \cdot K) = 0,082058\ atm \cdot l/(mol \cdot K).$

Durch Einsetzen von R in Gl. (1-6) erhält man die **Zustandsgleichung der idealen Gase** in der allgemein gebräuchlichen Form:

$$\boxed{p \cdot V = n \cdot R \cdot T} \qquad\qquad\qquad\qquad\qquad\qquad (1\text{-}7a)$$

Ersetzt man in (1-7a) n durch den Quotienten m/M, erhält man: $\boxed{p \cdot V = \dfrac{m \cdot R \cdot T}{M}}$ (1-7b)

Die allgemeine Gasgleichung findet beispielsweise bei der Bestimmung der Frischbetonporosität Anwendung.

1.1.4 Konzentrationsmaße

Für eine Vielzahl praktischer Aufgabenstellungen werden Lösungen benötigt, die einen unterschiedlichen Gehalt an gelöstem Stoff aufweisen. Den Gehalt einer Lösung an gelöster Komponente bezeichnet man als ihre *Konzentration*. Da es sich bei dem Lösungsmittel in der Regel um das Lösungsmittel Wasser handeln wird, sollen im Mittelpunkt unserer weiteren Betrachtungen ausschließlich *wässrige Lösungen* stehen.

- **Massenanteil**

Der Massenanteil $w(X)$ eines Stoffes X in einer Lösung ist die Masse $m(X)$ des gelösten Stoffes, bezogen auf die Gesamtmasse der Lösung.

$$\boxed{w(X) = \frac{m(X)}{\Sigma\, m}} \qquad\qquad\qquad\qquad\qquad\qquad (1\text{-}8)$$

Der Massenanteil wird häufig in Prozent angegeben (*Massenprozent*).

Prozentangaben ohne nähere Bezeichnung beziehen sich immer auf die Konzentrationsangabe Massenanteil bzw. Massenprozent.

Merke: Eine Lösung ist *n*-prozentig, wenn sie in 100 g Lösung *n* Gramm der gelösten Komponente enthält.

Aufgaben:

1. Wie viel g NaOH werden benötigt, um 250 g einer 15%igen Natronlauge herzustellen?

$$w(NaOH) = 0,15 = \frac{m(NaOH)\, g}{250\ g} = 37,5\ g$$

Für die Herstellung von 250 g einer 15%igen Natronlauge werden 37,5 g NaOH und 212,5 g Wasser benötigt.

2. Zur Herstellung eines Magnesiumbinders (Kap. 6.3.5) werden 5 Liter 16,5%ige $MgCl_2$-Lösung benötigt (ρ = 1,15 g/cm^3, 20°C). Wie viel Gramm $MgCl_2$ (wasserfrei) sind einzuwägen?

ρ = 1,15 g/cm^3 bedeutet: 1150 g/l, d.h. die Masse eines Liters Lösung beträgt 1150 g. Da die Lösung 16,5%ig ist, sind in 1 Liter 189,75 g, also ~ 190 g $MgCl_2$ enthalten. Für 5 Liter $MgCl_2$-Lösung werden demzufolge rund 950 g $MgCl_2$ und 4800 g (= 4,8 Liter) H_2O benötigt.

- **Volumenanteil (für Mischungen von Flüssigkeiten)**

Der Volumenanteil $\varphi(X)$ eines Stoffes X in einer Mischung ist das Volumen $V(X)$ der Komponente X, bezogen auf das Gesamtvolumen V_G der Mischung.

$$\varphi(X) = \frac{V(X)}{V_G} \qquad (1\text{-}9)$$

Wie der Massenanteil hat auch der Volumenanteil als Quotient zweier gleicher Größen keine Einheit. Er wird häufig in Prozent angegeben (**Volumenprozent**).

Merke: Eine 10 Vol.-%ige Mischung enthält 10 ml der gelösten Komponente und 90 ml Wasser in 100 ml Lösung bzw. 100 ml gelöste Komponente und 900 ml Wasser in 1000 ml Lösung.

Aufgabe: Es werden 165 ml Ethanol und 782 ml Wasser gemischt. Wie viel Vol.-%ig ist die alkoholische Lösung?

$$\varphi(C_2H_5OH) = \frac{165\ ml}{947\ ml} = 0,174 \text{ . Die alkoholische Lösung ist 17,4 Vol.-%ig.}$$

- **Massenkonzentration**

Unter der Massenkonzentration β versteht man den Quotienten aus der Masse $m(X)$ des gelösten Stoffes X und dem Volumen V der Mischphase (Gesamtvolumen nach dem Mischen bzw. Lösen).

$$\beta(X) = \frac{m(X)}{V} \qquad [\text{g/l}] \qquad (1\text{-}10)$$

Massenkonzentrationen werden vor allem bei der Angabe von Wasserinhaltsstoffen (mg/l) oder atmosphärischen Spurenbestandteilen (mg/m^3 oder µg/m^3) verwendet.

- **Stoffmengenkonzentration (Molarität)**

Eine wichtige Konzentrationsangabe für Arbeiten im chemischen Labor ist die Stoffmengenkonzentration oder molare Konzentration $c(X)$ (früher: Molarität), da aus ihr die Stoffmenge eines gelösten Stoffes direkt aus dem Volumen der Lösung ermittelt werden kann. Die Stoffmengenkonzentration gibt die in einem bestimmten Volumen enthaltene Stoffmenge $n(X)$ eines Stoffes X an.

$$\boxed{c(X) = \frac{n(X)}{V}} \qquad [\text{mol/l}] \qquad\qquad (1\text{-}11)$$

Die Stoffmengenkonzentration („Anzahl der Mole pro Liter Lösung") besitzt die Einheit mol/l (auch: mmol/ml oder mmol/cm^3). $c(NaOH) = 1$ mol/l bedeutet, dass in 1 Liter Natronlauge 1 Mol (= 40 g) festes NaOH gelöst ist.

Veraltete, aber in der Praxis immer noch häufig anzutreffende Schreibweisen für eine Stoffmengenkonzentration von c = 1 mol/l sind 1 M oder auch 1 molar.

Eine praktikablere Handhabung von Gl. (1-11) ergibt sich sofort, wenn n durch den Quotienten m/M (Gl. (1-3)) ersetzt wird:

$$\boxed{c(X) = \frac{m(X)}{M(X) \cdot V}} \qquad [\text{mol/l}] \qquad\qquad (1\text{-}12)$$

$m(X)$: einzuwägende Masse des Stoffes X, $M(X)$: molare Masse des Stoffes X,
V: Volumen der Lösung in Liter

Beachte: Eine 1 mol/l NaOH-Lösung enthält 1 Mol NaOH im Liter **Lösung** und *nicht* im Liter **Lösungsmittel**.

Praktische Herstellung einer 1 mol/l NaOH-Lösung: Zunächst werden 40 g festes NaOH in einem Maßkolben in einem Wasservolumen < 1 Liter aufgelöst (evtl. unter leichtem Erwärmen) und anschließend auf exakt 1 Liter aufgefüllt.

Aufgaben:

1. Wie viel Gramm NaCl werden benötigt, um 1 Liter einer 0,01 mol/l NaCl-Lösung herzustellen?

$$c(NaCl) = \frac{m(NaCl)}{M(NaCl) \cdot V} \;\Rightarrow\; 0{,}01 \text{ mol/l} = \frac{x \text{ g}}{58{,}5 \text{ g/mol} \cdot 1\,l} \;\Rightarrow\; x = 0{,}585 \text{ g}$$

Zur Herstellung von 1 Liter 0,01 mol/l NaCl-Lösung benötigt man 0,585 g NaCl.

2. Welche Stoffmengenkonzentration besitzt eine Natriumsulfatlösung, die in 350 ml Lösung 24,85 g Natriumsulfat (Na_2SO_4) enthält?

$$c(Na_2SO_4) = \frac{24{,}85 g}{142{,}1 g/mol \cdot 0{,}35 l} = 0{,}5 \, mol/l$$

Die Stoffmengenkonzentration der Na_2SO_4-Lösung ist 0,5 mol/l.

3. Berechnen Sie für eine 20%ige HNO_3 die Stoffmengen- und die Massenkonzentration ($\rho(20^\circ C) = 1{,}115$ g/cm^3)!

Aus der Dichte folgt: 1 Liter wiegt 1115 g. Da 20%ig, enthält er 223 g reine HNO_3.

Stoffmengenkonzentration: $\quad c(HNO_3) = \dfrac{223\ g}{63\ g/mol \cdot 1\ l} = 3,54\ mol/l$

Massenkonzentration: $\quad\quad\quad \beta(HNO_3) = 223\ g/l$.

1.1.5 Stöchiometrische Berechnungen

Die Mehrzahl der stöchiometrischen Berechnungen baut auf den vorher behandelten Grundlagen und quantitativen Gesetzmäßigkeiten der chemischen Reaktion auf. In der Regel geht es um Berechnungen der Zusammensetzung chemischer Verbindungen sowie von Massen- und Volumenverhältnissen bei chemischen Reaktionen. Im Falle der Bildung gasförmiger Reaktionsprodukte ist meist das *Molvolumen* im stöchiometrischen Ansatz zu berücksichtigen. An einigen einfachen bauwesenbezogenen Übungsbeispielen soll der allgemeine Formalismus zur Lösung stöchiometrischer Aufgaben gezeigt werden:

- *Aufstellung der Reaktionsgleichung*
- *Ermittlung der Massen- bzw. Volumenverhältnisse*
- *Aufstellung einfacher Verhältnisgleichungen*

Aufgaben:

1. Gebrannter Kalk reagiert in einer stark exothermen Reaktion mit Wasser zu Löschkalk (Kalklöschen). Werkmäßig erfolgt das Löschen im stöchiometrischen Verhältnis, so dass der Löschkalk als trockenes Pulver anfällt. Berechnen Sie die Menge an Löschkalk, die beim Löschen von 250 kg gebranntem Kalk entsteht! Wie viel Liter Wasser werden benötigt (Annahme: $\rho = 1\ g/cm^3$)?

250 kg		y g			x kg
CaO	+	H_2O	$\rightarrow$		$Ca(OH)_2$
56,1 g/mol		18 g/mol			74,1 g/mol

$$x = \frac{74,1\ g/mol \cdot 250\ kg}{56,1\ g/mol} = 330,2\ kg\ Ca(OH)_2$$

$$y = \frac{18\ g/mol \cdot 250\ kg}{56,1\ g/mol} = 80,2\ kg\ H_2O \quad \Rightarrow \quad \approx 80\ \text{Liter Wasser.}$$

2. Gebrannter Kalk wird durch Brennen von Kalkstein in Kalkschachtöfen hergestellt.
   a) Wie viel Tonnen gebrannter Kalk und wie viel Tonnen Kohlendioxid (CO_2) entstehen beim Brennen von 120 t Kalkstein ($CaCO_3$)? Verunreinigungen sollen vernachlässigt werden.
   b) Wie viel m^3 CO_2 entstehen
   - bei Normbedingungen / • bei einer Außentemperatur von 18°C und 100,6 kPa?
   $M(CaCO_3) = 100,1\ g/mol$, $M(CaO) = 56,1\ g/mol$, $M(CO_2) = 44\ g/mol$.

   Bei Normbedingungen (273,15 K und 101,325 kPa) gilt: 1 Mol eines Gases nimmt ein Volumen von 22,4 Liter ein.

$$
\begin{array}{ccccc}
120\,t & & x\,t & & y\,t \\
CaCO_3 & \rightarrow & CaO & + & CO_2 \\
100{,}1\ g/mol & & 56{,}1\ g/mol & & 44\ g/mol\ (= 22{,}4\ l/mol)
\end{array}
$$

zu a) CaO: $100{,}1\ g/mol : 120\,t = 56{,}1\ g/mol : x\,t$

$$
x = \frac{56{,}1\,g/mol \cdot 120\,t}{100{,}1\,g/mol} = 67{,}25\,t\ CaO. \qquad
y = \frac{44\,g/mol \cdot 120\,t}{100{,}1\,g/mol} = 52{,}75\,t\ CO_2.
$$

Beim Brennen von 120 t Kalkstein entstehen 76,25 t CaO und 52,75 t CO_2.

zu b) • Normbedingungen: $100{,}1\ g/mol : 120 \cdot 10^6\ g = 22{,}4\ l/mol : x\,l$

$\qquad\qquad$ $x = 26{,}853 \cdot 10^6\ l = \underline{26853\ m^3}$ Kohlendioxid.

$\qquad$ • Für 18°C und $p = 100{,}6$ kPa ergibt sich:

$$
V = \frac{m \cdot R \cdot T}{p \cdot M} = \frac{48530 \cdot 10^3 \cdot 8{,}3145 \cdot 291{,}15}{44 \cdot 100600} \ [\frac{g \cdot mol \cdot m^3 \cdot Pa \cdot K}{g \cdot mol \cdot K \cdot Pa}] \Rightarrow V = 26540{,}7\ m^3
$$

3. Wie viel *t* Kalkstein ($CaCO_3$) müssen als Zuschlagstoff bei der Verhüttung von Eisenerz eingesetzt werden, um 250 t Calciumsilicatschlacke ($CaSiO_3$) entsprechend der nachfolgenden Reaktionsgleichung zu erhalten? Verunreinigungen sollen vernachlässigt werden.

$$
\begin{array}{ccccc}
 & & x\,t & & 250\,t \\
SiO_2 & + & CaCO_3 & \rightarrow & CaSiO_3 + CO_2 \\
 & & 100{,}1\ g/mol & & 116{,}2\ g/mol
\end{array}
$$

$100{,}1\ g/mol\ CaCO_3 : x\,t\ CaCO_3 = 116{,}2\ g/mol\ CaSiO_3 : 250\,t\ CaSiO_3$

$$
x = \frac{100{,}1\,g/mol \cdot 250\,t}{116{,}2\,g/mol} = 215{,}36\,t\ CaCO_3
$$

Es müssen ca. 215,4 t Kalkstein eingesetzt werden.

4. Wie viel Liter Wasser werden theoretisch benötigt, um 3 kg Baugips ($CaSO_4 \cdot$ ½ H_2O, Halbhydrat) zum Dihydrat reagieren zu lassen?

$M(CaSO_4 \cdot$ ½ $H_2O) = 145{,}2$ g/mol

$$
\begin{array}{ccccc}
3000\,g & & x\,g & & \\
2\,(CaSO_4 \cdot\ ½\ H_2O) & + & 3\ H_2O & \rightarrow & 2\,(CaSO_4 \cdot 2\ H_2O) \\
2 \cdot 145{,}2\ g/mol & & 3 \cdot 18\ g/mol & &
\end{array}
$$

$290{,}4\ g : 3000\ g = 54\ g : x\,g \ \Rightarrow \ x = 557{,}85\ g\ H_2O = 0{,}558\ l\ H_2O$.

Um 3 kg Baugips in das Dihydrat zu überführen, wird etwa ein ½ Liter Wasser benötigt.

5. Bestimmen Sie den prozentualen Anteil an Al im Kalifeldspat $K[AlSi_3O_8]$!

$$M\ (K[AlSi_3O_8]) = 278{,}4\ g/mol \Rightarrow x(Al) = \frac{27g\ Al/mol}{278{,}4g/mol} = 0{,}097\ ;\ x(Al) = 9{,}7\%.$$

6. a) Eine **C-S-H**[1] -Phase besitzt die chemische Zusammensetzung 34,1% CaO, 54,9% SiO_2 und 11% H_2O (in Oxidschreibweise). Welche Hydratphase liegt vor?

Berechnung der Stoffmengen:

$$n = m/M\ [mol] \Rightarrow n(CaO)\ \ =\ \ 34{,}1\ g\ /\ 56{,}1\ g \cdot mol^{-1}\ \ =\ \ 0{,}6078\ mol\ CaO$$
$$\Rightarrow n(SiO_2)\ \ =\ \ 54{,}9\ g\ /\ 60{,}1\ g \cdot mol^{-1}\ \ =\ \ 0{,}9135\ mol\ SiO_2$$
$$\Rightarrow n(H_2O)\ \ =\ \ 11\ g\ /\ 18\ g \cdot mol^{-1}\ \ =\ \ 0{,}6111\ mol\ H_2O$$

Division durch die kleinste Stoffmenge n ergibt:

$$\frac{0{,}6078}{0{,}6078} = 1\ mol\ CaO;\qquad \frac{0{,}9135}{0{,}6078} = 1{,}5\ mol\ SiO_2;\qquad \frac{0{,}6111}{0{,}6078} = 1\ mol\ H_2O;$$

Die **C-S-H**-Phase besitzt die Zusammensetzung **$C_1S_{1,5}H_1$** bzw. **$C_2S_3H_2$** (Gyrolith).

b) Bei der Hydratation von Tricalciumsilicaten entsteht neben den Hydraten verschiedener Zusammensetzung Calciumhydroxid (**CH**[1]). Berechnen Sie, wie viel kg $Ca(OH)_2$ aus 75 kg Portlandzement gebildet werden, der zu 65% aus Alit **C_3S** besteht! (Annahme: Hydratationsprodukt: **$C_3S_2H_3$**[1]; $Ca(OH)_2$-Bildung aus **C_2S** soll vernachlässigt werden).

$$\begin{array}{ccccccc}
48{,}75\ kg & & & & & & x\ kg\\
2\ \mathbf{C_3S} & + & 6\ \mathbf{H_2O} & \rightarrow & \mathbf{C_3S_2H_3} & + & 3\ \mathbf{CH}\\
2 \cdot 228{,}4\ g/mol & & & & & & 3 \cdot 74{,}1\ g/mol
\end{array}$$

$\Rightarrow$ 65% **C_3S** in 75 kg Portlandzement: 48,75 kg

$$456{,}8\ g\quad \mathbf{C_3S}\ =\ 222{,}3\ g\ \mathbf{CH}$$
$$48{,}75\ kg\quad \mathbf{C_3S}\ =\ x\ kg\qquad \Rightarrow\ x = 23{,}72\ kg\ Ca(OH)_2$$

Bei der Erhärtung von 75 kg Portlandzement entsprechender Zusammensetzung werden 23,72 kg $Ca(OH)_2$ frei.

---

[1] In der Baustoff- bzw. Zementchemie wird mitunter aus Gründen der Vereinfachung eine spezifische Symbolik zur Charakterisierung von Oxiden, Klinkerphasen oder Hydratationsprodukten der Zemente verwendet. So kürzt man beispielsweise die Verbindungen CaO mit „C" und SiO_2 mit „S", H_2O mit „H" und $Ca(OH)_2$ mit „CH" ab. **C_3S** steht dann zum Beispiel für 3 CaO $\cdot$ SiO_2. Diese Bezeichnungsweise kann bei unkritischer Anwendung zur Verwechslung mit den chemischen Elementsymbolen führen. Werden im Rahmen des vorliegenden Buches diese Symbole benutzt, wird dies besonders kenntlich gemacht.

1.2 Aufbau der Materie

1.2.1 Aufbau der Atome aus Elementarteilchen

Zum Verständnis wichtiger bauchemischer Prozesse sind einige grundlegende Kenntnisse zum Atombau notwendig, denn in chemischen Reaktionen kommt es zur Abgabe, Aufnahme oder Umverteilung von Elektronen zwischen Atomen oder Molekülen. Bindungen werden gelockert bzw. gelöst und neue Bindungen werden geknüpft.

⇒   *Was weiß man heute über den Aufbau der Atome?*

Anders als es noch Dalton 1808 in seinen Postulaten formuliert hatte (Kap. 1), sind die Atomkerne keine strukturlosen Kugeln.

• Atome enthalten einen kleinen positiv geladenen Kern und eine kugelförmig um den Kern angeordnete Elektronenhülle, die die negativ geladenen **Elektronen** enthält. Die positive Ladung des Atomkerns wird durch die negative Ladung der Elektronenhülle kompensiert.
Der Atomkern ist sehr klein. Sein Durchmesser beträgt etwa 10^{-15} m, während der des Atoms in der Größenordnung von 10^{-10} m liegt. Der Kern ist damit mehr als hunderttausend Mal kleiner als das Atom.

• Der Atomkern ist gleichfalls strukturiert. Er besteht aus positiv geladenen **Protonen** und ungeladenen (elektrisch neutralen) **Neutronen.** Die Kernbausteine Protonen und Neutronen nennt man **Nucleonen.** Elektronen, Protonen und Neutronen werden als **Elementarteilchen** bezeichnet.

• Durch Protonen- und Neutronenzahl charakterisierte Atomsorten nennt man **Nuclide.** Instabile Nuclide bezeichnet man als *Radionuclide*.

• Die *Masse* eines Protons (1,0073 *u*, mit *u* = atomare Masseneinheit; s. S. 5) entspricht in etwa der eines Neutrons (1,0087 *u*). Beide Kernteilchen sind ca. 2000-mal so schwer wie ein Elektron. Damit sind 99,8% der Gesamtmasse des Atoms im Atomkern konzentriert. Die Gesamtzahl der Nucleonen, d.h. der Protonen und Neutronen, bezeichnet man als die **Massenzahl.**

• Atomkerne *unterschiedlicher* Elemente unterscheiden sich in ihrer Protonenzahl. Damit ist die Protonenzahl eines jeden Atoms (Elements) eine charakteristische Größe. Sie wird als **Kernladungszahl** bezeichnet und ist identisch mit der **Ordnungszahl** im Periodensystem der Elemente.

• Es gilt: *Anzahl der Protonen = Anzahl der Elektronen*. Damit kann aus der Ordnungszahl im PSE sofort die Elektronenzahl abgeleitet werden.

Isotope. Die Anzahl der Neutronen in Atomen eines Elements gleicher Kernladungszahl kann schwanken. Atome des gleichen Elements, die eine unterschiedliche Anzahl von Neutronen und damit unterschiedliche Atommassen aufweisen, werden als *Isotope* bezeichnet.

Isotope eines Elements sind Atome gleicher Protonenzahl, die sich in ihrer Neutronenzahl unterscheiden.

Die meisten der natürlich vorkommenden Elemente bestehen aus mehreren Isotopen. Sie werden deshalb auch als *Mischelemente* bezeichnet. *Reinelemente*, wie z. B. Be, F, Na, Al, P, Mn und Co, weisen dagegen nur eine bestimmte, charakteristische Neutronenzahl auf. Stabile Atomkerne enthalten in der Regel die gleiche Anzahl bis anderthalbmal so viele Neutronen wie Protonen.

Die Schreibweise zur Kennzeichnung eines Nuclids soll am Beispiel des Chlorisotops mit der Massenzahl 35 erläutert werden:

<u>oben links</u>: *Massenzahl = Anzahl der Protonen (17) + Anzahl der Neutronen (18)*

<u>unten links</u>: *Kernladungszahl = Anzahl der Protonen (17)*

Chlor besitzt eine relative Atommasse von 35,453. Das ist der Durchschnittswert für die Chlorisotope $^{35}_{17}Cl$ (natürliche Isotopenhäufigkeit: 75,77%) und $^{37}_{17}Cl$ (24,23%). Beide Atomarten enthalten demnach 17 Protonen, jedoch einmal 18 und einmal 20 Neutronen.

Wasserstoff besteht aus folgenden Isotopen: $^{1}_{1}H$ (Protonium, natürliche Isotopenhäufigkeit: 99,9855%), $^{2}_{1}H$ (Deuterium, 0,0145%) und $^{3}_{1}H$ (Tritium, 10^{-15}%). Beim Übergang vom Wasserstoffnuclid $^{1}_{1}H$ zum Deuterium und anschließend zum Tritium ändert sich die Anzahl der Kernteilchen um jeweils ein Neutron. Die angegebene Isotopenverteilung ergibt eine mittlere relative Atommasse des Wasserstoffs von $A_r = 1,008$.

In der Praxis benutzt man häufig eine vereinfachte Schreibweise zur Charakterisierung von Nucliden, indem lediglich die Massenzahl hinter das chemische Symbol gesetzt wird, z. B. Cl-35, Al-27 oder U-235.

Da vor allem die Elektronen der Hülle eines Atoms sein chemisches Verhalten bestimmen, besitzen Isotope eines Elements weitgehend gleiche chemische Eigenschaften.

Aufbau der Elektronenhülle: Die chemischen Eigenschaften eines Elements leiten sich im Wesentlichen von der Struktur der Atomhülle, d.h. von der Anordnung der Elektronen innerhalb der den Kern umgebenden Hülle ab. Übergeht man wesentliche Meilensteine in der Entwicklung der unterschiedlichen, die physikalische Realität immer besser beschreibenden Atommodelle, so lässt sich der Aufbau der Elektronenhülle grob in folgenden Punkten zusammenfassen:

- Die von *Niels Bohr* 1913 postulierte Existenz bestimmter Bahnen, auf denen das Elektron des Wasserstoffatoms strahlungsfrei umlaufen kann, lieferte eine Erklärung für die Struktur des **Linienspektrums des Wasserstoffs**. Die Spektrallinien sind auf Elektronenübergänge von äußeren, energiereicheren auf kerninnere, energieärmere Bahnen zurückzuführen (*Emission* von Strahlung).
  - Auf die kernfernere Bahn gelangt das Elektron durch vorherige Energieaufnahme (*Absorption*). Zur Charakterisierung der Kreisbahnen führte Bohr die Quantenzahl *n* ein. Sie wird als **Hauptquantenzahl** bezeichnet und bestimmt die möglichen Energieniveaus im Wasserstoffatom.
- Elektronenübergänge von Niveaus höherer Energie auf die kernnächste Bahn *n* = 1 des Wasserstoffs ergeben die *Lyman*-Serie. Sie liegt im UV-Bereich (100 - 380 nm). Weitere Spektralserien des Wasserstoffs sind die *Balmer*-Serie (n = 2, sichtbarer Bereich; Abb. 1.1) sowie die *Paschen*- (n = 3) und die *Brackett*-Serie (n = 4). Beide Serien liegen im IR-Bereich.

Abb. 1.1 a) Balmer-Serie im Atomspektrum (Linienspektrum) des Wasserstoffs. Die Balmer-Serie liegt im sichtbaren Spektralbereich (380 - 780 nm).
b) Zustandekommen der Spektralserien nach Bohr

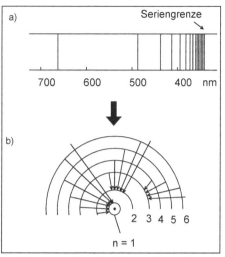

Im Licht der modernen Atomtheorie (Heisenbergsche Unschärferelation, wellenmechanisches Atommodell) befindet sich das Elektron nicht auf einer (Bohrschen) Kreisbahn, sondern in einer konzentrischen Schale bestimmter Dicke um den Kern. Jedes Atom hat prinzipiell unendlich viele **Schalen** bzw. **Energieniveaus**, die durch die Hauptquantenzahl n festgelegt sind. Sie werden mit den Großbuchstaben **K** (n = 1), **L** (n = 2), **M** (n = 3), **N** (n = 4) usw. bezeichnet. Besetzt das Elektron die K-Schale (n = 1), befindet sich das H-Atom im energieärmsten Zustand (*Grundzustand*). Mit wachsendem n wächst die Energie der Zustände (*angeregte Zustände*). Auf jeder Schale n haben maximal **2 n^2 Elektronen** Platz.

• Die Schalen sind energetisch strukturiert. Sie zerfallen mit Ausnahme der kernnächsten und energieärmsten Schale (n = 1) in Unterschalen (*Energieunterniveaus*). Die Zahl der Unterschalen wird durch die **Nebenquantenzahl l** bestimmt. Für ein bestimmtes n kann l Werte zwischen null und n - 1 annehmen, es gilt also l = 0, 1, 2, 3, ..., (n - 1). Für n = 1 gibt es nur einen Wert für l, nämlich 0. Für n = 2 kann l die Werte 0 und 1 und für n = 3 die Werte 0, 1 und 2 annehmen. Die zweite Schale zerfällt demnach in zwei, die dritte Schale in drei Unterschalen. *Damit gilt*: Auf der Schale mit der Hauptquantenzahl n ist die Zahl der Unterschalen ebenfalls gleich n.

• Wie muss man sich nun das **Elektron** vorstellen? Im Unterschied zu den Bohrschen Vorstellungen ist im wellenmechanischen Atommodell die Elektronendichte nicht an einer Stelle lokalisiert, sondern sie erstreckt sich über einen größeren Bereich. Diese räumlichen Darstellungen der Elektronendichte bezeichnet man (nicht ganz korrekt!) als Orbitale. **Orbitale** sind Bereiche im Raum, wo die Wahrscheinlichkeit, ein Elektron anzutreffen, hoch ist. Die oben beschriebene Nebenquantenzahl l bestimmt die Gestalt der Orbitale. Die verschiedenen Orbitaltypen werden mit den aus der Spektroskopie stammenden Buchstaben s, p, d, f, g, ... bezeichnet. Die Zuordnung der Orbitaltypen zu den Nebenquantenzahlen l ist folgende:

$$l \quad = \quad 0, \ 1, \ 2, \ 3, \ 4, \ ...$$
$$\text{Symbol} \quad s, \ p, \ d, \ f, \ g, \ ...$$

Die zugehörigen Orbitalformen sind in Abb. 1.2 gezeigt. Man spricht von kugelförmigen s-Orbitalen, hantelförmigen p-Orbitalen und rosettenförmigen d-Orbitalen (Ausnahme: d_z^2). Das Elektron im H-Atom befindet sich im energieärmsten Zustand in einem s-Orbital. Durch Kombination der Hauptquantenzahl mit einem der Buchstaben können die Unterschalen in eindeutiger Form bezeichnet werden, z. B. 2s für die Unterschale mit n = 2 und l = 0 oder 3p für n = 3 und l = 1.
Wie viel Orbitale von einer Sorte (s, p, d oder f) existieren, ist durch die sogenannte **Magnetquantenzahl m** festgelegt. m kann jeweils (2l + 1) verschiedene Werte annehmen. Für l = 1 gilt m = -1, 0, 1. Es existieren demnach drei räumlich unterschiedlich ausgerichtete p-

Orbitale. Entsprechend existieren für $l = 2$ mit $m = -2, -1, 0, 1$ fünf räumlich unterschiedlich ausgerichtete d-Orbitale (Abb. 1.2). m gibt die möglichen räumlichen Orientierungen der Orbitale an.

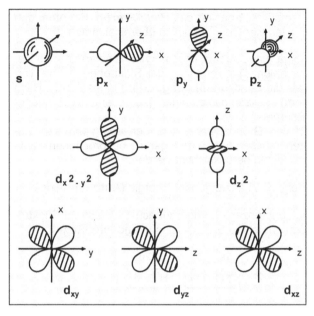

Abbildung 1.2

s-, p- und d-Orbitale

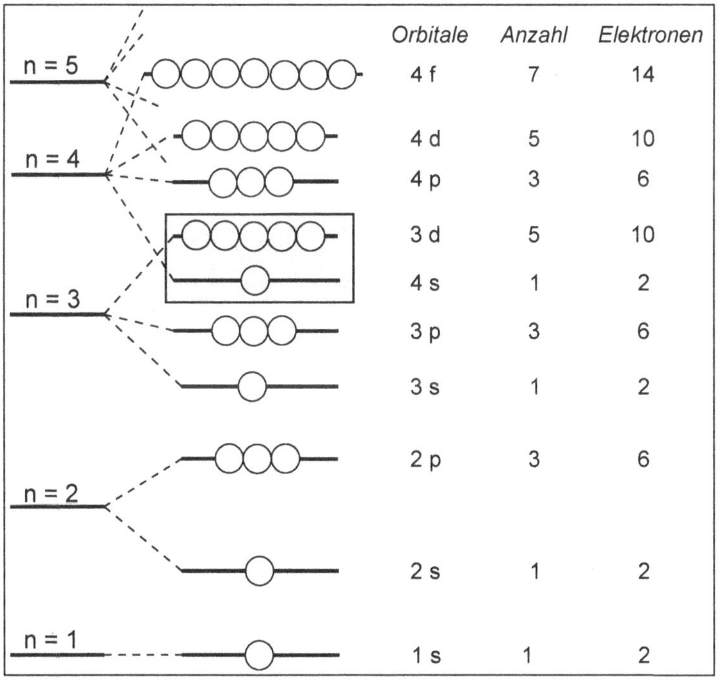

	Orbitale	Anzahl	Elektronen
$n = 5$	4 f	7	14
$n = 4$	4 d	5	10
	4 p	3	6
	3 d	5	10
$n = 3$	4 s	1	2
	3 p	3	6
	3 s	1	2
$n = 2$	2 p	3	6
	2 s	1	2
$n = 1$	1 s	1	2

Abbildung 1.3

Energieniveauschema

*Die Energieniveaus
n = 5 und größer sind
nicht berücksichtigt.*

Jedes Orbital kann mit *maximal 2 Elektronen* besetzt sein, allerdings müssen sich die Elektronen in der sogenannten **Spinquantenzahl s** unterschieden. Die Spinquantenzahl kann für ein gegebenes Orbital die Werte +1/2 und -1/2 annehmen. Beide Werte charakterisieren den „Spin" des Elektrons, den man sich modellhaft als zwei entgegengesetzte Richtungen der Eigenrotation (Drall) des Elektrons vorstellen kann. Elektronen gleichen Spins stoßen sich gegenseitig stark ab. Deshalb versuchen sie, verschiedene Bereiche im Raum einzunehmen. Auf dieser Gesetzmäßigkeit basiert das **Pauli-Prinzip**: Ein Atom darf keine zwei Elektronen enthalten, die in allen vier Quantenzahlen übereinstimmen.

Abb. 1.3 zeigt das Energieniveauschema eines Atoms (Ausnahme: Wasserstoff) mit der Aufspaltung der Schalen in die Unterschalen. Die Verteilung der Elektronen auf die verschiedenen Orbitale bezeichnet man als die **Elektronenkonfiguration** eines Atoms. Beim Wasserstoffatom **(Einelektronensystem)** besitzen alle zu einer Hauptquantenzahl n gehörenden Zustände l und m die gleiche Energie.
Um die Elektronenkonfigurationen für den Grundzustand, d.h. den energieärmsten Zustand für die ersten 18 Atome abzuleiten, müssen neben dem gerade besprochenen Pauli-Prinzip noch die beiden nachfolgenden Regeln berücksichtigt werden:

- Die Besetzung der Atomorbitale erfolgt nach ansteigender Energie **(Aufbauprinzip)**.

- p-, d- und f-Orbitale gleicher Hauptquantenzahl werden zunächst *einfach* mit Elektronen parallelen Spins besetzt. Danach erfolgt die Spinpaarung **(Hundsche Regel)**.

Paralleler Spin bedeutet die gleiche Richtung des Spins aller ungepaarter Elektronen. Häufig wird eine *vereinfachte Schreibweise* für die Elektronenkonfiguration der Atome genutzt, die allerdings die Hundsche Regel nicht reflektiert:

$$\textbf{C}: 1s^2\, 2s^2\, 2p^2 \quad bzw. \quad \textbf{N}: 1s^2\, 2s^2\, 2p^3 .$$

Neon besitzt die Elektronenkonfiguration $1s^2\, 2s^2\, 2p^6$, d.h. alle Orbitale der Hauptquantenzahl n = 2 sind vollständig besetzt **(Elektronenoktett)**. Eine Oktettkonfiguration ($ns^2\, np^6$) auf der äußeren Schale **(Valenzschale)** zeichnet sich durch eine besondere Stabilität aus. Sie ist der Grund für die besondere Reaktionsträgheit der Edelgase. Tab. 1.3 enthält die Elektronenkonfigurationen der Elemente der Ordnungszahl 1 (Wasserstoff) bis 10 (Neon).

Halb- und **vollbesetzte Unterschalen** zeichnen sich durch eine besondere Stabilität aus. Um einen solchen stabilen Elektronenzustand zu erreichen, weichen einige Elemente (z. B. Cr und Cu) von der regelmäßigen Orbitalbesetzung entsprechend dem Aufbauprinzip ab. Zum Beispiel geht ein Elektron aus der energetisch tiefer liegenden 4s-Unterschale in die energetisch höher liegende 3d-Unterschale über, um eine stabile d^5-Konfiguration mit fünf einfach besetzten d-Orbitalen (Cr: $1s^2\, 2s^2\, 2p^6\, 3s^2\, 3p^6\, 3d^5\, 4s^1$) oder eine stabile d^{10}-Konfiguration mit fünf vollständig besetzten 3d-Orbitalen (Cu: $1s^2\, 2s^2\, 2p^6\, 3s^2\, 3p^6\, 3d^{10}\, 4s^1$) zu realisieren.
Gebräuchliche Kurzschreibweise für Elektronenkonfigurationen: Die dem Element vorausgegangene Edelgaskonfiguration wird als **„Rumpfkonfiguration"** in eckigen Klammern vorangestellt, z. B. ergibt sich so für **Na**: [Ne] $3s^1$; für **Sn**: [Kr] $4d^{10}\, 5s^2\, 5p^2$ und für **Fe**: [Ar] $3d^6\, 4s^2$.

Ordnungs-zahl	Element-symbol	K 1s	L 2s	2p	Kurzschreib-weise
1	H	↑			$1s^1$
2	He	↑↓			$1s^2$
3	Li	↑↓	↑		$1s^2\ 2s^1$
4	Be	↑↓	↑↓		$1s^2\ 2s^2$
5	B	↑↓	↑↓	↑	$1s^2\ 2s^2\ 2p^1$
6	C	↑↓	↑↓	↑ ↑	$1s^2\ 2s^2\ 2p^2$
7	N	↑↓	↑↓	↑ ↑ ↑	$1s^2\ 2s^2\ 2p^3$
8	O	↑↓	↑↓	↑↓ ↑ ↑	$1s^2\ 2s^2\ 2p^4$
9	F	↑↓	↑↓	↑↓ ↑↓ ↑	$1s^2\ 2s^2\ 2p^5$
10	Ne	↑↓	↑↓	↑↓ ↑↓ ↑↓	$1s^2\ 2s^2\ 2p^6$

Tabelle 1.3

Elektronenkonfiguration der Elemente H bis Ne

1.2.2 Natürliche Radioaktivität

Die Stabilität eines Atomskerns wird durch zwei Faktoren bestimmt: Zum einen darf er nicht mehr als 83 Protonen enthalten, zum anderen darf das Verhältnis Protonen- zu Neutronensumme, das mindestens 1 beträgt, den Wert 1,6 nicht übersteigen. Bei Werten >1,6 kommt es zur Instabilität. Der Kern zerfällt und sendet Strahlung aus, die *radioaktive Strahlung*. Die ausgesandten Strahlen sind Zerfallsprodukte der instabilen Kerne. Beim Zerfall entstehen neue Elemente. Die spontane Kernumwandlung instabiler Nuclide in andere Nuclide unter Abgabe von Strahlung wird als *radioaktiver Zerfall* bezeichnet. Die Atomhülle ist an den Zerfallsprozessen nicht beteiligt.

Bei den die radioaktiven Kernumwandlungen begleitenden *Strahlungsemissionen* handelt es sich entweder um Korpuskular (α, β)- oder elektromagnetische (γ) Strahlung:

α-Strahlung: Emission von Teilchen mit etwa der vierfachen Masse des Protons und zwei positiven Elementarladungen (*Alphateilchen*). Die Alphateilchen können als zweifach positiv geladene ^4_2He-Kerne aufgefasst werden. Der Atomkern verliert bei einem α-Zerfall zwei Protonen und zwei Neutronen. Die Reichweite an der Luft beträgt wenige Zentimeter. α-Strahlen können ein Blatt Papier nicht durchdringen.

β-Strahlung: Emission schneller Elektronen (*Betateilchen*), die fast Lichtgeschwindigkeit erreichen. Das Elektron entsteht bei der Umwandlung eines Neutrons in ein Proton. Der gebildete Atomkern hat die gleiche Massenzahl wie vorher, jedoch ein Proton mehr. Zum

Beispiel entsteht aus dem Cäsiumisotop $^{137}_{55}$Cs bei β-Zerfall das Bariumisotop $^{137}_{56}$Ba. Ihre Reichweite an der Luft beträgt mehrere Meter. β-Strahlen werden durch Metall-, Kunststoff- und Holzplatten (ab einigen mm) abgeschirmt.

γ-Strahlung: Elektromagnetische Strahlung ähnlich der Röntgenstrahlung, nur energiereicher. An Luft praktisch keine Abschwächung, zur Abschirmung sind dicke Bleiplatten notwendig.

Eine Serie aufeinander folgender Kernreaktionen, die von einer radioaktiven Atomart (Radionuclid) über weitere instabile Kerne schließlich zu einem stabilen Isotop führt, nennt man eine **radioaktive Zerfallsreihe**. Es gibt drei natürliche Zerfallsreihen, die von den Uranisotopen U-238 und U-235 sowie vom Thoriumisotop Th-232 ausgehen und als Endnuclid stets ein Bleiisotop besitzen.

Ein radioaktives Element ist durch seine Aktivität und seine Halbwertszeit charakterisiert. Die **Aktivität A** kennzeichnet die Strahlungsmenge, die pro Zeiteinheit aus der radioaktiven Probe austritt. Sie wird als Anzahl der Kernprozesse pro Zeiteinheit angegeben. Die SI-Einheit für die Aktivität ist das Becquerel (Bq). 1 Becquerel bedeutet *einen* Kernzerfall pro Sekunde, also 1 Bq = 1 s^{-1} (ältere Maßeinheit: Curie Ci, 1 Ci = 3,7 · 10^{10} Bq). Die Aktivität verhält sich umgekehrt proportional zur Halbwertszeit. Unter der **Halbwertszeit** $\tau_{1/2}$ versteht man den Zeitraum, in dem die Hälfte der vorhandenen radioaktiven Kerne zerfallen ist. Die Halbwertszeit der verschiedenen Radionuclide liegt zwischen Bruchteilen von Sekunden und Millionen von Jahren. Je schneller eine radioaktive Substanz zerfällt, desto intensiver strahlt sie. Die **spezifische Aktivität a** ist die auf die Masseneinheit bezogene Aktivität. Sie wird in der Regel in Bq/kg angegeben.

Für die biologische Wirkung der Strahlung ist die vom Körper aufgenommene **Energiedosis D** wichtig. Die Energiedosis beschreibt die von einer Masse absorbierte Energiemenge und wird in Joule/kg oder in Gray (Gy) gemessen (1 Gy = 1 J/kg). Sie ist damit ein Maß für die physikalische Strahlenwirkung. Mit der Einführung der **Äquivalentdosis H** wurde schließlich versucht, die biologisch relevanten Vorgänge bei Strahleneinwirkung zu berücksichtigen. Die Äquivalentdosis kann als biologisch wirksame, absorbierte Energiedosis betrachtet werden. Sie wird durch Multiplikation der Energiedosis D mit einem Bewertungs- oder Wichtungsfaktor q erhalten: $H = D \cdot q$ (mit $q = 1$ für β- und γ- Strahlen, $q = 20$ für α- Strahlen). Ihre Einheit ist Sievert (Sv oder mSv). Bezieht man die Äquivalentdosis auf einen bestimmten Zeitraum (meist ein Jahr), spricht man von der Äquivalentdosisleistung h (Einheit: Sv/a). Aus den Bewertungsfaktoren ist ersichtlich, dass die biologische Wirkung von α-Strahlen bei gleicher Energiedosis 20-mal höher ist als die von β- und γ- Strahlen.

In Deutschland beträgt die durchschnittliche effektive Strahlenbelastung einer Person zurzeit etwa 4 mSv/a. Sie setzt sich zu 52,5% aus der natürlichen (kosmische und terrestrische Strahlung, Inhalation von Radon) sowie zu 47,5% aus der künstlichen Strahlung (medizinische Diagnostik, Kerntechnische Anlagen, Waffentests) zusammen [Jahresbericht BMUB, 2015].

1.2.3 Radioaktivität von Baustoffen

Baumaterialien besitzen generell eine natürliche Radioaktivität. Die entscheidenden Radionuclide sind Ra-226, Th-232 und K-40, allerdings weist ihre spezifische Aktivität von Material zu Material große Unterschiede auf. Auch innerhalb der Baustoffarten ergibt sich eine meist erhebliche Variationsbreite (Tab. 1.4). Relativ hohe spezifische Aktivitäten weisen kieselsäurehaltige, magmatische Gesteine wie Granite, Tuffe und Bimsstein auf.

Von besonderem Interesse im Hinblick auf die Strahlenbelastung von Gebäuden und Einrichtungen ist das radioaktive Edelgas **Radon** (**Rn**). Das durch α-Zerfall aus Radium-226 entstehende Radon-222 ($\tau_{1/2}$ = 3,8 d; Abb. 1.4) und seine Folgeprodukte, die Schwermetalle Polonium und Bismut, senden ebenfalls ionisierend wirkende α-Strahlen aus. Sie können - höhere Rn-Konzentrationen vorausgesetzt - bei inhalativer Aufnahme zu einem erhöhten Lungenkrebsrisiko führen. Man geht heute davon aus, dass die Rn-Konzentration in geschlossenen Räumen im Durchschnitt vier- bis achtmal höher ist als im Freien. Die Radonaufnahme wird für etwa 7% der Lungenkrebsfälle verantwortlich gemacht. Die Konzentration von Radon in der Raumluft wird durch die *Aktivitätskonzentration* c_A angegeben. Sie ist definiert als der Quotient aus der Aktivität A und dem Luftvolumen V, angegeben in Bq/m^3.

Tabelle 1.4 Spezifische Aktivität natürlicher Radionuklide in ausgewählten Baustoffen [1)] [Bundesamt für Strahlenschutz (BfS), 2015]

Baustoffe	Ra-226	Th-232	K-40
Granit	100 (30–500)	120 (17–311)	1000 (600–4000)
Gneis	75 (50–157)	43 (22–50)	900 (830–1500)
Basalt	26 (6–36)	29 (9–37)	270 (190–380)
Tuff, Bims	100 (< 20–200)	100 (30–300)	1000 (500–2000)
Naturgips, Anhydrit	10 (2–70)	< 5 (2–100)	60 (7–200)
Kies, Sand, Kiessand	15 (1–39)	16 (1–64)	380 (3–1200)
Ziegel, Klinker	50 (10–200)	52 (12–200)	700 (100–2000)
Beton	30 (7–92)	23 (4–71)	450 (50–1300)
Porenbeton, Kalk-sandstein	15 (6–80)	10 (1–60)	200 (40–800)

[1)] Angabe der Nuclide: Mittelwert (Bereich), Werte in Bq/kg

In die Raumluft von Wohnhäusern gelangt Radon über zwei Wege: Aus dem Untergrund der Häuser oder aus radiumhaltigen Baustoffen. Die Freisetzung von Radon aus Baumaterialien wird neben der Porosität und der Porenstruktur sowie der Feuchtigkeit des Baustoffs vor allem durch die spezifische Aktivität des Ra-226 bestimmt. Zur Erfassung der unterschiedlichen Radonabgabe wurde die **Radonexhalationsrate** eingeführt, Einheit: Bq/(m^2 · h). Sie gibt die Exhalation (= Ausgasung) von Radon aus fester Materie an. Gemessen wird die Aktivität, die pro Quadratmeter und Stunde aus einem Stoff entweicht, Einheit: Bq/m^2 h. Nachfolgend einige Rn-222-Exhalationsraten ausgewählter Baustoffe (Mittelwerte in Bq/m^2 h): Ziegel, Klinker (0,2), Naturgips (0,4), Kalksandstein (0,6), Beton (0,7), Porenbeton (1,1), Blähton (0,4 und Naturstein (3,3), [Quelle: BfS].

Wie zahlreiche Untersuchungen der letzten Jahre zeigten, sind die in Deutschland traditionell in großen Mengen verwendeten Baustoffe wie Beton, Ziegel, Porenbeton und Kalksandstein nicht die Ursache für eventuelle Überschreitungen des vom Bundesamt für Strahlenschutz (BfS) empfohlenen Jahresmittelwertes der Radonkonzentration in Aufenthaltsbereichen von 100 Bq/m^3. Der Beitrag von Radon-222 aus Baustoffen zur Gesamt-Rn-Konzentration in Wohnräumen liegt bei etwa 50, max. 70 Bq/m^3 (BfS). Damit sind die Möglichkeiten zur Reduzierung der Rn-Konzentration in Gebäuden mit hohen Radonkonzentrationen (s.u.) durch Verwendung radonarmer Baumaterialien stark eingeschränkt. Der

Optimierungsspielraum liegt bei 10 Bq/m^3, maximal 20 Bq/m^3. Bei erhöhten Rn-Konzentrationen in Gebäuden stammt der Hauptanteil vielmehr aus dem Gebäudeuntergrund, je nach geologischen Verhältnissen bis zu 90%.

Das Radonproblem ist kein Problem der Baustoffe. Das Edelgas Radon kann sowohl durch Risse und Fugen im Fundament oder durch Kabel- und Rohrdurchführungen in die Kellerräume einströmen als auch durch Diffusions- und Permeations (Konvektions)-Prozesse im Porensystem des Betons in die Innenraumluft gelangen.

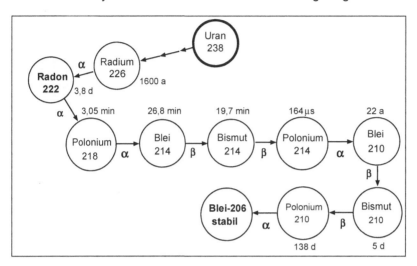

Abbildung 1.4 Radioaktiver Zerfall von Uran-238 mit Halbwertszeiten (vereinfachtes Schema)

Die mittlere Rn-Konzentration in Wohngebäuden in der Bundesrepublik liegt bei 50 Bq/m^3, in der Außenluft beträgt die Rn-Konzentration etwa 10 Bq/m^3. Vermutlich weisen höchstens 0,3% aller Wohngebäude mehr als 1000 Bq/m^3 auf. Maximal einige hundert Häuser sind mit mehr als 10.000 Bq/m^3 belastet, z. B. in den Uranbergbaugebieten der ehemaligen sowjetischen Wismut-AG Schneeberg-Johanngeorgenstadt [BfS].

Verbindliche Grenzwerte für die nicht zu überschreitende Rn-Konzentration in Innenräumen gibt es derzeit weder in Deutschland noch in der EU. Dafür existieren einen Reihe von Richt- und Empfehlungswerten unterschiedlichster Gremien. So gibt die neueste Richtlinie 2013/59/Euratom der EU vom Januar 2014 als Richtwert 300 Bq/m^3 für Rn in Gebäuden vor, sie muss bis 06.02.2018 in nationales Recht umgesetzt werden. Dagegen darf laut einer Empfehlung der deutschen Strahlenschutzkommission von 1994 die Rn-Konzentration in geschlossenen Räumen im Jahresmittel einen Richtwert von **250 Bq/m^3** nicht überschreiten (*Normalbereich*). Bei Werten zwischen 250 und 1000 Bq/m^3 (*Ermessensbereich*) sollen einfache Maßnahmen zur Reduzierung der Rn-Exposition eingeleitet werden, wobei die Möglichkeiten stark von der Situation vor Ort abhängen (z. B. Eintrittspfade und Verteilung des Radon, Bauart und -zustand des Hauses). Bei Konzentrationen >1000 Bq/m^3 spricht man vom *Sanierungsbereich*. Hier müssen aufwändigere Maßnahmen ergriffen werden, um die Rn-Konzentration zu reduzieren.

Zur **Messung** des Radon-222 und seiner Folgeprodukte wird in allen Fällen der proportional zur Anzahl der Radonatome stattfindende radioaktive Zerfall genutzt. Folgende Messverfahren werden eingesetzt: Ionisationskammern, Halbleiter-Alpha-Spektrometer, Szintillationszellen sowie Thermolumineszenz- und Aktivkohle-Dosimeter.

1.3 Periodensystem der Elemente

Das Periodensystem der Elemente, kurz: **PSE**, ist die Anordnung der chemischen Elemente nach ansteigender Kernladungszahl (= Ordnungszahl). Eine solche Anordnung führt zum periodischen Auftreten von Elementen mit ähnlichen chemischen und physikalischen Eigenschaften. Ursache dieser Periodizität sind sich regelmäßig wiederholende Valenzelektronenkonfigurationen. Anhang 6 enthält ein Langperiodensystem.

Die waagerechten Anordnungen der Elemente werden **Perioden** genannt. In den Perioden sind die Elemente mit ansteigender Ordnungszahl nebeneinander angeordnet. Bricht man die waagerechte Anordnung der Elemente jedes Mal nach einem Edelgas ab und beginnt eine neue Reihe, so kommen Elemente mit gleicher Elektronenverteilung auf der äußersten Schale untereinander zu stehen. Die senkrechten Spalten des PSE werden als **Gruppen** bezeichnet. Da die äußeren Elektronen **(Valenzelektronen)** entscheidend das chemische Verhalten eines Elements beeinflussen, stehen in den Gruppen Elemente mit ähnlichen chemischen und physikalischen Eigenschaften.

Das PSE besteht aus sieben Perioden. Es wird in acht Hauptgruppen und acht Nebengruppen unterteilt. Die einzelnen Gruppen werden mit römischen Ziffern I bis VIII durchnummeriert. Zur Unterscheidung zwischen Haupt- und Nebengruppen wurden die Buchstaben **A** (Hauptgruppen) und **B** (Nebengruppen) eingeführt.

Für die Bezeichnung der acht Hauptgruppen werden entweder die Elemente der 2. und 3. Periode oder charakteristische Gruppeneigenschaften herangezogen: I. Hauptgruppe(I A): **Alkalimetalle**; II. Hauptgruppe(II A): **Erdalkalimetalle**; III. Hauptgruppe(III A): **Bor-Aluminium-Gruppe**; IV. Hauptgruppe(IV A): **Kohlenstoff-Silicium-Gruppe**; V. Hauptgruppe (V A): **Stickstoff-Phosphor-Gruppe**; VI. Hauptgruppe(VI A): **Chalkogene** (Erzbildner); VII. Hauptgruppe(VII A): **Halogene** (Salzbildner) sowie VIII. Hauptgruppe(VIII A): **Edelgase**. Nach einer Empfehlung der Internationalen Union für Reine und Angewandte Chemie (IUPAC) sollen die Hauptgruppen zusammen mit den Nebengruppen von 1 bis 18 nummeriert und als Gruppen bezeichnet werden. Danach sind beispielsweise die Alkalimetalle die 1. Gruppe, die Chalkogene die 16. Gruppe und die Edelgase die 18. Gruppe des PSE.

Im Periodensystem der Elemente spiegelt sich der Schalenaufbau des Atoms wider. Alle in einer **Periode** stehenden Atome besitzen die gleiche Anzahl von Schalen, d.h. die gleiche Hauptquantenzahl n. Die Nummer der Periode stimmt jeweils mit der Hauptquantenzahl der äußersten Schale überein. Der Aufbau einer neuen Elektronenschale wird immer dann begonnen, wenn die s- und p-Orbitale der vorhergehenden Elektronenschale voll besetzt sind ($ns^2 np^6$ = Edelgaskonfiguration).

Die Edelgase zeichnen sich durch eine besondere Stabilität aus. Elemente mit weniger als acht Valenzelektronen besitzen das Bestreben, eine Achterschale (Edelgaskonfiguration) auszubilden.

Die Anzahl der Elemente der ersten sechs Perioden beträgt: 2, 8, 8, 18, 18 und 32. Die zwei Elemente der ersten Periode entsprechen der maximalen Aufnahmekapazität des 1s-Orbitals. Die zweite Periode umfasst acht Elemente, was wiederum der maximalen Aufnahmefähigkeit des einen s- und der drei p-Orbitale entspricht ($n = 2$). Die dritte Schale ($n = 3$) ist mit acht Elektronen ($3s^2 3p^6$) noch nicht abgesättigt. Sie kann gemäß der für $n = 3$ geltenden Elektronenzahl $2n^2 = 18$ noch weitere zehn d-Elektronen aufnehmen.

Die Elemente der Gruppen Ib - VIIIb (3. - 12. Gruppe) werden als **Nebengruppenelemente** bezeichnet. Bei ihnen erfolgt die Auffüllung von d-Unterschalen (zweitäußerste Schale) bei Vorhandensein eines vollbesetzten s-Orbitals in der Valenzschale (Ausnahmen: s. PSE). Die Nebengruppenelemente werden auch als *Übergangselemente* bezeichnet. In Abhängigkeit davon, welche d-Unterschale gefüllt wird, unterscheidet man 3d-, 4d-bzw. 5d-Übergangselemente (z. B. Fe: [Ar] $3d^6 4s^2$; Zr: [Kr] $4d^2 5s^2$).

Bei den auf das Element Lanthan $_{57}$La folgenden 14 Elementen (Cer bis Lutetium) wird die 4f-Unterschale aufgefüllt, die Elektronenkonfiguration in den außen liegenden 5s-, 5p-, 5d- und 6s-Orbitalen bleibt im Prinzip gleich. Die Folge ist eine große chemische Ähnlichkeit dieser Elemente untereinander, so dass sie in der Natur meist gemeinsam auftreten. Sie werden mit La zur Gruppe der **Lanthanoide** zusammengefasst und der besseren Übersichtlichkeit halber im PSE als „Fußnote" unter die anderen Elemente geschrieben.

Für Scandium, Yttrium und die Lanthanoide ist auch der Begriff *Seltenerdmetalle* üblich. Die Auffüllung der 5f-Unterschale erfolgt bei den 14 auf das Element Actinium $_{89}$Ac folgenden Elementen Thorium bis Lawrencium (**Actinoide**). Sie werden als weitere „Fußnote" im PSE unter die Lanthanoide geschrieben. Die Actinoide sind radioaktiv und müssen überwiegend künstlich hergestellt werden. Lanthanoide und Actinoide werden auch als *innere Übergangselemente* bezeichnet.

Abstufung einiger wichtiger Eigenschaften im PSE

Metall- bzw. Nichtmetallcharakter. Der Metallcharakter nimmt innerhalb einer Periode von links nach rechts ab, in der gleichen Weise steigt der Nichtmetallcharakter an. Innerhalb einer Hauptgruppe nehmen die metallischen Eigenschaften der Elemente von oben nach unten zu. Legt man eine breite Diagonale durch das PSE, beginnend bei Be/B und verlaufend über die Elemente Al, Ga, Ge, Sn bis zu den Elementen Sb und Te, stehen links unten die Metalle und rechts oben die Nichtmetalle. Auf der Diagonale stehen Elemente mit nichtmetallischen und metallischen Modifikationen. Alle Nebengruppenelemente einschließlich der Lanthanoide und Actinoide sind Metalle. Metalle bilden aufgrund niedriger Ionisierungsenergien leicht Kationen, Nichtmetalle dagegen bevorzugt Anionen oder Molekülverbindungen.

Säure-Base-Charakter. Eng verknüpft mit dem Metall- und Nichtmetallcharakter der Elemente ist ihre Fähigkeit, Säuren bzw. Basen zu bilden. Generell gilt: *Metalloxide bilden Basen, Nichtmetalloxide bilden Säuren.*

$$CaO \quad + \quad H_2O \quad \rightarrow \quad Ca(OH)_2$$
$$\textit{Calciumoxid} \qquad\qquad\qquad \textit{Calciumhydroxid}$$

$$P_2O_5 \quad + \quad 3 H_2O \quad \rightarrow \quad 2 H_3PO_4$$
$$\textit{Phosphor(V)-oxid} \qquad\qquad \textit{Orthophosphorsäure}$$

CaO ist das **Baseanhydrid** des Calciumhydroxids, P_2O_5 das **Säureanhydrid** der Orthophosphorsäure. Der Basecharakter der Metalloxide nimmt innerhalb einer Periode von links nach rechts ab, der Säurecharakter der Nichtmetalloxide nimmt dagegen zu. Innerhalb einer Hauptgruppe steigt die Tendenz der Oxide, Basen zu bilden, mit zunehmenden metallischen Eigenschaften der Elemente von oben nach unten an. Die Oxide der auf der Diagonale befindlichen Elemente sind **amphoter**, sie verhalten sich je nach Reaktionspartner sauer oder basisch. Von bauchemischer Relevanz ist insbesondere die Amphoterie der Verbindungen Aluminiumoxid Al_2O_3 bzw. Aluminiumhydroxid $Al(OH)_3$ (Kap. 5.2).

Stöchiometrische Wertigkeit. *Die stöchiometrische Wertigkeit gibt an, wie viele einwertige Atome oder Atomgruppen (H, Cl, OH) ein bestimmtes Atom oder Ion eines Elementes theoretisch binden oder ersetzen kann. Die Wertigkeit wird vor allem durch die Valenzelektronenkonfiguration bestimmt (Tab. 1.3), sie wird deshalb auch als Valenz bezeichnet.*

In den Formeln HCl, H_2O, H_2S und CH_4 sind nach dieser Definition die Elemente Chlor einwertig, Sauerstoff und Schwefel zweiwertig und Kohlenstoff vierwertig (bezogen auf die Ersetzung des einwertigen Wasserstoffatoms). In den Formeln $MgCl_2$ und KCl sind Magnesium zwei- und Kalium einwertig.

Die stöchiometrischen Wertigkeiten der Elemente der Hauptgruppen verändern sich innerhalb einer Periode in charakteristischer Weise. Betrachtet man die *Wasserstoff-Verbindungen* der Elemente der 3. Periode, so nimmt die Wertigkeit von der I. bis zur IV. Hauptgruppe entsprechend der Gruppennummer von 1 nach 4 zu (NaH, MgH_2, AlH_3, SiH_4). In den Hauptgruppen V - VIII geht die Wertigkeit schrittweise auf null zurück (z. B. 2. Periode: NH_3, H_2O, HF, /). Von einigen Ausnahmen abgesehen, steigt die **maximale *Wertigkeit*** *der Elemente* einer (Hauptgruppen)-Periode **gegenüber Sauerstoff** entsprechend der Gruppennummer an und zwar von 1 (I. Hauptgruppe, z. B. Na_2O) bis auf 8 (VIII. Hauptgruppe, z. B. XeO_4, Xenon(VIII)-Oxid).

Wertigkeit von Säuren, Basen und Salzen. Die Anzahl der verfügbaren H^+- und OH^--Ionen von Säuren und Basen wird auch als deren Wertigkeit bezeichnet. Sie ist wie folgt definiert:

• **Säuren:** Die Wertigkeit z ergibt sich aus der Anzahl der im Rahmen der Salzbildung durch Metallkationen ersetzbaren Protonen H^+, z. B. HCl, HNO_3 $z = 1$; H_2SO_4 $z = 2$; H_3PO_4 $z = 3$. HCl und HNO_3 sind einwertige (*einprotonige, einbasige*) Säuren, H_2SO_4 ist eine zweiwertige (*zweiprotonige, zweibasige*) und H_3PO_4 eine dreiwertige (*dreiprotonige, dreibasige*) Säure.

• **Basen (Laugen):** Die Wertigkeit entspricht der Anzahl der durch Säurerestionen er-setzbaren Hydroxidionen OH^-. KOH und NaOH sind einwertige (*einsäurige*) Basen mit $z = 1$. $Ca(OH)_2$ und $Ba(OH)_2$ sind zweiwertige (*zweisäurige*) Basen, $z = 2$, und $Al(OH)_3$ ist eine dreiwertige (*dreisäurige*) Base, $z = 3$.

• **Salze:** Die Wertigkeit leitet sich von der Wertigkeit der höher geladenen ionischen Komponente des Salzes, also entweder des positiv geladenen Metallions oder des negativ geladenen Säurerestions, ab. Beispiele für Salze: KCl, $NaNO_3$ $z = 1$; Na_2SO_4, $CaCl_2$ $z = 2$ und K_3PO_4, $AlCl_3$ $z = 3$. Eine der Wertigkeit verwandte Größe ist die *Oxidationszahl*. Sie wird in Kap. 4.1 besprochen.

Elektronegativität. Die Elektronegativität χ ist eine der grundlegenden Größen der Chemie. Sie bildet nicht nur den theoretischen Hintergrund für sich ausbildende Polaritäten innerhalb der Moleküle, intermolekulare Wechselwirkungen und daraus resultierende anomale physikalische Eigenschaften der Stoffe, sie ist in der Mehrzahl der Fälle auch für das vielschichtige Reaktionsverhalten vieler anorganischer und organischer Moleküle verantwortlich.

Die Elektronegativität χ eines Elements ist ein Maß für die Fähigkeit eines Atoms dieses Elements, in einer Atombindung das Bindungselektronenpaar an sich zu ziehen.

H (2,1)						
Li (1,0)	Be (1,5)	B (2,0)	C (2,5)	N (3,0)	O (3,5)	F (4,0)
Na (0,9)	Mg (1,2)	Al (1,5)	Si (1,8)	P (2,1)	S (2,5)	Cl (3,0)
K (0,8)	Ca (1,0)	Ga (1,6)	Ge (1,8)	As (2,0)	Se (2,4)	Br (2,8)

Tabelle 1.5

Elektronegativitätswerte ausgewählter Elemente (nach Pauling)

Die von *Pauling* aufgestellte Elektronegativitätsskala (Tab. 1.5) ordnet die chemischen Elemente nach ihrem elektronegativen Charakter. Die χ-Werte sind relative Zahlen. Ihre Bedeutung besteht in erster Linie darin, qualitative Aussagen beim Vergleich verschiedener Elemente untereinander zu ermöglichen. Das Fluoratom zieht im Vergleich zu allen anderen Atomen die Elektronen einer Atombindung am stärksten an. Deshalb wurde ihm der höchste Wert (χ(F) = 4,0) zugeordnet. Den niedrigsten Elektronegativitätswert erhielt das Cäsium (χ(Cs) = 0,7). Da Metalle generell leicht Elektronen abgeben, besitzen sie die kleinsten Elektronegativitäten. Sie werden deshalb auch als *elektropositive* Elemente bezeichnet. Bei χ = 2,0 liegt annähernd die Grenze zwischen Metallen (χ < 2,0) und Nichtmetallen (χ > 2,0).

Die am stärksten elektronegativen Elemente sind **F > O > N = Cl > Br** (nach Pauling). In Verbindungen dieser Elemente mit Wasserstoff ist mit dem Auftreten von Wasserstoffbrückenbindungen zu rechnen (Kap. 1.4.2 und 3.1). Innerhalb einer Periode nimmt die Elektronegativität von links nach rechts zu, innerhalb einer Hauptgruppe von oben nach unten ab.

1.4 Chemische Bindung

Wie im vorigen Kapitel betont, stellt die Edelgaskonfiguration einen besonders energiearmen, stabilen Zustand dar. Um ihn zu erreichen, gehen die Atome untereinander Wechselwirkungen ein. Man unterscheidet drei Grundtypen der chemischen Bindung, die Atombindung (kovalente Bindung), die Ionenbindung und die Metallbindung. Sie sollen im Folgenden näher beschrieben werden.

1.4.1 Grundtypen der chemischen Bindung

• **Atombindung (Kovalente Bindung).** Die Atombindung ist das eigentliche Herzstück der chemischen Bindung. Sie ist die wichtigste Art der Bindung **zwischen Nichtmetallen**. Ein anschauliches Bindungsmodell stammt von *Lewis* (1916):

> **Bei einer Atombindung erfolgt der Zusammenhalt zwischen zwei Atomen durch ein gemeinsames Bindungselektronenpaar (*Elektronenpaarbindung*).**

Durch das gemeinsame Elektronenpaar (*Bindungselektronenpaar*) erreichen beide Partner eine Edelgaskonfiguration, also acht Elektronen auf der äußersten Schale (Elektronenoktett). Wasserstoff bildet eine Ausnahme (s.u.). Die übrigen nicht an der Bindung beteiligten Elektronenpaare eines Atoms werden als *nichtbindende* oder *freie Elektronenpaare* bezeichnet. Kovalente Bindungen sind nur zwischen den zwei beteiligten Atomen wirksam, damit besitzt die kovalente Bindung eine räumliche Vorzugsrichtung. Man spricht deshalb auch von einer gerichteten oder homöopolaren Bindung.

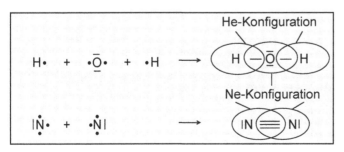

In den Lewis-Formeln wird ein Bindungselektronenpaar durch einen Strich *zwischen* den Elementsymbolen der an der Bindung beteiligten Atome, ein nichtbindendes Elektronenpaar durch einen Strich *am* Elementsymbol gekennzeichnet (*Valenzstrichformeln*). Die Anzahl der Bindungen pro Atom ergibt sich aus der **Oktettregel**, wonach jedem Atom vier Elektronenpaare - bindend oder nichtbindend - zugeordnet sein müssen **(Achterschale).**

In manchen Molekülen werden zwei, z. B. CO_2 (O=C=O) und Ethen C_2H_4 ($H_2C=CH_2$), oder drei, z. B. N_2 ($|N\equiv N|$) und Ethin C_2H_2 (HC≡CH), Bindungselektronenpaare benötigt, um eine Achterschale zu erreichen. Im ersten Fall liegen Doppel- und im zweiten Fall Dreifachbindungen vor (s. Kap. 7.1.1). Als Element der 1. Periode kann kovalent gebundener Wasserstoff maximal zwei Elektronen aufnehmen und damit die Edelgaskonfiguration des Heliums erreichen (Zwei-Elektronen-Konfiguration).

Die Valenzstrichformeln nach Lewis geben einen für viele praktische Problemstellungen ausreichenden Einblick in die räumliche Verknüpfung der Atome in einem chemischen Molekül. Sie geben uns keinen Hinweis auf die räumliche Gestalt der Moleküle.

Polare Atombindung. Eine „reine" Atombindung findet man nur zwischen den Atomen des gleichen Elements, z. B. im H_2, F_2 oder P_4. Nur in diesen Fällen sind aufgrund gleicher Elektronegativität der an der Bindung beteiligten Atome die Bindungselektronen symmetrisch zwischen den Atomen verteilt. Sind Atome unterschiedlicher Elektronegativität an einer Bindung beteiligt, so ist das Bindungselektronenpaar zum Atom mit der höheren Elektronegativität verschoben (Ausbildung von Bindungsdipolen). Es liegt eine polare Atombindung vor.

Bei entsprechender Molekülgeometrie können polare Bindungen die Ursache für das Vorliegen von **Moleküldipolen** sein. Bei Moleküldipolen fallen die Schwerpunkte negativer und positiver Partial- oder Teilladungen im Molekül *nicht* zusammen. Es bilden sich räumlich getrennte Bereiche positiver und negativer Teilladungen mit den Eigenschaften eines Dipols aus. Oder einfacher ausgedrückt: Das Molekül besitzt ein positives und ein negatives „Ende". Sowohl HCl als auch Wasser sind **Dipolmoleküle**. Der ionische Anteil der Atombindung wird im Formelbild wie folgt angegeben:

Infolge der höheren Elektronegativität des Chloratoms (χ = 3,0) gegenüber dem H-Atom (χ = 2,1) zieht das Chloratom die Ladungswolke des bindenden Elektronenpaares stärker an sich ($\Delta\chi$ = 0,9). Die Elektronendichte ist folglich am Chloratom größer als am H-Atom. An ersterem bildet sich eine negative Partialladung aus, was einem *Elektronenüberschuss* entspricht. An letzterem bildet sich demzufolge eine positive Partialladung aus (*Elektronenunterschuss*). Beide Ladungen besitzen den gleichen Betrag, sie addieren sich zu null. Die Partialladungen werden durch den griechischen Buchstaben δ charakterisiert und je nach Ladungssinn mit einem Plus- oder Minuszeichen versehen.

Für die O-H-Bindungen im Wassermolekül (χ(O) = 3,5; χ(H) = 2,1) ergibt sich jeweils eine Elektronegativitätsdifferenz von $\Delta\chi$ = 1,4. Auch hier addieren sich die negative Partialladung am O-Atom und die positiven Partialladungen an den H-Atomen zu null, denn sowohl das HCl- als auch das H_2O-Molekül sind Neutralmoleküle.

Das Vorliegen eines Dipols wird quantitativ durch das **Dipolmoment** μ charakterisiert. μ ist definiert als das Produkt aus der (verschobenen) Ladung *q und dem Abstand d beider Ladungen:* $\mu = q \cdot d$ (Einheit: Coulomb · Meter, Cm). Das Dipolmoment ist ein Vektor, dessen Spitze zum negativen Ende des Dipols zeigt. Als vektorielle Größe besitzt μ damit eine Richtung und einen Betrag. Das Dipolmoment eines Moleküls ergibt sich als Vektorsumme der Dipolmomente der einzelnen Molekülteile.

In der Praxis zieht man für Moleküldipole häufig die Einheit Debey (D) heran, Umrechnung: $1 \text{ D} = 3{,}338 \cdot 10^{-30}$ Cm. HCl besitzt beispielsweise ein Dipolmoment von 1,08 D und H_2O ein Dipolmoment von 1,85 D.

In *symmetrischen* Molekülen wie Schwefeltrioxid SO_3 oder Kohlendioxid CO_2 addieren sich die Bindungsdipole vektoriell zu null, d.h. die Ladungsschwerpunkte fallen zusammen. Trotz vorhandener polarer Bindungen bilden sich keine Moleküldipole aus. Diese Moleküle sind unpolar.

Stoffe mit polaren Atombindungen und einer unsymmetrischen Ladungsverteilung nennt man **polare Stoffe**, Beispiele sind Chlorwasserstoff, Fluorwasserstoff, Wasser und auch Ammoniak. Polare Stoffe lösen sich im (polarem) Wasser, sie sind **hydrophil** (wasserfreundlich). Unpolare Stoffe weisen dagegen eine symmetrische Ladungsverteilung im Molekül auf, Beispiel sind Wasserstoff, Halogene, Stickstoff, Sauerstoff, Methan und SO_3. Sie lösen sich nur schwer in Wasser, man bezeichnet sie als **hydrophobe** (wasserabstoßende) Stoffe (s. a. Kap. 3.2, Benetzung).

Ist die Elektronegativitätsdifferenz $\Delta\chi$ zwischen zwei Elementen > 2, kann bei Verbindungsbildung nicht länger von einem Bindungselektronenpaar gesprochen werden. Es erfolgt ein vollständiger Übergang eines Elektrons vom elektropositiven zum elektronegativen Element unter Ausbildung einer Ionenbindung.

- **Ionenbindung.** Die Ionenbindung ist die wichtigste Art der Bindung *zwischen Metallen und Nichtmetallen*. Sie ist damit der zentrale Bindungstyp der anorganischen Chemie.

Ionenverbindungen entstehen durch Vereinigung von ausgeprägt metallischen mit ausgeprägt nichtmetallischen Elementen, also von Elementen, die im PSE links stehen (Alkalimetalle, Erdalkalimetalle), mit Elementen, die im PSE rechts stehen (Halogene, Sauerstoff). Aufgrund der großen Elektronegativitätsdifferenz zwischen den beiden Bindungspartnern „entreißt" das Nichtmetall dem Metall seine Valenzelektronen.

Bei der Reaktion von Natrium mit Chlor zu Natriumchlorid gibt jedes Natriumatom ein Elektron ab. Das dabei gebildete positiv geladene Ion Na^+ hat die gleiche Elektronenkonfiguration wie das Edelgas Neon ($1s^2\ 2s^2\ 2p^6$). Die Chloratome nehmen jeweils ein Elektron auf und erlangen damit die Elektronenkonfiguration des Edelgases Argon ($1s^2\ 2s^2\ 2p^6\ 3s^2\ 3p^6$). Aus den Chloratomen entstehen durch Elektronenaufnahme Chloridionen Cl^-.

$$\text{Na}\cdot \quad + \quad |\overline{\underline{Cl}}\cdot \quad \longrightarrow \quad \text{Na}^+ \quad + \quad |\overline{\underline{Cl}}|^-$$

Wesentliche Voraussetzung für das Zustandekommen einer Ionenbindung ist der vollständige Übergang eines Elektrons vom Metall- zum Nichtmetallatom. Dabei entstehen positiv geladene Ionen (Kationen) und negativ geladene Ionen (Anionen).

Die entgegengesetzt geladenen Ionen werden durch elektrostatische **(Coulombsche)** Anziehungskräfte zusammengehalten. Die wichtigsten Beispiele für Ionenverbindungen sind *Salze* und *Metalloxide*.

Eigenschaften und Aufbau von Ionenverbindungen. Ionenverbindungen leiten sowohl in wässriger Lösung als auch in geschmolzenem Zustand den elektrischen Strom. Darüber hinaus besitzen sie eine Reihe weiterer *charakteristischer Eigenschaften:*
- Salzkristalle sind **harte, spröde Stoffe**, die bei mechanischer Beeinflussung leicht zerstört werden können.
- Im Vergleich zu den molekularen Stoffen besitzen sie **hohe Schmelz- und Siede-punkte.** Die hohen Temperaturen beim Schmelzen eines Salzes (z. B. NaCl, Smp. 801°C) sind notwendig, um die starken Anziehungskräfte zwischen den Ionen zu über-winden und sie in bewegliche Teilchen in der Schmelze zu überführen.

Im Gegensatz zur kovalenten Bindung sind die elektrostatischen Wechselwirkungskräfte *ungerichtete (heteropolare) Kräfte.* Sie wirken nicht in einer bestimmten Vorzugsrichtung, sondern allseitig in den Raum. Damit kann ein Kation mehrere benachbarte Anionen und ein Anion mehrere benachbarte Kationen anziehen. Die dabei auftretenden Anziehungs- und Abstoßungskräfte führen zu einer regelmäßigen Anordnung der Kationen und Anionen unter Ausbildung eines **Ionengitters (Ionenkristalls).**

Kristalline Festkörper (Kristalle) weisen einen hohen Ordnungsgrad auf. Ihre Atome, Ionen oder Moleküle sind regelmäßig im Raum angeordnet. Der Bereich kristalliner Sub-stanzen ist sehr breit gefächert. Er umfasst Ionenverbindungen (<u>Salze</u>: NaCl, CaCO₃; *<u>Oxide</u>: CaO, ZnO) und nichtmetallische feste Elemente wie Kohlenstoff, Schwefel, Phos-phor und Iod. Er umfasst aber ebenso metallische Elemente (z. B. Fe, Cu), Legierungen (z. B. Messing) sowie Festkörper, deren Gitterbausteine aus Molekülen bestehen (z. B. Zucker).*
*Charakteristisches Merkmal kristalliner Festkörper sind glatte, wohl definierte Oberflä-chen (Kristallflächen), die mit der Oberfläche des benachbarten Kristalls genau definierte Winkel bilden. Feste Stoffe, die nicht in einer solchen geordneten Struktur vorliegen, be-zeichnet man als **amorphe Festkörper.** Hier liegen die Atome, Ionen oder Moleküle in einer unregelmäßigen Anordnung vor. Beispiele für amorphe Stoffe: Glas und Gummi.*

In Ionenkristallen sind Ionen entgegengesetzter Ladung und unterschiedlicher Größe in einem bestimmten stöchiometrischen Verhältnis so gepackt, dass die elektrostatischen An-ziehungskräfte die elektrostatischen Abstoßungskräfte überwiegen. Die größte Stabilität ist demnach bei maximalem Kontakt zwischen Kation und Anion und minimalem Kontakt zwi-schen gleichsinnig geladenen Ionen gegeben. Die Kristallstruktur einer Ionenverbindung wird wesentlich vom Radienverhältnis der im Kristall vorliegenden Ionen beeinflusst.

Als Beispiel für eine ionische Verbindung von einem Metall und einem Nichtmetall des Typs **AB** (stöchiometrisches Verhältnis Kation zu Anion = 1:1) soll das **Natriumchlorid** (NaCl)-Typ (Abb. 1.5) betrachtet werden. Der besseren Anschaulichkeit wegen sind die Ionen des Gitters voneinander entfernt liegend dargestellt (1.5 links), in Wirklichkeit kön-nen sich Kationen und Anionen im Kristall berühren (1.5 rechts). Die Na^+- und Cl^--Ionen bilden jeweils kubisch-flächenzentrierte Teilgitter, die durch Translationen (geradlinige Bewegung) ineinander überführt werden können. Jedes Kation ist von sechs Anionen und jedes Anion von sechs Kationen in oktaedrischer Anordnung umgeben. Die Natriumionen besetzen die oktaedrischen Hohlräume, die durch die kubisch dichteste Packung der Chloridionen gebildet werden. Die Koordinationszahl ist sechs.

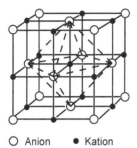   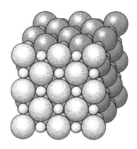

○ Anion   ● Kation

Abbildung 1.5 NaCl: links: Elementarzelle, rechts: dichte Packung der kugelförmigen Ionen

Da Ionenverbindungen nicht aus einzelnen Molekülen bestehen, sondern Ionengitter bilden, kennzeichnen die (Summen-)Formeln dieser Verbindungen immer die Verhältnisse, in denen Anionen und Kationen im Gitter vorliegen. Die chemischen Formeln von Salzen sind somit immer Verhältnisformeln. *Einzelne NaCl-Moleküle gibt es im festen Zustand nicht.* Man bezeichnet deshalb die Summenformel, die die Zusammensetzung der Ionensubstanz wiedergibt, als **Formeleinheit**.

● **Metallbindung.** Bei den bisher betrachteten beiden Bindungstypen steuern entweder zwei nichtmetallische (elektronegative) Bindungspartner Elektronen zu einem oder mehreren gemeinsamen Bindungselektronenpaaren bei ($\Rightarrow$ *Atombindung*) oder es kommt infolge einer großen Elektronegativitätsdifferenz zwischen einem Metall und einem Nichtmetall zu einem *vollständigen* Elektronenübergang unter Ausbildung von Ionen ($\Rightarrow$ *Ionenbindung*). Was passiert aber nun im Fall der Metalle? Wie erfolgt die Bindung zwischen Atomen von Elementen niedriger Elektronegativität, die zur Elektronenabgabe neigen? Wohin werden die Elektronen abgegeben, wenn kein Partner zur Verfügung steht, der sie aufnimmt?

Elektronengasmodell. Drude und *Lorentz* entwickelten 1900 das sogenannte Elektronengasmodell. Danach sind die Valenzelektronen der Metalle in einem Gitter positiver Metallionen nach Art eines Gases frei beweglich. Die freie Beweglichkeit der Elektronen resultiert aus den im Vergleich zu den Nichtmetallen niedrigeren Ionisierungsenergien. Durch das Elektronengas werden die positiven Atomrümpfe im Metallgitter zusammengehalten.

Die positiv geladenen Atomrümpfe liegen als Gitterbausteine in einem Metallgitter vor. Die Valenzelektronen können sich wie Gasmoleküle zwischen den Atomrümpfen frei bewegen.

Die *hohe elektrische Leitfähigkeit* und der *metallische Glanz* sind auf die frei beweglichen Elektronen zurückzuführen, die bei Anlegen einer äußeren Spannung zu einer Bewegung in Richtung positiver Pol gezwungen werden. Die Abnahme der Leitfähigkeit mit steigender Temperatur beruht auf den immer stärker werdenden Schwingungen der Atomrümpfe. Der elektrische Widerstand des Metalls nimmt zu.
Da das Elektronengas das Kristallgitter zusammenhält, können die Atomrümpfe benachbarter Schichten aneinander vorbei gleiten, ohne dass der Kristallverband zerstört wird. Damit ist auch eine Erklärung für die Verformbarkeit der Metalle gegeben. Ganz anders

reagieren Salzkristalle auf mechanische Beanspruchung. Sie spalten entweder entlang der Schichten auf oder sie splittern bzw. zerspringen. Ursache ist die abwechselnde Anordnung positiver und negativer Ladungen im ionischen Kristallgitter. Wenn sich bei mechanischer Beanspruchung gleichsinnig geladene Ionen benachbarter Schichten annähern, sprengen die Schichten infolge starker elektrostatischer Abstoßung auseinander und der Kristall wird zerstört.

Energiebändermodell. Zur Erklärung der unterschiedlichen elektrischen Leitfähigkeiten von Metallen, Halbleitersubstanzen und nichtleitenden Stoffen (Isolatoren) ist das Elektronengasmodell nicht in der Lage. Hierzu muss das auf der Molekülorbital-Theorie (MO-Theorie) der chemischen Bindung aufbauende **Energiebändermodell** herangezogen werden.
Betrachten wir zunächst zwei Wasserstoffatome. Bilden beide ein Molekül, so kombinieren die beiden 1s-Orbitale zu zwei sogenannten Molekülorbitalen (MOs). Es entsteht ein energieärmeres (bindendes) und ein energiereicheres (antibindendes) MO, bezogen auf die Energie der ursprünglichen Atomorbitale. Mit anderen Worten: Es entstehen zwei neue **Energieniveaus.** Im Metallverband kombinieren sehr viele gleiche Metallatome miteinander. Aus N äquivalenten Atomorbitalen bilden sich N Molekülorbitale, die über den gesamten Metallkristall delokalisiert (verteilt) sind und die sich energetisch nur wenig unterscheiden. Ist N sehr groß - und davon kann man im Metallverband ausgehen - sind die Energiedifferenzen zwischen den Energieniveaus so gering, dass zwischen den Niveaus der einzelnen MOs nicht länger differenziert werden kann. Sie verschmelzen zu einem Energieband (Abb. 1.6).

Ein Energieband besteht aus einer Vielzahl messtechnisch voneinander nicht unterscheidbarer Energieniveaus.

Jedes Energieband ist durch seine Haupt- und Nebenquantenzahl charakterisiert. Das äußere ganz oder teilweise gefüllte Energieband wird als **Valenzband**, das nächsthöhere nichtbesetzte Band als **Leitfähigkeits-** oder **Leitungsband** bezeichnet.

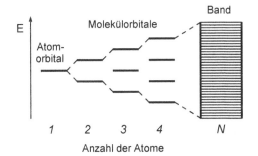

Abbildung 1.6

Entstehung eines Energiebandes durch Wechselwirkung der Orbitale von Metallatomen

In Abb. 1.7 ist das Energiebänderdiagramm des Berylliums ($1s^2\ 2s^2$) gezeigt. Das energetisch tief liegende, aus den 1s-Atomorbitalen der Be-Atome gebildete Energieband ist von dem aus 2s-Orbitalen gebildeten Band durch einen Energiebereich getrennt, in dem keine Energieniveaus liegen. Dieser Bereich wird als *verbotene Zone* bezeichnet. Die Energien dieses Bereichs sind für die Elektronen des Metallverbandes verboten. Das 2s-Band ist wie das 1s-Band mit Elektronen voll besetzt. In einem vollständig besetzten Energieband ist keine Elektronenbewegung möglich. Würde beim Beryllium das besetzte 2s-Energieband nicht mit dem unbesetzten 2p-Band überlappen, wäre Beryllium nicht in der Lage, den elektrischen Strom zu leiten. Da jedoch Valenz- und Leitungsband überlappen, ist beim Anlegen einer äußeren Potentialdifferenz eine Elektronenbewegung und damit ein Stromtransport möglich. Den Valenzelektronen stehen beim Übergang in das Leitungsband ausreichend viele unbesetzte Energiezustände zur Verfügung. Aufgrund der Delokalisation der MOs über den gesamten Atomverband sind sie im Kristall frei beweglich. Bei Temperaturerhöhung werden die freien Elektronen durch die stärker werdenden Gitterschwingungen behindert. Die elektrische Leitfähigkeit der Metalle nimmt mit steigender Temperatur ab.

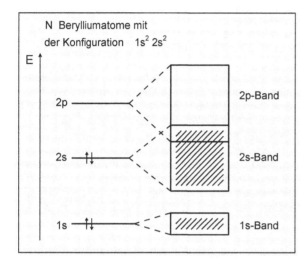

Abbildung 1.7

Besetzung der Energiebänder für Beryllium (Be)

Frei bewegliche Elektronen sind nicht nur die Ursache für die hohe elektrische Leitfähigkeit der Metalle, sondern auch für ihre Wärmeleitfähigkeit. Die Elektronen absorbieren Wärme in Form von kinetischer Energie und leiten sie rasch in den Kristallverband des Metalls ab.

Charakteristisch für Metalle ist eine geringe Energiedifferenz zwischen den s-und den p-Orbitalen. Damit können Valenz- und Leitungsband überlappen (Abb. 1.7 und 1.8 a, b).

Ist die Zone zwischen besetztem Valenz- und leerem Leitungsband schmal, liegt ein **Halbleiter** (auch: Eigenhalbleiter) vor (Abb. 1.8 d). Bei Zimmertemperatur ist die thermische Energie der Elektronen meist zu gering, um den Abstand zwischen Valenz- und Leitungsband zu überwinden. Führt man jedoch thermische oder optische Energie zu, können die Elektronen über die verbotene Zone in das Leitungsband gelangen. Im Leitungsband findet die Elektronenleitung statt. Durch die fehlenden Elektronen sind im Valenzband positive Löcher entstanden. Bei einer Elektronenbewegung im Valenzband wandern diese positiven Löcher in entgegen gesetzter Richtung (Lochleitung). Der Begriff *Lochleitung* impliziert, dass die Leitfähigkeit im Valenzband durch positive Teilchen der Ladungsgröße eines Elektrons bewirkt wird. Diese fiktiven positiven Ladungsträger werden **Defektelektronen** genannt. Die elektrische Leitung findet somit beim Halbleiter sowohl im Valenz- als auch im Leitungsband statt.
Im Gegensatz zu den Metallen nimmt die elektrische Leitfähigkeit der Halbleiter mit steigender Temperatur zu.
Bei anderen Halbleitertypen beruht die Leitfähigkeit auf dem Vorhandensein überschüssiger Elektronen oder Elektronenleerstellen ("Löcher"). Werden beispielsweise Fremdatome von Elementen der 5. Hauptgruppe (z. B. As) in ein Siliciumgitter eingebaut **(Dotierung)**, besitzen diese Atome ein Elektron mehr als die Siliciumatome. Man bezeichnet diese Atome als Donator- oder Donoratome. Die überschüssigen Elektronen werden vom Rumpf

des Fremdatoms nur schwach angezogen und können mit relativ wenig Energie in das Leitungsband überführt werden (*Elektronenleitung*). Halbleiter dieses Typs gehören zu den **n-Halbleitern**, das n steht für negativ. Im Energiebändermodell liegen die Donatorniveaus der Fremdatome in der verbotenen Zone geringfügig unterhalb des Leitungsbandes.

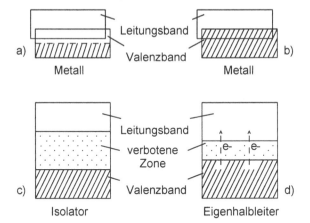

Abbildung 1.8

Energiebänderdiagramme für drei verschiedene Typen von Festkörpern (schematisch)

Baut man dagegen Atome der 3. Hauptgruppe, also Atome mit einem Valenzelektron weniger als Si (z. B. Al, In) in das Si-Gitter ein, können nur drei kovalente Bindungen ausgebildet werden. Es herrscht ein Elektronenmangel, das Valenzband ist nicht vollständig gefüllt. Beim Anlegen einer äußeren Spannung können Elektronen aus den besetzten Orbitalen des Valenzbandes in eines der wenigen unbesetzten Orbitale gelangen. Halbleiter dieser Art werden als **p-Halbleiter** (p steht für positiv) bezeichnet, da die Fremdatome gegenüber den Si-Atomen des Gitters einen *positiven* Ladungsüberschuss aufweisen. Es liegt wiederum eine Defektelektronenleitung (p-Leitung) vor. Der Begriff p-Leitung ist insofern etwas irreführend, als dass auch bei einer p-Leitung die Stromleitung durch Elektronen erfolgt. Die Akzeptorniveaus der Fremdatome liegen geringfügig über dem Valenzband. Durch geringe Energiezufuhr können die Elektronen des Valenzbandes die Akzeptorniveaus besetzen. Auch bei den dotierten Halbleitern nimmt die Leitfähigkeit mit steigender Temperatur zu.

Im Falle des **Isolators** ist das voll besetzte Valenzband durch eine breite verbotene Zone vom Leitungsband getrennt (Abb. 1.8 c). Wegen der hohen Energien, die erforderlich sind, um Elektronen in das leere Leitungsband zu überführen, finden bei Isolatoren normalerweise keine Elektronenanregungen statt. Die elektrische Leitfähigkeit ist sehr gering (z. B. Diamant (C): $\kappa = 10^{-13}$ S/cm).

Metallgitter. Im Gegensatz zu den Gittern ionischer Festkörper bestehen Metallgitter aus Atomen gleicher Größe. Betrachtet man die Metallatome als starre Kugeln zwischen denen ungerichtete Anziehungskräfte wirken, kann der Gitteraufbau wie folgt beschrieben werden: In einer ersten Schicht dichtest angeordneter, gleich großer Kugeln ist jede Kugel von sechs anderen umgeben. Es entstehen Anordnungen von gleichseitigen Dreiecken und Sechsecken.

Werden auf eine solche Schicht weitere Kugeln gebracht, ist die entstehende Packung dann am dichtesten, wenn die Kugeln in die Lücken oder Vertiefungen der darunter liegenden Schicht zu liegen kommen (Abb. 1.9 a).

Für eine dritte Kugelschicht, die in dichtester raumsparender Packung auf die darunter liegende gebracht wird, gibt es zwei Möglichkeiten: Die Kugeln der dritten Schicht liegen

genau über denen der ersten und es ergibt sich eine Schichtfolge ABABAB... (Abb. 1.9 b).
Es liegt eine **hexagonal-dichteste Kugelpackung** vor (Magnesiumtyp).
Liegen die Kugeln der dritten Schicht über den Lücken der ersten (Abb. 1.9 c), erhält man
die Schichtfolge ABCABCABC.... Sie entspricht der **kubisch-dichtesten** Raumpackung.
Erst die vierte Schicht liegt genau wieder über der ersten. Es entsteht eine Struktur mit
einer flächenzentrierten kubischen Elementarzelle. Als kleinste Einheit ergibt sich ein Wür-
fel, dessen Ecken und Flächenmitten mit Metallatomen besetzt sind.

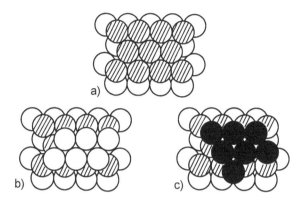

Abbildung 1.9 Dichteste Kugelpackungen
a) Die Kugeln der 2. Schicht liegen in den Lücken bzw. Vertiefungen der 1. Schicht (von oben
gesehen). b) Die Kugeln der 3. Schicht liegen genau über denen der 1. Schicht (ABABAB...):
hexagonal dichteste Packung. c) Die Kugeln der 3. Schicht liegen über den Lücken bzw. Vertiefungen der 1. Schicht (ABCABC...): kubisch dichteste Packung.

Einige Metalle bilden keine dichtesten Kugelpackungen. Sie liegen in einer **kubisch-
raumzentrierten** Struktur vor. Während bei den beiden Strukturtypen dichtester Packung
jeweils ein Atom 12 Nachbarn besitzt (Koordinationszahl = 12), beträgt die Koordinationszahl im letzteren Falle 8. Die Packungsdichte der kubisch-raumzentrierten Struktur ist
demnach etwas geringer (68% Raumausfüllung) als die der dichtesten Packungen (74%).
Etwa 80% der Metalle kristallisieren in einem dieser drei Gittertypen (Abb. 1.10).

In der kubisch-raumzentrierten Struktur kristallisieren Eisen (unterhalb 906°C, α-Eisen)
und Chrom. In der kubisch-flächenzentrierten Struktur Eisen (oberhalb 906°C, γ-Eisen) und
die Metalle Al, Cu, Pb, Ni, Ag, Au und Pt. In der hexagonal-dichtesten Struktur (auch: hexagonal-innenzentriert) kristallisieren Zn, Mg, Co und Cd.

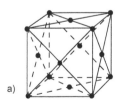  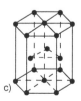

Abbildung 1.10

Elementarzellen wichtiger
Gittertypen der Metalle:

a) kubisch-flächenzentriert
b) kubisch-raumzentriert
c) hexagonal-innenzentriert

Betrachtet man eine Metalloberfläche (z. B. Zink) etwas genauer, sieht man viele kleine,
verschieden orientierte Kristalle (*Kristallite*). Ihre Größe hängt von den Erstarrungsbedin-
gungen ab. Die Kristallite („Körner") sind durch die Korngrenzen voneinander getrennt.

Legierungen. Die Legierungsbildung ist eine grundlegende Eigenschaft der Metalle. Fast alle technischen Gebrauchsmetalle sind Legierungen. Legierungen werden sowohl durch Zusammenschmelzen von zwei oder mehreren Metallen als auch von Metallen mit geeigneten Nichtmetallen erhalten. Aufgrund unterschiedlicher Mischbarkeit im festen und flüssigen Zustand unterscheidet man verschiedene Typen von Legierungen, die im Folgenden kurz beschrieben werden sollen:

- *Mischkristalle.* Mischkristalle zwischen Kristallgittern unterschiedlicher Metalle bilden einen strukturellen Grundtyp metallischer Legierungen. Werden Gitterpunkte im Kristallgitter eines Metalls in statistisch ungeordneter Weise durch Atome eines anderen Metalls besetzt, spricht man von **Substitutionsmischkristallen.** Voraussetzungen für die Mischkristallbildung sind eine enge chemische Verwandtschaft der Metalle, ähnliche Atomradien (Differenz qa≤ 15%), ein gleicher Gittertyp und die gleiche Anzahl von Valenzelektronen. Sind diese Voraussetzungen erfüllt, kann im Mischkristall jedes beliebige Mischungsverhältnis zwischen den Metallen auftreten. Es liegt demnach eine unbegrenzte Löslichkeit der Metalle ineinander vor (*homogene Legierung*). Eine lückenlose Mischkristallbildung findet man bei Legierungen der Metalle Au/Ag, Au/Cu, Mg/Cd, Ni/Pd und Cr/Mo. Liegt die Differenz der Atomradien über 15%, kommt es häufig zur Mischkristallbildung mit Mischungslücke. *Einlagerungsmischkristalle* bilden sich dagegen aus einem Übergangsmetall mit einem oder mehreren Nichtmetallen, wie z. B. Wasserstoff, Kohlenstoff, Silicium, Stickstoff, Phosphor, Schwefel oder Bor. Die im Bauwesen am häufigsten benutzte Legierung Stahl ist ein Beispiel für diesen Strukturtyp. Die Nichtmetallatome besetzen Zwischengitterplätze, wobei immer nur geringe Mengen des nichtmetallischen Legierungsbestandteils in das Gitter gelangen. Voraussetzung für das Einlagern eines Elements ist ein kleinerer Atomdurchmesser als der des Grundmetalls.

Substitutions- und Einlagerungsmischkristalle sind homogene Legierungen. Sie bestehen aus einer Phase mit einem einheitlichen Kristallgitter. Zwischen beiden Legierungstypen gibt es Überschneidungen.

- *Eutektische Legierungen* sind Kombinationen von Metallen, die zwar im flüssigen Zustand in jedem Verhältnis mischbar sind, im festen Zustand jedoch keine (z. B. Bi/Cd) oder nur eine begrenzte (z. B. Pb/Sn, Cu/Ag) Mischbarkeit zeigen. Die Metalle bilden beim Auskristallisieren kleinste Kristallite aus, die über die Korngrenzen durch metallische Bindung verbunden sind. Eutektische Legierungen besitzen deshalb häufig ein feines Kristallgefüge. Sie weisen niedrige Schmelzpunkte auf und sind gut bearbeitbar (⇒ *eutektisch:* eu *griech.* gut; tektainomai schmieden, bearbeiten).

1.4.2 Intermolekulare Bindungskräfte

Zusätzlich zu den drei besprochenen Bindungstypen, die zur Bildung von Molekülen, Atom- und Ionengittern sowie Metallgittern führen, wirken zwischen den Molekülen *inter-* oder *zwischenmolekulare Bindungskräfte*. Während die Bindungsenergien bei chemischen Bindungen zwischen 100 bis ca. 1000 kJ/mol liegen, sind die intermolekularen Bindungen mit Werten zwischen 0,3…40 kJ/mol deutlich schwächer. Trotzdem bilden sie die Ursache für zahlreiche technische Phänomene wie die Haftwirkung zwischen Anstrichstoff und mineralischer Oberfläche, die Verklebung von Gläsern und Dämmstoffen oder das Aufsteigen von Wasser im Baustoff.

Die Anziehungskräfte, die sowohl zwischen Molekülen als auch zwischen valenzmäßig abgesättigten Edelgasatomen wirken, werden als **Van-der-Waals-Kräfte** bezeichnet. Sie sind unabhängig vom sonstigen Bindungstyp *immer* wirksam. Die Van-der-Waals-Kräfte setzen sich aus verschiedenen Anteilen zusammen:

- **Dispersionskräfte** (*lat.* disperso: Verteilung). Die grundlegende Kraftwirkung zwischen den Molekülen ist die Dispersionskraft. Dispersionskräfte sind auf eine kurzfristige Verschiebung der Elektronen in der Elektronenhülle zurückzuführen, wobei aus Kern- und Elektronenladung „momentan" unsymmetrische Ladungsverteilungen entstehen. Die Molekülseite, zu der sich die Elektronendichte verlagert, trägt die negative Partialladung. Auf der anderen Molekülseite ergibt sich eine positive Partialladung. Daraus resultieren temporäre Dipole, die in ihren Nachbarmolekülen wiederum Dipole induzieren. Die Folge sind schwache elektrostatische Anziehungskräfte. Im zeitlichen Mittel kompensieren sich die kurzzeitig auftretenden Dipole.
Dispersionskräfte wirken zwischen <u>allen</u> Molekülen - polaren und unpolaren. Zwischen unpolaren Molekülen (z. B. N_2, O_2 und Cl_2) und den Atomen der Edelgase (im flüssigen Zustand) sind die Dispersionskräfte die einzige Art der Wechselwirkung.

- **Dipol-Wechselwirkungen**

Orientierungskräfte treten zwischen Dipolmolekülen auf. Sie sind die Ursache für die Ausrichtung polarer Teilchen:

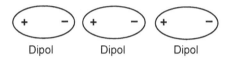

Dipol   Dipol   Dipol

Induktionskräfte wirken zwischen einem Ion bzw. Dipolmolekül und einem Molekül mit symmetrischer Ladungsverteilung (unpolares Molekül). Befindet sich das unpolare Molekül im elektrischen Feld eines Ions oder Dipols, wird durch gegenläufige Verschiebung von negativer und positiver Ladung ein Dipol erzeugt (*Dipol-induzierter-Dipol-Wechselwirkungen*). Die Teilchen richten sich gegenseitig aus. Ein solcher Fall liegt beispielsweise vor, wenn sich Sauerstoff (unpolar) in polarem Wasser löst.

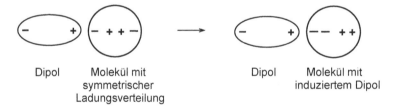

Dipol   Molekül mit   Dipol   Molekül mit
             symmetrischer   induziertem Dipol
             Ladungsverteilung

- **Wasserstoffbrückenbindung**

Ein besonderer Fall der intermolekularen Bindung liegt bei der sogenannten *Wasserstoffbrückenbindung* vor. Sie tritt auf, wenn **H-Atome in Molekülen an kleine, stark elektronegative Elemente X (X = F, O, N) gebunden** sind. Infolge der starken Polarität der Bindung H–X bilden sich an den Wasserstoffatomen positive und an den mit ihnen verbundenen elektronegativen Atomen negative Partial- oder Teilladungen aus. Das führt zur Ausbildung von *Wasserstoffbrückenbindungen* zwischen den positivierten H-Atomen des einen Moleküls und den partiell negativ geladenen Atomen eines Nachbarmoleküls.

Ein partiell positiv geladenes H-Atom des einen Moleküls und ein freies Elektronenpaar am elektronegativen Atom eines Nachbarmoleküls ziehen sich gegenseitig an. Sie bilden eine Wasserstoffbrücke.

Die Wasserstoffbrückenbindung besitzt im Wesentlichen elektrostatischen Charakter, obwohl auch kovalente Bindungsanteile vorliegen (H-Brücken sind *gerichtete* Bindungswechselwirkungen). Die Anziehung zwischen den Molekülen ist umso stärker, je größer die Elektronegativität und je kleiner der Radius des elektronegativen Atoms X sind. Die Bindungsenergien der H-Brückenbindungen liegen im Bereich zwischen 5...30 kJ/mol. Sie sind damit merklich kleiner als die der Atombindungen (etwa 1/20 der Bindungsstärke!). In chemischen Formeln wird die Wasserstoffbrückenbindung häufig durch Punkte symbolisiert, wie das nachfolgende Beispiel der intermolekularen Wasserstoffbrückenbindung im Fluorwasserstoff HF zeigt (Struktur im festen Zustand).

Die besondere Bedeutung der Wasserstoffbrückenbindung für baupraktische Eigenschaften des Wassers wird in Kap. 3 besprochen.

Wie bereits betont sind intermolekulare Bindungskräfte die Ursache für die Haftwirkung zwischen einer festen Oberfläche und einer zweiten Phase, die entweder aus einzelnen Molekülen, aus Tröpfchen bzw. Pulverpartikeln oder aus einem flüssigen bzw. festen Film bestehen kann (**Adhäsion**, *lat.* adhaesio anhängen). Die Adhäsion kann durch Van-der-Waals-Kräfte und H-Brückenbindungen, aber auch durch „echte" chemische Bindungen bedingt sein. Dahingegen bezeichnet man den durch intermolekulare Kräfte oder chemische Bindungen bedingten Zusammenhalt der Stoffe als **Kohäsion** (lat. cohaerere zusammenhängen). Zu Adhäsions- und Kohäsionskräften s. a. Diagramm S. 64.

1.5 Die chemische Reaktion

Chemische Reaktionen sind mit Energieumsätzen verknüpft. Die beteiligten Stoffe setzen entweder Energie frei oder nehmen welche auf. Die freigesetzte oder aufgenommene Energie kann in unterschiedlichen Formen in Erscheinung treten. In der Mehrzahl der Fälle handelt es sich um Wärmeenergie, die mit der Umgebung ausgetauscht wird. Seltener treten andere Energieformen wie Lichtenergie, mechanische oder elektrische Energie auf.

1.5.1 Reaktionsenthalpie – Triebkraft chemischer Reaktionen

Die bei einer chemischen Reaktion unter konstantem Druck abgegebene oder aufgenommene Wärmemenge bezeichnet man als **Reaktionsenthalpie** ΔH_R (auch: Reaktionswärme oder Wärmetönung). *H* ist das Zeichen für die Enthalpie (*H* steht für Heat, *engl.*; Wärme), das Δ bringt zum Ausdruck, dass es sich um die Differenz *H*(Endzustand) minus (Ausgangszustand) des Reaktionssystems handelt. Der Index *R* steht für Reaktion.

> **Die Reaktionsenthalpie ΔH_R ist die Reaktionswärme, die von einer bei konstantem Druck ablaufenden chemischen Reaktion abgegeben oder aufgenommen wird.**

Die Reaktionsenthalpie wird auf den molaren Formelumsatz bezogen, da sie selbstverständlich von der Menge der reagierenden Stoffe abhängt. Ihre Einheit ist kJ pro Mol Formelumsatz (kJ/mol). Der **molare Formelumsatz** ist der Umsatz gemäß Reaktionsgleichung in Mol, mit kleinsten ganzzahligen stöchiometrischen Koeffizienten. Im praktischen

Gebrauch wird bei der Angabe von Reaktionswärmen in Gleichungen der Index R häufig weggelassen.

Wird bei einer Reaktion Wärme freigesetzt, also vom System an die Umgebung abgegeben, liegt eine **exotherme Reaktion** vor. Die Reaktionsenthalpie erhält ein negatives Vorzeichen ($\Delta H_R < 0$). Die Ausgangsstoffe besitzen einen höheren Energieinhalt als die Reaktionsprodukte (Abb. 1.11a). Bei einer **endothermen Reaktion** wird Wärme vom System aus der Umgebung aufgenommen, die Reaktionsenthalpie erhält ein positives Vorzeichen ($\Delta H_R > 0$). In diesem Fall besitzen die Ausgangsstoffe einen geringeren Energieinhalt als die Reaktionsprodukte (Abb. 1.11b).

Die Tatsache, dass bei chemischen Reaktionen Energie abgegeben oder aufgenommen wird, macht deutlich, dass jedem Stoff ein bestimmter **Energieinhalt** (innere Energie) zugeschrieben werden kann. Er setzt sich aus der kinetischen Energie der Teilchen (Schwingungs-, Translations- und Rotationsenergie), der Energie der zwischenmolekularen Wechselwirkungen, der Energie der chemischen Bindungen sowie der Energie der Atomkerne und der nicht an der Bindung beteiligten Elektronen zusammen.

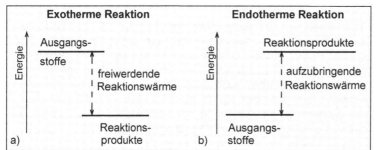

Abbildung 1.11

Schematische Energiediagramme:

a) exotherme Reaktion

b) endotherme Reaktion

Eine besondere Bedeutung kommt den **Bildungsenthalpien** (Bildungswärmen) ΔH_B zu. Unter der Bildungsenthalpie eines Stoffes versteht man die Reaktionswärme der Bildung von einem Mol dieses Stoffes aus den Elementen. Sie kann, wie jede Reaktionsenthalpie, negativ oder positiv sein. Für den notwendigen Vergleich der Reaktionsenthalpien sind Standardbildungsenthalpien ΔH_B^o festgelegt. Sie beziehen sich auf 1 Mol der Verbindung bei einer Temperatur von 298 K und den normalen Umgebungsdruck von 1,013 bar sowie den stofflichen Zustand unter diesen Bedingungen (Aggregatzustand, stabile Modifikation). Den Elementen hat man die Bildungsenthalpie 0 zugeordnet. Oftmals handelt es sich bei den Bildungsreaktionen um formale Reaktionen, die so nicht einfach durchzuführen sind. Die Bedeutung der Bildungsenthalpien besteht darin, dass aus ihnen die Reaktionsenthalpie jeder chemischen Umsetzung berechnet werden kann - vorausgesetzt die Bildungsenthalpien der beteiligten Stoffe sind bekannt. Näheres siehe [6 - 8].

Es soll an dieser Stelle darauf verwiesen werden, dass Enthalpieänderungen nicht nur bei chemischen Reaktionen, sondern auch bei Phasenumwandlungen wie Schmelzen, Verdampfen oder Sublimieren eines Stoffes auftreten. Zum Beispiel versteht man unter der **molaren Schmelzenthalpie** (molare Schmelzwärme) die Wärmemenge, die einem Mol eines Stoffes bei der Schmelztemperatur und bei konstantem Druck von 1,013 bar zugeführt werden muss, um ihn zu verflüssigen. Die **molare Verdampfungsenthalpie** ist als die Wärmemenge definiert, die erforderlich ist, um ein Mol eines Stoffes bei der Siedetemperatur und bei konstantem Druck (1,013 bar) vom flüssigen in den gasförmigen Zustand zu überführen. Schließlich versteht man unter der **molaren Sublimationsenthalpie** die Wärmemenge, die erforderlich ist, um ein Mol eines festen Stoffes zu verdampfen.

- **Triebkraft chemischer Reaktionen.** Eine der interessantesten Fragen der Chemie ist die nach der Triebkraft chemischer Reaktionen. Unter welchen Bedingungen laufen chemische Vorgänge spontan ab und unter welchen Bedingungen erfolgt keine Umsetzung zwischen den Reaktionspartnern? Zunächst glaubte man, dass Reaktionen nur dann freiwillig ablaufen, wenn sie mit Wärmeabgabe verknüpft sind, also exotherm ablaufen. Gegen Ende des 19. Jahrhunderts wurden jedoch zahlreiche Beispiele für endotherme Vorgänge gefunden, die bei Raumtemperatur und erst recht bei höheren Temperaturen ebenfalls spontan ablaufen, z. B. Verdampfen einer Flüssigkeit, Auflösen von Salzen in Wasser unter Abkühlung. Folglich kann die Enthalpieänderung nicht der alleinige Faktor sein, der den Ablauf (und die Richtung) einer Reaktion bestimmt.

Die tatsächlich für den Ablauf einer chemischen Reaktion verantwortliche Größe fand man in der **freien Enthalpie G**. Wie im Falle der Enthalpie interessiert wiederum nur die Änderung der freien Enthalpie ΔG_R. Ist $\Delta G_R < 0$, läuft die Reaktion freiwillig in der angegebenen Richtung ab. Ist $\Delta G_R > 0$, läuft die Reaktion nicht freiwillig, sondern nur unter Zwang ab. In umgekehrter Richtung (Rückreaktion) verläuft sie jedoch freiwillig. Ist $\Delta G_R = 0$, so befindet sich das System im Zustand des chemischen Gleichgewichts (Kap. 1.5.3). Die Änderung der freien Enthalpie ΔG_R ist das eigentliche Kriterium für das Reaktionsvermögen. Freie Enthalpie ΔG_R und Enthalpie ΔH_R unterscheiden sich um den Term $(-T \cdot \Delta S_R)$.

$$\Delta G_R = \Delta H_R - T \cdot \Delta S_R \qquad \text{(Gibbs-Helmholtz-Gleichung)} \qquad (1-13)$$

Die Größe S_R, die neben der Enthalpieänderung für den Ablauf einer Reaktion verantwortlich ist, heißt **Entropie** (Einheit: J/K). Die Entropie S kann als ein Maß für die *Unordnung* in einem System gedeutet werden. Sie ist umso größer, je geringer der Ordnungsgrad eines Systems ist.

Chemische Reaktionen zeigen wie alle Naturvorgänge die Tendenz, aus einem geordneten in einen weniger geordneten Zustand überzugehen. Die Entropie nimmt dabei zu. Bei Phasenänderungen von fest nach flüssig bzw. von flüssig nach gasförmig erhöht sich die Entropie des Systems. Flüssigkeiten, deren Teilchen beweglich sind, zeigen eine geringere Ordnung als Kristalle mit fixierten Gitterpositionen. Gase besitzen aufgrund der wesentlich höheren Beweglichkeit der Teilchen eine noch größere Unordnung und damit eine höhere Entropie als Flüssigkeiten.

Der Wert der freien Enthalpie ergibt sich aus der Konkurrenz zwischen Enthalpie und Entropie (Gl. 1-13). Ob eine Reaktion freiwillig abläuft, wird demnach sowohl durch die Reaktionswärme als auch durch den entstehenden Unordnungszustand bestimmt. Die Reaktionspartner versuchen stets, einen Zustand minimaler Energie zu erreichen, streben aber gleichzeitig ein Entropiemaximum an.

1.5.2 Geschwindigkeit chemischer Reaktionen - Katalyse

Für technische Prozesse wie etwa die Betonerhärtung sind Kenntnisse über die Geschwindigkeit des Ablaufs der chemischen Reaktion unerlässlich. Nur wenn man die Parameter kennt, die die Reaktionsgeschwindigkeit beeinflussen, kann man den Prozess beherrschen und lenken.

- **Reaktionsgeschwindigkeit (RG).** Die Reaktionsgeschwindigkeit ist ein Maß für den zeitlichen Ablauf einer chemischen Reaktion. Sie beschreibt die Konzentrationsänderung eines Ausgangsstoffes oder eines Reaktionsprodukts in Abhängigkeit von der Zeit *t*.

Betrachten wir die chemische Reaktion A + B → C. Zur Bestimmung der Reaktionsge-schwindigkeit können entweder die Abnahme der Ausgangsstoffe A bzw. B oder die Zu-nahme des Produkts C pro Zeiteinheit herangezogen werden. Als Maßeinheit der Reakti-onsgeschwindigkeit ist mol/l·s oder auch mol/l·min gebräuchlich. Die Geschwindigkeit einer Reaktion ist in erster Linie von der Konzentration der reagierenden Ausgangsstoffe und der Temperatur des Reaktionssystems abhängig.

Konzentrationsabhängigkeit der Reaktionsgeschwindigkeit. Voraussetzung für den Ablauf einer chemischen Reaktion ist der Zusammenstoß der reagierenden Teilchen. Da die Wahrscheinlichkeit des Zusammenstoßes von der Anzahl der reagierenden Teilchen abhängt, ist eine unmittelbare Abhängigkeit der Reaktionsgeschwindigkeit von der Kon-zentration gegeben. Die Zahl der reaktiven Zusammenstöße zwischen den Partnern pro Zeiteinheit steigt mit zunehmender Konzentration der Ausgangsstoffe, d.h. mit wachsender Teilchenzahl pro Volumeneinheit, an.

Kehren wir zur Reaktion A + B → C zurück. Für die Reaktionsgeschwindigkeit v der Bil-dung von C kann man schreiben:

$$v \sim c(A) \quad und \quad v \sim c(B) \quad bzw. \quad v \sim c(A) \cdot c(B).$$

Die Reaktionsgeschwindigkeit ist dem Produkt der Konzentrationen von A und B proporti-onal. Führt man die Proportionalitätskonstante k ein, erhält man

$$v = k \cdot c(A) \cdot c(B).$$

Die Proportionalitätskonstante k bezeichnet man als Geschwindigkeitskonstante. Je größer k, umso schneller läuft eine Reaktion ab.

Temperaturabhängigkeit der Reaktionsgeschwindigkeit. Die Reaktionsgeschwindigkeit nimmt mit steigender Temperatur zu. Zur Erklärung dieser experimentellen Tatsache soll daran erinnert werden, dass Zusammenstöße zwischen den Atomen oder Molekülen der Reaktionspartner die Voraussetzung für jede chemische Umsetzung bilden und dass die Wahrscheinlichkeit des Zusammenstoßes mit ansteigender Temperatur zunimmt.

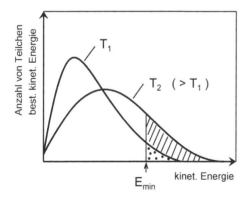

Abbildung 1.12

Energieverteilung bei verschiedenen Temperaturen

Bei einer detaillierteren Betrachtung wird jedoch deutlich, dass nicht jeder Zusammenstoß zwischen den Teilchen zu einer Reaktion führt, also erfolgreich ist. So sind die Atome oder Moleküle eines Gases durch die zahlreichen Stöße ständigen Änderungen ihrer Geschwin-digkeit und ihrer Richtung unterworfen. Die Teilchen besitzen demnach in jedem Augenblick für eine gegebene Temperatur T unterschiedliche Geschwindigkeiten und damit unterschiedliche kinetische Energien. Eine Reaktion tritt nur dann ein, wenn die aufeinander treffenden Teilchen eine bestimmte kinetische **Mindestenergie** (E_{min}) besitzen. Sie ist notwendig, damit die in den Teilchen der Ausgangsstoffe bestehenden Bindungen gelockert bzw. gelöst und neue Bindungen ausgebildet werden können. Bei einer höheren Temperatur erhöht sich die Anzahl der Teilchen mit einer höheren kinetischen Energie und damit die Wahrscheinlichkeit erfolgreicher Zusammenstöße. Die Reaktionsgeschwindigkeit steigt an.

Die Geschwindigkeiten der Teilchen in einem Gasvolumen sind in einer statistisch definierten Weise verteilt (*Maxwell-Boltzmannsche-Geschwindigkeitsverteilung*). Die Verteilung folgt einer definierten Funktion, die in Abb. 1.12 für zwei unterschiedliche Temperaturen dargestellt ist. Jede der Kurven besitzt ein Maximum. Die zugehörige kinetische Energie (bzw. Geschwindigkeit) ist diejenige, die am häufigsten vorkommt. Die meisten Teilchen besitzen demnach eine mittlere kinetische Energie. Relativ wenige Teilchen sind energieärmer, andererseits weisen auch nur wenige Moleküle eine Energie auf, die größer als die Mindestenergie E_{min} ist. Für die Temperatur T_1 sind nur die Teilchen, deren Energie gleich oder größer als E_{min} ist, zur Reaktion befähigt (Abb. 1.12, gepunktete Fläche). Beim Übergang von T_1 zu T_2 ($T_2 > T_1$) wird die Kurve flacher und dehnt sich in den Bereich höherer Geschwindigkeiten aus. Damit wird die Anzahl an energiereichen Teilchen, die die Mindestenergie E_{min} aufbringen, größer. Die schraffierte Fläche in Abb. 1.12 charakterisiert die Zahl der zusätzlichen Teilchen, die nach der Temperaturerhöhung von T_1 auf T_2 die Mindestenergie für einen wirksamen Zusammenstoß besitzen.

Eine orientierende Hilfe für praktische Problemstellungen ist die von van't Hoff gefundene **RGT-Regel** (RG = Reaktionsgeschwindigkeit, T = Temperatur):

Erhöht man die Temperatur um 10°C, erhöht sich die Reaktionsgeschwindigkeit um das Zwei- bis Vierfache.

Dieser qualitative Zusammenhang zwischen der Temperatur und der Reaktionsgeschwindigkeit gilt innerhalb mittlerer Temperaturbereiche für zahlreiche baurelevante anorganische und organische Reaktionen.

Die Temperatur hat einen großen Einfluss auf den Erhärtungsprozess des Betons. Grundsätzlich gilt, dass hohe Temperaturen die Festigkeitsentwicklung beschleunigen, während niedrige sie verzögern. Die Endfestigkeit wird durch niedrigere Temperaturen allerdings nicht verringert. Es konnte im Gegenteil festgestellt werden, dass ein zunächst bei niedrigerer Temperatur erhärtender Beton zum Schluss eine etwas höhere Festigkeit aufweist, als ein bei höherer Temperatur erhärtender [1, 2].

• **Katalyse.** Neben der Konzentration der Reaktionspartner und der Temperatur kann die Geschwindigkeit einer Reaktion auch durch den Zusatz von Stoffen erhöht werden, die selbst nicht in der Stoffbilanz der Reaktion auftreten. Diese Erscheinung nennt man Katalyse. Die zugesetzten Stoffe, die fest, flüssig (gelöst) oder gasförmig sein können, werden als **Katalysatoren** bezeichnet.

Katalysatoren sind Stoffe, die die Geschwindigkeit einer Reaktion erhöhen und dabei am Ende der Reaktion unverändert vorliegen. Auf die Lage des chemischen Gleichgewichts haben Katalysatoren keinen Einfluss.

Um wirksam zu werden, muss ein Katalysator in das Reaktionsgeschehen eingreifen. Damit verläuft eine katalysierte Reaktion zwangsläufig nach einem anderen Reaktionsmechanismus als eine unkatalysierte. Betrachten wir beispielsweise die Umsetzung A + B → AB. Voraussetzung für die Bildung von AB sind Zusammenstöße von Teilchen A mit Teilchen B. Durch die Zugabe eines Katalysators (*Kat*) läuft die Reaktion über einen Zweistufenmechanismus ab. Zunächst geht A eine Verbindung A-*Kat* mit dem Katalysator ein. In der zweiten Stufe reagiert A-*Kat* mit B, wobei der Katalysator zurückgebildet wird. Er kann dann erneut mit A reagieren. Der Reaktionsweg über die Zwischenverbindung A-*Kat* besitzt insgesamt eine geringere Aktivierungsenergie als der der unkatalysierten Reaktion.

$$A \quad + \quad Kat \quad \longrightarrow \quad A\text{-}Kat$$
$$A\text{-}Kat \quad + \quad B \quad \longrightarrow \quad AB \quad + \quad Kat$$

Man unterscheidet zwischen homogener und der heterogener Katalyse. Bei der **homogenen Katalyse** liegen Katalysator und Ausgangsstoffe in gleicher Phase vor. Als Beispiel kann die durch Eisen(II)-Ionen katalysierte Zersetzung von H_2O_2 in Sauerstoff und Wasser genannt werden. Die technisch weitaus bedeutendere Variante ist die **heterogene Katalyse**. Hier liegen Katalysator und Ausgangsstoffe in verschiedenen Phasen vor.

Im Bauwesen wird die katalytische Wirkung von Aluminiumverbindungen (kombiniert mit aktiven Sulfaten), auf den Verlauf der Betonerhärtung genutzt. Sie werden dem Beton als Erhärtungs- bzw. Erstarrungsbeschleuniger zugesetzt und erhöhen so die Reaktionsgeschwindigkeit des Hydratationsprozesses (s. Kap. 6.3.3).

Stoffe, die die Reaktionsgeschwindigkeit erniedrigen, bezeichnet man als **Inhibitoren**, mitunter auch als „negative Katalysatoren". Der Ablauf einer chemischen Reaktion wird verzögert oder praktisch vollständig gehemmt. Der Mechanismus der zu hemmenden Reaktion bestimmt Art und Wirkungsweise der einzusetzenden Inhibitoren. In Radikalkettenreaktionen können z. B. Stoffe als Inhibitoren eingesetzt werden, die mit den freien Radikalen stabile Zwischenverbindungen bilden. Damit wird die Reaktionskette nicht fortgesetzt. Praktisch wichtige Inhibitoren sind die auch im Bauwesen breit eingesetzten **Korrosionsinhibitoren**. Darunter versteht man Stoffe, die auf der Oberfläche von Metallen dünne Deckschichten ausbilden und dadurch die Korrosion stark hemmen (Kap. 5.3.3).

1.5.3 Chemisches Gleichgewicht – Massenwirkungsgesetz

Die quantitative Bildung von Reaktionsprodukten ist ein Grenzfall. Er kann streng genommen nur bei einigen heterogenen Reaktionen realisiert werden, bei denen die Ausgangsstoffe in unterschiedlicher Phase vorliegen. Bei zahlreichen *homogenen* Reaktionen (Gas- und Lösungsreaktionen) setzen sich die Reaktionspartner *nicht* vollständig miteinander um. Die Reaktion kommt zum Stillstand, wenn sich ein bestimmtes konstantes Verhältnis zwischen den Stoffmengen der Ausgangsstoffe und der Reaktionsprodukte eingestellt hat. Es erfolgt keine vollständige Umwandlung der Ausgangsstoffe in die Reaktionsprodukte. Man spricht vom Zustand des **chemischen Gleichgewichts.** In der Reaktionsgleichung kennzeichnet man eine Gleichgewichtsreaktion durch einen Doppelpfeil.

$$A \; + \; B \; \overset{\text{Hinreaktion}}{\underset{\text{Rückreaktion}}{\rightleftharpoons}} \; C \; + \; D$$

Betrachtet man die obige Reaktionsgleichung A + B $\rightleftharpoons$ C + D, so verringern sich bei Gleichgewichtseinstellung die Konzentrationen der Ausgangsstoffe A und B und die Geschwindigkeit der Hinreaktion nimmt ab. In gleicher Weise erhöhen sich die Konzentrationen der Reaktionsprodukte C und D und die Geschwindigkeit der Rückreaktion nimmt zu.

Im Zustand des chemischen Gleichgewichts laufen Hin- und Rückreaktion mit gleicher Geschwindigkeit ab (dynamisches Gleichgewicht). Es finden eine ständige Bildung und ein ständiger Zerfall der Reaktionsprodukte statt. Die Gleichgewichtskonzentrationen sind konstant.

Der Zustand des chemischen Gleichgewichts ist scheinbar ein Zustand chemischer Unveränderlichkeit in einem Reaktionssystem. Woran erkennt man also das Vorliegen eines chemischen Gleichgewichts? Folgende Punkte müssen erfüllt sein:

- Stoffzusatz führt zu weiterer Reaktion, die gleiche Wirkung hat das Entfernen eines Stoffes aus dem Reaktionssystem im Gleichgewichtszustand.
- Ein chemisches Gleichgewicht reagiert empfindlich auf Änderungen des Drucks und der Temperatur.
- Ein chemisches Gleichgewicht ist sowohl von Seiten der Ausgangsstoffe als auch der Reaktionsprodukte her einstellbar.

Betrachten wir zum Beispiel das Gleichgewicht $2\,CO + O_2 \rightleftharpoons 2\,CO_2$. Es ist gleichgültig, ob bei einer bestimmten Temperatur T das CO mit O_2 reagiert oder ob CO_2 auf die Temperatur T gebracht wird. Stets stellen sich gleiche, konstante Volumenverhältnisse zwischen den Gasen CO, CO_2 und O_2 ein.

Im strengen Sinne kann sich ein chemisches Gleichgewicht nur in einem abgeschlossenen System ausbilden. Für eine konstante Temperatur T ändert sich im Gleichgewichtszustand weder die Zusammensetzung des Systems noch wird Energie mit der Umgebung ausgetauscht.

Die quantitative Beschreibung des chemischen Gleichgewichts erfolgt durch das **Massenwirkungsgesetz** (MWG). Für die chemische Reaktion $\alpha\,A + \beta\,B \rightleftharpoons \gamma\,C + \delta\,D$, mit den Stöchiometriekoeffizienten α, β, γ und δ, ergibt sich der Ausdruck

$$K_c = \frac{c^\gamma(C) \cdot c^\delta(D)}{c^\alpha(A) \cdot c^\beta(B)}$$

K_c konzentrationsabhängige Gleichgewichts-
       konstante;   (1-14)
c Gleichgewichtskonzentration in mol/l

Die Gleichgewichtskonstante K_c ist abhängig von der Temperatur. Ihre Einheit folgt aus der **Molzahldifferenz** Δn. Die Molzahldifferenz ergibt sich als Summe der Molzahlen auf der rechten Seite der Reaktionsgleichung *minus* Summe der Molzahlen auf der linken Seite der Gleichung, also $\Delta n = \gamma + \delta - (\alpha + \beta)$. Damit erhält man für K_c die Einheit $(mol/l)^{\Delta n}$. Die Stöchiometriekoeffizienten der Reaktionsgleichung erscheinen im MWG als Exponenten der Konzentrationen.

Im Gleichgewichtszustand eines chemischen Systems besitzt der Quotient aus dem Produkt der Konzentrationen der Reaktionsprodukte und dem Produkt der Konzentrationen der Ausgangsstoffe einen nur von der Temperatur T abhängigen charakteristischen Zahlenwert.

Die Gleichgewichtskonstante K_c charakterisiert das Konzentrationsverhältnis von Reaktionsprodukten zu Ausgangsstoffen und ist somit ein Maß für die Lage des Gleichgewichts. Je größer K, umso größer sind die Konzentrationen der Endstoffe und umgekehrt. Im Falle großer Gleichgewichtskonstanten ($K \gg 1$) liegt das Gleichgewicht weitgehend auf der Seite der Reaktionsprodukte. In der Reaktionsgleichung weist man darauf hin, indem man den nach rechts weisenden Pfeil verstärkt. Bei kleinen Konstanten ($K \ll 1$) liegt das Gleichgewicht überwiegend auf der Seite der Ausgangsstoffe, entsprechend verstärkt man den nach links weisenden Pfeil.

Im Falle von *Gasgleichgewichten* werden anstelle der Stoffmengenkonzentrationen zweckmäßigerweise die Partialdrücke p_i der Reaktionsteilnehmer i in das MWG eingesetzt und die Gleichgewichtskonstante K erhält den Index p. Der Zusammenhang zwischen K_p und K_c ergibt sich aus der Zustandsgleichung für ideale Gase: $p \cdot V = n \cdot R \cdot T$. Umformen ergibt $p = (n/V) \cdot R \cdot T$. Da $n/V = c$, erhält man $p = c \cdot R \cdot T$ bzw. $c = p/R \cdot T$ und durch Einsetzen in K_c schließlich $K_p = K_c (R \cdot T)^{\Delta n}$. Für $\Delta n = 0$ ergibt sich $K_p = K_c$.

- **Beeinflussung der Lage des chemischen Gleichgewichts.** Die Lage des chemischen Gleichgewichts kann durch Änderung der Reaktionsbedingungen, also der Temperatur, des Drucks und der Konzentration der Reaktionsteilnehmer, beeinflusst werden. Allgemeine Aussagen über die Richtung, in die sich ein Gleichgewicht bei Änderung der äußeren Bedingungen verschiebt, wurden 1887 von Le Chatelier und Braun im **Prinzip des kleinsten Zwanges** formuliert:

> **Übt man auf ein im Gleichgewicht befindliches System durch Änderung der äußeren Bedingungen (Temperatur, Druck bzw. Konzentration der Reaktionspartner) einen Zwang aus, so verschiebt sich das Gleichgewicht derart, dass es dem äußeren Zwang ausweicht.**

Einfluss der Temperatur. Ein chemisches Gleichgewicht reagiert sehr empfindlich auf Temperaturänderungen. Bei Temperaturerhöhung verschiebt sich das Gleichgewicht in Richtung des endothermen Reaktionsverlaufs, bis sich das chemische Gleichgewicht neu eingestellt hat. Bei Temperaturerniedrigung erfolgt dementsprechend eine Verschiebung des Gleichgewichts in Richtung des exothermen Reaktionsverlaufs. Der Anstieg der Reaktionsgeschwindigkeit bei Temperaturerhöhung bedeutet für den *Gleichgewichtszustand* eine Erhöhung der Reaktionsgeschwindigkeit der Hin- und der Rückreaktion. Erwärmen führt demnach zu einer schnelleren Gleichgewichtseinstellung. Je höher die Temperatur, umso schneller wird der jewelige Gleichgewichtszustand erreicht.

Einfluss des Druckes. Bei einer Reihe von Gleichgewichtsreaktionen treten Volumenänderungen auf, wenn sie bei konstantem Druck ablaufen. In diesen Fällen lässt sich das Gleichgewicht prinzipiell durch Änderung des Druckes beeinflussen. Dieser Einfluss ist naturgemäß am stärksten bei *Gasgleichgewichten.* Eine Druckänderung führt dann zu einer Beeinflussung der Gleichgewichtslage, wenn das Volumen der gasförmigen Reaktionsprodukte von dem der gasförmigen Ausgangsstoffe verschieden ist. Bei **Druckerhöhung** verschiebt sich das Gleichgewicht in Richtung der Teilreaktion, die unter Volumenverminderung abläuft, bei **Druckerniedrigung** dagegen in Richtung der Teilreaktion, die unter Volumenzunahme abläuft.

Einfluss der Konzentration. Erhöht man die Konzentration eines der Reaktionsteilnehmer, verlagert sich das Gleichgewicht derart, dass der betreffende Reaktionsteilnehmer verbraucht wird und sich dessen Konzentration wieder erniedrigt. Wird zum Beispiel die Konzentration eines Ausgangsstoffes erhöht, verlagert sich das Gleichgewicht auf die Seite der Reaktionsprodukte. Die Reaktion schreitet in der Richtung fort, bei der die Ausgangsstoffe verbraucht und die Reaktionsprodukte gebildet werden. Damit erhöht sich die

Ausbeute. Erniedrigt man die Konzentration eines Ausgangsstoffes, wird die Geschwindigkeit der Rückreaktion, bei der dieser Stoff nachgebildet wird, erhöht.

Das Zusammenwirken von Druck, Temperatur und Katalysator soll am Beispiel der **Ammoniaksynthese** nach *Haber* und *Bosch* (Haber-Bosch-Verfahren) erläutert werden.

$$N_2 + 3\,H_2 \xrightleftharpoons{\text{Kat.}} 2\,NH_3 \qquad \Delta H = -92\ \text{kJ/mol} . \qquad (1\text{-}15)$$

Die Bildung von Ammoniak NH_3 (Gl. 1-15, Hinreaktion) verläuft exotherm und unter Verminderung des Volumens (links: 4 Volumenteile, rechts: 2 Volumenteile). Nach dem Prinzip von *Le Chatelier* und *Braun* sollte demnach bei möglichst tiefen Temperaturen und hohen Drücken gearbeitet werden, um eine hohe Ausbeute an NH_3 zu erhalten. Die Geschwindigkeit der Umsetzung von N_2 und H_2 ist bei niedrigen Temperaturen allerdings sehr gering. Um ein wirtschaftlich arbeitendes Verfahren zu ermöglichen, müssen deshalb Katalysatoren eingesetzt werden. Diese benötigen wiederum eine bestimmte Betriebstemperatur, um voll wirksam zu sein. Die chemische Industrie arbeitet heute bei Drücken um 300 bar und Temperaturen zwischen 400...500°C unter Verwendung eisenoxidhaltiger Mischkatalysatoren, die als zusätzliche aktivierende Substanzen K_2O, CaO, MgO und SiO_2 enthalten.

1.5.4 Heterogene Reaktionen im Bauwesen

Zahlreiche chemische Reaktionen des Bauwesens sind heterogene Reaktionen. Darunter versteht man Reaktionen, bei denen die Reaktionspartner *nicht* in der gleichen Phase vorliegen. Bei den meisten bauchemisch relevanten Reaktionen liegt mindestens ein Reaktand im festen Aggregatzustand vor. Beispiele für heterogene Reaktionen sind

- thermische Zersetzungsvorgänge, wie z. B. das Kalkbrennen ($CaCO_3 \rightarrow CaO + CO_2$, Kap. 6.3.1),
- die Dehydratisierung von Salzen, z. B. Brennen von Gips ($CaSO_4 \cdot 2H_2O \rightarrow 1\frac{1}{2}\,H_2O + CaSO_4 \cdot \frac{1}{2}\,H_2O$, Kap. 6.3.4.1),
- die Bindung von Gasen an Feststoffen, z. B. Rauchgasentschwefelung ($CaCO_3 + SO_2 \rightarrow CaSO_3 + CO_2$, Kap. 2.2.2),
- Korrosionsvorgänge an Metalloberflächen (Kap. 5.3).

Unter **Festkörperreaktionen** versteht man Reaktionen zwischen zwei oder mehreren Feststoffen. Ein wichtiges Beispiel ist das **Sintern**, wo die festen Ausgangskomponenten zusammen über einen längeren Zeitraum bei hohen Temperaturen unterhalb des Schmelzpunkts gehalten werden. Die pulvrigen Einsatzstoffe werden durch Wärme (und evtl. Druck) zu größeren Partikeln verdichtet, wobei sich die Grenzflächen verringern. Es erfolgt ein „Zusammenbacken" des pulvrigen Ausgangsgemischs. Dabei finden Volumenkontraktionen, Rekristallisations- und Kristallwachstumsprozesse statt. Die Ionen wandern über die Kontaktflächen zwischen den Körnern der reagierenden Komponenten von einem Gitter in das andere (*Festkörperdiffusion*). Beispiele für *technisch bedeutsame Sinterprozesse* sind die Zementerzeugung sowie die Herstellung von Gläsern und tonkeramischen Erzeugnissen.

Der Begriff der heterogenen Reaktion erstreckt sich auch auf Umsetzungen zwischen Gasen und Lösungen, z. B. auf die Reaktion von Kohlendioxid mit Wasser zu Kohlensäure H_2CO_3. Bei **homogenen Reaktionen** liegen alle Reaktionspartner in der gleichen Phase vor, z. B. Gasreaktionen und Reaktionen in Lösung.

Wie bereits betont, sind die im Bauwesen ablaufenden **heterogenen Reaktionen** vor allem Reaktionen zwischen Feststoffen und Gasen bzw. Feststoffen und Lösungen. Dazu kommt, dass baurelevante Umsetzungen nicht in abgeschlossenen, sondern in offenen Reaktionssystemen - also meist im Freien - ablaufen. Eine Phase kann also ständig aus dem Reaktionssystem austreten oder in das System eintreten. Entweicht bei einer Umsetzung ein gasförmiges Reaktionsprodukt aus dem (offenen) System, werden die Ausgangsstoffe verbraucht, *ohne dass sich ein chemisches Gleichgewicht einstellen kann*. Die chemische Reaktion verläuft in diesem Falle nahezu quantitativ in Richtung des gebildeten Stoffes, der aus dem Reaktionssystem austritt.

Dieser Sachverhalt soll am Beispiel des **Brennens von Kalkstein** (Gl. 1-16) dargestellt werden. Wird die thermische Zersetzung

$$CaCO_3 \longrightarrow CaO + CO_2 \qquad\qquad \Delta H = +178 \text{ kJ/mol} \qquad\qquad (1\text{-}16)$$

in einem *geschlossenen Behälter* durchgeführt, liegt ein Beispiel für ein heterogenes chemisches Gleichgewicht vor. Die Reaktion kommt zum Stillstand, lange bevor alles $CaCO_3$ verbraucht ist. Im Gleichgewichtszustand liegen 3 Phasen nebeneinander vor: zwei feste Phasen (CaO und $CaCO_3$) und eine Gasphase (CO_2). Die Gleichgewichtskonstante hat bei heterogenen Reaktionen eine einfache Gestalt. Zunächst kann man formulieren:

$$\boxed{K_c = \frac{c(CO_2) \cdot c(CaO)}{c(CaCO_3)}}$$

Da die Konzentration (exakt: Aktivität) einer reinen Phase gleich 1 gesetzt werden kann, ergibt sich $K_c = c(CO_2)$ bzw. bei Verwendung des Partialdrucks $K_p = p(CO_2)$.
Die Gleichgewichtskonstante – und damit die Lage des Gleichgewichts – ist allein vom Partialdruck des Kohlendioxids abhängig. Erhitzt man $CaCO_3$ in einem *geschlossenen Gefäß*, z. B. auf 800°C, zersetzt es sich bis zu einem CO_2-Partialdruck von 0,22 bar. Bei diesem Druck liegt ein dynamisches Gleichgewicht vor. Die Zersetzungsgeschwindigkeit des $CaCO_3$ entspricht der Geschwindigkeit, mit der sich CaO und CO_2 wieder zu Calciumcarbonat verbinden. Der Druck von 0,22 bar ist der Zersetzungsdruck (auch: CO_2-Gleichgewichtsdruck) des $CaCO_3$ bei 800°C. Bei 500°C wird ein CO_2-Druck erreicht, der genauso groß ist wie der CO_2-Partialdruck in der Atmosphäre, also 0,00039 bar.
Erfolgt die Zersetzung des $CaCO_3$ bei 800°C in einem *offenen Behälter* (*System*), entweicht das gebildete CO_2. Ein CO_2-Partialdruck von 0,22 bar wird niemals erreicht und ein Gleichgewicht kann sich nicht einstellen.

Bei der technischen Realisierung dieses Prozesses ist man natürlich an einer vollständigen Umsetzung interessiert. Es ist deshalb vom wirtschaftlichen Standpunkt her sinnvoll, die Reaktionstemperatur so hoch zu wählen, dass der CO_2-Gleichgewichtsdruck größer als der Luftdruck ist. Industriell wird Kalkstein bei etwa 950°C gebrannt.

Die **Kalkhärtung** ist ein weiteres Beispiel für eine heterogene Reaktion, die in der Baupraxis naturgemäß in einem offenen System, also an der Luft, abläuft (Gl.1-17).

$$Ca(OH)_2 + CO_2 \longrightarrow CaCO_3 + H_2O \quad \Delta H = -112 \text{ kJ/mol} \qquad\qquad (1\text{-}17)$$

Der CO_2-Anteil der Luft ist mit ca. 0,039 Vol.-% (s. Kap. 2.1) relativ gering. Um möglichst schnell eine vollständige $CaCO_3$-Bildung gemäß Gl. (1-17) zu erreichen, kann Kohlendioxid im Überschuss angeboten werden.

2 Luft und Luftinhaltsstoffe

Bauwerke sind den ständigen Einflüssen der Atmosphäre mit den in ihr natürlich enthaltenen Gasen Sauerstoff, Stickstoff und Kohlendioxid, wechselnden Mengen an Wasserdampf, aber auch Luftschadstoffen wie Schwefeldioxid, Stickoxiden und Ozon sowie Staubpartikeln unterschiedlichster Herkunft ausgesetzt. Insbesondere die sauren Gase SO_2 und NO_x machen der Bausubstanz schwer zu schaffen, da sie sich in Gegenwart von Feuchtigkeit in Säuren umwandeln, die die zumeist basischen Baustoffe angreifen, chemisch umwandeln und eventuell zerstören können. Es ist daher für den Bauingenieur von Vorteil, genauere Kenntnisse über die Zusammensetzung und die Eigenschaften der atmosphärischen Luft und die darin ablaufenden Prozesse zu besitzen, um sie gezielt etwa im Rahmen von Bautenschutzmaßnahmen anwenden zu können.

2.1 Zusammensetzung und Eigenschaften von Luft

Etwa 80% der gesamten Luft sind in der Troposphäre enthalten. Die Troposphäre ist die unterste atmosphärische Schicht. Sie erstreckt sich bis in ca. 12 km Höhe. In der Troposphäre leben wir Menschen, hier spielt sich das Wettergeschehen – und auch das Baugeschehen ab.

Tab. 2.1 enthält die mittlere Zusammensetzung von trockener Luft [16]. Sie besteht zu 99,03% (Volumenprozent!) aus Stickstoff und Sauerstoff. An dritter Stelle folgt nicht, wie oft angenommen, Kohlendioxid CO_2, sondern das Edelgas Argon mit einem Volumenanteil von 0,934%. Alle anderen Bestandteile liegen unter 0,1%. Sie werden als **Spurengase** bezeichnet. Ihre Konzentration wird nicht mehr in Prozent, sondern in der Regel in **ppm** (parts per million, Teile von einer Million; 1 ppm = 10^{-6} ⇒ 1 mg pro kg bzw. 1 ml pro m^3) oder in **ppb** (parts per billion, Teile von einer Milliarde, 1 ppb = 10^{-9} ⇒ 1 μg pro kg beziehungsweise 1 μl pro m^3) angegeben.

Bestandteil	Formel	Volumenanteil (in %)
Stickstoff	N_2	78,084 %
Sauerstoff	O_2	20,946 %
Argon	Ar	0,935 %
Kohlendioxid	CO_2	0,0354 % (354 ppm)[a]
Neon	Ne	18,18 ppm
Helium	He	5,24 ppm
Methan	CH_4	1,7 ... 1,8 ppm [a]
Krypton	Kr	1,14 ppm
Wasserstoff	H_2	0,56 ppm
Distickstoffmonoxid	N_2O	0,31 ppm [a]
Xenon	Xe	87 ppb
Kohlenmonoxid [b]	CO	30 ... 250 ppb
Ozon [b]	O_3	10 ... 100 ppb
Stickstoffdioxid	NO_2	10 ... 100 ppb
Schwefeldioxid	SO_2	< 1 ... 50 ppb

Tabelle 2.1

Mittlere Zusammensetzung von trockener Luft in der Troposphäre (Bezugsjahr 1992, [16])

[a] *Gehalte 2015:*
  CO_2 > 400 ppm (!)
  CH_4 ~ 1,85 ppm
  N_2O > 0,326 ppm

  [Quelle: Umweltbundesamt 2015]

[b] *starke zeitliche Fluktuationen*

Wasserdampf ist in Tab. 2.1 nicht aufgeführt, da sich die Angaben nur auf trockene Luft beziehen. Der Wasserdampf bleibt bei der Diskussion der Luftzusammensetzung meist unberücksichtigt, da sein Volumenanteil starken Schwankungen unterliegt. Er erstreckt sich von Bruchteilen eines Prozentes an kalten, klaren Wintertagen bis zu etwa 4% an schwülheißen Sommertagen.

Luft ist ein farbloses Gasgemisch mit einer Normdichte von 1,293 g/l (0°C und 1,013 bar). Die Normdichte der Luft lässt sich *näherungsweise* aus den Normdichten der beiden Hauptbestandteile Sauerstoff (ρ = 1,43 g/l) und Stickstoff (ρ = 1,25 g/l) unter Berücksichtigung ihrer Volumenanteile berechnen: ρ(Luft) = 0,78 · 1,25 + 0,21 · 1,43 = 1,28 g/l.

Die **spezifische Wärmekapazität** c_p (p steht für konstanten Druck) von Luft ist mit einem Wert von 1010 J/kg · K etwa 2- bis 4-mal so groß wie die von Metallen (z.B. Cu 381, Fe 450 und Ag 230; alle Werte in J/kg · K), beträgt aber nur etwa ein Viertel vom Wert des Wassers (4180 J/kg · K).

Luft besitzt ein äußerst geringes Wärmeleitvermögen. Das spezifische Wärmeleitvermögen eines Stoffes wird durch die **Wärmeleitfähigkeit** λ (auch: Wärmeleitzahl) charakterisiert. Die Wärmeleitfähigkeit gibt an, welche Wärmemenge pro Stunde durch 1 m² einer Schicht des Stoffes strömt, wenn das Temperaturgefälle in Richtung des Wärmestroms 1 K/m beträgt. Die Einheit der Wärmeleitfähigkeit lautet W/m · K bzw. W/cm · K, weiterhin gebräuchlich sind die Einheiten J/cm · s · K bzw. J/m · h · K. Die Wärmeleitfähigkeit für Luft beträgt 0,025 W/m · K (Vergleich: Cu 400, Al 237, Fe 81; flüssiges H_2O 0,59; Argon 0,0177; Krypton 0,0095; Glas 0,7...1,4; Ziegelmauerwerk 0,4...1,2; Betonbauteile 0,4...1,4 und Wärmedämmstoffe 0,03...0,15; alle Werte in W/m · K).

Luft kann in Abhängigkeit von der Temperatur unterschiedliche Mengen an Wasserdampf aufnehmen, die als **Luftfeuchtigkeit** oder Luftfeuchte bezeichnet werden. Den Höchstgehalt an Wasserdampf in einem Kubikmeter Luft bei einer bestimmten Temperatur T, gemessen in g/m³, bezeichnet man als *Sättigungsgehalt* (auch: Sättigungskonzentration). Unter der **absoluten Luftfeuchtigkeit** versteht man die Masse an H_2O-Dampf in Gramm, die bei der Temperatur T tatsächlich in 1 m³ Luft enthalten ist. Dagegen versteht man unter der **relativen Luftfeuchtigkeit** das Verhältnis von absoluter Luftfeuchtigkeit zum Sättigungsgehalt. Sie wird in Prozent angegeben. Abb. 2.1 zeigt die Temperaturabhängigkeit der Sättigungskonzentration. Als *Faustregel* gilt für den unteren Temperaturbereich:

$$10°C ~ 10g\ H_2O\ pro\ m^3 \quad bzw. \quad 30°C ~ 30g\ H_2O\ pro\ m^3\ Luft.$$

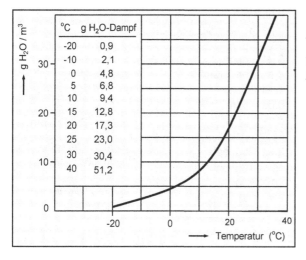

Abbildung 2.1

Wasserdampf-Sättigung der Luft in Abhängigkeit von der Temperatur

Löslichkeit der Gase in Wasser. Die Löslichkeit von Gasen in Wasser ist nicht nur für das pflanzliche und tierische Leben von großer Bedeutung, sie spielt auch für zahlreiche baurelevante Vorgänge wie den kalklösenden Angriff von Regenwasser oder Korrosionsprozesse an Baumetallen eine wichtige Rolle.

Für eine genauere Betrachtung des Lösungsvorganges von Gasen in Wasser ist es von grundsätzlicher Bedeutung, ob das betreffende Gas neben seiner physikalischen Löslichkeit eine chemische Reaktion mit dem Wasser eingeht oder nicht. Die Löslichkeit eines Gases in einer Flüssigkeit wird durch das *Henry-Daltonsche Gesetz* beschrieben:

> **Die Löslichkeit eines Gases in einer Flüssigkeit verhält sich bei gegebener Temperatur T proportional zum Partialdruck p des Gases über der Lösung.**

Der Begriff Partialdruck bezieht sich auf Mischungen von Gasen. Unter dem **Partialdruck** eines Gases in einem Gasgemisch versteht man den Druck, den dieses Gas ausüben würde, wenn es sich in dem Volumen allein befände. Es gilt: $p_i = x_i \cdot p_{Ges.}$, mit p_i = Partialdruck des Gases i, x_i = Stoffmengenanteil des Gases i und $p_{Ges.}$ = Gesamtdruck. Für den Stoffmengenanteil x_i der Komponente i gilt: $x_i = n_i / n_{Ges.} = V_i / V_{Ges.} = p_i / p_{Ges.}$.

Der Gesamtdruck einer Gasmischung ist gleich der Summe der Partialdrücke der Komponenten A, B, C, ... der Mischung: $p = p_A + p_B + p_C + ...$ (Dalton 1801).

Das Verhältnis zwischen der Konzentration des jeweiligen Gases i in der Lösung $c(i, H_2O)$ und seinem Partialdruck $p(i)$ entspricht der Henry-Konstanten $K_H(i)$:

$$\boxed{K_H(i) = \frac{c(i,H_2O)}{p_i}} \qquad \textbf{\textit{Henry-Dalton-Gesetz}} \qquad (2\text{-}1)$$

K_H ist von der Art des Gases und der Flüssigkeit sowie von der Temperatur abhängig. Die Einheit ist mol/l · atm bzw. mol/l · bar.

Beispiel: Wie viel ml Sauerstoff lösen sich bei Wechselwirkung von <u>Luft</u> mit einem Liter Wasser bei 20°C und Normaldruck?

Entsprechend einem Sauerstoff-Volumenanteil von 20,95% (daraus folgt bei einem Gesamt-Luftdruck von 1,013 bar ein O_2-Partialdruck von 0,21 bar) und einer Henry-Konstanten von $K_H = 1,3 \cdot 10^{-3}$ mol/l·bar (20°C) errechnet sich die O_2-Konzentration zu $2,76 \cdot 10^{-4}$ mol/l. Das entspricht einer Löslichkeit von 8,85 mg (~ 6 ml) Sauerstoff pro Liter Wasser.

$$c(O_2, H_2O) = K_H(O_2) \cdot p(O_2) = 1,3 \cdot 10^{-3} \cdot 0,21 \cdot 1,013 \; [\tfrac{mol}{l \cdot bar} \cdot bar] = 2,76 \cdot 10^{-4} \text{ mol/l}$$

$\Rightarrow$ 8,85 mg O_2 pro Liter $\Rightarrow$ 6,2 ml O_2 pro Liter H_2O; mit $p(O_2) = x(O_2) \cdot p$.

Das Henry-Dalton-Gesetz wird nur von verdünnten Lösungen hinreichend gut erfüllt. Für Gase, die chemisch mit dem Lösungsmittel Wasser reagieren, wie z.B. HCl, NH_3, SO_3 und CO_2, gilt dieses Gesetz nicht.

Betrachtet man die Löslichkeit der „reinen" Gase, so ist die des Sauerstoffs etwa doppelt so hoch wie die des Stickstoffs. Noch höher liegt die Löslichkeit des Kohlendioxids. Bei 20°C lösen sich etwa 0,9 l CO_2 in einem Liter Wasser (Tab. 2.2)

Die relativ hohe Sauerstoffkonzentration ist von großer biologischer Bedeutung für das tierische Leben im Wasser. Sie besitzt aber auch eine erhebliche technische Bedeutung. Sauerstoffhaltige Wässer ermöglichen die Metallkorrosion. Je höher der O_2-Gehalt, umso schneller laufen die Korrosionsprozesse ab. Andererseits können geringe Sauerstoffkonzentrationen in Gegenwart bestimmter Salze wie Carbonate, Silicate und Phosphate zur Ausbildung schützender Deckschichten führen, die wiederum der Metallkorrosion entgegenwirken.

Tab. 2.2 Löslichkeit ausgewählter Gase in Wasser (20°C, in ml/l)

Löslichkeiten ausgewählter Gase in Wasser (ml/l)	N_2	O_2	CO_2
Löslichkeit der „reinen" Gase	15,5	31	878
Löslichkeit der Gase bei Wechselwirkung von Luft mit H_2O	11	6	0,3

Für alle Gase gilt: Mit zunehmender Temperatur nimmt die Löslichkeit ab.

2.2 Luftinhaltsstoffe und Luftschadstoffe

2.2.1 Natürliche Luftinhaltsstoffe und ihre Verbindungen

• **Stickstoff N_2** ist mit einem Volumenanteil von 78,08% Hauptbestandteil der Luft. In gebundener Form kommt er vor allem in Nitraten, z.B. Kalisalpeter KNO_3, Chilesalpeter $NaNO_3$, und in organischen Verbindungen (Eiweißstoffe, Harnstoff) vor.
Stickstoff ist ein farb-, geruch- und geschmackloses Gas, das selbst weder brennt noch die Verbrennung anderer Stoffe unterhält. Bei Normaltemperatur ist N_2 sehr reaktionsträge (*inert*), was mit der stabilen Dreifachbindung zwischen den N-Atomen zu erklären ist. Stickstoff ist in grün gekennzeichneten Stahlflaschen im Handel.

Die für das Bauwesen wichtigsten Stickstoffverbindungen sind *Ammoniak* und die *Nitrate*. Die Wasserstoffverbindung **Ammoniak NH_3** ist ein farbloses, stechend riechendes Gas, das bei höheren Konzentrationen in der Atemluft (> 100 ppm) die Schleimhäute angreift. In Wasser ist Ammoniak außerordentlich gut löslich. Bei 20°C löst 1 Liter H_2O 702 Liter NH_3. Das entspricht einem NH_3-Gehalt der Lösung von 35%. Die gebildete *Ammoniaklösung* reagiert schwach alkalisch, da das in Wasser gelöste Gas in geringem Maße unter Bildung von Ammonium- und Hydroxidionen protolysiert (Gl. 2-2). Das Gleichgewicht liegt fast vollständig auf der linken Seite des physikalisch gelösten Ammoniaks.

$$NH_3 + H_2O \rightleftharpoons NH_4^+ + OH^- \tag{2-2}$$

In einer 0,1 mol/l wässrigen Ammoniaklösung liegen bei 20°C weniger als 1% (!) der NH_3-Moleküle entsprechend Gl. (2-2) protolysiert vor. Mit Säuren bildet NH_3 *Ammoniumsalze*, z.B. mit Salpetersäure Ammoniumnitrat ($NH_3 + HNO_3 \rightarrow NH_4NO_3$). Ammoniumsalze zeigen in wässriger Lösung aufgrund der Protolyse eine saure Reaktion (Kap. 3.9.4).

Nitrate sind die Salze der **Salpetersäure** HNO_3. In beiden Verbindungen besitzt Stickstoff mit der Oxidationsstufe +V die höchstmögliche Oxidationsstufe eines Elements der fünften Hauptgruppe. Daraus resultiert die oxidierende Wirkung der Salpetersäure. Salpetersäure ist eine starke Säure, die wie Salzsäure HCl in Wasser praktisch vollständig protolysiert vorliegt. Es gilt: $c(HNO_3) = c(H_3O^+)$. Durch Einwirkung salpetersaurer bzw. nitrathaltiger Wässer auf poröse mineralische Baustoffe wie Ziegel, Mörtel und Beton kann es zu Nitrat- bzw. Salpeterausblühungen kommen (Mauersalpeter $Ca(NO_3)_2$, Kap. 6.3.8.3).

- **Sauerstoff (Oxygenium)** tritt in zwei Modifikationen auf: Im „normalen" Sauerstoff liegen zweiatomige Moleküle O_2, in der als Ozon bezeichneten Modifikation dagegen dreiatomige Moleküle O_3 vor.

Unter normalen Bedingungen ist elementarer **Sauerstoff** O_2 ein farb-, geruch- und geschmackloses Gas. Sauerstoff brennt selbst nicht, unterhält aber die Verbrennung. In flüssiger Form oder in dicken Schichten zeigt Sauerstoff eine hellblaue Farbe. O_2 kommt in blau gekennzeichneten Stahlflaschen in den Handel.

Bei der Deutung der Elektronenstruktur des Sauerstoffmoleküls versagt das einfache Lewis-Konzept (Kap. 1.4.1):

$$\bar{\underline{O}} = \bar{\underline{O}} \quad \text{bzw.} \quad \cdot \bar{\underline{O}} - \bar{\underline{O}} \cdot$$

Das Molekül Sauerstoff ist ein Biradikal. Es besitzt zwei ungepaarte Elektronen, die sehr wesentlich seine physikalisch-chemischen Eigenschaften bestimmen. Die radikalische Natur gibt nur die rechte Lewis-Formel exakt wieder. Sie verletzt allerdings die Oktettregel und kann den Doppelbindungscharakter zwischen den O-Atomen nicht widerspiegeln.

Die linke Form gibt zwar den experimentell ermittelten Doppelbindungscharakter der Bindung zwischen den O-Atomen korrekt wieder, die radikalische Natur des O_2-Moleküls kommt jedoch nicht zum Ausdruck.

> *Radikale* sind Teilchen (Atome, Ionen oder Moleküle), die über ein oder mehrere ungepaarte Elektronen verfügen. Sie sind energiereich, reaktiv und meist nur kurzlebig.

Das Beispiel Sauerstoff zeigt, dass das einfache Lewis-Modell nicht in allen Fällen in der Lage ist, die reale Elektronenstruktur chemischer Verbindungen in adäquater Weise zu beschreiben. Erst die Anwendung der Wellenmechanik führt hier zu einem tieferen Verständnis der Bindungsverhältnisse (s. Lehrbücher der Allgemeinen und Anorganischen Chemie [7–9]).

In seinen Verbindungen kann das Sauerstoffatom die Edelgaskonfiguration durch Aufnahme von 2 Elektronen unter Ausbildung des **Oxidions** O^{2-} oder durch Ausbildung von zwei kovalenten Bindungen wie im H_2O- oder im CO_2-Molekül erreichen. Da der Sauerstoff in nahezu allen Verbindungen der elektronegativere Partner ist, liegt er meist in der Oxidationsstufe -II vor. In Peroxiden wie H_2O_2 oder BaO_2 realisiert Sauerstoff die seltenere Oxidationsstufe -I.

Ozon O_3 ist bei Raumtemperatur ein blassblaues Gas mit einem charakteristischen stechenden Geruch, der noch bei einer Konzentration von 0,02 ppm wahrnehmbar ist. Durch seine Aggressivität gegenüber organischen Verbindungen ist es in höheren Konzentrationen für Lebewesen toxisch. Es vernichtet niedere Organismen wie Bakterien, Pilze und Viren und schädigt das Blattgrün (Waldschäden). Beim Menschen führt es zu Schädigungen der Atemwege und Schleimhäute und ruft Schwindelgefühle hervor.

Ozon ist eines der stärksten Oxidationsmittel. Sein Oxidationsvermögen übertrifft das des Sauerstoffs deutlich und erreicht fast das des atomaren Sauerstoffs O, der durch Zerfall von Ozon entsteht ($O_3 \rightarrow O_2 + O$). Die Oxidationskraft des atomaren Sauerstoffs wird nur noch von Fluor F_2 übertroffen.

Wegen seiner stark oxidierenden und keimtötenden Wirkung wird O_3 zur Luftverbesserung und -desinfektion sowie zur Entkeimung von Trink- und Schwimmbadwasser eingesetzt.

Ozon gehört zu den **Photooxidantien** (= photochemisch, also durch Sonnenlicht erzeugte Oxidationsmittel). Photooxidantien, insbesondere Ozon, sind die Hauptbestandteile des so genannten Sommersmogs. Sie bleichen Fassaden aus, machen Gummi brüchig und sind unter anderem für die Waldschäden verantwortlich.

O_3 ist ein gewinkeltes Molekül (Bindungswinkel 116,7°) mit zwei gleich langen O-O-Abständen. In der Valenzstrich-Schreibweise nach Lewis kann man - unter Berücksichtigung der Oktettregel - zwei gleichwertige Formeln aufstellen:

Eine ähnliche Situation tritt auch bei den Stickoxiden NO und NO_2 (Kap. 2.2.2) auf. Für sich betrachtet gibt jede dieser beiden Formeln die experimentelle Realität nur ungenügend wieder. Die Bindungen zwischen den O-Atomen sollten laut Formel verschiedene Bindungslängen aufweisen, denn eine Doppelbindung zwischen zwei gleichen oder zwei verschiedenen Atomen ist immer kürzer, als die entsprechende Einfachbindung. Die experimentellen Befunde weisen jedoch, wie bereits betont, auf zwei gleich lange Bindungen im O_3-Molekül hin.

Um dieses scheinbar widersprüchliche Problem zu lösen, gibt man beide Formeln an und schreibt, wie oben dargestellt, einen Doppelpfeil zwischen ihnen. Diese Art der Darstellung bezeichnet man als **Mesomerie** oder Resonanz, die einzelnen Formeln werden **mesomere Grenzformeln** oder Grenzstrukturen genannt. Die tatsächliche Elektronenstruktur eines Moleküls ergibt sich als „Überlagerung" beider Grenzformeln. Es liegt demnach weder eine Einfach- noch eine Doppelbindung, sondern ein mittlerer Bindungsgrad vor. Die endständigen O-Atome des O_3-Moleküls tragen jeweils eine (gleich große!) negative und das mittlere O-Atom eine positive Partialladung. Die Partialladungen elektrisch neutraler Moleküle müssen sich zu null ergänzen.
In der Realität existiert natürlich nur *eine* Sorte von Ozonmolekülen mit *einer* zugehörigen Elektronenstruktur. Es liegt an den begrenzten Ausdrucksmöglichkeiten der Lewis-Formeln, wenn zur Beschreibung der Bindungsverhältnisse eines Moleküls zwei oder mehrere mesomere Grenzformeln notwendig sind, von denen jede einzelne für sich ein falsches Bild vermittelt. Dass sie trotzdem häufig benutzt werden, hat mehrere Gründe. Sie sind einfach und bequem aufzuschreiben. Sie gestatten uns qualitative Aussagen zur Molekülgeometrie und geben uns Auskunft über die Position von Partialladungen sowie die radikalischen Eigenschaften eines Moleküls.

Die gesamte Ozonmenge der Atmosphäre verteilt sich zu etwa 90% auf die Stratosphäre (ca. 12...50 km Höhe) und zu etwa 10% auf die Troposphäre. In 15...40 km Höhe über der Erdoberfläche befindet sich der sogenannte **Ozongürtel** mit dem O_3-Maximum bei etwa 25 km Höhe. Dieser Ozongürtel schirmt infolge der spezifischen Absorptionseigenschaften von O_3 tierische und pflanzliche Organismen gegen den größten Teil der lebensgefährdenden, energiereichen UV-Strahlen ab.

$$3\,O_2 \quad \underset{\lambda \approx 240 - 315\,nm}{\overset{\lambda < 240\,nm}{\rightleftharpoons}} \quad 2\,O_3$$

(2-3)

Würde der Schutz durch das stratosphärische Ozon wegfallen, käme es beim Auftreffen der energiereichen UV-B-Strahlung (λ = 280...315 nm) oder der noch energiereicheren UV-C-Strahlung (λ < 280 nm) auf organische Materie zu einer Spaltung von Molekülbindungen. Die Folge wären signifikante pathologische Veränderungen der Zelle bis hin zu ihrer Zerstörung.

Der Einfluss des Menschen auf das in der Stratosphäre ablaufende Gleichgewicht der Bildung und des Abbaus von Ozon (Gl. 2-3) besteht vor allem darin, Substanzen zu produzieren, die unmittelbar oder mittelbar die Rückreaktion von Gl. (2-3) beeinträchtigen bzw. verhindern, indem sie O_3 auf anderem Wege abbauen. Bei diesen Ozon abbauenden Substanzen handelt es sich in erster Linie um Fluorchlorkohlenwasserstoffe (FCKW, Kap. 7.1.2) und Stickoxide. Die chemisch außerordentlich stabilen FCKW gelangen nach einem Zeitraum von etwa 10 Jahren aus den unteren Atmosphärenschichten in die Stratosphäre. Hier werden die C-Cl-Bindungen durch energiereiche UV-Strahlung gespalten und die entstehenden Chlorradikale katalysieren den O_3-Abbau (Gl. 2-4).

$$CCl_2F_2 \quad \xrightarrow[\lambda < 220 \text{ nm}]{h\nu} \quad \bullet CClF_2 \;+\; \bullet Cl \tag{2-4}$$

Ozon, hier als Sauerstoffmodifikation unter der Kapitelüberschrift „Natürliche Luftinhaltsstoffe" besprochen, müsste eigentlich im Kap. 2.2.2 Luftschadstoffe behandelt werden.

• **Kohlendioxid (Kohlenstoffdioxid) CO_2.** Das Kohlendioxid der Luft spielt in der Bauchemie eine zentrale Rolle, wie die Beispiele Kalkhärtung, Korrosion von Beton oder Natursteinen durch Regenwasser (kalklösender Angriff), Korrosion von Baumetallen und Härte des Wassers zeigen.

CO_2 ist ein farbloses Gas, das nicht brennt und die Verbrennung nicht unterhält. Es besitzt einen etwas säuerlichen Geruch und Geschmack. Da sein Litergewicht mit einem Wert von 1,9768 g/l anderthalbmal so groß wie das der Luft ist, sammelt es sich in geschlossenen Räumen wie Höhlen, Grotten oder Gärkellern am Boden an. CO_2 ist an sich nicht giftig, führt aber durch Verdrängung der Luft - und damit des zur Atmung lebensnotwendigen Sauerstoffs - zum Ersticken. Dies ist besonders bei Maßnahmen zur schnelleren Erhärtung von Kalkputzen in geschlossenen Räumen (Koks- oder Propanöfen) zu beachten.

Kohlendioxid ist in Wasser gut löslich. Bei 20°C lösen sich 0,9 Liter CO_2 in 1 Liter Wasser. Die Löslichkeit nimmt mit ansteigender Temperatur ab (Tab. 2.3) und mit steigendem Druck zu. Bei einer Druckerhöhung auf 25 bar lösen sich bei 20°C bereits 16,3 Liter CO_2 in einem Liter Wasser. Handelsübliche Mineralwässer werden unter einem Druck von 2 bis 3 bar mit CO_2 versetzt und in Flaschen abgefüllt (mit „Kohlensäure" versetzte Mineralwässer). Zwischen dem gasförmigem und dem gelöstem CO_2 stellt sich ein Gleichgewicht ein: $CO_2(g) \rightleftharpoons CO_2(aq)$. Beim Öffnen der Flasche wird der Druck plötzlich auf 1,013 bar abgesenkt und das komprimierte Gas wird entspannt.

Bei 20°C kann Kohlendioxid durch einen Druck von 50 bar verflüssigt werden. In dieser Form ist es in grau gekennzeichneten Stahlflaschen („Kohlensäureflaschen") im Handel.

 CO_2 ist ein lineares Molekül. Die Oxidationsstufe des C-Atoms im CO_2 beträgt +IV, damit hat der Kohlenstoff die maximale Oxidationsstufe eines Elements der vierten Hauptgruppe erreicht.

Kohlendioxid entsteht bei der vollständigen Verbrennung von Kohlenstoff und C-haltigen Verbindungen (Gl. 2-5, 2-6). Beim Kalkbrennen fällt es als Nebenprodukt an (s. Kap. 6.3.1).

$$C \quad + \quad O_2 \quad \rightarrow \quad CO_2 \qquad\qquad \Delta H = -394 \quad kJ/mol \qquad (2\text{-}5)$$
$$CH_4 \quad + \quad 2\,O_2 \quad \rightarrow \quad CO_2 \quad + \quad 2\,H_2O \qquad \Delta H = -891{,}1 \; kJ/mol \qquad (2\text{-}6)$$

Verbrennt man Kohlenstoff bzw. Kohle bei hohen Temperaturen (1000°C) und begrenzter Zufuhr von Sauerstoff, entsteht Kohlenmonoxid CO (Gl. 2-7).

$$C \quad + \quad \tfrac{1}{2}\,O_2 \quad \rightarrow \quad CO \qquad\qquad \Delta H = -111 \quad kJ/mol \qquad (2\text{-}7)$$

Temperatur (°C)	Löslichkeit in Liter CO_2 pro l H_2O
0	1,713
10	1,190
20	0,880
25	0,757
30	0,665
40	0,530
60	0,360

Tabelle 2.3

Löslichkeit von CO_2 in Wasser (p = 1,013 bar)

Im chemischen Laboratorium erhält man CO_2 durch Zersetzung von Carbonaten mit Mineralsäuren, z.B. HCl (Gl. 2-8). Leitet man das freigesetzte CO_2 in Barytwasser $Ba(OH)_2$ oder Kalkwasser $Ca(OH)_2$ ein, fällt erneut Carbonat aus (Gl. 2.8, 2.9 $\Rightarrow$ **Carbonatnachweis**, s.a. Kap. 8).

$$CaCO_3 + 2\,H_3O^+ + 2\,Cl^- \rightarrow CO_2 + Ca^{2+} + 2\,Cl^- + 3\,H_2O \qquad (2\text{-}8)$$
$$(\textit{kurz}:\ CaCO_3 \ + \ 2\,HCl \rightarrow CO_2 \ + \ Ca^{2+} \ + \ H_2O)$$

$$Ba(OH)_2 + CO_2 \quad \rightarrow \quad BaCO_3 \downarrow + H_2O \qquad (2\text{-}9)$$

CO_2 ist der „Rohstoff" für die Bildung organischer Materie wie Zucker, Stärke und Cellulose durch die Photosynthese der grünen Pflanzen. Mensch und Tier bauen die organischen Stoffe unter Aufnahme des dazu notwendigen Sauerstoffs ab (Atmung), die dabei gewonnene Energie wird zur Aufrechterhaltung der Lebensprozesse benötigt. Der Mensch atmet täglich im Mittel 350 Liter CO_2 aus, der CO_2-Volumenanteil der Atemluft liegt bei etwa 4%. Die natürlichen CO_2-Zyklen einschließlich der später zu besprechenden Sedimentations- und Lösevorgänge sind in Abb. 2.2 gezeigt.

Kohlendioxid gehört neben dem Wasserdampf, Ozon, Lachgas (Distickstoffmonoxid N_2O), Methan CH_4 und den FCKW zu den **Treibhausgasen**. Sie absorbieren einen großen Teil der von der Erde kommenden Wärmestrahlung und speichern sie als Wärmeenergie. Anschließend geben sie die Wärme in alle Richtungen ab, eben auch zurück zur Erdoberfläche, was zu einer Durchschnittstemperatur auf unserer Erde von +15°C führt. Ohne die atmosphärischen Treibhausgase läge die mittlere Durchschnittstemperatur auf der Erde um 33°C tiefer, also nicht bei +15°C sondern bei -18°C. Die natürlichen Treibhausgase, allen voran Wasserdampf und Kohlendioxid, ermöglichen das Leben auf der Erde in seiner jetzigen Form. Sie mildern die großen Temperaturschwankungen, die sonst zwischen Tag und Nacht auftreten würden (**natürlicher Treibhauseffekt**).

Der Vergleich mit einem Treibhaus (Gewächshaus), wo die Sonnenenergie in Form von Wärme „eingefangen" wird, ist folgendermaßen zu verstehen: Während in einem Gewächshaus das Sonnenlicht durch das Glasdach eindringen kann, wird ein Entweichen der warmen Luft weitgehend verhindert. Die Funktion des Glasdaches übernehmen in der Atmosphäre die Treibhausgase. Sie absorbieren die Wärmestrahlung und regulieren damit das Klima.

Infolge der ständig anwachsenden Erdbevölkerung und der damit verbundenen Zunahme landwirtschaftlicher und industrieller Aktivitäten wie der Waldrodung, der Erschließung neuer landwirtschaftlicher Nutzflächen, der Brandrodung, dem Aufbringen mineralischer Dünger, der ungehemmten Verbrennung fossiler Brennstoffe und Holz sowie der Produktion halogenierter Kohlenwasserstoffe wächst die Emission klimawirksamer Gase ständig an. Diese *zusätzlich* freigesetzten Treibhausgase reichern sich in der Atmosphäre an und sind nach weitgehender Übereinstimmung der Fachleute für die bereits zu beobachtende und künftig zu erwartende Erwärmung der Erdatmosphäre verantwortlich (⇒ **anthropogener**, vom Menschen verursachter **Treibhauseffekt**).

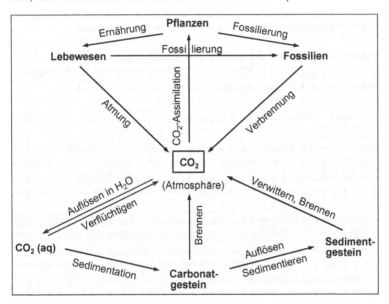

Abbildung 2.2 CO_2-Zyklen in der Natur

Kohlensäure und Carbonate. Die wässrige Lösung von Kohlendioxid reagiert schwach sauer, ihr pH-Wert hängt von der Menge des gelösten CO_2 ab. CO_2 ist das Säureanhydrid der Kohlensäure H_2CO_3 (Gl. 2-10 bis 2-12).

$$CO_2 + H_2O \rightleftharpoons H_2CO_3 \qquad (2\text{-}10)$$

$$H_2CO_3 + H_2O \rightleftharpoons HCO_3^- + H_3O^+ \qquad (2\text{-}11)$$

$$HCO_3^- + H_2O \rightleftharpoons CO_3^{2-} + H_3O^+ \qquad (2\text{-}12)$$

Das Gleichgewicht (2-10) liegt weitgehend auf der linken Seite. Mehr als 99% der Gesamtmenge des gelösten Kohlendioxids liegt physikalisch gelöst als hydratisierte CO_2-Moleküle vor. Nur ein äußerst geringer Anteil der gelösten CO_2-Moleküle setzt sich mit H_2O zu Kohlensäure um. Damit liegen in der Lösung praktisch keine H_2CO_3-Moleküle vor, sondern überwiegend durch Protolyse (2-11) gebildete H_3O^+- und HCO_3^--Ionen. Bezieht man den Anteil des physikalisch gelösten, hydratisierten CO_2 in die Säurekonstante (Kap. 3.9.3) ein, erhält man einen pK_S-Wert von 6,35. Kohlensäure ist demnach eine schwache anorganische Säure.

Es ist chemisch nicht korrekt, wenn, wie es umgangssprachlich häufig geschieht, Kohlendioxid selbst als Kohlensäure bezeichnet wird. Genauso unkorrekt ist es, wenn man im Falle CO_2-haltiger Wässer von Kohlensäurelösungen spricht, obwohl es sich praktisch überwiegend um physikalisch gelöstes CO_2 handelt. *Kohlensäure lässt sich aus wässriger Lösung nicht isolieren.*

Als zweibasige Säure bildet H_2CO_3 zwei Arten von Salzen, **Hydrogencarbonate** (früher: Bicarbonate) mit dem Anion HCO_3^- und **Carbonate** mit dem Säurerestion CO_3^{2-}. Das Carbonation ist eine starke Anionbase (Kap. 3.9.4).

Carbonate lösen sich mit Ausnahme der Alkalimetallcarbonate (Na_2CO_3, K_2CO_3) schwer in Wasser. Das Hydrogencarbonation bildet mit Alkalimetallen (Ausnahme: Li) feste Verbindungen, die sich in der Hitze zum Carbonat zersetzen. Mit den Erdalkalimetallen bilden sich lediglich Lösungen der Hydrogencarbonate. Dampft man diese Lösungen ein, fallen die jeweiligen Carbonate aus. **Ein Salz $Ca(HCO_3)_2$ kann nicht isoliert werden!**

Von großer praktischer Bedeutung ist die Auflösung des $CaCO_3$ (bzw. des Kalksteins) durch Einwirkung CO_2-haltiger Wässer unter Bildung von Hydrogencarbonat (**Kalkstein-Kohlensäure-Gleichgewicht**, auch: Kalk-Kohlensäure-Gleichgewicht, Gl. 2-13).

$$CaCO_3 + CO_2 + H_2O \;\rightleftharpoons\; Ca^{2+} + 2\,HCO_3^- \qquad\qquad (2\text{-}13)$$

Dieses Gleichgewicht, das in analoger Weise für $MgCO_3$ gilt, bildet die Grundlage für zahlreiche praktische Problemstellungen wie den kalklösenden Angriff, die temporäre Wasserhärte einschließlich Kesselsteinbildung, die Sedimentierung von Erdalkalimetallcarbonaten im Meerwasser, ja selbst für die Ausbildung von Stalaktiten und Stalagmiten in Kalk(stein)-Tropfsteinhöhlen.

In diesem Zusammenhang sollen einige Begriffe erläutert werden, die im Bauwesen, der Wasserchemie bzw. -analytik und der Kraftwerkschemie benutzt werden, um die Funktion der Kohlensäure in Gl. (2-13) klarer zu fassen. Im Falle des im Wasser physikalisch gelösten Kohlendioxids spricht man von **freier Kohlensäure**, die löslichen Hydrogencarbonate des Calciums und Magnesiums bezeichnet man dagegen als **gebundene Kohlensäure**. Um eine bestimmte Menge an Erdalkalimetallionen (und damit eine bestimmte Carbonathärte, Kap. 3.7) in Lösung zu halten und die Abscheidung der schwerlöslichen Carbonate zu verhindern, ist eine ganz bestimmte Menge freies CO_2 notwendig. Sie wird als zugehörig bezeichnet (**freie zugehörige Kohlensäure**). Enthält das Wasser gerade diese zur Stabilisierung der vorliegenden HCO_3^-- und Ca^{2+}-Konzentrationen erforderliche Menge an CO_2, befindet sich das Wasser im Kalkstein-Kohlensäure-Gleichgewicht. Reicht bei harten Wässern das vorhandene CO_2 zur Stabilisierung des Hydrogencarbonats nicht aus, scheidet sich Kalkstein ab.

Unter der **freien überschüssigen Kohlensäure** (auch: aggressive Kohlensäure) versteht man schließlich den Mehranteil an CO_2, der über die Aufrechterhaltung des Kalkstein-Kohlensäure-Gleichgewichts hinaus in einem Wasser vorhanden ist. Gelangt ein Wasser mit freier überschüssiger Kohlensäure in Kontakt mit Kalkstein- oder Dolomitschichten, werden die Carbonate unter Bildung von Ca- oder Mg-Hydrogencarbonaten gelöst. Freie überschüssige Kohlensäure verhält sich aggressiv gegenüber Kalkstein bzw. Kalk und Beton.

2.2.2 Luftschadstoffe und Möglichkeiten zu ihrer Vermeidung, REA-Gips

Die aggressive, die Bausubstanz angreifende Wirkung der atmosphärischen Luft ist in erster Linie auf die Luftschadstoffe Schwefeldioxid und die Stickoxide zurückzuführen. Auf

Quellen, Eigenschaften und Reaktionen dieser Schadgase soll im Weiteren näher eingegangen werden.

- **Schwefeldioxid SO₂** gelangt überwiegend durch Verbrennung schwefelhaltiger fossiler
Brennstoffe (Kohle, Erdöl), aber auch durch industrielle Prozesse wie die Eisen- und
Stahlerzeugung, die Schwefelsäureproduktion und die Erdölaufarbeitung in größeren Men-
gen in die Atmosphäre. Dazu kommen Emissionen aus natürlichen Quellen (Ozeane und
Sümpfe, Vulkanismus).

SO_2 ist ein stechend riechendes, farbloses, giftiges, korrodierend wirkendes Gas. Es entsteht als unmittelbares Verbrennungsprodukt des Schwefels, ist selbst jedoch nicht brennbar. Die Dichte des SO_2 beträgt ρ = 2,928 g/l (0°C, 1,013 bar). SO_2 ist damit ca. 2,3-mal
schwerer als Luft. Bei 20°C und 1,013 bar lösen sich 39,4 l SO_2 pro Liter Wasser. Damit ist
seine Wasserlöslichkeit etwa 45-mal höher als die des CO_2.
Das SO_2-Molekül besitzt eine gewinkelte Struktur (Bindungswinkel 119,5°) mit zwei S-O-
Bindungen gleicher Bindungslänge. Der relativ kurze S-O-Bindungsabstand (143 pm) weist
auf das Vorliegen von zwei Doppelbindungen hin. Damit ergibt sich die folgende Lewis-
Struktur für SO_2:

$$\overline{\underset{|O \qquad O|}{S}}$$

Die wässrige Lösung von Schwefeldioxid reagiert sauer, es bildet sich **schweflige Säure
H₂SO₃.** SO_2 ist demnach das Säureanhydrid der H_2SO_3 (Gl. 2-14).

$$SO_2 \; + \; H_2O \; \rightleftharpoons \; H_2SO_3 \tag{2-14}$$

Ähnlich wie bei der Lösung von CO_2 in Wasser, liegt das Gleichgewicht weitgehend auf der
linken Seite. Die Lösung enthält eine kleine (nicht bekannte!) Menge schwefliger Säure.
Reine H_2SO_3 ist instabil und kann nicht isoliert werden. Schweflige Säure ist eine mittelstarke Säure, sie protolysiert in zwei Stufen (Gl. 2-15, 2-16):

$$H_2SO_3 \; + \; H_2O \; \rightleftharpoons \; H_3O^+ \; + \; HSO_3^- \tag{2-15}$$
$$HSO_3^- \; + \; H_2O \; \rightleftharpoons \; H_3O^+ \; + \; SO_3^{2-} \; . \tag{2-16}$$

Damit bildet die schweflige Säure zwei Arten von Salzen, die *Hydrogensulfite* (Bisulfite) mit
dem Anion HSO_3^- und die *Sulfite* mit dem Säurerestion SO_3^{2-}. Aufgrund seines Vermö-
gens, in Anwesenheit von Feuchtigkeit H_3O^+-Ionen zu bilden, bezeichnet man SO_2 auch
als *saures Gas*. Weitere saure Gase sind CO_2, NO_2 und Chlorwasserstoff (HCl).
Schwefeldioxid, schweflige Säure und Sulfite zeichnen sich durch ihr ***Reduktionsvermö-
gen*** aus, wobei sie selbst zu Sulfat oxidiert werden. Dabei geht der Schwefel von der Oxidationsstufe +IV in die Oxidationsstufe +VI über.

- **Schwefeltrioxid SO₃.** Die exotherme Oxidation von SO_2 zu SO_3 läuft nur in Anwesenheit von Katalysatoren ab (Gl. 2-17).

$$SO_2 \; + \; \tfrac{1}{2} O_2 \; \overset{Kat.}{\rightleftharpoons} \; SO_3 \qquad \Delta H = -99 \text{ kJ/mol} \tag{2-17}$$

Schwefeltrioxid bildet mit Wasser **Schwefelsäure** H_2SO_4. SO_3 ist demzufolge das Säure-anhydrid der H_2SO_4. Von der zweibasigen Schwefelsäure leiten sich ebenfalls zwei Arten von Salzen ab, *Hydrogensulfate* HSO_4^- und *Sulfate* SO_4^{2-}.

Die katalytische Oxidation von SO_2 zu SO_3 bildet das Kernstück der industriellen Schwe-felsäureproduktion. In der Atmosphäre übernehmen Rußpartikel bzw. Metallstäube die Funktion des Katalysators. Mit dem H_2O der Luft bildet sich Schwefelsäure, die sofort zu Tropfen kondensiert (*Schwefelsäurenebel bzw. -aerosole*).

Konzentrierte H_2SO_4 wirkt stark **hygroskopisch** (wasserentziehend). Deshalb wird sie im chemischen Laboratorium als Trocknungsmittel für Chemikalien genutzt. Schwefelsäure ist eine *oxidierende Säure*, da neben den Hydroniumionen auch das Sulfation als Oxidati-onsmittel reagieren kann. Zwar ist ihre Oxidationskraft geringer als die der Salpetersäure, trotzdem ist sie insbesondere bei höheren Temperaturen in der Lage, Metalle wie Cu, Ag und Hg zu lösen. Die Reaktion der Schwefelsäure mit Wasser ist stark *exotherm*. Beim Verdünnen von reiner oder konz. H_2SO_4 mit Wasser ist es deshalb notwendig, die Säure in dünnem Strahl, oder noch besser tropfenweise, unter Umrühren in das Wasser einzutra-gen. Gibt man umgekehrt H_2O in die Schwefelsäure, kann es durch die starke Wärmeent-wicklung zum Herausspritzen der Säure (Vorsicht: Verätzungen!), vielleicht sogar zum Springen des Glasgefäßes kommen.

- **Stickoxide (Stickstoffoxide)** ist eine Sammelbezeichnung für die gasförmigen Oxide des Stickstoffs (s. Tab. 1.2). Im Umgangssprachgebrauch, vor allem aber bei der Diskus-sion umweltchemischer Themen, versteht man unter Stickoxiden das Stickstoffmonoxid (NO) und das Stickstoffdioxid (NO_2), allgemeine Formel NO_x. Für beide N-Verbindungen ist auch die Trivialbezeichnung „nitrose Gase" üblich. NO und NO_2 sind über die Gleichge-wichtsreaktion (Gl. 2-18) miteinander verknüpft und treten deshalb stets gemeinsam auf.

Mehr als 90% der anthropogen emittierten Stickoxide gehen auf Verbrennungsvorgänge der Energieerzeugung und des Kfz- und Flugzeugverkehrs zurück. Bei Temperaturen über 1000°C entsteht aus dem Stickstoff des Brennmaterials oder der Verbrennungsluft und dem Luftsauerstoff zunächst NO, das schnell zu NO_2 oxidiert wird.

Stickstoffmonoxid NO ist ein farbloses, giftiges, nicht brennbares Gas. Es lässt sich auf-grund der inerten Natur des Stickstoffs nur bei hohen Temperaturen (elektrischer Lichtbo-gen, Verbrennungsmotor) aus den Elementen herstellen und das auch nur mit geringen Ausbeuten. Technisch gewinnt man Stickstoffmonoxid durch katalytische Oxidation von Ammoniak (*Ostwald-Verfahren*).

NO besitzt ein ungepaartes Elektron, d.h. es ist ein radikalisches Molekül (s.u.). Kommt Stickstoffmonoxid mit Luft in Berührung, entstehen sofort braunrote Dämpfe von NO_2 (Gl. 2-18). Bei der ablaufenden Oxidationsreaktion erhöht sich die Oxidationszahl des Stick-stoffs von +II (NO) auf +IV (NO_2).

$$2\ NO + \ O_2 \ \rightleftharpoons \ 2\ NO_2 \ \ \Delta H = -114{,}2\ kJ/mol \tag{2-18}$$

Stickstoffdioxid NO_2 ist ein braunrotes, charakteristisch riechendes, stark giftiges Gas. Sein MAK-Wert beträgt 9 mg/m^3 ($\sim$ 5 ppm). Bei Temperaturerniedrigung wird das Gas all-mählich farblos, während bei Erwärmung des Gases über die Zimmertemperatur hinaus die Intensität der braunroten Farbe zunimmt. Hintergrund dieser Farbänderung ist eine Dimerisierung (Zusammenlagerung zweier Moleküle) bei tiefen Temperaturen.

Wie die folgenden Grenzformeln (NO_2, rechts) zeigen, verfügt auch Stickstoffdioxid über ein ungepaartes Elektron. NO_2 ist ebenfalls ein aggressives, radikalisches Molekül.

NO:

NO$_2$

$$\underset{}{\overset{\bullet}{N}} = \overline{\underset{}{O}} \quad \longleftrightarrow \quad \overset{\ominus}{\overline{\underset{}{N}}} = \overset{\oplus}{\underset{}{O}}$$

Stickstoffdioxid wird als *gemischtes Säureanhydrid* bezeichnet, da bei Lösung von NO$_2$ in Wasser sowohl **salpetrige Säure HNO$_2$** (Salze: Nitrite) als auch **Salpetersäure HNO$_3$** (Salze: Nitrate) entstehen (Gl. 2-19).

$$2\,NO_2 + H_2O \;\rightleftharpoons\; HNO_2 + HNO_3 \tag{2-19}$$

In Gegenwart von Sauerstoff löst sich NO$_2$ zu Salpetersäure (Gl. 2-20).

$$2\,NO_2 + \tfrac{1}{2}\,O_2 + H_2O \;\rightleftharpoons\; 2\,HNO_3 \tag{2-20}$$

Die sauren Gase SO$_2$ und NO$_x$ bzw. die aus ihnen gebildeten Säuren H$_2$SO$_4$ und HNO$_3$ sind Hauptbestandteile des sogenannten **Sauren Regens** (Zusammensetzung: H$_2$SO$_4$ 83%, HNO$_3$ 12% und HCl 5% [16]). Von Saurem Regen spricht man, wenn der pH-Wert unter 5,5 liegt. CO$_2$-gesättigtes Regenwasser besitzt bereits einen pH-Wert von ca. 5,6. Es wird mitunter als „*Sauberer Regen*" bezeichnet. Saurer Regen führt zu einer Versauerung der Oberflächengewässer und, besonders bei kalkarmen Böden mit einer geringen Puffer-kapazität, zu einer Bodenversauerung - eine Ursache für die sogenannten Neuartigen Waldschäden [16, 17]. Saurer Regen schädigt auch *Baustoffe* und damit *Bauwerke* in starkem Maße. Sowohl carbonathaltige Putze und Betone als auch Natursteine wie kalkig gebundene Sandsteine werden angegriffen (Kap. 6.3.8). Metalle korrodieren unter dem Einfluss saurer Gase bzw. des Sauren Regens schneller, Gläser und Glasgemälde alter Bauwerke werden zerstört. Aufgrund unterschiedlichster Maßnahmen wie der Entschwe-felung (s.u.) und Entstickung von Rauchgasen sowie der KfZ-Abgaskatalyse stieg der pH-Wert des Regenwassers von 4,2...4,5 (80er Jahre, Ballungsgebiete!) allmählich an. Heute liegen die Werte mitunter sogar über pH = 6. *Regenwasser reagiert immer schwach sauer*!

Rauchgasentschwefelung - REA-Gips. Von den heute in der BRD aufgrund gesetzlicher Verordnungen und Vorschriften angewandten Methoden und Verfahren zur Luftreinhaltung soll nur die Reinigung des Rauchgases in Rauchgasentschwefelungsanlagen (REA) an-geführt werden.
Mit etwa 90% Marktanteil hat sich heute das *Kalk-/Kalkstein-Waschverfahren* durchge-setzt. Ob Kalk (CaO) oder Kalkstein (CaCO$_3$) eingesetzt wird, hängt in der Regel von den örtlichen Gegebenheiten ab. Die Herstellung von CaO ist energieintensiv. Damit liegt der Preis der Waschflüssigkeit im Fall des natürlichen Kalksteins ungleich günstiger als beim gebrannten Kalk. Dem stehen eine geringere Löslichkeit und Reaktionsfähigkeit, ein er-höhter Verschleiß durch die größere Härte und ein höherer spezifischer Verbrauch beim Kalkstein gegenüber. Diese Fakten muss der Betreiber der REA-Anlage genau gegenein-ander abwägen. Vom ökologischen Standpunkt sollte der Kalkstein gegenüber dem ener-gieintensiven Branntkalk bevorzugt werden. Mit Blick auf die Qualität und die Verwen-dungsmöglichkeiten des anfallenden Gipses (s.u.) ist dem reineren Kalk gegenüber dem mehr oder weniger verunreinigtem Kalkstein der Vorzug zu geben. Durch Einsprühen einer Kalk- bzw. Kalksteinsuspension in den Abgasstrom wird das Schwefeldioxid wirkungsvoll gebunden (Sprühabsorption).

$$Ca(OH)_2 + SO_2 \qquad\qquad \rightarrow \quad CaSO_3 + H_2O \qquad\qquad\qquad (2\text{-}21)$$
$$CaCO_3 + SO_2 \qquad\qquad \rightarrow \quad CaSO_3 + CO_2 \qquad\qquad\qquad (2\text{-}22)$$
$$CaSO_3 + \tfrac{1}{2}O_2 + 2H_2O \quad \rightarrow \quad CaSO_4 \cdot 2\,H_2O \;(\text{Gips})\;. \qquad\qquad (2\text{-}23)$$

Das primär entstehende Calciumsulfit $CaSO_3$ (2-21, 2-22) fällt als Sulfitschlamm im Kalk-waschturm an. Durch Einblasen von Luft (O_2) in die Suspension läuft unter ständigem Umrühren die Oxidation zum Sulfat ab (2-23). Nach dem Zentrifugieren und dem anschlie-ßenden Wasch- und Filtrierprozess werden die Gipskristalle als feuchtes, feinteiliges Pro-dukt mit ca. 10% Feuchte erhalten (**REA-Gips**). Eine weitgehend mechanische Entwässe-rung erspart Energie beim Brennen des Gipses und natürlich Transportkosten. Es werden Schwefelabscheidungsgrade von über 95% erreicht.

Tabelle 2.4   Zusammensetzung von Naturgips und REA-Gips [Bundesverband für
Kraftwerksnebenprodukte e.V. (BKV), 2003]

Komponente (%)	Naturgips	REA-Gips
Gipsgehalt ($CaSO_4 \cdot 2\,H_2O$)	81,2	96,7
MgO gesamt	0,06	0,03
Na_2O wasserlöslich	0,034	0,032
K_2O wasserlöslich	0,006	0,007
Fe_2O_3 gesamt	0,19	0,12
HCl- unlösl. Bestandteile	0,20	0,35
SO_2	0,02	0,03
Fluorid	0,001	0,002
Chlorid wasserlöslich	0,0072	0,0073
pH-Wert	7,4	7,2

Nach Jahren intensiver wissenschaftlich-technischer Forschungsarbeit wurde inzwischen der Nachweis erbracht, dass die Unterschiede zwischen Natur- und REA-Gips im Hinblick auf die chemische Zusammensetzung, auf den Gehalt an Spurenelementen und organi-schen Verbindungen sowie auf die radioaktive Belastung unerheblich sind - und zwar so-wohl von Steinkohle- als auch von Braunkohle-REA-Gips (Tab. 2.4). REA-Gipse sind hochwertige Sekundärrohstoffe, sie liegen mehlfein oder brikettiert vor.

Im Jahr 2010 lag die Produktion an REA-Gips in Deutschland bei 6,3 Mio. t, davon stam-men ca. 1,5 Mio. t aus Steinkohlekraftwerken und ca. 4,8 Mio. t aus Braunkohlekraftwer-ken (Quelle: VGB Powertech e.V.). Der überwiegende Teil des REA-Gipses (76%) stammt demnach aus Braunkohlekraftwerken. Die Inlandnachfrage lag 2010 bei etwa 4,7 Mio. t REA-Gips. Davon werden 79,2% vom Baugewerbe verarbeitet, z.B. für die Produktion von Gipsplatten, Baugipsen (Putzgips), Gips-Wandplatten, Spezialgipsen, Fließestrich und als Sulfatträger für die Zementindustrie. Etwa 16 % des REA-Gipses werden exportiert.
Mit dem Umbau der Energieerzeugung wird die Stromerzeugung in Stein- und Braunkoh-lekraftwerken langfristig zurückgehen, was naturgemäß einen stark negativen Einfluss auf die verfügbare Menge an REA-Gips hat. Um das verringerte Aufkommen auszugleichen, werden die Exporte zurückgefahren und perspektivisch wieder mehr Naturgips gefördert werden müssen.

3 Wasser und wässrige Lösungen

Dem Wasser kommt nicht nur eine grundlegende Rolle für das Leben auf der Erde zu, es besitzt auch eine zentrale Bedeutung im Bauwesen: als Anmachwasser für Bindemittel, als Transportmedium für saure Gase (Saurer Regen) oder für Salze in der Bausubstanz (Bauschäden).

3.1 Wasser: Struktur und Eigenschaften

Im Wassermolekül sind die Atome nicht linear, sondern gewinkelt angeordnet. Der Bindungswinkel beträgt 104,5°. Das Sauerstoffatom ist mit den beiden Wasserstoffatomen jeweils über eine polare Atombindung verbunden. Die Polarität der Bindung ist eine Folge der Elektronegativitätsdifferenz zwischen dem Sauerstoffatom (χ(O) = 3,5) und dem Wasserstoffatom (χ(H) = 2,1). Aufgrund der höheren Elektronegativität des Sauerstoffs verschieben sich die Bindungselektronen zum Sauerstoffatom. Dem O-Atom muss demnach eine negative Partialladung und den Wasserstoffatomen eine positive Partialladung zugeordnet werden.

Da aufgrund der gewinkelten Molekülgeometrie der positive und der negative Ladungsschwerpunkt nicht zusammenfallen, sondern an verschiedenen Stellen im Molekül lokalisiert sind, bildet sich ein elektrischer **Dipol** aus (Kap. 1.4.1). Wasser ist ein **Dipolmolekül**.

Die hohe Polarität des H_2O-Moleküls bewirkt das ausgezeichnete Lösevermögen des Wassers für Salze und Verbindungen aus polaren Molekülen wie Alkohole und Zucker.

Moleküle, die ein Dipolmoment besitzen, ziehen sich untereinander mit ihren entgegengesetzt geladenen Dipolenden an und stoßen sich mit den gleichsinnig geladenen Dipolenden ab. Die auftretenden Anziehungs- bzw. Abstoßungskräfte gehören zu den **intermolekularen Wechselwirkungen** (Kap. 1.4.2). Dass es beim Wasser außer den Dipol-Dipol- und Dispersionswechselwirkungen noch einen weiteren Typ intermolekularer Wechselwirkungen geben muss, wird bei der Betrachtung der Schmelz- und Siedetemperaturen deutlich. Die außerordentlich hohen Werte weisen auf ungewöhnlich starke intermolekulare Kräfte hin, die die Stärke gewöhnlicher Dipol-Dipol-Wechselwirkungen überschreiten. Sie sind auf das Vorliegen von **Wasserstoffbrückenbindungen** zurückzuführen: *Ein partiell positiv geladenes H-Atom eines H_2O-Moleküls tritt mit einem freien (nichtbindenden) Elektronenpaar des O-Atoms eines benachbarten Wassermoleküls in Wechselwirkung, dabei bildet sich eine Wasserstoffbrücke aus* (Kap. 1.4.2)

Die Wasserstoffbrückenbindung ist eine schwache Bindung, die besonders deutlich in der **Struktur des Eises** ausgebildet ist (Abb. 3.1). Jedes Sauerstoffatom ist durch zwei kovalente Bindungen mit H-Atomen (101 pm) und über Wasserstoffbrückenbindungen mit zwei weiteren, deutlich weiter entfernten H-Atomen (174 pm) verknüpft. Das bedeutet, jedes Sauerstoffatom eines H_2O-Moleküls ist tetraedrisch von vier O-Atomen benachbarter H_2O-Moleküle umgeben ($\angle$O-O-O = 109,5°). Durch die Tetraederstruktur im Gitter ist eine Aufweitung des Bindungswinkels des Wassers von 104,5° auf 109,5° (Tetraederwinkel!) erfolgt.

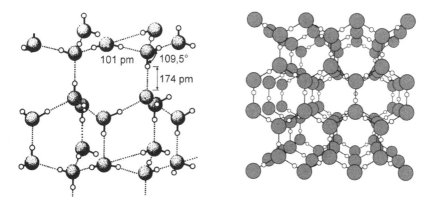

Abbildung 3.1 Links: Struktur der Wassermoleküle im Eiskristall; rechts: Weitmaschiges Gitter
        des Eises (hexagonale Struktur).

3.2 Anomalien, Benetzung und Kapillarität

Anomale physikalische Eigenschaften des Wassers. Die Wasserstoffbrückenbindung
bildet die *Ursache für eine Reihe anomaler physikalischer Eigenschaften* des Wassers. So
besitzt Wasser im Vergleich zu anderen Flüssigkeiten ungewöhnlich hohe Werte für den
Siede- und den Schmelzpunkt, die Verdampfungswärme, die spezifische Wärmekapazität
sowie die Viskosität (Zähigkeit der Flüssigkeit). Von besonderer Bedeutung für baupraktische Zwecke sind die Dichteanomalie und die hohe Oberflächenspannung.

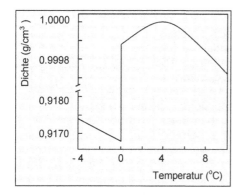

Abbildung 3.2

Dichte von Eis und flüssigem Wasser
in Abhängigkeit von der Temperatur
(verschiedene Ordinatenmaßstäbe)

● **Dichteanomalie.** Am Nullpunkt (0°C) besitzt Eis eine Dichte von $\rho = 0{,}9168$ g/cm^3. Es ist
damit leichter als Wasser bei 0°C ($\rho = 0{,}9998$ g/cm^3). Das Schmelzen des Eises ist stets
mit einer Volumenkontraktion verbunden. Sie erstreckt sich beim Erwärmen des flüssigen
Wassers bis zu einer Temperatur von 4°C (Abb. 3.2).
*Bei 4°C besitzt das Wasser mit $\rho = 1{,}0000$ g/cm^3 seine höchste Dichte und demzufolge
sein geringstes Volumen.*
Beim Schmelzen bricht die weiträumige Struktur des Eises durch den thermischen Abbau
der H-Brückenbindungen teilweise zusammen. Die mit dem Abbau der Wasserstoffbrücken verbundene Zunahme der Packungsdichte überwiegt die thermische Ausdehnung al-

lerdings nur bis zum Dichtemaximum von 4°C. Weitere Temperaturerhöhung führt zu einem fortschreitenden Abbau der Cluster. Das Wasser beginnt sich wie jede Flüssigkeit beim Erwärmen auszudehnen, wobei seine Dichte stetig abnimmt.

Wasser dehnt sich beim Gefrieren um ca. 9% aus. Diese Volumenausdehnung ist die Ursache für Gefügesprengungen von Bauteilen **(Frostangriff).** Temperaturen unterhalb des Gefrierpunktes lassen das Wassers im durchfeuchteten Beton gefrieren. Dabei baut sich ein Kristallisationsdruck auf, der zu Abplatzungen an der Betonoberfläche und zu Zerstörungen des Betongefüges führen kann.

● **Oberflächenspannung.** Jede Flüssigkeit neigt dazu, ihre Oberfläche möglichst klein zu halten. Wirken keine äußeren Kräfte (z.B. Wechselwirkung mit einer festen Oberfläche), so nimmt eine Flüssigkeit Kugelgestalt an, da die Kugel bei einem gegebenen Volumen der Körper mit der kleinsten Oberfläche ist. Die Oberfläche eines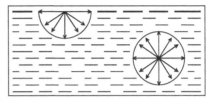
Flüssigkeitstropfens verhält sich ähnlich wie eine gespannte, elastische Membran. Das Bestreben zur Ausbildung kleinster Oberflächen lässt sich auf der Grundlage der den inneren Zusammenhalt der Flüssigkeit bewirkenden intermolekularen Kräfte **(Kohäsionskräfte)** erklären. Im *Inneren* der Flüssigkeit wird ein Molekül von allen benachbarten Molekülen gleich stark angezogen. Dadurch kompensieren sich die auf das Molekül wirkenden Anziehungskräfte im zeitlichen Mittel, die Resultierende ist null. Dagegen sind die Wechselwirkungskräfte zwischen einem Teilchen an der *Flüssigkeitsoberfläche* – es handelt sich um eine dünne Oberflächenschicht, deren Dicke etwa der molekularen Wirkungssphäre von 10^{-8} – 10^{-9} m entspricht - und einem Gasteilchen weitgehend vernachlässigbar. Die Moleküle an der Flüssigkeitsoberfläche besitzen weniger Nachbarmoleküle als diejenigen im Flüssigkeitsinneren. Damit fehlt diesen Molekülen die anziehende Wirkung eines Teils der Nachbarteilchen. Es bildet sich eine resultierende Zugkraft ins Innere der Flüssigkeit aus, die als Binnen- oder Kohäsionsdruck bezeichnet wird.

Soll die Oberfläche vergrößert werden, muss gegen die ins Innere gerichtete resultierende Zugkraft Arbeit geleistet werden. Die Oberflächenenergie muss erhöht werden. Die Oberflächenspannung σ ist definiert als Quotient aus geleisteter Arbeit ΔW zur Vergrößerung der Flüssigkeitsoberfläche A (in N · m) und der Flächenzunahme ΔA (in m^2): $\sigma = \Delta W / \Delta A$. Die *Einheit* der Oberflächenspannung ist N/m bzw. mN/m (= 10^{-3} N/m). Die Oberflächenspannung von Wasser ist mit einem Wert von 72,9 mN/m (20°C) etwa dreimal so groß wie die der meisten anderen Flüssigkeiten, z.B. Ethanol 22,4 mN/m und n-Hexan 18,40 mN/m. Sie ist eine unmittelbare Folge der Wasserstoffbrückenbindungen zwischen den H$_2$O-Molekülen. Mit ansteigender Temperatur nimmt die Oberflächenspannung ab, da die schnelleren Molekülbewegungen den intermolekularen Bindungskräften entgegenwirken.

● **Benetzung.** Unter der Benetzung versteht man die Ausbreitung einer Flüssigkeit auf einer festen Oberfläche. Ihr Ausmaß hängt von der Stärke der sich ausbildenden Adhäsionskräfte ab. Sind in der Grenzschicht Festkörper/Flüssigkeit die Adhäsionskräfte zwischen den Molekülen des Festkörpers und der Flüssigkeit *sehr* viel größer als die Kohäsionskräfte zwischen den Flüssigkeitsmolekülen, breitet sich die Flüssigkeit auf der Oberfläche des festen Körpers aus. Überwiegen die Kohäsionskräfte, zieht sich die Flüssigkeit zu mehr oder weniger flachen Tropfen zusammen. Zum Beispiel bilden sich beim Kontakt von *polaren Stoffen* wie mineralischen Baustoffen und Glas mit polarem Wasser infolge Ion-Dipol- bzw. Dipol-Dipol-Anziehung starke **Adhäsionskräfte** aus. Die Oberfläche wird

intensiv benetzt. Dagegen sind beim Kontakt von Wasser mit *unpolaren Stoffen* wie Kunst-stoffen die Adhäsionskräfte im Vergleich zu den Kohäsionskräften vernachlässigbar klein. In diesem Fall ist die Benetzung gering.
Die im technischen Bereich oft verwendeten Begriffe Kohäsions- und Adhäsionskräfte sind – wie die nachfolgende Abbildung zeigt – letztlich intermolekulare Wechselwirkungskräfte.

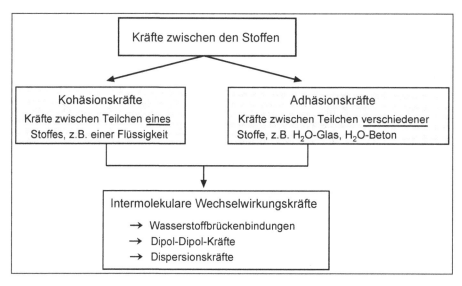

Ein Maß für die Benetzbarkeit einer Oberfläche ist der **Kontakt-** oder **Randwinkel** α eines auf der Oberfläche aufsitzenden Wassertropfens (Abb. 3.3). α ist der Winkel zwischen der Festkörperoberfläche und der Tangente an einem darauf ruhenden Wassertropfen an den Phasengrenzen Wasser/Festkörper/Luft.

Den Zusammenhang zwischen den drei wirksamen Grenzflächenspannungen σ_{lg} (Oberflä-chenspannung im engeren Sinne), σ_{sl}, σ_{sg} und dem Randwinkel α gibt die *Youngsche Gleichung* wieder: $\sigma_{sg} - \sigma_{sl} = \sigma_{lg} \cdot \cos \alpha$. In der Regel wird bei Kontaktwinkeln < 90° von **hydrophilen** (*wasserliebenden*) und bei Winkeln > 90° von **hydrophoben** (wasserabsto-ßenden) Oberflächen gesprochen. Metall- sowie Glas- und Keramikoberflächen zeigen hydrophiles Verhalten mit einer guten Benetzung. Wachse, Silicone und Teflon weisen dagegen hydrophobe Oberflächen mit einer schlechten Benetzung auf. Anorganische Baustoffoberflächen sind meist hydrophil.

Durch Modifizierung der Oberflächen, z.B. Behandlung mit Siliconen (Hydrophobierung, Kap. 7.3.5), werden hydrophile Oberflächen wasserabweisend.

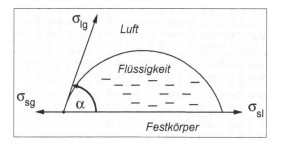

Abbildung 3.3

Benetzung einer festen Oberfläche
l/g   Grenzfläche flüssig-gasförmig
s/g   Grenzfläche fest-gasförmig und
s/l   Grenzfläche fest-flüssig
        mit *s* solidus, fest; *l* liquidus,
        flüssig; *g* gaseous, gasförmig

● **Kapillarität.** Die starken Adhäsionskräfte zwischen H_2O und der inneren Oberfläche von engen Röhren (*Kapillaren*) bilden die Ursache der sogenannten Kapillarität (Abb. 3.4). Durch eine Benetzung der Innenfläche der Kapillaren wird die Oberfläche vergrößert. Die hohe Oberflächenspannung des Wassers wirkt der Vergrößerung der Oberfläche entgegen, folglich steigt der Meniskus unter Verringerung der Gesamtoberfläche an. Die benetzende Flüssigkeit wird in der Kapillare nach oben gezogen. Die nötige Energie resultiert demnach aus der Wechselwirkung der Flüssigkeit mit der Kapillarwand.

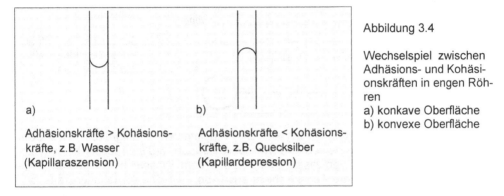

a)
Adhäsionskräfte > Kohäsions-
kräfte, z.B. Wasser
(Kapillaraszension)

b)
Adhäsionskräfte < Kohäsions-
kräfte, z.B. Quecksilber
(Kapillardepression)

Abbildung 3.4

Wechselspiel zwischen Adhäsions- und Kohäsionskräften in engen Röhren
a) konkave Oberfläche
b) konvexe Oberfläche

Die Flüssigkeit kann nur solange in einer Kapillare aufsteigen, solange der Gesamtprozess mit einem Gewinn an potentieller Energie verbunden ist. Die zuletzt erreichte Höhe h der Flüssigkeit ist proportional zur Oberflächenspannung σ und umgekehrt proportional zur Dichte ρ und zum Radius r des Kapillarrohres.

$$h = \frac{2 \cdot \sigma}{\rho \cdot r \cdot g}$$ g = Erdbeschleunigung 9,81 m/s^2 (3-1)

Nach Gl. (3-1) folgt, dass Flüssigkeiten in Röhren geringeren Durchmessers höher steigen als in weniger engen Röhren. Beispielsweise steigt Wasser in einer Kapillare mit einem Durchmesser von 1 mm bis zu einer Höhe h = 3 cm, bei einem Kapillardurchmesser von 0,01 mm beträgt die Steighöhe bereits 3 m. Die Praxis zeigt jedoch, dass die nach (3-1) berechneten Steighöhen häufig zu hoch liegen.

Das **kapillare Steigvermögen** spielt im Bauwesen eine wichtige Rolle, da mit Ausnahme von dichten, wenig porösen Natursteinen alle silicatischen Baustoffe Kapillaren, Poren oder Kavernen besitzen. Dadurch kann sich das Mauerwerk, der Mörtel oder der Beton, wenn sie in Kontakt mit durchfeuchtetem Boden stehen, bis in höhere Schichten mit Feuchtigkeit durchziehen. Voraussetzung ist, dass Kapillaren mit einem entsprechend geringen Durchmesser in vertikaler Richtung untereinander in Verbindung stehen.

3.3 Tenside: Verringerung der Oberflächenspannung

Tenside (*lat.* tensio Spannung) sind Substanzen, die das Bestreben besitzen, sich bevorzugt an der Grenzfläche zweier nicht mischbarer Phasen (gasförmig-flüssig, flüssig-flüssig, flüssig-fest) anzulagern. Sie werden deshalb als **grenzflächenaktive Stoffe** bezeichnet. Die Grenzflächenaktivität resultiert aus ihrem besonderen chemischen Aufbau. Tensidmoleküle enthalten einen unpolaren hydrophoben und einen polaren hydrophilen Teil. Der hydrophobe Teil besteht beispielsweise aus langkettigen Kohlenwasserstoffresten, der hydrophile Teil aus Carboxylat($-COO^-$)- oder Sulfonat($-SO_3^-$)-Gruppen. Klassische Beispiele für Tenside sind die Seifen (Abb. 3.5). Das Seifenmolekül ist ein anionisches Tensid, d.h. die hydrophile Kopfgruppe ist anionisch $-COO^-$. Es gibt eine große Gruppe weiterer Tenside, z.B. kationische Tenside mit einer kationischen Kopfgruppe ($-NR_4^+$) oder nichtionische Tenside, bei denen die Polarität des hydrophilen Rests auf Elektronegativitätsdifferenzen etwa zwischen O und C beruht. Beispiele sind die Polyether mit der polaren Gruppe $-O-R$.

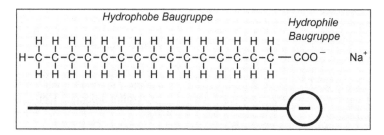

Abbildung 3.5

Schematischer Aufbau eines Tensidmoleküls (Natriumpalmitat)

In einer wässrigen Tensidlösung richten sich die Tensidmoleküle aufgrund ihrer spezifischen Struktur an der Oberfläche aus: Die hydrophile Gruppe wird ins Wasser hineingezogen und die hydrophobe Kohlenwasserstoffkette aus dem Wasser herausgedrängt. Es bildet sich eine monomolekulare Tensidschicht aus (Abb. 3.6). Die Anziehungskräfte zwischen den Wassermolekülen werden geschwächt und die *Oberflächenspannung des Wassers gesenkt*.

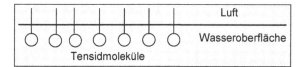

Abbildung 3.6

Oberflächenaktivität von Tensidmolekülen

Tenside setzen aufgrund ihrer grenzflächenaktiven Eigenschaften die Oberflächenspannung des Wassers herab und verbessern die Benetzung der Oberfläche fester Stoffe. Darüber hinaus sind sie in der Lage, dispergierte Teilchen in einem Lösungsmittel (Dispersionsmittel) zu stabilisieren („in Lösung zu halten"). Wegen dieser besonderen Eigenschaften werden die Tenside im praktischen Gebrauch als *Detergentien*, *Netz*- oder *Dispergiermittel* und als *Emulgatoren* bezeichnet. Im Bauwesen finden Tenside als Betonzusatzmittel, in Bitumenemulsionen und in Kunststoffdispersionen Verwendung.

3.4 Dampfdruck und Dampfdruckerniedrigung

3.4.1 Dampfdruck reiner Flüssigkeiten - Phasendiagramm

In einer Flüssigkeit gibt es für jede Temperatur T energiereiche Moleküle, die die Kohäsionskräfte zwischen den Flüssigkeitsmolekülen überwinden und in die Gasphase übertreten können. Mit steigender Temperatur erhöht sich die Anzahl dieser Moleküle. Umgekehrt gehen energiearme Moleküle der Gasphase wieder in die Flüssigphase über, sie werden vom flüssigen Wasser wieder „eingefangen". Es stellt sich ein Gleichgewichtszustand ein. Die Anzahl der aus- und der eintretenden Moleküle ist pro Zeiteinheit gleich, man spricht von einem **dynamischen Gleichgewicht**. Die Prozesse des Verdampfens und des Kondensierens laufen mit gleicher Geschwindigkeit ab.

Der Druck, der sich in einem *geschlossenen*, teilweise mit einer Flüssigkeit gefüllten Behälter bei einer bestimmten Temperatur T über der Flüssigkeit einstellt, wird **Sättigungsdampfdruck** (kurz: **Dampfdruck**) genannt.

Der Druck des Dampfes, der sich bei einer gegebenen Temperatur einstellt, wenn sich flüssige Phase und Gasphase im dynamischen Gleichgewicht befinden, wird Dampfdruck genannt.

Der Dampfdruck ist ein Maß für die Flüchtigkeit einer Substanz. Für reine Stoffe ist er eine nur von der Art des Stoffes und der Temperatur abhängige Größe. Mit steigender Temperatur erhöht sich der Dampfdruck (Tab. 3.1).

Temperatur (°C)	Dampfdruck (mbar)	Temperatur (°C)	Dampfdruck (mbar)
0	5,97	50	123,35
10	12,28	60	199,17
20	23,39	70	316,6
25	31,68	80	473,5
30	42,43	90	701,1
40	73,76	100	1013,15

Tabelle 3.1

Dampfdruck des Wassers

In einem *offenen* Gefäß findet bereits bei Raumtemperatur eine vollständige Verdunstung der Flüssigkeit statt. Da der Dampf von der Flüssigkeit wegströmt (nur wenige Gasteilchen werden von der flüssigen Phase wieder „eingefangen"!), kann sich das beschriebene dynamische Gleichgewicht nicht einstellen.
Bei Temperaturerhöhung beschleunigt sich der Vorgang des Verdunstens, es verlassen immer mehr Moleküle pro Zeiteinheit die Flüssigkeit. Je höher der Dampfdruck einer Flüssigkeit, umso schneller verdunstet sie. Die Temperatur, bei der der Dampfdruck einer Flüssigkeit den Wert des äußeren Atmosphärendrucks (1,013 bar) erreicht hat, bezeichnet man als **Siedepunkt** (Siedetemperatur) der Flüssigkeit.

Die Druck- und Temperaturbedingungen, unter denen die gasförmige, die flüssige und die feste Phase einer Substanz existieren, können graphisch in einem **Phasendiagramm** (**Zustandsdiagramm**) dargestellt werden. Abb. 3.7 zeigt das Zustandsdiagramm von H_2O (Phasen: Eis/flüssiges Wasser/Wasserdampf). Die Linien, die die einzelnen Phasen des Diagramms voneinander abgrenzen, heißen Phasengrenzen. Die Grenzlinie T_pC trennt die Existenzbereiche des festen und flüssigen Wassers voneinander (**Schmelzdruckkurve**). Ein Punkt auf dieser Phasengrenze gibt die Druck- und Temperaturbedingungen an, unter denen Eis und Wasser im dynamischen Gleichgewicht vorliegen. Der Kurvenabschnitt AT_p entspricht der **Sublimationsdruckkurve** des Eises. Unter *Sublimation* versteht man den Übergang eines festen Stoffes in den Gaszustand unter Umgehung der flüssigen Phase. Die Sublimationsdruckkurve bildet die Phasengrenze zwischen dem festen und dem gasförmigen Bereich. Schließlich stellt T_pB die Grenzlinie zwischen der flüssigen und der gasförmigen Phase dar. Sie ist deshalb gleichzeitig die **Dampfdruckkurve** der Flüssigkeit (auch: Siedekurve). Im **Tripelpunkt** (T_p) treffen sich die drei Grenzlinien. Der Tripelpunkt des Wassers liegt bei 6,1 mbar und $+0,0098°C$. Nur unter diesen besonderen Bedingungen können die drei Phasen Eis, flüssiges Wasser und Wasserdampf im dynamischen Gleichgewicht nebeneinander vorliegen.
Bei sehr hohen Dampfdrücken erreichen Dampf und Flüssigkeit die gleiche Dichte. Der Punkt, wo Dampf und Flüssigkeit eine einheitliche Phase bilden und an dem die Dampfdruckkurve ihren Endpunkt besitzt, heißt **kritischer Punkt**. Die zugehörige Temperatur

bezeichnet man als die kritische Temperatur T_K und den zugehörigen Druck als kritischen Druck p_K. Der kritische Punkt des Wasser liegt bei p_K = 218 bar und T_K = 374,15°C. Er ist in Abb. 3.7 nicht dargestellt.

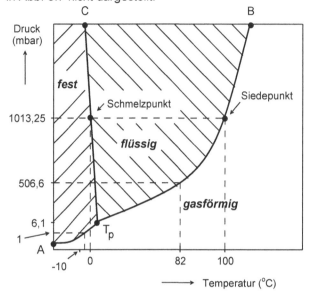

Abbildung 3.7

Phasendiagramm des Wassers (nicht maßstabsgerecht)

Die Schmelzdruckkurven der meisten Stoffe besitzen einen positiven Anstieg. Wasser bildet diesbezüglich eine Ausnahme. Die Neigung von T_pC bedeutet ein Absinken des Schmelzpunkts mit steigendem Druck. Ein negativer Anstieg der Schmelzdruckkurve beschreibt die seltene, beim Wasser anzutreffende Situation, dass sich ein Stoff beim Gefrieren ausdehnt. Bei 0°C nimmt 1 Mol Wasser ein Volumen von 18,00 cm^3 ein, 1 Mol Eis hingegen ein Volumen von 19,63 cm^3 ein. Das entspricht einer **Volumenvergrößerung von rund 9%.** Eine Druckerhöhung wirkt dieser Volumenausdehnung entgegen, der Gefrierpunkt des Wassers sinkt bei ansteigendem Druck.

3.4.2 Dampfdruck von Lösungen: Gefrierpunktserniedrigung/Siedepunktserhöhung

Dampfdruck von Lösungen. Der Dampfdruck einer Lösung ist immer geringer als der Dampfdruck des reinen Lösungsmittels. Er hängt von der Konzentration des gelösten Stoffes ab. Zum Beispiel besitzt Wasser bei 20°C einen Dampfdruck von 23,39 mbar, eine 20%ige Kaliumnitratlösung bei 20°C dagegen nur einen Dampfdruck von 22,38 mbar. Abb. 3.8 zeigt die Dampfdruckkurven einer wässrigen Salzlösung im Vergleich zum reinen Lösungsmittel Wasser.

Als Folge der **Dampfdruckerniedrigung** Δp besitzt die Lösung einen höheren Siedepunkt und einen tieferen Gefrierpunkt. Damit erweitert sich das Gebiet der flüssigen Phase nach beiden Seiten. Das Ausmaß der **Gefrierpunktserniedrigung** (ΔT_G) und der **Siedepunktserhöhung** (ΔT_S) hängt nur von der Konzentration der gelösten Teilchen pro Volumeneinheit ab, nicht aber von ihrer chemischen Natur.

Eigenschaften von Lösungen, die nur von der Anzahl und nicht von der chemischen Natur der gelösten Teilchen abhängig sind, werden als **kolligative Eigenschaften** *bezeichnet. Der Begriff kolligativ steht hier für kollektiv (durch Zusammenwirken entstanden).*

Die Verschiebung des Gefrierpunktes T_G bzw. des Siedepunktes T_S ist proportional der **molalen Konzentration** b (auch: Molalität). Darunter versteht man die Stoffmenge n der gelösten Substanz pro kg Lösungsmittel (Beachten Sie den Unterschied zur Definition der Stoffmengenkonzentration bzw. Molarität!). Es ergibt sich eine Proportionalität zwischen ΔT_G (Gl. 3-2) bzw. ΔT_S (Gl. 3-3) und der Molalität der gelösten Komponente.

$$\boxed{\Delta T_G = k_G \cdot b_A}$$

b_A Molalität der Komponente A (3-2)
k_G molale Gefrierpunktserniedrigung oder
kryoskopische Konstante;
k_G (H_2O) = 1,86 K · kg/mol.

$$\boxed{\Delta T_S = k_S \cdot b_A}$$

(3-3)

k_S molale Siedepunktserhöhung oder ebullio-
skopische Konstante;
k_S (H_2O) = 0,512 K · kg/mol.

Für b_A = 1 entspricht ΔT_G = k_G der **molalen Gefrierpunktserniedrigung** und ΔT_S = k_S der **molalen Siedepunktserhöhung**. Demnach beträgt die Gefrierpunktserniedrigung 1,86°C und die Siedepunktserhöhung 0,51°C, wenn 1 Mol einer Substanz in 1 kg Wasser gelöst werden (b = 1 mol/kg). Die Lösung erstarrt nicht bei 0°C, sondern erst bei -1,86°C und siedet nicht bei 100°C, sondern erst bei 100,51°C - unabhängig davon, welche Substanz gelöst ist.

Beim Auflösen von einem Mol NaCl in Wasser entstehen zwei Mol gelöste Teilchen, nämlich ein Mol Na^+- und ein Mol Cl^--Ionen. In *stark verdünnten Lösungen* können die Beiträge der Kationen und der Anionen zur Gefrierpunktserniedrigung bzw. Siedepunktserhöhung als voneinander unabhängig betrachtet werden. Damit ist die Molalität b der Lösung doppelt so groß wie die auf NaCl-Formeleinheiten bezogene Molalität. So führen 0,5 Mol NaCl pro 1000 g H_2O zur gleichen Gefrierpunktserniedrigung wie 1 Mol Glucose (ΔT_G = 1,86°C).

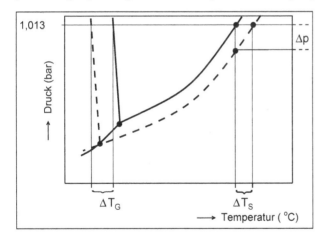

Abbildung 3.8

Dampfdruckkurven von H_2O (durchgezogene Linie) und einer wässrigen Salzlösung (gestrichelte Linie);

ΔT_G = Gefrierpunktserniedrigung,
ΔT_S = Siedepunktserhöhung;
(nicht maßstabsgerecht).

Frostangriff auf Beton. Im *Bauwesen* spielt die Gefrierpunktserniedrigung eine wichtige Rolle. Da die Porenlösung des Zementsteins nicht aus reinem Wasser besteht, sondern Verbindungen wie Alkali- und Erdalkalimetallhydroxide, -sulfate, -chloride in gelöster Form enthält, liegt der Gefrierpunkt von vornherein unter 0°C. Allerdings ist die resultierende Gefrierpunktserniedrigung relativ gering, da die Stoffkonzentrationen in der Porenlösung niedrige Werte aufweisen. Wird der Gefrierpunkt unterschritten, gefriert zunächst das Wasser in den großen Poren des Zementsteins (Kapillarporen), wobei der Anteil des gefrorenen Wassers in den Kapillarporen empfindlich von der Temperatur abhängt. Durch die

Eisbildung kommt es zu einer Volumenausdehnung um etwa 9%. Das „verdrängte" Wasser übt einen hydrostatischen Druck auf das noch nicht gefrorene Wasser in den kleineren Poren aus, was eine Zerstörung des Zementsteins zur Folge hat, wenn dessen Zugfestigkeit überschritten wird (Näheres s. [6] und dort zit. Lit.).

Der Einsatz von **Tausalzen** zur Bekämpfung von Schnee-, Eis- und Reifglätte gehört bis heute im Straßenwinterdienst zu den empfohlenen Maßnahmen. Zur Anwendung kommen Natriumchlorid (NaCl), Magnesiumchlorid ($MgCl_2 \cdot 6\ H_2O$) sowie Gemische wie beispielsweise das Feuchtsalz (70% NaCl, 6% $CaCl_2$ und 24% H_2O). Wegen seiner Wirtschaftlichkeit und seiner im Vergleich zu $CaCl_2$ und $MgCl_2$ höheren Schmelzkapazität wird in der BRD hauptsächlich NaCl verwendet.

Chloridhaltige Tausalze rufen sowohl am Bewehrungsstahl (Kap. 6.3.8.1.3) als auch an Fahrzeugen Korrosion hervor. Deshalb kommen für spezielle Anwendungsfelder auch **organische Taumittel** zum Einsatz. Auf Flughäfen wurden früher überwiegend Alkohole (vor allem Ethylalkohol) und synthetischer Harnstoff $CO(NH_2)_2$ verwendet. Da sich sowohl der Einsatz von Alkoholen (Griffigkeit der behandelten Betonfläche geht verloren) als auch von Harnstoff (kurze Wirkungsdauer, Eintrag von Stickstoffverbindungen in Böden und Grundwasser) als nachteilig erwiesen haben, werden heute als Enteisungsmittel Kalium- und Natriumsalze der Ameisen- und Essigsäure eingesetzt (Handelsnamen sind *Clearway*, *Safeway* und *Killfrost*). Die Alkalimetallformiate bzw. -acetate sind aufgrund ihrer biologischen Abbaubarkeit umweltfreundlicher. Darüber hinaus sind sie bei tieferen Temperaturen wirksam und können sparsamer dosiert werden [26].

Frost-Tausalz-Angriff. Die durch Frosteinwirkung ausgelösten physikalischen Schadensmechanismen werden durch den Einsatz von Taumitteln verstärkt und führen zu einer beschleunigten Zerstörung der Bausubstanz. Werden z.B. im Winter Streusalze, z.B. NaCl oder $CaCl_2$, auf vereiste oder verschneite Betonflächen aufgebracht, so dringen sie in gelöster Form in die Betonoberfläche ein und senken den Gefrierpunkt des Porenwassers ab. Bei niedrigeren Temperaturen kommt es zunächst zum Gefrieren des Wassers in den tieferen Betonschichten, in die noch kein Chlorid vorgedrungen ist. Die Oberfläche ist aufgetaut. Sinken die Temperaturen weiter, gefriert von außen beginnend auch die Salzlösung in der oberflächennahen Schicht. Die die flüssige Salzlösung enthaltende Schicht ist nun nach innen gewandert und wird von oben und unten von einer gefrorenen Schicht begrenzt. Der sich durch die Volumenausdehnung aufbauende Kristallisationsdruck der begrenzenden gefrorenen Schichten kann zunächst noch in benachbarte Bereiche abgeleitet werden. Das gelingt nicht mehr, wenn bei weiter absinkenden Temperaturen auch die letzte verbliebene Wasserschicht gefriert. Der sich aufbauende Kristallisationsdruck kann nun nicht mehr abgeleitet werden. Die auftretenden Spannungen erreichen eine solche Stärke, dass die Betonmatrix sie nicht mehr aufzunehmen vermag. Die Folge sind Rissbildungen und Absprengungen der oberen Schicht ([6] und dort zit. Lit.). Um die Widerstandsfähigkeit des Betons gegen Frost- und Tausalzangriff zu erhöhen, werden künstlich Luftporen in den Beton eingeführt (Luftporenbildner, Kap. 6.3.3).

3.5 Osmose – osmotischer Druck

Als **Osmose** bezeichnet man die Diffusion des Lösungsmittels Wasser durch eine semipermeable (halbdurchlässige) Membran aus einer Lösung mit einer geringeren Konzentration in eine Lösung mit einer höheren Konzentration. Dabei erfolgt tendenziell ein Konzentrationsausgleich. Die höher konzentrierte Lösung wird solange verdünnt bis beide Lösungen gleiche Konzentrationen aufweisen. Die Poren der semipermeablen Wand sind für die (kleineren) Lösungsmittelmoleküle und nicht für die (größeren) Moleküle des gelösten Stoffes durchlässig. Der gerichtete Strom der Flüssigkeit erzeugt auf der Seite der vorher stärker konzentrierten Lösung einen hydrostatischen Druck, den sogenannten **osmoti-**

schen Druck. Der osmotische Druck hängt von der Temperatur und der Zahl (der Konzentration!) der gelösten Teilchen ab. Er ist umso höher, je größer der anfängliche Konzentrationsunterschied zwischen den Lösungen ist. Von der Art der gelösten Teilchen ist er völlig unabhängig.

Unter **Diffusion** *versteht man die (von selbst ablaufende!) Vermischung von zwei oder mehreren miteinander in Berührung stehenden Stoffen. Dabei ist es gleichgültig, ob es sich um Gase, um Flüssigkeiten oder um lösliche Feststoffe in einer Flüssigkeit handelt. Die Diffusion beruht auf der thermischen Bewegung der Teilchen (Brownsche Molekularbewegung), die völlig ungeordnet nach allen Seiten erfolgt. Geht man von einer ungleichmäßigen Stoffverteilung aus, so bewegen sich statistisch gesehen mehr Teilchen aus Bereichen mit hoher in Bereiche mit niedrigerer Konzentration (bzw. Teilchendichte) als umgekehrt. Mit der Zeit gleichen sich die Konzentrationsunterschiede aus und die Gase bzw. Flüssigkeiten liegen als homogene Mischungen vor. Triebkraft der Durchmischung sind die lokalen Konzentrationsunterschiede der diffundierenden Teilchen.*

Die Osmose spielt bei lebenden Zellen in Pflanzen und Tieren eine ganz wichtige Rolle. Beispielsweise besitzen die roten Blutkörperchen Zellen mit semipermeablen Wänden. Sie würden platzen (oder schrumpfen) kämen sie in Kontakt mit Lösungen zu hoher oder zu niedriger Konzentration, weshalb Infusionen den gleichen osmotischen Druck aufweisen müssen wie das Blut. Ein weiteres bekanntes Beispiel ist das Platzen reifer Kirschen, wenn sie vom Regenwasser benetzt sind. Regenwasser ist weitgehend „rein", d.h. es enthält weniger gelöste Stoffe. Es dringt in die Zellen der Kirsche ein, in denen Zucker und andere Stoffe gelöst sind. Der Innendruck erhöht sich und lässt schließlich die Kirsche bzw. die Kirschenhaut platzen.

Auch in der Zementchemie spielen osmotische Prozesse eine wichtige Rolle. So diffundieren während des Hydratationsprozesses der Klinkerphasen, insbesondere der **C₃S**-Körner, H_2O-Moleküle durch die **C-S-H**-Phasen an der Kornoberfläche ins Korninnere. Innerhalb der Calciumsilicathydrathülle bildet sich ein osmotischer Druck aus. Er bringt die Hülle zum Platzen und der Hydratationsprozess „frisst" sich ins Innere des Korns (Kap. 6.3.2.5).

3.6 Lösungen

3.6.1 Lösungsvorgang – Hydrate – Lösungswärme

Aufgrund seiner Dipolnatur ist Wasser ein hervorragendes Lösungsmittel für **polare Substanzen** wie Salze, Oxide, Säuren und Basen. Je ähnlicher die Moleküle des zu lösenden Stoffes und des Lösungsmittels in Bezug auf ihre Polarität sind, umso besser lösen sie sich ineinander. So verfügen z.B. Zuckermoleküle über polare OH-Gruppen, die mit den polaren H_2O-Molekülen Wasserstoffbrücken ausbilden können. Damit ist die Löslichkeit von Zucker in H_2O gegeben. Methanol (CH_3OH, Kap. 7.1.3) ist wie Wasser ein polares Molekül, wobei in beiden Fällen die Polarität auf OH-Gruppen zurückzuführen ist. Obwohl die Moleküle beider Substanzen über Wasserstoffbrücken verknüpft sind, kann man Wasser und Methanol in jedem Verhältnis miteinander mischen. Wasser ist in der Lage, die intermolekularen Anziehungskräfte im reinen Methanol zu überwinden, indem es ähnlich starke Wechselwirkungen mit den CH_3OH-Molekülen eingeht. Ethanol und Essigsäure sind aufgrund ihrer polaren funktionellen Gruppen ebenfalls gut wasserlöslich.

Unpolare Substanzen wie Tetrachlorkohlenstoff CCl_4, Hexan C_6H_{14} oder Benzol C_6H_6 bilden mit Wasser keine homogenen Lösungen. Sie sind in Wasser nicht löslich. Beispielsweise bilden sich bei Zugabe von CCl_4 zu Wasser zwei getrennte, übereinander liegende Flüssigkeitsschichten (Phasen) aus. Die polaren Wassermoleküle sind untereinander durch erheblich stärkere Anziehungskräfte verbunden als die CCl_4-Moleküle. Zwischen letzteren wirken lediglich Dispersionskräfte. Die Anziehungskräfte, die sich zwischen den unpolaren CCl_4-Molekülen und den H_2O-Dipolen aufbauen, sind zu schwach, um eine gegenseitige Durchmischung zu erreichen. Die CCl_4-Moleküle werden von den assoziierten H_2O-Molekülen verdrängt. Dagegen sind Tetrachlorkohlenstoff, Hexan und Toluol gute Lösungsmittel für unpolare feste und flüssige Molekülsubstanzen wie Fette und Öle. Es gilt die allgemeine Regel: **Gleiches löst sich in Gleichem**.

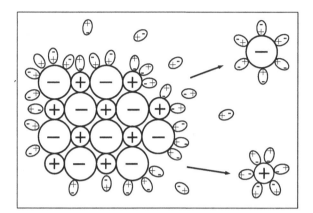

Abbildung 3.9

Auflösung eines Ionenkristalls in Wasser und Hydratation der Ionen

Beim Auflösen eines Salzes in Wasser bilden sich **hydratisierte Ionen** (*Aquakomplexe, s. Kap. 3.8*). Die Wasserdipole lagern sich an die randständigen Ionen des Gitters an, da auf diese geringere Gitterkräfte wirken als auf die übrigen Ionen. Positive Gitterionen werden von den negativen Enden der Wasserdipole und negative Ionen von den positiven Enden der Wasserdipole umhüllt (Abb. 3.9). Die elektrostatische Bindung zwischen Anion und Kation im Gitter wird gelockert und die Teilchen gehen schließlich als hydratisierte Ionen in Lösung. Die Ausbildung einer **Hydrathülle** durch Anlagerung von (meist sechs) Wassermolekülen nennt man **Hydratation** (ältere Bez.: Hydratisierung). Sie ist ein allgemeines Charakteristikum *aller* Ionen in Lösung. Der Hydratationsprozess ist stets exotherm. Die Energie, die frei wird, heißt **Hydratationsenthalpie** ΔH_H. Ihr Betrag ist ein Maß für die Stärke der Wechselwirkungskräfte zwischen Ionen und Wassermolekülen.

Salze, die beim Eindampfen ihre Hydrathülle ganz oder teilweise in das Kristallgitter „mitnehmen", bezeichnet man als **Hydrate** (auch: **Salzhydrate**). Beispiele sind die Verbindungen $FeCl_3 \cdot 6\ H_2O$ *Eisen(III)-chlorid-Hexahydrat* und $CaCl_2 \cdot 6\ H_2O$ *Calciumchlorid-Hexahydrat*. Die korrekte Formel für beide Hexaaquakomplexe müsste lauten: $[Fe(H_2O)_6]Cl_3$ *Hexaaquaeisen(III)-chlorid* und $[Ca(H_2O)_6]Cl_2$ *Hexaaquacalciumchlorid*. Die Tendenz zur Bildung des Hexahydrates ist im letzteren Fall so groß, dass wasserfreies Calciumchlorid als Trockenmittel für zu entwässernde Stoffe oder Stoffgemische eingesetzt werden kann. Das in das Kristallgitter eingelagerte Wasser bezeichnet man als **Kristallwasser** (auch: Gitterwasser). Das Kristallwasser der Hydrate muss nicht generell an die Kationen oder Anionen des Gitters gebunden sein. Die Wassermoleküle können auch in das Gitter eingebaut werden, ohne an ein bestimmtes Ion assoziiert zu sein.
Erfolgt bei der Einlagerung von Wasser eine Aufweitung des Kristallgitters und damit eine Volumenvergrößerung, bezeichnet man den auftretenden Druck als **Hydratationsdruck**. Er stellt im Prinzip eine besondere Form des *Kristallisationsdruckes* dar und kann im Baustoff Sprengwirkungen hervorrufen. Von großem praktischen Interesse ist die Volumenausdehnung des Anhydrits bei Aufnahme von zwei Molekülen Wasser ($CaSO_4 + 2\ H_2O \rightarrow CaSO_4 \cdot 2\ H_2O$). Das Volumen der Elementarzelle des Dihydrats ist um ca. 60% größer als

das der Elementarzelle des Anhydrits. Diese enorme Volumenzunahme kann zu Gesteinssprengungen führen und ist von wesentlicher Bedeutung für die Gesteinsverwitterung. Weitere Hydrate mit bauschädigender Wirkung, die auch unterschiedliche Kristallwassergehalte aufweisen können, sind z.B. *Bittersalz* $MgSO_4 \cdot 7\,H_2O$, *Kieserit* $MgSO_4 \cdot H_2O$ und *Glaubersalz* $Na_2SO_4 \cdot 10\,H_2O$ (s.a. Kap. 6.3.8.3).

Hydrate weisen einen für jede Temperatur T charakteristischen **Wasserdampfdruck** auf. Seine Größe ist von dem im Gitter enthaltenen Stoffmengenanteil an Kristallwasser abhängig. Der Dampfdruck der Hydrate kann größer oder kleiner als der Wasserdampf-Partialdruck der Luft (Luftfeuchtigkeit) sein. Der ständige Wechsel zwischen Feuchtigkeit und Trockenheit beeinflusst unmittelbar das dynamische Gleichgewicht zwischen Verdunstung des Kristallwassers und Wasseraufnahme. Er bildet die Grundlage für zahlreiche Verwitterungs- und Schädigungsprozesse an Bauwerken.

- Liegt der Dampfdruck des Kristallwassers eines Hydrats über dem Wasserdampf-Partialdruck der Luft, entweicht das Kristallwasser aus dem Gitterverband des Salzes. Es erfolgt eine allmähliche Zerstörung des Ionengitters und die Verbindung zerrieselt zu Pulver (*Verwitterung*).
- Liegt umgekehrt der Dampfdruck des Kristallwassers deutlich unter dem Wasserdampf-Partialdruck der Luft, bilden sich infolge von Wasseraufnahme aus der Umgebungsluft zunächst eventuell wasserreichere Hydrate, die sich schließlich im Wasserüberschuss auflösen. Die Salzlösung „fließt" aus dem Putz bzw. Mauerwerk heraus. Kristallisiert das Salz an der Oberfläche der Bauteile wieder aus, ist die Schädigung äußerlich erkennbar (*Ausblühungen*, Kap. 6.3.8.3).

Lösungswärme. Beim Lösen einer Substanz in Wasser wird generell Energie freigesetzt oder aufgenommen. Findet der Vorgang bei konstantem Druck, z.B. in einem offenen Gefäß statt, bezeichnet man die ausgetauschte Wärmemenge als **Lösungsenthalpie** oder Lösungswärme ΔH_L. Sie setzt sich aus zwei Energiebeiträgen zusammen: Aus der Energie, die zum Abtrennen der Teilchen aus dem Gitterverband aufgebracht werden muss (entspricht der *Gitterenergie* ΔH_G) und der Energie, die bei der Hydratation der Teilchen freigesetzt wird (*Hydratationsenthalpie* ΔH_H). Es gilt: $\boldsymbol{\Delta H_L = \Delta H_H - \Delta H_G}$.

- Ein Salz löst sich **exotherm**, wenn der Absolutbetrag der Hydratationsenthalpie den Wert der Gitterenergie übertrifft ($\Delta H_L < 0$). Die Lösung erwärmt sich. Beispiele für sich exotherm lösende Salze sind $Al_2(SO_4)_3$, $MgCl_2$ und wasserfreies $CaCl_2$.
- Eine zweite Gruppe von Salzen, wie z.B. KNO_3, NH_4NO_3, K_2SO_4, KCl, $CaCl_2 \cdot 6H_2O$, $NaCl$, löst sich in Wasser **endotherm** ($\Delta H_L > 0$). Die Salze bewirken beim Auflösen eine Abkühlung der Lösung. In diesen Fällen ist der absolute Betrag der Hydratationsenthalpie geringfügig kleiner als der der Gitterenergie. Der fehlende Energiebetrag wird der Umgebung entzogen.

Der im Bauwesen zentrale Begriff der **Zementhydratation** ist weiter gefasst als die gerade beschriebene Hydratation der Ionen. Er beinhaltet alle Reaktionen des Zements mit Wasser, und zwar von Hydratations- und Protolysereaktionen bis hin zu komplizierten Festkörperprozessen an deren Ende der erhärtete Beton steht.

3.6.2 Löslichkeit und Löslichkeitsprodukt

Die **Löslichkeit** ist eine charakteristische Stoffeigenschaft. Unter der Löslichkeit eines Stoffes AB versteht man die maximale Menge an AB, die sich bei einer bestimmten Temperatur T in einer bestimmten Menge Wasser gerade noch löst. Fügt man einem bestimmten Wasservolumen eine größere Menge eines Stoffes AB zu, als sich darin zu lösen vermag, stellt sich ein Gleichgewicht zwischen der Lösung und dem ungelösten Rest des Stoffes ein. Den festen ungelösten Stoffrest bezeichnet man als *Bodenkörper* (auch: Bodensatz).

Im Gleichgewichtszustand geht ständig ungelöster Stoff AB_s als A^+_{hydr} und B^-_{hydr} in Lösung, während gleichzeitig die Kationen und Anionen des gelösten Stoffes wieder als AB_s aus der Lösung ausgeschieden werden (Gl. 3-4; *s* steht für solidus, fest; *hydr* für hydratisiert). Es liegt *ein dynamisches heterogenes Gleichgewicht* vor. Die Konzentration in der Lösung bleibt konstant. Eine Lösung, die im Gleichgewicht mit ihrem festen Bodenkörper steht, bezeichnet man als **gesättigte Lösung.** Ihre Konzentration wird *Sättigungskonzentration* genannt. Sie entspricht der Löslichkeit des betreffenden Stoffes.

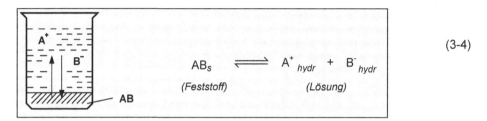

$$AB_s \rightleftharpoons A^+_{hydr} + B^-_{hydr}$$
(Feststoff)   *(Lösung)*

(3-4)

Kühlt man eine gesättigte Lösung von T_2 auf T_1 ab ($T_2 > T_1$), wird die Löslichkeit der tieferen Temperatur T_1 überschritten und ein Teil des Salzes kristallisiert aus. Häufig verzögert sich jedoch der Vorgang des Auskristallisierens („metastabiles System") und es bildet sich eine **übersättigte Lösung** ($\Rightarrow$ *Konzentration der Salzlösung > Sättigungskonzentration*). Erst durch Zugabe kleiner Salzkristalle, die als Kristallisationskeime fungieren, erfolgt die Ausscheidung des überschüssig gelösten Salzes. Dementsprechend gilt für eine **ungesättigte Lösung:** *Konzentration der Salzlösung < Sättigungskonzentration.*

Temperaturabhängigkeit der Löslichkeit. In der Mehrzahl der Fälle erhöht sich die Löslichkeit von Salzen mit steigender Temperatur. Zu dieser Gruppe gehören die Vertreter, deren Lösungsprozess endotherm verläuft, z.B. KCl, KNO_3, NH_4Cl und $CaCl_2$. Bei Salzen, die sich unter Wärmeabgabe lösen, kehrt sich die Situation um. Nach dem Prinzip des kleinsten Zwanges nimmt bei Temperaturerhöhung die Löslichkeit ab. Beispiele für diesen eher seltenen Fall sind Lithiumcarbonat Li_2CO_3 und Natriumsulfat Na_2SO_4.

Eine Unterteilung der Salze in **leicht- und schwerlösliche Vertreter** gibt im Prinzip die beiden Extremlagen des heterogenen Gleichgewichts (Gl. 3-4) wieder. Zu den leichtlöslichen Salzen gehören zum Beispiel NH_4NO_3 mit einer Löslichkeit von 188 g, K_2CO_3 mit 112 g und $CaCl_2$ mit 74 g, zu den schwerlöslichen gehören $PbSO_4$ mit $4,1 \cdot 10^{-3}$ g und AgCl mit $1,54 \cdot 10^{-4}$ g, alle Werte bezogen auf 100 g H_2O ($20°C$). Die Löslichkeiten einiger ausgewählter Salze sind im Anhang 3 zusammengestellt.

Durch eine *gute Wasserlöslichkeit* zeichnen sich im Allgemeinen Nitrate, Acetate, Halogenide (Ausnahme: Silber- und Blei(II)-halogenide) sowie Sulfate (Ausnahme: Sulfate der Erdalkalimetalle Ca, Sr und Ba sowie des Pb und Ag) aus.

Die für das *Bauwesen* fundamental wichtigen Verbindungen Calciumcarbonat $CaCO_3$ und Calciumsulfat-Dihydrat $CaSO_4 \cdot 2H_2O$ gehören mit ihren Löslichkeiten von $1,4 \cdot 10^{-3}$ g bzw. 0,2 g pro 100 g H_2O ($20°C$) zur Gruppe der schwerlöslichen Verbindungen. Gips mit einer Löslichkeit von ca. 2 g pro Liter Wasser darf für Außenbauten, die ständig feuchter Witterung ausgesetzt sind, nicht verwendet werden.

Löslichkeitsprodukt. *Gesättigte Lösungen* sind durch ein dynamisches Gleichgewicht zwischen dem festen Bodenkörper AB und den hydratisierten Ionen A^+ und B^- charakterisiert (Gl. 3-4). Wendet man auf dieses temperaturabhängige Lösungsgleichgewicht das MWG an und vereinfacht, erhält man den Ausdruck

$$\boxed{K_L(AB) = c(A^+) \cdot c(B^-)} \quad [mol^2/l^2] \tag{3-5}$$

$K_L(AB)$ wird als **Löslichkeitsprodukt** der Verbindung AB bezeichnet, seine Einheit ergibt sich zu mol^2/l^2. K_L ist ein Maß für die Löslichkeit der Verbindung AB.

In einer gesättigten Lösung besitzt das Produkt der Ionenkonzentrationen eines Elektrolyten einen konstanten, nur von der Temperatur T abhängigen Wert K_L.

Für das Löslichkeitsprodukt eines Salzes der allgemeinen Stöchiometrie $A_m B_n$ gilt Gl. (3-6).

$$A_m B_n \quad \rightleftharpoons \quad m\,A^{n+} + n\,B^{m-}$$

$$\boxed{K_L(A_m B_n) = c^m(A^{n+}) \cdot c^n(B^m\ )} \quad [mol^{m+n}/l^{m+n}] \tag{3-6}$$

Je schwerer löslich ein Salz, umso kleiner ist K_L. Tab. 3.2 enthält die Löslichkeitsprodukte einiger ausgewählter Salze. Aus Gl. (3-5) und Gl. (3-6) folgt, dass das Löslichkeitsprodukt verschiedene, von der stöchiometrischen Zusammensetzung des Salzes abhängige Einheiten besitzen kann.

Tabelle 3.2 Löslichkeitsprodukte einiger ausgewählter Salze (25°C)

Verbindung	K_L (mol^2/l^2)	Verbindung	K_L (mol^2/l^2)
AgI	$1{,}5 \cdot 10^{-16}$	$CaCO_3$	$4{,}8 \cdot 10^{-9}$
AgBr	$5{,}0 \cdot 10^{-13}$	$CaSO_4$	$2{,}4 \cdot 10^{-5}$
AgCl	$1{,}6 \cdot 10^{-10}$	$Mg(OH)_2$	$1{,}5 \cdot 10^{-12}$ [a]
CaF_2	$1{,}7 \cdot 10^{-10}$ [a]	$Ca(OH)_2$	$3{,}9 \cdot 10^{-6}$ [a]

[a] Einheit: mol^3/l^3

Die Kenntnis des Löslichkeitsprodukts ermöglicht das Verständnis zahlreicher Fällungs- und Lösungsreaktionen.

Betrachtet man zum Beispiel eine gesättigte $CaCO_3$-Lösung ($K_L = c(Ca^{2+}) \cdot c(CO_3^{2-}) = 4{,}8 \cdot 10^{-9}\,mol^2/l^2$, 25°C). Ist das Produkt der Konzentrationen von Ca^{2+}- und CO_3^{2-}-Ionen kleiner als K_L (= *ungesättigte Lösung*), löst sich solange festes Calciumcarbonat auf, bis die Gleichgewichtskonzentrationen an Ca^{2+} und CO_3^{2-} in der Lösung erreicht sind (**Auflösen**).

Eine ungesättigte Lösung erreicht man auf zwei Wegen: entweder man verdünnt oder man entzieht der Lösung eine Ionenart, z.B. durch Komplexbildung. Ist das Produkt der Konzentrationen von Ca^{2+} und CO_3^{2-} in der Lösung größer als K_L (*übersättigte Lösung*), kristallisiert solange Salz aus, bis die Gleichgewichtskonzentrationen der Ionen in Lösung wieder erreicht sind (**Fällen**).

Berechnung der molaren Löslichkeit. Aus dem Löslichkeitsprodukt $K_L(AB)$ kann die molare Löslichkeit $c(AB)$ eines Salzes AB ermittelt werden und umgekehrt kann aus ihrer Löslichkeit $c(AB)$ der Wert des Löslichkeitsprodukts errechnet werden.

Für eine Verbindung AB aus Ionen gleicher Ladungsstufe (1:1-Elektrolyte, z.B. AgCl, CaCO$_3$) errechnet sich die molare Löslichkeit (= **Sättigungskonzentration**) $c(AB)$ nach Gl. (3-7).

$$\boxed{c(AB) = c(A^+) = c(B^-) = \sqrt{K_L}} \qquad \text{[mol/l].} \qquad\qquad (3\text{-}7)$$

Für die molare Löslichkeit eines Salzes A_mB_n mit dem Löslichkeitsprodukt $K_L(A_mB_n)$ gilt allgemein Gl. (3-8).

$$\boxed{c(A_mB_n) = \sqrt[m+n]{\frac{K_L(A_mB_n)}{m^m \cdot n^n}}} \qquad \text{[mol/l].} \qquad\qquad (3\text{-}8)$$

Beachte: Die K_L-Werte können nur dann für einen Vergleich der Löslichkeiten verschiedener Salze herangezogen werden, wenn die Salze dem gleichen Stöchiometrietyp angehören. Ansonsten müssen die molaren Löslichkeiten berechnet und verglichen werden.

Multipliziert man die molare Löslichkeit $c(AB)$ einer Verbindung AB mit ihrer molaren Masse M, erhält man die **Löslichkeit in Gramm pro Liter.** Diese Größe entspricht der Massenkonzentration $\beta(AB)$ (s. Gl. 1-10) und wird mitunter auch mit $c_g(AB)$ bezeichnet: $c_g(AB)$ = $c(AB) \cdot M$. Als Einheit ergibt sich g/l, üblich ist auch µg/l.

Beeinflussung der Löslichkeit. Die Beeinflussung der Löslichkeit eines Salzes durch andere gelöste Stoffe ist für die Bauchemie ein wichtiges Problem. Handelt es sich um die Wirkung eines oder mehrerer *Salze*, sind zwei Fälle zu unterscheiden:

a) Beeinflussung der Löslichkeit eines Salzes durch ein anderes gelöstes Salz, wobei beide Salze eine Ionenart gemeinsam enthalten.

b) Beeinflussung der Löslichkeit eines Salzes durch ein oder mehrere andere gelöste Salze, wobei diese mit dem ersteren keine Ionenart gemeinsam haben.

Fall a) liegt vor, wenn man einer gesättigten Calciumcarbonatlösung zusätzlich Ca^{2+}- oder CO$_3$$^{2-}$-Ionen zufügt, z.B. einige Tropfen Ca(NO$_3$)$_2$- oder Na$_2$CO$_3$-Lösung. Das Löslichkeitsprodukt wird überschritten und es fällt bis zum abermaligen Erreichen der Sättigungskonzentration festes Calciumcarbonat aus (*gleichioniger Zusatz*). Gleichionige Zusätze verringern die Löslichkeit eines Elektrolyten und damit die Konzentration des Gegenions.

Die Verringerung der Löslichkeit eines Salzes durch die Anwesenheit der gleichen Ionensorte aus einer anderen Verbindung spielt bei bauchemischen Prozessen häufig eine Rolle. Zum Beispiel ist die hohe Wasserbeständigkeit des Betons unter anderem auch dadurch bedingt, dass die an sich schon geringen Löslichkeiten der hydratisierten **CS**-, **CA**- und **CAF**-Phasen durch die Anwesenheit des bei der Zementhydratation entstehenden Ca(OH)$_2$ noch weiter abgesenkt werden. Die Ca^{2+}-Ionen wirken als gleichioniger Zusatz.

Fremdionige Zusätze (Fall b) führen zu einer Erhöhung der Löslichkeit eines Salzes (*Salzeffekt*). Die Ionen des Fremdelektrolyten beeinflussen die elektrostatischen Wechselwirkungen zwischen den Ionen in der Lösung. Dadurch wird die Auskristallisation gehemmt und der Lösevorgang nimmt relativ gesehen zu.

Aufgaben:

1. Berechnen Sie die molare Löslichkeit von Calciumsulfat (25°C)! Geben Sie die Konzentration der Ca^{2+}-Ionen (in mol/l) an und berechnen Sie, wie viel mg $CaSO_4$ sich in 100 g H_2O lösen!

$$c(CaSO_4) = \sqrt{K_L} = \sqrt{2,4 \cdot 10^{-5} \, mol^2/l^2} = 4,9 \cdot 10^{-3} \, mol/l.$$

Da $CaSO_4$ ein 1:1-Elektrolyt (Typ AB) ist, gilt: $c(CaSO_4) = c(Ca^{2+}) = 4,9 \cdot 10^{-3}$ mol/l .

$c(CaSO_4) \cdot M(CaSO_4) = 4,9 \cdot 10^{-3}$ mol/l $\cdot$ 136,2 g/mol = 0,667 g/l .

Die molare Löslichkeit des $CaSO_4$ beträgt $4,9 \cdot 10^{-3}$ mol/l; in 100 g Wasser lösen sich demnach 66,7 mg $CaSO_4$.

2. Vergleichen Sie die Löslichkeiten von Calciumcarbonat und Calciumfluorid anhand der molaren Löslichkeiten bei 25°C! Welches Salz ist leichter löslich?

$$c(CaCO_3) = \sqrt{K_L(CaCO_3)} = \sqrt{4,8 \cdot 10^{-9} \, mol^2/l^2} = 6,9 \; 10^{-5} \, mol/l$$

$$c(CaF_2) = \sqrt[3]{\frac{K_L}{4}} = \sqrt[3]{\frac{1,7 \cdot 10^{-10} \, mol^3/l^3}{4}} = 3,49 \cdot 10^{-4} \, mol/l$$

CaF_2 ist in Wasser besser löslich als $CaCO_3$.

3.6.3 Lösungen – Kolloide – Suspensionen

Beim Auflösen eines Salzes in Wasser erhält man eine Lösung, korrekt eine **echte Lösung**. Echte Lösungen sind homogene Mischungen, die aus wenigstens zwei Komponenten bestehen. Die hinsichtlich ihres Anteils überwiegende Komponente wird als *Lösungsmittel* (auch: Lösemittel) bezeichnet, die übrigen Komponenten sind die im Lösungsmittel verteilten Stoffe.
In einer allgemeineren Betrachtungsweise ist die Lösung ein Sonderfall einer **Dispersion**. Unter einer Dispersion (*lat.* dispersio Zerteilung) versteht man ein aus mindestens zwei Phasen bestehendes System, bei dem die *disperse* oder *dispergierte Phase* im *Dispersionsmittel* verteilt ist. Dispergierte Substanz (DS) und Dispersionsmittel (DM) können in verschiedenen Aggregatzuständen vorliegen, z.B. DS: fest / DM: flüssig (Aufschlämmung, Lösung), DS: flüssig / DM: flüssig (Emulsion, z.B. Milch), DS: fest / DM: gasförmig (Rauch) und DS: gasförmig / DM: flüssig (Schaum).

Die *Teilchengröße* eines dispergierten Stoffes ist für die Eigenschaft einer Dispersion fest in flüssig von zentraler Bedeutung. Den Grad der Zerteilung bezeichnet man als den **Dispersionsgrad.** Je kleiner die Zerteilung des Stoffes, umso höher ist der Dispersionsgrad.
Im Weiteren soll der in der Baupraxis wichtigste Fall, dispergierte feste Phase in einem flüssigen Dispersionsmittel (immer Wasser!), näher betrachtet werden.
Nach der Teilchengröße der dispersen Phase unterscheidet man grobdisperse, molekular- oder iondisperse (feindisperse) und kolloiddisperse Systeme.

- Echte Lösungen sind *ion- oder molekulardisperse Systeme*, sie enthalten Ionen oder Moleküle. Die Größe der dispersen Teilchen liegt unter 10^{-9} m. Echte Lösungen sind homogen und klar. Beispiele sind Lösungen von Kochsalz oder Traubenzucker in Wasser.

- Bei Teilchen > 10^{-7} m spricht man von *grobdispersen Systemen*. Ein grobdisperses System erscheint dem Auge nicht mehr als klare, sondern als trübe Lösung (Suspension, Aufschlämmung). Beispiele sind Aufschlämmungen von Sand oder Ton in Wasser.

- *Kolloiddisperse Systeme* (*kolloide oder kolloidale Lösungen, Kolloide*) weisen Teilchengrößen im Bereich 10^{-9}...10^{-7} m auf. Sie sind ebenfalls meist homogen. Bestrahlt man sie jedoch mit einem Lichtstrahl, so ist der Strahlengang in der Lösung von der Seite sichtbar, da die kleinen dispergierten Partikel das Licht nach allen Richtungen streuen (*Tyndall-Effekt*). Bei echten Lösungen bleibt der Strahlengang unsichtbar.
Kolloide Lösungen sind nur dann stabil, wenn die dispersen Teilchen in dem für Kolloide charakteristischen „Schwebezustand" verbleiben, ohne sich zusammenzulagern oder auszuflocken. Bezüglich der Stabilisierung unterscheidet man hydrophobe und hydrophile Kolloide:

a) Hydrophobe Kolloide. Kolloide Teilchen zeigen aufgrund ihrer großen Oberfläche ein beträchtliches Adsorptionsvermögen gegenüber bestimmten Ionen, z.B. H^+- bzw. OH^--Ionen des Wassers oder Ionen der dispergierten Substanz. Die elektrostatische Abstoßung der gleichsinnig aufgeladenen Teilchen bedingt die Stabilität des Sols und verhindert den Zusammenschluss der kolloiden Teilchen zu größeren Aggregaten. Die Ladungskompensation erfolgt durch Gegenionen, die Ionenwolken um die kolloiden Teilchen ausbilden. Eine Aufladung kann auch durch Eigendissoziation von Kolloidteilchen mit dissoziationsfähigen Gruppen erfolgen. Kolloide Hydroxide wie $Fe(OH)_3$ oder $Al(OH)_3$ spalten OH^--Gruppen ab und laden sich positiv auf. Sole aus Metallsulfiden wie As_2S_3 und Sb_2S_3 sind durch Adsorption überschüssiger Sulfidionen (S^{2-}) negativ aufgeladen.
Will man die kolloide Lösung zum Ausflocken **(Koagulation)** bringen, muss die abstoßende Ladung der Teilchen kompensiert werden. Um dies zu erreichen, fügt man der Lösung leicht adsorbierbare Ionen *entgegen gesetzter* Ladung zu. Lösungen hydrophober Kolloide sind generell empfindlich gegenüber Elektrolytzusatz.

b) Hydrophile Kolloide. Im Gegensatz zur Stabilisierung der Teilchen durch elektrische Aufladung beruht die Stabilisierung hydrophiler Kolloide im Wesentlichen auf der Hydratation der dispergierten Teilchen. Die dispergierten Teilchen lagern adsorptiv oder über Wasserstoffbrückenbindungen H_2O-Moleküle an und bauen Hydrathüllen auf. Die gegenseitige Abstoßung der Hydrathüllen verhindert eine Aggregation der Teilchen zu größeren Partikeln und stabilisiert die kolloide Lösung. Beispiele für hydrophile Kolloide sind organische Sole, also Lösungen von Makromolekülen wie Stärke, Proteine, Gummi, Harze und Gerbsäuren. Verantwortlich für die Ausbildung der Hydrathüllen sind hydrophile polare Gruppen der dispergierten Teilchen, z.B. -COOH, -OH, -CHO und -NH_2 (s. Kap. 7.1) und die Dipolnatur des Wassers.

Durch weitergehende Anlagerung von Wasser kann das Sol zu einer gallertartigen, wasserreichen Masse **(Gel)** erstarren. Wichtige Beispiele sind konzentrierte Polykieselsäure- bzw. Aluminiumhydroxidlösungen. Falls nicht vorher Alterung eintritt, z.B. durch Teilchenvergrößerung bei den Polykieselsäuren, kann das Gel durch Verdünnung mit Wasser wieder zum Sol gelöst werden. Sol-Gel-Umwandlungen hydrophiler Kolloide sind mehrfach wiederholbar *(reversible Kolloide).*

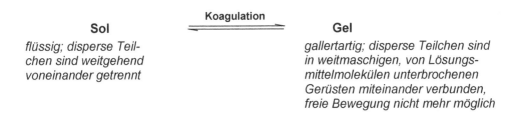

Es genügt mitunter ein bloßes Schütteln, um die unregelmäßigen, schwachen Bindungen zwischen den dispergierten Teilchen zu lösen und das Gel wieder zu verflüssigen (**Thixotropie**). Nachdem die mechanische Störung aufhört, werden nach einer bestimmten Zeit die Bindungen wieder geknüpft. Das Sol erstarrt wiederum zum Gel. Die Erscheinung der Thixotropie ist z.B. bei Ton-Wasser- bzw. Zement-Wasser-Mischungen anzutreffen. Zum Beispiel bewirken die mechanischen Schwingungen bei der Vibrationsverdichtung von Frischbeton eine deutlich bessere Beweglichkeit des Zementleimes.

⇒ *Wichtige Kolloide im Bauwesen sind Kunststoffdispersionen und Bitumenlösungen.*

3.6.4 Elektrolyte - Elektrolytlösungen

Viele elektrochemische Vorgänge beruhen auf Leitungsvorgängen, bei denen der Ladungstransport durch bewegliche Ionen erfolgt. Stoffe, die einen solchen Ladungstransport ermöglichen, werden als **Elektrolyte** bezeichnet.

Elektrolyte sind Stoffe, die in wässriger Lösung oder in der Schmelze den elektrischen Strom leiten. Der Stromtransport erfolgt durch frei bewegliche Ionen.

Elektrolyte können in zwei Gruppen unterteilt werden:

- **Starke Elektrolyte** liegen in wässriger Lösung praktisch vollständig in Form von Ionen vor. Wird also der starke Elektrolyt AB gelöst, liegen in Lösung ausschließlich Ionen A^+ und B^- und keine Teilchen AB vor. Zu den starken Elektrolyten gehören fast alle Salze sowie die starken anorganischen Säuren und Basen (s. Kap. 3.9.3).
- Zu den **schwachen Elektrolyten** gehören Säuren und Basen, die nur teilweise mit Wasser reagieren (Protolyse, Kap. 3.9.4). Je höher die Verdünnung, d.h. je geringer die Konzentration, umso stärker protolysieren die Elektrolyte und umso höher ist der Anteil der Ladungsträger für den Stromtransport. Oder umgekehrt: Mit zunehmender Konzentration des Elektrolyten sinkt der Protolysegrad.

Bei gleicher Stoffmengenkonzentration leitet die Lösung eines starken Elektrolyten den elektrischen Strom deutlich besser als die eines schwachen Elektrolyten.

Daneben findet man in der Literatur häufig die Unterteilung in echte und potentielle Elektrolyte. **Echte** oder **permanente Elektrolyte** sind Stoffe, die bereits im festen Zustand aus Ionen aufgebaut sind. Die in wässriger Lösung zu beobachtenden Ladungsträger sind demnach bereits im Kristallgitter vorgebildet. Zu den echten Elektrolyten zählen fast alle Salze, sowie eine Reihe von Oxiden und Hydroxiden.

Bei den **potentiellen Elektrolyten** handelt es sich um Molekülsubstanzen mit polaren Bindungen, aus denen erst durch die Protolyse Ionen entstehen. Löst man beispielsweise den potentiellen Elektrolyten Chlorwasserstoff HCl in Wasser, wird die Polarisierung der Bindung zwischen dem H- und dem Cl-Atom verstärkt und das Molekül zerfällt in die Ionen H^+ (bzw. H_3O^+) und Cl^-. Zu den potentiellen Elektrolyten zählen zahlreiche anorganische und organische Säuren, die Base Ammoniak sowie einige organische Basen (z.B. Anilin).

3.7 Härte des Wassers

Die Kenntnis der Wasserhärte ist für viele ingenieurtechnische Gebiete wie die Kraftwerkstechnik, die Wasserwirtschaft oder die Umweltanalytik von fundamentaler Bedeutung. EU-weit bezieht sich der Begriff der Wasserhärte auf den Gehalt an Calcium- und Magnesiumionen.

Unter der Wasserhärte versteht man die Stoffmengenkonzentration der Calcium- und Magnesiumionen $c(Ca^{2+} + Mg^{2+})$ in mmol pro Liter (DIN 38 409).

In der Regel besteht die Gesamthärte zu 70...85% aus der Calcium- und entsprechend zu 30...15% aus der Magnesiumhärte.

Eine sehr verbreitete und häufig angewendete Unterteilung der Wasserhärte orientiert sich an den vorhandenen Anionen. Man unterscheidet hier zwischen der Carbonathärte und der Nichtcarbonathärte (auch Resthärte).

- **Carbonathärte** *(temporäre Härte).* Die Carbonathärte (Abk.: **KH**) ist jener Anteil an Calcium- und Magnesiumionen, für den in der Volumeneinheit eine äquivalente Konzentration an Hydrogencarbonationen (HCO_3^-) vorliegt. Die KH lässt sich durch Kochen entfernen (Gl. 3-9).

$$Ca^{2+} + Mg^{2+} + 4\,HCO_3^- \; \underset{}{\overset{T}{\rightleftharpoons}} \; CaCO_3 \downarrow + MgCO_3 \downarrow + 2\,H_2O + 2\,CO_2 \qquad (3\text{-}9)$$
$$\textit{Kesselstein}$$

- **Nichtcarbonathärte** *(permanente Härte).* Die Nichtcarbonathärte (Abk.: **NKH**) ist der nach Abzug der Carbonathärte von der Gesamthärte (**GH**) gegebenenfalls verbleibende Rest an Calcium- und Magnesiumionen, der vor allem aus der Auflösung von Sulfaten und Chloriden stammt. Zur NKH können auch Nitrate und Phosphate des Calciums bzw. Magnesiums beitragen, wenngleich in deutlich geringerem Maße. Die Nichtcarbonathärte lässt sich nicht durch Kochen entfernen.

$\Rightarrow$ Carbonat- und Nichtcarbonathärte addieren sich zur Gesamthärte: **KH + NKH = GH.**

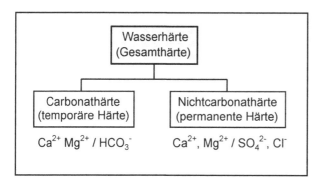

Mit dem Inkrafttreten der Neufassung des Wasch- und Reinigungsmittelgesetzes (WRMG) vom 05. Mai 2007 wurden die Härtebereiche an europäische Standards angepasst und die obige Angabe Millimol Gesamthärte pro Liter durch die *(chemisch nicht nachvollziehbare!)* Angabe Millimol Calciumcarbonat pro Liter ersetzt. Laut der Deutschen Vereinigung des Gas- und Wasserfaches e.V. soll die Angabe Millimol CaCO$_3$ je Liter unverändert als Millimol Gesamthärte (Calcium- und Magnesiumhärte!) je Liter aufgefasst und verwenden werden ($\rightarrow$ Angabe $c(Ca^{2+} + Mg^{2+})$ als $c(CaCO_3)$). Im Gesetz wurden die bisherigen vier Härtebereiche zu drei Bereichen zusammengelegt: *weich, mittel* und *hart*. Sie sind wie folgt definiert (Tab. 3.3):

Härtebereiche	Millimol CaCO$_3$ pro Liter H$_2$O	$^\circ$dH
weich	< 1,5 mmol	< 8,4
mittel	1,5 ... 2,5 mmol	8,4 ... 14
hart	> 2,5 mmol	> 14

Tabelle 3.3

Härtebereiche

In Deutschland wird die Wasserhärte häufig noch in **Grad deutscher Härte** $^\circ$**dH** (auch: $^\circ$d) angegeben. <u>Es gilt:</u> 1°dH $= 18$ mg CaCO$_3$ $= 0,18$ mmol CaCO$_3$ in 1 Liter Wasser.
$$1 \text{ mmol } (Ca^{2+} + Mg^{2+})/\text{l } H_2O = 1 \text{ mmol } CaCO_3/\text{l } H_2O = 5,6^\circ dH.$$

Historisch bedeutsame Verfahren zur Wasserenthärtung sind die **Destillation** des Wassers bzw. die **chemische Ausfällung** störender Ionen mit Kalk und/oder Soda (Na$_2$CO$_3$) als schwerlösliche Carbonate (Kalk-Soda-Verfahren). Heute wird zur vollständigen Enthärtung des Wassers die Methode des **Ionenaustauschs** genutzt. Das Prinzip eines Ionenaustauschers besteht darin, störende Kationen wie Ca^{2+}, Mg^{2+}, aber auch Sr^{2+}, Ba^{2+}, Na$^+$ gegen H$_3$O$^+$-Ionen (*Kationenaustauscher*) bzw. störende Anionen wie Cl$^-$, SO$_4^{2-}$, CO$_3^{2-}$/HCO$_3^-$ gegen OH$^-$-Ionen *(Anionenaustauscher)* auszutauschen.
Kationenaustauscher sind Polystyrolharze mit sauren Gruppen, wie z.B. der Sulfonsäure- (-SO$_3^-$ H$^+$) oder der Carboxylatgruppe (-COO$^-$ H$^+$). Anionenaustauscher sind Polystyrolharze mit positiven Ladungen an tertiären oder quartären Ammoniumgruppen (z.B. -NR$_3^+$, mit R = Methyl- oder Ethylgruppe). Als Anionen enthalten sie meist OH$^-$-Ionen. Das **demineralisierte Wasser** im chemischen Labor wird durch Ionenaustausch gewonnen
In Waschmitteln werden als Wasserenthärter **Zeolithe** (kristalline wasserhaltige Alumosilicate) eingesetzt (s.a. Kap. 6.2.2). Zeolithe wirken als Ionenaustauscher und tauschen die im Gerüst enthaltenen freien Alkalimetallionen (meist Na$^+$-Ionen) gegen die Härtebildner Ca^{2+} und Mg^{2+} aus. Zeolithe sind wegen ihrer Wasserunlöslichkeit ökologisch unbedenklich, vermehren allerdings die Menge des Klärschlamms.

3.8 Metallkomplexe – Komplexbildungsreaktionen

Eine besondere Gruppe chemischer Verbindungen sind die **Komplexverbindungen (Me**tallkomplexe, Komplexe oder Koordinationsverbindungen). In den Komplexverbindungen gruppiert sich eine bestimmte Anzahl von Molekülen oder Ionen in einer definierten geometrischen Anordnung um ein zentrales Metallatom bzw. -ion. Es entsteht eine komplexe Baugruppe, die auch bei Dissoziation der Verbindung in wässriger Lösung als solche erhalten bleibt.
In den Formeln der Komplexverbindungen werden das komplexe Kation bzw. das komplexe Anion durch eckige Klammern gekennzeichnet.

$$[Co(NH_3)_6]Cl_3 \rightleftharpoons [Co(NH_3)_6]^{3+} + 3 \text{ Cl}^-$$
$$Na[Al(OH)_4] \rightleftharpoons Na^+ + [Al(OH)_4]^-$$

Die Ladung eines Komplexes ergibt sich als Summe der Ladungen aller im Komplex enthaltenen Ionen. Erfolgt ein Ladungsausgleich, liegt ein Neutralkomplex vor. Der grundsätzliche Unterschied zu einem Salz besteht darin, dass die Anlagerung geladener Ionen um ein Metallion über die stöchiometrische Wertigkeit des Metallions hinaus erfolgen kann.

Zur **Nomenklatur von Metallkomplexen** gibt es klare Festlegungen [7 - 9], der Formalismus soll an drei ausgewählten Beispielen gezeigt werden:

$[Co(NH_3)_6]Cl_3$	Hexaammincobalt(III)-chlorid
$K_4[Fe(CN)_6]$	Kalium-hexacyanoferrat(II)
$[CuCl_2(H_2O)_2]$	Diaquadichlorokupfer(II).

Metallkomplexe bestehen aus einem **Zentralatom** (oder **-ion**) und den **Liganden.** Die Liganden sind entweder Ionen, z.B. Halogenidionen und Hydroxidionen, oder Neutralmoleküle wie H_2O und NH_3. Sie müssen über wenigstens ein freies Elektronenpaar verfügen. Die freien Elektronenpaare sind von entscheidender Bedeutung für das Zustandekommen der chemischen Bindung zwischen Zentralatom und Ligand. Sie werden vom *Liganden* zur Verfügung gestellt. Damit besteht der grundlegende Unterschied zwischen der Bindung in Metallkomplexen und der kovalenten Bindung im Bildungsschritt: Während bei der kovalenten Bindung beide Partner ein ungepaartes Elektron zum gemeinsamen Bindungselektronenpaar beisteuern, stammen die beiden Elektronen der Elektronenpaarbindung zwischen Metall und Ligand ausschließlich vom *Liganden*. Die chemische Bindung in einem Metallkomplex (früher: *koordinative Bindung*) muss als polare Atombindung betrachtet werden. Im Sprachgebrauch der Komplexchemie sagt man, der Ligand ist am Metall „koordiniert".

Mit Ausnahme von einatomigen Liganden wie F^-, Cl^- und O^{2-} ist das am Metall koordinierende Atom (*Haftatom*) Bestandteil eines Moleküls (NH_3, H_2O) oder eines zusammengesetzten Ions (CN^-, SCN^-). Wird pro Ligand nur eine Elektronenpaarbindung zum Metallzentrum ausgebildet, spricht man von **einzähnigen** Liganden.

Eine Reihe von Liganden enthalten mehrere Haftatome in sterisch günstiger Stellung. Sie sind deshalb in der Lage, mehr als eine Koordinationsstelle am Zentralatom zu besetzen (**mehrzähnige** Liganden). Ein mehrzähniger Ligand umschließt das Zentralatom zangenförmig. Deshalb werden die entstehenden Komplexe als **Chelatkomplexe** oder kurz Chelate (*griech*. chele, Krebsscheren) bezeichnet. Bevorzugt werden fünf- und sechsgliedrige Ringe gebildet. Chelatkomplexe sind im Allgemeinen stabiler als Komplexe mit einzähnigen Liganden.

Die Anzahl der Haftatome der Liganden, mit denen das Zentralatom (-ion) im Komplex verbunden ist, bezeichnet man als die **Koordinationszahl** des Komplexes. Nur bei einzähnigen Liganden ist die Koordinationszahl mit der Anzahl der koordinierten Liganden identisch. Am häufigsten treten die Koordinationszahlen sechs und vier auf.

Die unterschiedlichen Koordinationszahlen sind mit unterschiedlichen **Koordinationsgeometrien** verknüpft. In Komplexen mit der Koordinationszahl 6 besetzen die Haftatome in der überwiegenden Mehrzahl der Fälle die Ecken eines regulären oder verzerrten **Oktaeders** mit dem Metallion im Zentrum. Beispiele für oktaedrische Komplexe sind $[CrF_6]^{3-}$ und $[Fe(CN)_6]^{3-}$.

In Übergangsmetallkomplexen mit der Koordinationszahl 4 befinden sich die Haftatome der Liganden entweder an den Ecken eines Tetraeders, wie im $[Al(OH)_4]^-$ und $[ZnCl_4]^{2-}$, oder an den Ecken eines Quadrates, wie im $[Ni(CN)_4]^{2-}$ und $[Cu(NH_3)_4]^{2+}$ (Festzustand!). Es liegen **tetraedrische** oder **quadratisch-planare** Komplexe vor. Komplexe mit der Koordinationszahl 2 sind **linear** aufgebaut. Als Beispiele soll der Silberkomplex $[Ag(NH_3)_2]^+$ angeführt werden.

Komplexbildungsreaktionen können zur quantitativen Bestimmung von Metallionen durch Titration herangezogen werden. Unter einer **Titration** versteht man ein maßanalytisches Verfahren, bei dem eine unbekannte Menge einer gelösten Teilchenart dadurch ermittelt wird, dass man sie quantitativ von einem chemisch exakt definierten Ausgangszustand in einen ebenfalls exakt definierten Endzustand überführt (*Maßanalyse, Volumetrie*). Bei den Teilchen kann es sich um Protonen oder Hydroxidionen (*Säure-Base-Titration*), um Oxidations- oder Reduktionsmittel (*Redoxtitration*) oder um Metall- bzw. Säurerestionen (*Komplexometrie, Fällungstitration*) handeln.

Zu der zu bestimmenden Lösung wird solange eine Lösung bekannter Konzentration zugefügt, bis ein vollständiger Umsatz zwischen den interessierenden Teilchenarten erfolgt ist. Dabei kommt es auf eine genaue Messung des zugegebenen Volumens an. Die Lösung bekannter Konzentration **(Maßlösung)** befindet sich in einer Bürette. Die Bürette ist ein Glasrohr mit einer geeichten Graduierung, an dessen unterem Ende sich ein Glashahn befindet. Er ermöglicht die kontrollierte Zugabe der Maßlösung zu der zu bestimmenden Lösung.

Bei der komplexometrischen Titration **(Komplexometrie)** erfolgt die quantitative Bestimmung von Metallionen mittels mehrzähniger organischer Liganden (*Komplexone*). Das praktisch wichtigste Komplexon ist der sechszähnige Ligand **E**thylen**d**iamin**t**etra**a**cetat, kurz: **EDTA** (Abb. 3.10), das Anion der Ethylendiamintetraessigsäure. EDTA ist ein ausgezeichneter Komplexbildner für die meisten zwei- und dreiwertigen Metallionen.

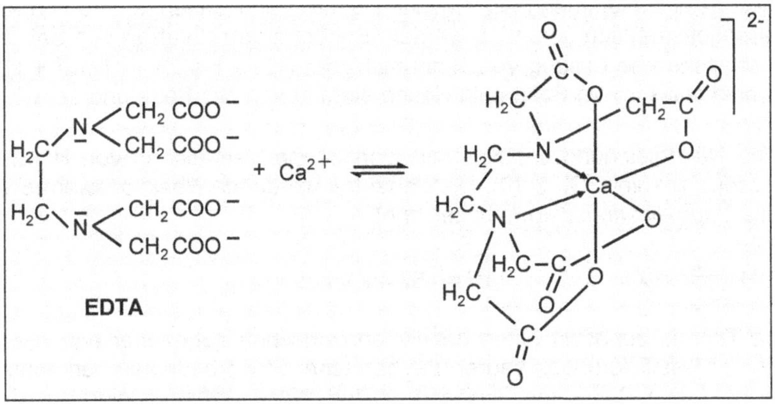

Abbildung 3.10   Komplexbildung von Ca^{2+} mit EDTA: Der gebildete Komplex besitzt die Koordinationszahl 6

Zur Erkennung des *Äquivalenzpunktes,* an dem sich die zu bestimmende Menge an Metallion und die zugegebene Menge an Komplexon genau entsprechen, also *äquivalent* sind, benutzt man sogenannte Metallindikatoren. Metallindikatoren sind organische Farbstoffe, die der Untersuchungslösung vor der eigentlichen Titration zugefügt werden und die mit den Metallionen farbige Metall-Indikator-Komplexe bilden. Bei der nachfolgenden Titration mit dem Komplexbildner EDTA entsteht ein Metall-EDTA-Komplex, der stabiler als der vorliegende Metall-Indikator-Komplex ist. Es läuft eine Ligandenaustauschreaktion ab. Der anfangs am Metall komplex gebundene Farbstoffligand wird im Verlauf der Titration sukzessive durch EDTA verdrängt:

Metall-Indikator-Komplex + EDTA $\rightleftharpoons$ Metall-EDTA-Komplex + Indikator.
Farbe I   *Farbe II*

Die Farbe des freigesetzten Indikators, die sich von der des Metall-Indikator-Komplexes unterscheiden muss, zeigt den Äquivalenzpunkt an. Auf komplexometrischem Wege ist es möglich, die Gesamthärte von Wässern, also die im Wasser enthaltene Menge an Calcium- und Magnesiumionen, zu bestimmen.

3.9 Säure-Base-Reaktionen

3.9.1 Säure-Base-Begriff

Säuren und Basen sind chemische Kontrahenten, deren gegensätzliche Eigenschaften sauer oder basisch zu reagieren, sich bei Wechselwirkung aufheben.

Arrhenius leitete aus der von ihm 1887 entwickelten Theorie der elektrolytischen Dissoziation eine Säure-Base-Theorie ab, die noch heute am Anfang nahezu jedes Grundkurses Chemie steht.

> **Säuren sind Stoffe, die in wässriger Lösung Wasserstoffionen (H^+, Protonen) abspalten können und Basen sind Stoffe, die in wässriger Lösung Hydroxidionen (OH^-) abspalten können.**

Der saure bzw. basische (auch: alkalische) Charakter von wässrigen Lösungen wird im Rahmen dieser Theorie auf das Vorhandensein von H^+- und OH^--Ionen zurückgeführt. Ein wichtiger funktionaler Zusammenhang zwischen Säuren und Basen konnte von *Arrhenius* in der Neutralisationsreaktion gefunden werden. Bei der **Neutralisation** von Salzsäure mit Natronlauge entsteht eine Lösung von Natriumchlorid: $HCl + NaOH \rightarrow NaCl + H_2O$. Das Reaktionsprodukt NaCl ist ein **Salz**, sein Kation stammt von der Base und sein Anion von der Säure.

Die eigentliche Nettogleichung der Neutralisation ist die Vereinigung von H^+- und OH^--Ionen zu Wassermolekülen (Gl. 3-10). Die dabei frei werdende Reaktionswärme von 57,4 kJ/mol wird als *Neutralisationswärme* bezeichnet.

$$H^+ + OH^- \rightleftharpoons H_2O \qquad \Delta H = -57,4 \text{ kJ/mol} \qquad (3-10)$$

Obwohl diese Theorie zunächst einen deutlichen Fortschritt gegenüber empirischen und halbempirischen Klassifizierungen saurer und basischer Stoffe bedeutete, erkannte man in der Folgezeit bald eine Reihe von Schwachpunkten. Nach *Arrhenius* sind nur Hydroxide Basen, obwohl Ammoniak und eine Reihe weiterer organischer Verbindungen in wässriger Lösung ebenfalls eine basische Reaktion hervorrufen. Für die saure bzw. basische Reaktion von Salzlösungen konnte keine Erklärung gegeben werden. Diese Probleme löste **Brönsted** mit seiner 1923 formulierten Säure-Base-Theorie.

> **Säuren sind Verbindungen oder Ionen, die Protonen abspalten können (*Protonendonatoren*). Basen sind Verbindungen oder Ionen, die Protonen aufnehmen können (*Protonenakzeptoren*).**

Brönsted erkannte, dass das Wesen aller Säure-Base-Reaktionen in wässriger Lösung Protonenübergänge (Protolysereaktionen, *Protolysen*) sind. Alle Brönsted-Säuren verfügen über mindestens ein Proton, das sie abgeben können und alle Brönsted-Basen über mindestens ein freies Elektronenpaar, an das sich ein Proton anlagern (binden) kann.

Eine Brönsted-Säure geht bei Protonenabgabe in eine Brönsted-Base über, aus der durch Protonenaufnahme die Brönsted-Säure wieder zurückgebildet werden kann. Ein solches Paar von Teilchen nennt man ein **korrespondierendes** (*lat.* correspondere, in Beziehung stehend) oder **konjugiertes Säure-Base-Paar.**

Im Weiteren wird für die Säure kurz **S** und für Base **B** geschrieben. Nachfolgend einige Beispiele für korrespondierende Säure-Base-Paare:

S	$\rightleftharpoons$	B	$+\ H^+$
HCl	$\rightleftharpoons$	Cl^-	$+\ H^+$
H_2SO_4	$\rightleftharpoons$	HSO_4^-	$+\ H^+$
NH_4^+	$\rightleftharpoons$	NH_3	$+\ H^+$
CH_3COOH	$\rightleftharpoons$	CH_3COO^-	$+\ H^+$

Das Chlorwasserstoffmolekül ist die korrespondierende bzw. konjugierte Säure der Base Cl^- und umgekehrt ist das Chloridion die korrespondierende Base der Säure Chlorwasserstoff.

Da in wässriger Lösung freie Protonen (H^+) nicht existent sind, kann eine Brönsted-Säure dann und nur dann ein Proton abspalten, wenn eine Base vorhanden ist, die das Proton aufnimmt. Mit anderen Worten: Eine Brönsted-Säure kann nur dann als Säure fungieren, wenn eine Brönsted-Base zugegen ist (und umgekehrt).

> **Zu einer Säure-Base-Reaktion kommt es erst dann, wenn *zwei* korrespondierende Säure-Base-Paare miteinander in Beziehung treten.**

Bei der Reaktion von Chlorwasserstoff mit Wasser übernehmen, wie das nachfolgende Beispiel verdeutlicht, die H_2O-Moleküle die Basefunktion.

Korrespondierendes Säure-Base-Paar I:
$$HCl \rightleftharpoons H^+ + Cl^-$$
$$S_1 \rightleftharpoons H^+ + B_1$$

Korrespondierendes Säure-Base-Paar II:
$$H^+ + H_2O \rightleftharpoons H_3O^+$$
$$H^+ + B_2 \rightleftharpoons S_2$$

$$\overline{}$$

$$HCl + H_2O \rightleftharpoons H_3O^+ + Cl^-$$
$$S_1 + B_2 \rightleftharpoons S_2 + B_1$$

HCl ist im Vergleich zu H_3O^+ die stärkere Säure, d.h. das HCl-Molekül besitzt eine größere Tendenz Protonen abzugeben ($\Rightarrow$ Gleichgewicht liegt vollständig auf der rechten Seite). Dagegen ist in der Umsetzung: $CH_3COOH + H_2O \rightleftharpoons H_3O^+ + CH_3COO^-$

H_3O^+ die stärkere Säure, so dass das Gleichgewicht hier weitgehend auf der linken Seite liegt. Generell gilt: Je stärker eine Säure, umso schwächer ist die zugehörige konjugierte Base. Das gebildete **H_3O^+-Ion** wird als **Oxoniumion** bezeichnet. Durch Hydratation, also weitere Anlagerung von Wassermolekülen, treten in wässriger Lösung Spezies unter-

schiedlicher Zusammensetzung auf, die wiederum hydratisiert werden. Hydratisierte Oxo-
niumionen werden als **Hydroniumionen** H_3O^+**(aq)** bezeichnet. Da in wässriger Lösung
generell hydratisierte H_3O^+-Ionen vorliegen, soll im Rahmen dieses Buches an der weithin
gebräuchlichen Bezeichnung Hydroniumion für das H_3O^+-Ion (hydratisiertes Proton) festgehalten werden.
Der Einfachheit und besseren Übersichtlichkeit halber wird häufig in Reaktions-
gleichungen anstelle von H_3O^+ nur H^+ geschrieben.

Ampholyte sind nach der Brönsted-Theorie Moleküle oder Ionen, die je nach Reaktionspartner Protonen abgeben oder aufnehmen können. Sie verhalten sich **amphoter** (*griech.-*
lat. zwitterhaft). Wichtigstes Beispiel ist das *Wasser*, das mit einer Säure als Base (Gl. 3-
11) und mit einer Base als Säure (Gl. 3-12) reagieren kann.

$$HCl \ + \ H_2O \ \rightleftharpoons \ H_3O^+ \ + \ Cl^- \tag{3-11}$$
$$NH_3 \ + \ H_2O \ \rightleftharpoons \ NH_4^+ \ + \ OH^- \tag{3-12}$$

Auch die verschiedenen Hydrogenanionen, wie z.B. HCO_3^-, HSO_4^-, $H_2PO_4^-$ und HPO_4^{2-},
gehören zu den Brönsted-Ampholyten. Säuren und Basen werden auch als **Protolyte**
bezeichnet.

3.9.2 Autoprotolyse des Wassers und pH-Wert

Der Ampholyt Wasser kann mit sich selbst reagieren. Im Resultat eines Protonenüber-
gangs zwischen zwei H_2O-Molekülen geht er in seine korrespondierende Base OH^- und in
seine korrespondierende Säure H_3O^+ über. Diese Reaktion wird als **Autoprotolyse des**
Wassers bezeichnet.

$$H_2O \ + \ H_2O \ \rightleftharpoons \ H_3O^+ \ + \ OH^- \tag{3-13}$$

Wendet man auf das Gleichgewicht (3-13) das MWG an und vereinfacht, erhält man für
25°C

$$\boxed{c(H_3O^+) \cdot c(OH^-) = 1,0 \cdot 10^{-14} mol^2 \, / \, l^2 = K_W} \tag{3-14}$$

Die Konstante K_W bezeichnet man als das **Ionenprodukt des Wassers**. Da die Anzahl der
H_3O^+- und OH^--Ionen gleich ist, ergibt sich für deren Konzentration nach dem Ionenprodukt:

$$\boxed{c(H_3O^+) = c(OH^-) = \sqrt{K_W} = 10^{-7} mol \, / \, l} \tag{3-15}$$

Eine Konzentration von 10^{-7} mol H_3O^+ pro Liter Wasser bedeutet, dass von 55,3 Mol H_2O
nur 10^{-7} Mol H_2O protolysiert vorliegen. Demnach liegen von *einer Milliarde* Wassermolekülen nur *zwei* protolysiert als H_3O^+- und OH^--Ionen vor.

Mittels Beziehung (3-15) lassen sich die Begriffe *neutrale*, *saure* und *basische* Lösung
quantitativ eindeutig erfassen:

saure Lösung	$c(H_3O^+) > c(OH^-)$
basische (alkalische) Lösung	$c(H_3O^+) < c(OH^-)$
neutrale Lösung	$c(H_3O^+) = c(OH^-)$.

In einer sauren Lösung mit einer hohen Konzentration $c(H_3O^+)$ muss demzufolge die OH^--Konzentration niedrig sein, damit das Produkt beider Ionenkonzentrationen wieder den Wert $K_W = 10^{-14}$ mol^2/l^2 (25°C) besitzt. Entsprechendes gilt für den umgekehrten Fall.

• **pH-Wert**. Es ist üblich, den sauren bzw. basischen Charakter von Lösungen quantitativ durch die vorliegende Konzentration an H_3O^+ zu beschreiben. Um möglichst einfache Zahlenangaben zu erhalten, führte *Sörensen* 1909 als Maß für die Acidität einer Lösung den pH-Wert (*lat.* **p**otentia **H**ydrogenii, Kraft des Wasserstoffs) ein.

Der pH-Wert ist der negative dekadische Logarithmus des Zahlenwertes der H_3O^+-Konzentration, die in mol/l anzugeben ist.

$$pH = -\lg \frac{c(H_3O^+)}{mol \cdot l^{-1}}$$ (3-16)

$c(H_3O^+)$ in mol/l	pH	Eigenschaft der Lösung	pOH	$c(OH^-)$ in mol/l
$10^0 = 1$	0	**sauer**	14	10^{-14}
10^{-1}	1		13	10^{-13}
10^{-2}	2		12	10^{-12}
10^{-3}	3		11	10^{-11}
10^{-4}	4		10	10^{-10}
10^{-5}	5		9	10^{-9}
10^{-6}	6		8	10^{-8}
10^{-7}	7	**neutral**	7	10^{-7}
10^{-8}	8	**basisch**	6	10^{-6}
10^{-9}	9	**(alkalisch)**	5	10^{-5}
10^{-10}	10		4	10^{-4}
10^{-11}	11		3	10^{-3}
10^{-12}	12		2	10^{-2}
10^{-13}	13		1	10^{-1}
10^{-14}	14		0	$10^0 = 1$

Tabelle 3.4

pH-Skala mit den zugehörigen Konzentrationen an H_3O^+ - und OH^--Ionen

In der Praxis wird anstelle des pH-Wertes mitunter vom *Säuregrad* einer Lösung gesprochen. Lösungen mit pH = 7 bezeichnet man als **neutral**, Lösungen mit pH < 7 als **sauer** und Lösungen mit pH > 7 als **basisch.**

Ist der pH-Wert einer Lösung bekannt, kann man nach Beziehung (3-17) die Konzentration an H_3O^+ ermitteln.

$$c(H_3O^+) = 10^{-pH} \text{ mol/l} .$$ (3-17)

Ebenfalls gebräuchlich ist der analog definierte **pOH-Wert** (Gl. 3-18).

$$pOH = -\lg \frac{c(OH^-)}{mol \cdot l^{-1}}$$ (3-18)

Der pOH-Wert ist mit dem pH-Wert über das Ionenprodukt des Wassers (Gl. 3-19) ver-knüpft.

$$pH + pOH = pK_W = 14$$ (3-19)

Tab. 3.4 enthält Ionenkonzentrationen und zugehörige pH-Werte für saure, neutrale und basische Lösungen (**pH-Skala**). In Tab. 3.5 sind die pH-Werte einiger im täglichen Leben häufig vorkommender Lösungen zusammengestellt.

Tabelle 3.5   pH-Werte einiger häufig vorkommender Lösungen

Substanz	pH	Substanz	pH
1 mol/l HCl	0	Urin	6,0
Magensäure	1...2	Regenwasser (BRD, Durchschnittswert 2015)	6...7
Zitronensaft	2,1	Blut	7,4
Orangensaft	2,8	Meerwasser	7,8...8,2
Coca Cola	~ 3	Backpulver	8,5
Wein	3,5	Seifenlauge	8,2...8,7
Tomatensaft	4,1	Boraxlösung	9,2
Kaffee (schwarz)	5,0	Ammoniaklösung (6%)	11,9
Bier	5,0...5,6	Kalkwasser (gesättigt)	12,5
Saurer Regen	< 5,6	1 mol/l NaOH	14,0

Für zahlreiche praktische Aufgabenstellungen besitzt eine einfache und rasche **pH-Wert-Messung** große Bedeutung. Die *näherungsweise* Bestimmung des pH-Wertes kann mit Universalindikatoren erfolgen, die gewöhnlich in Form von Lösungen oder Indikatorpapie-ren vorliegen. Ein **Universalindikator** ist ein Gemisch von Indikatoren (organischen Farb-stoffen), das bei verschiedenen pH-Werten unterschiedliche Farben annimmt. Anhand einer zugehörigen Farbvergleichsskala kann der pH-Wert ermittelt werden.

3.9.3 Stärke von Säuren und Basen

Für quantitative Aussagen zur Stärke von Säuren und Basen ist der pH-Wert („Säuregrad") nicht geeignet, obwohl gerade pH-Wert und Säurestärke fälschlicherweise häufig gleichge-setzt und unkorrekt verwendet werden.

Zwei Beispiele sollen diesen Sachverhalt verdeutlichen: Obwohl Salzsäure gegenüber Essigsäure die deutlich stärkere Säure ist (s.u. pK$_S$-Werte!), ergibt sich für eine 10^{-4} mol/l Salzsäurelösung ein pH-Wert von 4. Dagegen erhält man für eine 1 molare Essigsäurelö-sung einen pH-Wert von 2,4. Die konzentriertere jedoch schwächere Säure zeigt demnach einen kleineren pH-Wert (oder höheren Säuregrad) als die verdünntere, aber stärkere Salzsäure. Geht man von gleich konzentrierten Säuren (z.B. 0,1 mol/l) aus, erhält man für die Salzsäure einen pH-Wert von 1, für Essigsäure jedoch einen pH-Wert von 2,88. In der

0,1 mol/l Essigsäure beträgt die H_3O^+-Konzentration $1,32 \cdot 10^{-3}$ mol/l und nicht 10^{-1} mol/l wie in der Salzsäure. Sie ist damit etwa 76-mal kleiner als in der 0,1 mol/l Salzsäure.

Der pH-Wert ist durch die Konzentration steuerbar. Die Stärke von Säuren und Basen stellt dagegen eine stoffspezifische Größe dar.

Bei gleicher Ausgangskonzentration der Protolyte wird die Konzentration an H_3O^+- und OH^--Ionen durch das unterschiedliche Ausmaß der Protolysereaktion bestimmt. Quantitative Aussagen zum Ausmaß der Protolyse und damit zur Stärke von Säuren und Basen sind nur bei Wahl eines geeigneten Bezugssystems möglich. Es können deshalb keine *absoluten* Säure- und Basestärken, sondern immer nur *relative*, auf eine Base bzw. Säure bezogene Werte angegeben werden (vergl. Gl. 3-11, 3-12). Aufgrund seiner amphoteren Eigenschaften kann H_2O im Brönstedschen Sinne sowohl als Bezugsbase für Säuren HA als auch als Bezugssäure für Basen B fungieren.

Reaktion der Säure HA mit Wasser: $HA + H_2O \rightleftharpoons H_3O^+ + A^-$

Reaktion der Base B mit Wasser: $B + H_2O \rightleftharpoons BH^+ + OH^-$

Aus der Lage dieser beiden Gleichgewichte ergeben sich klare Aussagen zur Stärke der Protolyte HA und B. Liegt das Gleichgewicht weitgehend auf der Seite der Produkte, handelt es sich um **starke Protolyte**. Im umgekehrten Fall sind die Protolyte **schwach**.

Die Stärke einer Säure HA wird durch die Leichtigkeit der Protonenabgabe an die Base Wasser, die Stärke einer Base B durch die Leichtigkeit der Protonenaufnahme von der Säure Wasser bestimmt ($\Rightarrow$ Wasser = Brönsted-Ampholyt!).

Betrachten wir zunächst die Reaktion der (allgemeinen) Säure HA mit Wasser:

$$HA + H_2O \rightleftharpoons H_3O^+ + A^- \tag{3-20}$$

Wendet man auf das Protolysegleichgewicht (3-20) das MWG an und bezieht die H_2O-Konzentration als konstante Größe in den K-Wert ein, so ergibt sich die Säurekonstante (auch: Säuredissoziationskonstante, 3-21).

$$\boxed{K_S = \frac{c(H_3O^+) \cdot c(A^-)}{c(HA)}} \qquad K_S \ \text{Säurekonstante} \tag{3-21}$$

Für das Protolysegleichgewicht (3-22), die Umsetzung einer Base B mit Wasser, ergibt sich in Analogie zur Säurekonstante die Beziehung für die Basekonstante (3-23).

$$B + H_2O \rightleftharpoons BH^+ + OH^- \tag{3-22}$$

$$\boxed{K_B = \frac{c(OH^-) \cdot c(BH^+)}{c(B)}} \qquad K_B \ \text{Basekonstante.} \tag{3-23}$$

Die *Säurekonstante* K_S ist ein quantitatives Maß für die Stärke einer Säure HA. Je größer K_S, desto stärker ist die Säure HA.

Analoges gilt für die Basekonstante K_B der Base B. Da in wässrigen Lösungen (sehr) starker Säuren und Basen keine nicht protolysierten Moleküle (oder Teilchen) HA bzw. B mehr
vorliegen, kann nicht mehr von Säure-Base-Gleichgewichten gesprochen werden. Säure-
bzw. Basekonstanten sind in H_2O (!) nicht mehr bestimmbar.
Die Säure- und Basekonstanten werden aus Gründen der einfacheren Handhabbarkeit in
Form ihrer negativen dekadischen Logarithmen angegeben (Gl. 3-24).

$$\boxed{pK_S = -\lg K_S} \quad \text{und} \quad \boxed{pK_B = -\lg K_B} \tag{3-24}$$

Je kleiner der pK_S-Wert, umso größer ist die Stärke einer Säure. Der pK_S-Wert wird auch
als **Säureexponent**, der pK_B-Wert auch als **Baseexponent** bezeichnet.

Der Zusammenhang zwischen dem K_S- und dem K_B-Wert (bzw. dem pK_S- und pK_B-Wert)
eines korrespondierenden Säure-Base-Paares ist durch das Ionenprodukt des Wassers
gegeben (Gl. 3-25).

$$\boxed{K_S \cdot K_B = K_W} \quad \text{bzw.} \quad \boxed{pK_S + pK_B = 14} \tag{3-25}$$

Sind K_S- bzw. pK_S-Wert bekannt, können mittels der Beziehungen (3-25) der K_B- bzw. pK_B-
Wert der korrespondierenden Base ermittelt werden (und umgekehrt!).

Um das Ausmaß der Protolyse wässriger Säure- bzw. Baselösungen vergleichen zu können, berechnet man den Anteil der Säure HA bzw. Base B, der mit Wasser reagiert hat.
Dieser Anteil wird als **Protolysegrad** α bezeichnet. Er ergibt sich für das Protolysegleichgewicht der Säure HA (Gl. 3-20) entsprechend Gl. (3-26), mit $c_0(HA)$ = Ausgangskonzentration der Säure HA.

$$\boxed{\alpha = \frac{c(H_3O^+)}{c_0(HA)} = \frac{c(A^-)}{c_0(HA)}} \qquad \textbf{\textit{Protolysegrad}} \tag{3-26}$$

Sinngemäß gilt für die Reaktion der Base B mit Wasser (Gl. 3-22): $\alpha = c(OH^-)/c_0(B) = c(BH^+)/c_0(B)$. Der Protolysegrad α kann Werte von 0 bis 1 annehmen. Bei starken Säuren
oder Basen ist $\alpha = 1$, was einer 100%igen Protolyse entspricht.

Mehrwertige (auch: *mehrprotonige* oder *mehrbasige*) **Säuren** sind Verbindungen oder
Ionen, die bei der Protolyse mehr als ein Proton abgeben können, z.B. H_2SO_4, H_3PO_4 oder
H_2CO_3. Mehrwertige Basen sind Verbindungen oder Ionen, die bei der Protolyse mehr als
ein Proton aufnehmen können, z.B. SO_4^{2-}, CO_3^{2-}, PO_4^{3-} oder Amine. Die Zahl der H^+-Io-
nen, die eine mehrprotonige Säure abgeben kann, sagt nichts über ihre Säurestärke aus.
In Wasser protolysieren mehrprotonige Säuren schrittweise, wobei jedem Schritt eine Pro-
tolyse- bzw. Säurekonstante K zugeordnet wird. Dem Symbol K werden Indices angefügt,
um den Bezug zum entsprechenden Protolyseschritt deutlich zu machen.

Zum Beispiel verläuft die Protolyse der **zweiprotonigen Schwefelsäure** in der ersten
Stufe vollständig (Gl. 3-27), während das Gleichgewicht für den zweiten Protolyseschritt
(Gl. 3-28) weitgehend auf der Seite des Hydrogensulfats liegt. Der Anteil der H_3O^+-Ionen-
konzentration aus der 2. Protolysestufe beträgt ca. 9%. Die Säurekonstante für die zweite
Stufe besitzt einen Wert von $K_{S2} = 1{,}2 \cdot 10^{-2}$ mol/l ($pK_{S2} = 1{,}92$).

$$H_2SO_4 + H_2O \quad \rightarrow \quad H_3O^+ + HSO_4^- \qquad (3\text{-}27)$$

$$HSO_4^- + H_2O \quad \rightleftharpoons \quad H_3O^+ + SO_4^{2-} \qquad (3\text{-}28)$$

⇒ **Starke Säuren** gibt es relativ wenige. Für bauchemisch relevante Problemstellungen sind vor allem die Salzsäure, die Salpetersäure und die Schwefelsäure von Bedeutung. Zu den **starken (Brönsted)-Basen** gehört in erster Linie das Hydroxidion, das aus der Auflösung von Alkalimetallhydroxiden wie NaOH und KOH oder von Erdalkalimetallhydroxiden, wie z.B. Ca(OH)$_2$ und Ba(OH)$_2$, stammen kann.

Weitere Beispiele für starke Basen sind das Phosphation (PO$_4^{3-}$) und das Carbonation (CO$_3^{2-}$). Eine sehr starke Base wie das Oxidion O^{2-} liegt in wässriger Lösung vollständig protoniert als OH$^-$-Ion vor (O^{2-} + H$_2$O → 2 OH$^-$).

⇒ **Schwache Säuren** und schwache Basen protolysieren in wässriger Lösung *unvollständig* unter Bildung von H$_3$O$^+$- bzw. OH$^-$-Ionen. Zu den schwachen Säuren gehören die meisten organischen Säuren wie Essigsäure, Ameisensäure, Zitronensäure und Milchsäure, aber auch anorganische Säuren wie Kohlensäure und Kieselsäure sowie die Hydrogenphosphationen H$_2$PO$_4^-$, HPO$_4^{2-}$.

Zu den **schwachen Basen** zählen vor allem Ammoniak NH$_3$ und die strukturell vom Ammoniak abgeleiteten Amine.

> **Eine starke Säure liegt in wässriger Lösung vollständig protolysiert vor, eine schwache Säure protolysiert dagegen nur teilweise. Gleiches gilt für starke und schwache Basen.**

3.9.4 Protolyse von Salzen

Die wässrigen Lösungen zahlreicher Salze reagieren nicht neutral, manche reagieren basisch und andere wiederum sauer. Welcher pH-Wert sich beim Auflösen eines Salzes in Wasser einstellt, hängt von einer möglichen Reaktion des Kations bzw. des Anions des Salzes mit dem Wasser (*Protolyse*) ab. Man kann drei Fälle unterscheiden:

Fall A:

Salzlösungen verhalten sich **neutral**, wenn weder das Kation noch das Anion des Salzes protolysieren können. Das ist in der Regel der Fall, wenn sowohl das Kation als auch das Anion des Salzes von einer starken Base bzw. Säure stammen (⇒ Salze sind die Produkte der Neutralisation einer Base mit einer Säure).

Beispiele für neutrale Salzlösungen sind Lösungen von NaCl oder KNO$_3$.

Fall B:

Enthalten Salze Anionen schwacher Säuren, z.B. das Carbonation CO$_3^{2-}$, das (Ortho)-Phosphation PO$_4^{3-}$ oder das Acetation CH$_3$COO$^-$, reagieren ihre wässrigen Salzlösungen **basisch**. Die Anionen (*Anionbasen*) entziehen dem Wasser Protonen unter Bildung von OH$^-$-Ionen.

Beispielsweise reagiert beim Auflösen von Natriumacetat (CH$_3$COONa) in Wasser das Acetation CH$_3$COO$^-$ mit dem H$_2$O unter Bildung der schwachen Essigsäure CH$_3$COOH (Gl. 3-29). Da Hydroxidionen entstehen, erhöht sich der pH-Wert.

$$CH_3COO^- + H_2O \; \rightleftharpoons \; CH_3COOH + \mathbf{OH^-} \tag{3-29}$$

Fall C:

Die wässrigen Lösungen von Salzen schwacher Basen (vornehmlich Salze der schwachen Base Ammoniak NH_3, also Ammoniumsalze) reagieren **sauer**. Das Kation NH_4^+ (*Kationsäure*) überträgt ein Proton auf das Wasser unter Bildung des Hydroniumions.
Löst man z.B. Ammoniumchlorid NH_4Cl in Wasser, reagiert das NH_4^+-Ion mit H_2O unter Bildung von NH_3 und einem H_3O^+-Ion (Gl. 3-30). Da Hydroniumionen entstehen, sinkt der pH-Wert.

$$NH_4^+ + H_2O \; \rightleftharpoons \; NH_3 + \mathbf{H_3O^+} \tag{3-30}$$

3.9.5 Berechnung des pH-Wertes

Zahlreiche praktische Vorgänge werden wesentlich durch den pH-Wert der Lösung beeinflusst. Beispiele sind die metallische Korrosion, der Säureangriff auf anorganisch-nicht-metallische Baustoffe und die Carbonatisierung des Betons. Es ist deshalb wichtig, Näherungsformeln zur Verfügung zu haben, um aus vorhandenen Daten pH-Werte berechnen, vor allem aber interpretieren zu können. Betrachten wir wieder die Gleichung (3-20):

$$\mathbf{HA} \quad + \quad \mathbf{H_2O} \; \rightleftharpoons \; \mathbf{H_3O^+} + \mathbf{A^-}$$

Ausgangszustand: $c_0(S)$ $\qquad\qquad\qquad\qquad$ 0 $\qquad$ 0

Gleichgewicht: $\quad c(HA) = c_0(S) - c(H^+)$ $\qquad\quad c(H^+)\quad c(H^+)$ $\qquad$ (3-31)

Zu Beginn ist die Konzentration an HA gleich $c_0(S)$, der Ausgangskonzentration der Säure. Es liegen noch keine A^-- und H_3O^+-Ionen aus der Protolyse von HA vor (Ausn.: 10^{-7} mol/l H_3O^+ aus der Autoprotolyse des Wassers). Der Einfachheit halber verwenden wir im Weiteren wieder $c(H^+)$ anstelle von $c(H_3O^+)$.

Die *Gleichgewichtskonzentration* an HA ($\rightarrow c(HA)$) entspricht dem Ausdruck $(c_0(S) - c(H^+))$. Unter Vernachlässigung der Autoprotolyse des Wassers gilt für die Konzentrationen an H^+ und $A^- \Rightarrow c(H^+) = c(A^-)$.

Anwendung des MWG auf Gl. (3-31) führt zu Gl. (3-32). Von den beiden Lösungen der quadratischen Gleichung (3-33) ist die mit dem negativen Vorzeichen vor der Wurzel chemisch unsinnig (negative Konzentration!), sie wurde nicht berücksichtigt. Die Konzentration an H^+ ergibt sich nach Gl. (3-34).

$$K_S = \frac{c(H^+) \cdot c(A^+)}{c(HA)} = \frac{c^2(H^+)}{c_0(S) - c(H^+)} \tag{3-32}$$

$$0 = c^2(H^+) + K_s \cdot c(H^+) - K_s \cdot c_0(S) \tag{3-33}$$

$$\boxed{c(H^+) = -\frac{K_S}{2} + \sqrt{\frac{K_S^2}{4} + K_S \cdot c_0(S)}} \tag{3-34}$$

• **pH-Werte schwacher Säuren (pK_S > 4) und Basen (pK_B > 4)**

Schwache Säuren. In Lösungen schwacher Säuren HA sind weder die Gleichgewichts-konzentrationen an H_3O^+ (bzw. H^+) und A^- noch die an nichtprotolysierter Säure HA be-kannt. Um trotzdem die Konzentration an Hydroniumionen und damit den pH-Wert ermit-teln zu können, führt man in den Ausdruck für die Säurekonstante (3-21) folgende Nähe-rung ein: Da $c_o(S) \gg c(H^+)$, kann der Ausdruck $c_o(S) - c(H^+)$ durch $c_o(S)$ ersetzt werden. Das heißt, die Gleichgewichtskonzentration $c(HA)$ wird der Ausgangskonzentration $c_o(S)$ gleichgesetzt (Gl. 3-35), wobei man den geringen Anteil an protolysierter Säure vernach-lässigt.

Es ergibt sich: $K_S = \dfrac{c^2(H^+)}{c_o(S)}$ bzw. $c(H^+) = \sqrt{K_S \cdot c_o(S)}$.   (3-35)

Logarithmieren von (3-35) ergibt Beziehung (3-36).

$$pH = \frac{1}{2}\left(pK_S - \lg \frac{c_o(S)}{mol \cdot l^{-1}}\right)$$ (3-36)

Schwache Basen. Betrachten wir die Protolyse der Base B (Gl. 3-22):

$$\text{B} \quad + \quad H_2O \quad \rightleftharpoons \quad BH^+ \quad + \quad OH^-$$

Ausgangszustand: $c_o(B)$ 0   0

Gleichgewicht: $c(B) = c_o(B) - c(OH^-)$ $c(OH^-)$ $c(OH^-)$ (3-37)

so erhält man in Analogie zum Vorgehen bei schwachen Säuren den Ausdruck (3-38).

$$c(OH^-) = -\frac{K_B}{2} + \sqrt{\frac{K_B^2}{4} + K_B \cdot c_o(B)}$$ (3-38)

Da gilt: $c_o(B) \gg c(OH^-)$, kann der Ausdruck $c_o(B) - c(OH^-)$ näherungsweise durch $c_o(B)$ ersetzt werden. Damit ergeben sich für die $c(OH^-)$-Konzentration und den pOH-Wert schwacher Basen in Analogie zu (3-35 und 3-36) die Beziehungen (3-39 und 3-40).

$$c(OH^-) = \sqrt{K_B \cdot c_o(B)}$$ (3-39)

$$pOH = \frac{1}{2}\left(pK_B - \lg \frac{c_o(B)}{mol \cdot l^{-1}}\right)$$ (3-40)

• **pH-Werte starker Säuren (pK_S < -1) und Basen (pK_B < -1)**

Starke Säuren. Für Säuren mit einem pK_S-Wert < -1 ($\rightarrow$ HNO_3, HCl) wird in wässriger Lö-sung eine vollständige Protolyse angenommen. Ein chemisches Gleichgewicht kann sich nicht einstellen, die Gleichgewichtskonzentration $c(HA)$ ist null. Damit gilt $c(H_3O^+)$ bzw. $c(H^+) = c_o(S)$, mit $c_o(S)$ = Ausgangskonzentration der Säure S und für den pH-Wert ergibt sich die Beziehung (3-41).

$$HA \quad \rightarrow \quad H^+ \quad + \quad A^-$$

Ausgangszustand: $\quad c_0(S) \qquad\qquad 0 \qquad\qquad 0$

Gleichgewicht: $\quad c(HA) = 0 \qquad c_0(S) \qquad c_0(S)$

$$pH = -lg \frac{c_0(S)}{mol \cdot l^{-1}} \tag{3-41}$$

Starke Basen (Metallhydroxide NaOH, KOH). Für Basen mit einem pK_B-Wert < -1 wird in wässriger Lösung ebenfalls eine vollständige Protolyse angenommen. Damit gilt $c(OH^-) = c_0(B)$, mit $c_0(B) =$ Ausgangskonzentration der Base B. Die Konzentration an OH^- entspricht der Ausgangskonzentration der Base $c_0(B)$. Für den pOH-Wert folgt Gl. (3-42).

$$pOH = -lg \frac{c_0(B)}{mol \cdot l^{-1}} \tag{3-42}$$

- **pH-Werte mittelstarker Säuren (-1 $< pK_S <$ 4) und Basen (-1 $< pK_B <$ 4).** Es bleibt die Frage zu beantworten, wie die pH-Werte mittelstarker Säuren bzw. Basen zu berechnen sind, also von Säuren und Basen, deren pK_S- bzw. pK_B-Werte zwischen -1 und 4 liegen.

Betrachten wir die beiden mittelstarken Säure H_2SO_3 (1. Protolysestufe!) und Fluorwasserstoffsäure HF. Zur Berechnung des pH-Wertes soll sowohl die exakte Formel (Gl. 3-34) als auch die Näherungsformel für schwache Säuren (Gl. 3-36) herangezogen werden.

Beispiele:

A) 0,1 mol/l H_2SO_3 (nur 1. Protolysestufe, s.u.)

$\qquad\qquad\qquad\qquad pK_S = 1,81 \qquad$ Theorie (Gl. 3-34): $\qquad$ pH = 1,49
$\qquad\qquad\qquad\qquad\qquad\qquad\qquad\quad$ Näh.gleichung (3-36): $\quad$ pH = 1,41

B) 0,1 mol/l HF, $\qquad\qquad pK_S = 3,14 \qquad$ Theorie (Gl. 3-34): $\qquad$ pH = 2,09
$\qquad\qquad\qquad\qquad\qquad\qquad\qquad\quad$ Näh.gleichung (3-36): $\quad$ pH = 2,07.

Mit steigendem pK_S-Wert wird die Übereinstimmung des nach Gl. 3-36 berechneten pH-Wertes mit dem theoretischen Wert (Gl. 3-34) immer besser.
Die Ergebnisse zeigen, dass auch für die Berechnung des pH-Wertes mittelstarker Säuren die Näherungsformel für schwache Säuren (Gl. 3-36) mit guter Genauigkeit herangezogen werden kann. Differenzen in der zweiten Stelle nach dem Komma sind für die Diskussion von pH-Werten, insbesondere im Hinblick auf praktische Problemstellungen, irrelevant. Entsprechendes gilt für $c(OH^-)$ bzw. die pOH-Werte von Lösungen schwacher Basen (Gl. 3-40).

- **Besonderheit: pH-Werte mehrwertiger Säuren und Basen.** Wie in Kap. 3.9.3 besprochen, protolysieren mehrprotonige Säuren in Wasser schrittweise, wobei jedem Schritt eine Säurekonstante K_S zugeordnet wird. Das erste Proton wird am leichtesten abgegeben, die Abtrennung des 2. Protons geht schon weniger leicht usw. Deshalb genügt es im obigen Beispiel **(A)**, nur die erste Protolysestufe ($H_2SO_3 + H_2O \rightleftharpoons H_3O^+ + HSO_3^-$; $pK_{S1} =$

1,81) zu betrachten. Das gebildete HSO_3^--Ion ist mit einem pK_{S2} von 7 eine schwache Säure, weshalb die zweite Protolysestufe auf die Berechnung des pH-Wertes kaum Einfluss hat.

⇒ **Sonderfall Schwefelsäure**: Die Protolyse der zweiprotonigen Schwefelsäure verläuft in der ersten Stufe vollständig (Gl. 3-27, $pK_{S1} \sim$ -3). Alle H_2SO_4-Moleküle haben ein Proton an das Wasser abgegeben, so dass für die 1. Protolysestufe $c(H_2SO_4) = c(H_3O^+) = c_0(S)$ gesetzt werden kann.

$$H_2SO_4 \quad + \quad H_2O \quad \rightleftharpoons \quad H_3O^+ \quad + \quad HSO_4^-$$

Ausgangszustand: $c_0(S)$ 0 0

Gleichgewicht: $c(HA) = 0$ $c_0(S)$ $c_0(S)$ (3-43)

Die Säurekonstante für die zweite Stufe (Gl. 3-28) besitzt einen Wert von $K_{S2} = 1{,}2 \cdot 10^{-2}$ mol/l ($pK_{S2} = 1{,}92$), d.h. das Gleichgewicht liegt weitgehend auf der linken Seite.

$$HSO_4^- \quad + \quad H_2O \quad \rightleftharpoons \quad H_3O^+ \quad + \quad SO_4^{2-}$$

Ausgangszustand: $c_0(S)$ $c_0(S)$ 0

Gleichgewicht: $c_0(S) - x$ $c_0(S) + x$ x (3-44)

Nur ein kleiner Teil der HSO_4^--Teilchen hat ein Proton an das Wasser abgegeben. HSO_4^- ist eine mittelstarke Säure. Für eine <u>exakte</u> Berechnung des pH-Wertes kann die zweite Protolysestufe nicht vernachlässigt werden.

Anwendung des MWG auf Gl. (3-44) ergibt für die Säurekonstante K_{S2} die Ausdrücke (3-45). Der protolysierte Anteil von HSO_4^- soll mit x bezeichnet werden, damit gilt $c(SO_4^{2-}) = x$. Die Konzentration an HSO_4^- nimmt um x ab und die Konzentration an H^+ um x zu.

$$K_{S2} = \frac{c(H^+) \cdot c(SO_4^{2-})}{c(HSO_4^-)} = \frac{(c_0(S) + x) \cdot x}{c_0(S) - x} \qquad (3\text{-}45)$$

Durch Umformen erhält man die entsprechende quadratische Gleichung und unter Ausschluss der Lösung mit dem negativen Vorzeichen vor der Wurzel den Ausdruck (3-46).

$$x = -\frac{c_0(S) + K_{S2}}{2} + \sqrt{\frac{(c_0 + K_{S2})^2}{4} + K_{S2} \cdot c_0(S)} \qquad (3\text{-}46)$$

Die Konzentration an H^+ sowie der pH-Wert errechnet sich dann wie folgt:

$$c(H^+) = c_0 + x \quad \Rightarrow \quad pH = -\lg(c_0 + x) \qquad (3\text{-}47)$$

Setzt man in Gl. (3-45) $c_0 = 10^{-2}$ und für K_{S2} den Wert $1{,}2 \cdot 10^{-2}$ ein, so ergibt sich **x = 0,454 · 10^{-2}** (s. Beispiel nächste Seite: pH-Wert von 10^{-2} mol/l H_2SO_4).

Kann diese komplizierte Berechnung durch Näherungen abgekürzt werden? Es gibt zwei Möglichkeiten:

a) Man betrachtet <u>nur</u> die erste Protolysestufe. H_2SO_4 ist eine starke Säure, die vollständig unter Bildung von H_3O^+ und HSO_4^- protolysiert: $c(H_3O^+) = c(HSO_4^-) = c_0(S)$, mit $c_0(S)$ = Ausgangskonzentration der Säure.

b) Man nimmt an, dass sowohl H_2SO_4 als auch HSO_4^- vollständig protolysieren. Dann gilt: $c(H_3O^+) = 2 \cdot c_0(S)$. Die Konzentration an H_3O^+-Ionen wäre doppelt so groß wie die Ausgangskonzentration der Säure $c_0(S)$. Die Berechnungsformel würde dann lauten:

$$pH = -\lg (2 \cdot c_0(S)) / mol \cdot l^{-1} \tag{3-48}$$

Beispiele:

- 10^{-1} mol/l H_2SO_4
    Näherung a) $pH = -\lg c_0(S)/mol \; l^{-1} = -\lg 10^{-1}/mol \; l^{-1} = 1$
    Näherung b) $pH = -\lg (2 \cdot c_0(S))/mol \; l^{-1} = -\lg (2 \cdot 10^{-1}) = 0,70$
    c) pH-Wert exakt (Gl. 3-46, 3-47): $c(H^+) = c_0 + x = 10^{-1} + 9,8 \cdot 10^{-3}$
    $= 0,1098$; pH = **0,96**

- 10^{-2} mol/l H_2SO_4
    a) $pH = -\lg 10^{-2}/mol \; l^{-1} = 2$
    b) $pH = -\lg (2 \cdot 10^{-2}) = 1,70$
    c) pH-Wert exakt (Gl. 3-46, 3-47): $c(H^+) = 10^{-2} + 0,454 \cdot 10^{-2} = 1,454 \cdot 10^{-2}$
    pH = **1,84**

- 10^{-3} mol/l H_2SO_4
    a) $pH = -\lg 10^{-3}/mol \; l^{-1} = 3$
    b) $pH = -\lg (2 \cdot 10^{-3}) = 2,70.$
    c) pH-Wert exakt (Gl. 3-46, 3-47): $c(H^+) = 10^{-3} + 8,65 \cdot 10^{-4} = 1,865 \cdot 10^{-3}$
    pH = **2,73**

- 10^{-4} mol/l H_2SO_4
    a) $pH = -\lg 10^{-4}/mol \; l^{-1} = 4$
    b) $pH = -\lg (2 \cdot 10^{-4}) = 3,70.$
    c) pH-Wert exakt (Gl. 3-46, 3-47): $c(H^+) = 10^{-4} + 10^{-4} = 2 \cdot 10^{-4}$, pH = **3,70**

⇒ Für die Berechnung des pH-Werts einer wässrigen Schwefelsäurelösung können mit ausreichender Genauigkeit sowohl Näherung a) *Berücksichtigung nur der ersten Protolysestufe* als auch Näherung b) *pH = -lg (2 · c₀(S)) / mol · l⁻¹* benutzt werden. Mit zunehmender Verdünnung ($c \leq 10^{-2}$ mol/l) nähern sich die nach Gl. b) berechneten Werte immer mehr dem nach Gl. (3-46, 3-47) berechneten, exakten Werten an.

Zweiwertige Basen. Für starke zweiwertige Basen (z.B. $Ca(OH)_2$) ist die OH^--Konzentration doppelt so groß ist wie die Ausgangskonzentration der Base $c_0(B)$. Die Ionen sind im Gitter vorgebildet, eine Protolyse läuft nicht ab. Es gilt $c(OH^-) = 2 \cdot c_0(B)$, damit ergibt sich die Beziehung: $pOH = -\lg (2 \cdot c_0(B)) / mol \cdot l^{-1}$

• **pH-Werte von Salzlösungen.** Zur Berechnung des pH-Wertes von Salzlösungen sind keine zusätzlichen Beziehungen notwendig. Im Falle einer protolysierenden Base (Anionbase) wird Gleichung (3-40), bei Vorliegen einer protolysierenden Säure (Kationsäure) dagegen Gleichung (3-36) benutzt.

Aufgaben:

1. Berechnen Sie die pH-Werte einer 0,2 mol/l Salzsäure und einer 0,05 mol/l Natronlauge!

   HCl: $pH = -lg\ c_o(S)/mol \cdot l^{-1} = -lg\ (2 \cdot 10^{-1}) = (-lg\ 2 - lg\ 10^{-1}) = 1 - lg\ 2 = 0,7$

   NaOH: $pOH = -lg\ c_o(B)/mol \cdot l^{-1} = -lg\ (5 \cdot 10^{-2}) = 1,3\ ;\ pH = 14 - 1,3 = 12,7$

2. In einer gesättigten Calciumhydroxidlösung (Kalkwasser) sind 1,26 g $Ca(OH)_2$ in einem Liter Wasser gelöst. Berechnen Sie den pH-Wert der Lösung!

   Nach Gl. (1-11) ist die Stoffmengenkonzentration der Lösung

   $$c = \frac{n}{V} = \frac{m}{M \cdot V} = \frac{1,26\ g}{74,1\ g\ /mol\ \cdot 1\ l} = 1,7 \cdot 10^{-2}\ mol\ /\ l$$

   $c(OH^-) = 2 \cdot c = 3,4 \cdot 10^{-2}$ mol/l, $pOH = -lg\ (3,4 \cdot 10^{-2})\ /mol \cdot l^{-1} = 1,47\ ;\ pH = 12,53$

3. Welche Konzentration an H_3O^+ in mol/l liegt bei einem pH-Wert von 2,4 vor?

   $2,4 = -lg\ c(H_3O^+)/mol \cdot l^{-1}$, $c(H_3O^+)/mol \cdot l^{-1} = 10^{-2,4}$, $c(H_3O^+) = 3,98 \cdot 10^{-3}$ mol/l

4. Berechnen Sie den pH-Wert a) einer 0,5 M Essigsäurelösung und b) einer 0,03 M Ammoniaklösung !

   zu a) $pH = \frac{1}{2}\ [pK_S - lg\ c_o(S)/mol \cdot l^{-1}] = \frac{1}{2}\ (4,75 - lg\ 0,5) = 2,53$

   zu b) $pOH = \frac{1}{2}\ [pK_B - lg\ c_o(B)\ /mol \cdot l^{-1}] = \frac{1}{2}\ (4,75 - lg\ 0,03) = 3,14;\ pH = 10,86$

5. Berechnen Sie die Konzentration an H_3O^+-Ionen und den pH-Wert einer Lösung von salpetriger Säure der Konzentration $c_o = 0,1$ mol/l (25°C)! $K_S = 4,5 \cdot 10^{-4}$

   $$c(H_3O^+) = -\frac{K_S}{2} + \sqrt{\frac{K_S^2}{4} + K_S \cdot c_o(S)} = \sqrt{\frac{1}{4} \cdot 4,5^2 \cdot 10^{-8} + 4,5 \cdot 10^{-4} \cdot 0,1}$$

   $= 6,5 \cdot 10^{-3}$ mol/l, pH = 2,19

6. Berechnen Sie den pH-Wert einer 0,1 M K_2CO_3-Lösung!

Bei Dissoziation von K_2CO_3 in Wasser entsteht die Anionbase CO_3^{2-}, die zur Protolyse mit H_2O in der Lage ist. Deshalb ist zur pH-Berechnung Gl. (3-40, pH-Wert einer schwachen Base) anzuwenden.

$$pOH = ½\ [pK_B - \lg c_0(\text{Salz} / \text{mol} \cdot l^{-1}] = ½\ [3,6 - \lg 0,1] = 2,3 \Rightarrow pH = 11,7$$

7. Berechnen Sie aus dem Löslichkeitsprodukt von $Ca(OH)_2$ die Konzentration an OH^--Ionen und den pH-Wert einer gesättigten $Ca(OH)_2$-Lösung („Kalkwasser")!
   Gegeben: $K_L(Ca(OH)_2) = 3,9 \cdot 10^{-6}\ mol^3/l^3$.

$$K_L(Ca(OH)_2) = c(Ca^{2+}) \cdot c^2(OH^-) = 3,9 \cdot 10^{-6}\ mol^3/l^3$$

$$c(Ca(OH)_2) = c(Ca^{2+}) = ½\ c(OH^-) \qquad \Rightarrow \qquad \begin{aligned} c(OH^-) &= 2 \cdot c(Ca(OH)_2) \\ c(Ca^{2+}) &= c(Ca(OH)_2) \end{aligned}$$

Damit ergibt sich $K_L = c(Ca(OH)_2) \cdot (2\ c(Ca(OH)_2))^2 = 4 \cdot c^3(Ca(OH)_2$

$$c(Ca(OH)_2) = c(Ca^{2+}) = \sqrt[3]{\frac{K_L(Ca(OH)_2)}{4}} = \sqrt[3]{\frac{3,9 \cdot 10^{-6}\ mol^3/l^3}{4}}$$

$$= 9,92 \cdot 10^{-3}\ mol/l.$$

$$c(OH^-) = 2 \cdot c(Ca(OH)_2) = 1,98 \cdot 10^{-2}\ mol/l \Rightarrow pOH = 1,7$$

$$pH = 12,3.$$

Die Konzentration an OH^--Ionen beträgt $1,98 \cdot 10^{-2}$ mol/l und der pH-Wert einer gesättigten $Ca(OH)_2$-Lösung beträgt 12,3.

4 Redoxreaktionen – Grundlagen der Elektrochemie

4.1 Oxidation-Reduktion, Redoxreaktionen

Sehr viele Prozesse der Baupraxis, wie z.B. die metallische Korrosion, das Ausbleichen von Fassaden oder die Alterung von Kunststoffen, sind auf Oxidations- bzw. Reduktions-reaktionen zurückzuführen. Die Begriffe Oxidation und Reduktion sind im Laufe der histori-schen Entwicklung der Chemie mehrfach erweitert und auf einer höheren Erkenntnisebene neu definiert worden. Heute verknüpft man beide Begriffe mit einer Abgabe bzw. Auf-nahme von Elektronen.

Eine Oxidation ist stets mit einer Elektronenabgabe und eine Reduktion stets mit einer Elektronenaufnahme verknüpft. Oxidation und Reduktion laufen immer ge-koppelt ab. Der Gesamtprozess wird als Redoxreaktion bezeichnet.

Um beide Begriffe klarer zu fassen, soll der Terminus **Oxidationszahl** (auch: *Oxidations-stufe*) eingeführt werden. Oxidationszahlen sind fiktive Ladungen, die man erhält, wenn die Elektronen einer polaren Elektronenpaarbindung vollständig dem elektronegativeren Atom zuordnet werden. Folgende *Regeln* sind bei ihrer Bestimmung zu beachten:

1. Metalle erhalten positive Oxidationszahlen
2. Fluor erhält die Oxidationszahl -I
3. Wasserstoff erhält die Oxidationszahl +I
4. Sauerstoff erhält die Oxidationszahl -II

Die Regeln 1. - 4. sind als Hierarchie aufzufassen. Ist ein Metall in einer chemischen Ver-bindung vorhanden, so wird zuerst die Oxidationszahl des Metalls, dann die der übrigen unter 2. bis 4. genannten Elemente in der angegebenen Reihenfolge bestimmt. Fluor wird also vor Wasserstoff und Sauerstoff (z.B. in HF und OF_2) und Wasserstoff jeweils vor Sauerstoff (z.B. in H_2O oder H_2O_2) bestimmt. Auf diese Weise kommt man z.B. in der Ver-bindung OF_2 zu der seltenen, aber chemisch korrekten Oxidationszahl +II für den Sau-erstoff. Bei einem einatomigen Ion ist die Oxidationszahl mit der Ionenladung identisch. Bei neutralen Verbindungen ist die Summe der Oxidationszahlen aller Atome null. Bei mehra-tomigen Ionen ist die Summe der Oxidationszahlen <u>aller</u> Atome gleich der Ionenladung. Die Oxidationszahl eines Atoms im elementaren Zustand (z.B. Fe, N_2, He) ist null.

Oxidationszahlen werden als römische Ziffern über die Atomsymbole geschrieben und beziehen sich auf jeweils *ein* Atom der betrachteten Sorte.

$$\overset{+I\ -II}{H_2O}\ ,\ \overset{+IV\ -II}{CO_2}\ ,\ \overset{+I\ +V\ -II}{HNO_3}\ ,\ \overset{+VI\ -I}{SF_6}\ ,\ \overset{+VI\ -II}{SO_4^{2-}}\ ,\ \overset{-III\ +I}{NH_3}\ ,\ \overset{+I\ -I}{NaH}\ ,\ \overset{+I\ +V\ -II}{H_2PO_4^{-}}$$

Im praktischen Gebrauch, vor allem bei der Aufstellung von Redoxgleichungen, interessiert in erster Linie das Atom der Verbindung, das durch Reduktion bzw. Oxidation seine Oxida-tionszahl ändert.
Generell gilt: *Die maximale (höchstmögliche) Oxidationszahl eines Elements entspricht der Hauptgruppennummer im Periodensystem der Elemente.*

Beispiele für die Bestimmung der Oxidationszahlen:

H_2SO_4: Als Summe der Oxidationszahlen ergibt sich für die beiden H-Atome $2 \cdot (+I) = +II$ und für die vier O-Atome $4 \cdot (-II) = -VIII$. Damit erhält man als Gesamtsumme -VI. Da

Schwefelsäure ein Neutralmolekül ist, kann die Oxidationszahl für den Schwefel nur +VI lauten. Betrachtet man dagegen das Sulfation SO_4^{2-}, ergibt sich wiederum $4 \cdot (-II) = -VIII$. Da das Sulfation zweifach negativ geladen ist, sind diese beiden Ladungen von der Summe (-VIII) für die vier O-Atome abzuziehen, so dass sich (logischerweise!) für das S-Atom wiederum die Oxidationszahl +VI ergibt.

KNO_3: Als Summe der Oxidationszahlen der drei O-Atome ergibt sich $3 \cdot (-II) = -VI$. Da Kalium die Oxidationszahl +I besitzt, erhält man als Gesamtsumme -V und als Oxidationszahl für den Stickstoff +V.

Unter Verwendung der Oxidationszahlen ergeben sich die folgenden Aussagen:

Die Oxidation ist mit einer Erhöhung der Oxidationszahl und die Reduktion mit einer Erniedrigung der Oxidationszahl verbunden.

Eine Elektronenabgabe kann nur erfolgen, wenn ein Reaktionspartner vorhanden ist, der die Elektronen aufnehmen kann. Dieser Reaktionspartner wird als Oxidationsmittel (gebräuchliche Abk. OM) bezeichnet. Denjenigen Reaktionspartner, der die Elektronen abgibt und damit die Reduktion hervorruft, nennt man Reduktionsmittel (kurz: RM).

Oxidationsmittel sind Stoffe, die Elektronen aufnehmen können (Elektronenakzeptoren) und dabei selbst reduziert werden. Reduktionsmittel sind Stoffe, die Elektronen abgeben können (Elektronendonatoren) und dabei selbst oxidiert werden.

Betrachten wir das *Verkupfern eines Zinkstabes* als einfaches Beispiel für eine Redoxreaktion. Beim Eintauchen eines Zinkstabes in die Lösung eines Kupfersalzes überzieht sich der Stab augenblicklich mit einer Kupferschicht. Folgende Redoxreaktion ist abgelaufen:

$$Zn + Cu^{2+} \rightleftharpoons Zn^{2+} + Cu \tag{4-1}$$

Zink fungiert als Reduktionsmittel, die Cu^{2+}-Ionen als Oxidationsmittel. Die Teilgleichungen lauten: $Zn \rightarrow Zn^{2+} + 2\,e^-$ sowie $Cu^{2+} + 2\,e^- \rightarrow Cu$. Zink geht durch Oxidation in Zn^{2+} über, die Kupferionen werden reduziert und bilden elementares Kupfer (Cu).

Die Kombinationen Zn/Zn^{2+} und Cu/Cu^{2+} bezeichnet man als **korrespondierende Redoxpaare** (kurz: Redoxpaare oder -systeme), Kurzschreibweise Red/Ox. Vor dem Schrägstrich steht stets die reduzierte Form und nach dem Schrägstrich die oxidierte Form. Reduzierte und die oxidierte Form dieser Teilchen können durch Elektronenübertragung ineinander überführt werden.

$$Red \underset{Reduktion}{\overset{Oxidation}{\rightleftharpoons}} Ox + z\,e^-$$

An einer Redoxreaktion sind stets zwei korrespondierende Redoxpaare beteiligt, wie das obige Beispiel (4-1) zeigt:

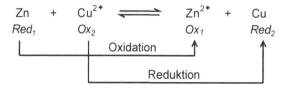

Betrachten wir als praktisches Beispiel für eine Redoxreaktion den Angriff von salzsaurem Wasser (enthält HCl) auf ein Eisenbauteil (Gl. 4-2). Eisen wird zersetzt (oxidiert!), dabei entsteht Wasserstoff, der entweicht. Eisen ist das Reduktionsmittel, die Protonen bzw. Hydroniumionen sind das Oxidationsmittel.

$$Fe + 2\,HCl \quad \rightarrow \quad FeCl_2 + H_2 \tag{4-2}$$

Ionenschreibweise:

$$Fe + 2\,H^+ + 2\,Cl^- \quad \rightarrow \quad Fe^{2+} + 2\,Cl^- + H_2$$

kurz: $\quad Fe + 2\,H^+ \quad \rightarrow \quad Fe^{2+} + H_2$

oder $\quad Fe + 2\,H_3O^+ \quad \rightarrow \quad Fe^{2+} + H_2 + 2\,H_2O$

4.2 Galvanische Zellen - Standardpotentiale - Spannungsreihe

Für das Verständnis der Redoxvorgänge, die zahlreichen technischen Prozessen zugrunde liegen, sind häufig genauere Kenntnisse der oxidierenden bzw. reduzierenden Eigenschaften der beteiligten Stoffe notwendig. Wie stark wirkt ein Teilchen reduzierend und wie stark ein anderes oxidierend? Kehren wir zum Experiment Gl. 4-1 (Verkupfern eines Zinkstabes) zurück.

Gibt man umgekehrt ein Stück Kupferblech in eine Zinksalzlösung, findet keine Reaktion statt. Kupfer ist nicht in der Lage, Zn^{2+}-Ionen zu metallischem Zink zu reduzieren. Offensichtlich gibt Zink leichter Elektronen ab als Kupfer. Zn ist das stärkere Reduktionsmittel. Von den beiden Ionensorten Cu^{2+} und Zn^{2+} ist dagegen Cu^{2+} das stärkere Oxidationsmittel.

Die Redoxreaktion (4-1) lässt sich in einer experimentellen Anordnung durchführen, bei der Oxidations- und Reduktionsvorgang räumlich getrennt sind und das jeweilige Metall in Kontakt mit der Lösung seiner Ionen steht. Die Kombination *Elementsubstanz/Lösung der Ionen dieser Elementsubstanz* nennt man in der Elektrochemie **Halbzelle** (auch: **Halbelement**, **Elektrode**). Mitunter wird der Begriff „Elektrode" in einer abweichenden Bedeutung verwendet, indem man die jeweiligen metallischen Leiter (Stab, Blech) meint, über die bei einer leitenden Verbindung zweier Halbzellen der Stromfluss erfolgt. Zwischen der metallischen Phase und der Elektrolytlösung kommt es zum Übergang von Ladungsträgern (Ionen, Elektronen).

In einem Gefäß I soll ein Zinkstab in eine Zinksalzlösung, z.B. $ZnSO_4$-Lösung mit den Ionen Zn^{2+} und SO_4^{2-}, eintauchen (**Zinkhalbzelle**). Aus der Metalloberfläche gehen Zn^{2+}-Ionen in die zunächst elektrisch neutrale Lösung über. Die frei werdenden Elektronen bleiben im Zinkstab zurück und führen zu seiner negativen Aufladung. Die sich ergebende Ladungstrennung zwischen Metall und Elektrolytlösung führt zur Ausbildung einer *elektrischen Potentialdifferenz* (auch: Potentialsprung, elektrisches Potential). Sie ist umso größer, je mehr hydratisierte Ionen sich an der Grenze zwischen fester und flüssiger Phase gebildet haben. Diese elektrische Aufladung beider Phasen wirkt einem weiteren einseitigen Übergang von Zinkionen in die Lösung entgegen. Umgekehrt besteht die Tendenz, dass Metallkationen der Lösung die Potentialdifferenz überwinden und sich am Metall entladen. Es bildet sich schließlich ein für jedes Metall charakteristisches dynamisches Gleichgewicht aus, dass zur Ausbildung einer *elektrischen Doppelschicht* aus Elektronen und Ionen an der Phasengrenze Metall/Elektrolyt führt. Diese Doppelschicht ist infolge der Teilchenbewegung nicht starr, sondern diffus.

In einem zweiten Gefäß soll ein Kupferstab in eine Kupfersulfatlösung, die Cu^{2+}- und SO_4^{2-}-Ionen enthält, eintauchen (**Kupferhalbzelle**). Die Tendenz zur Bildung von Ionen ist beim Kupfer geringer als beim unedleren Zink. Bis zum Erreichen des elektrochemischen Gleichgewichts werden weitaus weniger Ionen aus Metallatomen gebildet. Am Kupferstab bleiben weniger Elektronen zurück. Die Folge sind unterschiedliche elektrische Potential-differenzen zwischen Lösung und Metall für beide Reaktionsgefäße (Abb. 4.1). Im Reaktionsgefäß I liegt das Redoxpaar Zn/Zn^{2+} und im Gefäß II das Redoxpaar Cu/Cu^{2+} vor.

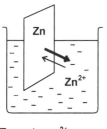   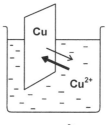

Abbildung 4.1

Zink- und Kupferhalbzelle mit potentialbestimmenden Vorgängen

$$Zn \rightleftharpoons Zn^{2+} + 2\,e^- \qquad Cu \rightleftharpoons Cu^{2+} + 2\,e^-$$

Das elektrische Potential, das sich zwischen der metallischen Phase und einer Elektrolytlö-sung ausbildet und die Lage des Gleichgewichts $M \rightleftharpoons M^{2+} + z\,e^-$ bestimmt, ist keiner direkten Messung zugänglich. Man führt deshalb einen Potentialvergleich durch, indem man zwei Metallelektroden kombiniert und die auftretende **Potentialdifferenz** (auch: **Zell-spannung**, **Spannung**) zwischen beiden Metallelektroden misst. Die entstehende Anord-nung entspricht der einer galvanischen Zelle. Die Zellspannung einer galvanischen Zelle bezeichnet man auch als elektromotorische Kraft **(EMK).**

> **Eine galvanische Zelle (auch: galvanisches Element, galvanische Kette) besteht aus zwei leitend miteinander verbundenen Halbzellen, deren Lösungen über eine poröse durchlässige Trennwand (Diaphragma) oder einen Stromschlüssel in Kontakt stehen.**

Die Kombination Zinkhalbzelle - Kupferhalbzelle (Abb. 4.2) geht auf *Daniell* (1836) zurück. Sie stellt eine der ältesten bekannten elektrochemischen Zellen zur Stromerzeugung dar, Kurzschreibweise: $Zn/Zn^{2+}//Cu^{2+}/Cu$. Der Schrägstrich symbolisiert jeweils die Phasen-grenze fest/flüssig, die beiden Halbzellen werden durch einen Doppelstrich getrennt. Ver-einbarungsgemäß steht links immer die Donatorzelle (elektronenliefernd) und rechts die Akzeptorzelle (elektronenaufnehmend). Unterscheiden sich die Konzentrationen der Salz-lösungen, werden diese in Klammern nach den Ionensymbolen eingefügt, z.B. Zn^{2+} (0,02 mol/l) bzw. Cu^{2+} (0,5 mol/l).

Die Zinkelektrode bildet den **Minuspol** (*Anode*) und die Kupferelektrode den **Pluspol** (*Ka-tode*). In der Zn-Halbzelle gehen Zn^{2+}-Ionen von der Zn-Elektrode in Lösung, während in der Cu-Halbzelle Cu^{2+}-Ionen an der Kupferelektrode abgeschieden werden. Die Elektronen fließen demnach vom Zink zum Kupfer. Folgende Teilreaktionen laufen ab:

$$Zn \rightarrow Zn^{2+} + 2\,e^- \textit{(Oxidation)} \qquad Cu^{2+} + 2\,e^- \rightarrow Cu \textit{(Reduktion)}$$

$$Zn + Cu^{2+} \rightarrow Zn^{2+} + Cu \textit{(Gesamtreaktion)}.$$

Die Zn-Elektrode löst sich langsam auf, während die Masse der Cu-Elektrode allmählich zunimmt. Durch die ablaufenden Reaktionen entstehen im Reaktionsgefäß I überschüs-sige positive Ladungen. Im Reaktionsraum II stellt sich dagegen ein Defizit an positiven

Ladungen und damit ein Überschuss an negativen Ladungen ein. Der Ladungsausgleich erfolgt im Ergebnis der Ionenwanderung durch das **Diaphragma** (poröse Scheidewand). Negativ geladene Sulfationen der Kupferhalbzelle wandern zur Zinkhalbzelle und kompensieren den Überschuss an positiven Ladungen. Die positiven Zinkionen der Zn-Halbzelle wandern in entgegengesetzte Richtung zur Kupferzelle und kompensieren dort die überschüssigen negativen Ladungen. Zum Ladungsausgleich können auch Salze eingesetzt werden, die mit den Salzlösungen der galvanischen Kette keine Ionenart gemeinsam haben. Beispielsweise wandern aus einem mit KCl-Lösung gefüllten **Stromschlüssel** (Salzbrücke), der in beide Gefäße eintaucht, die K^+-Ionen zum Katodenraum (Cu-Halbzelle) und die Chloridionen zum Anodenraum (Zn-Halbzelle).

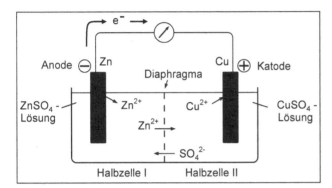

Abbildung 4.2

Daniell-Element (schematisch)

Bei der Kombination zweier Metallhalbzellen zu einer galvanischen Kette bildet generell das *unedlere Metall die Anode*. Die Metallatome gehen unter Elektronenabgabe als Kationen in die Elektrolytlösung über (Oxidation). Damit entsteht am unedlen Metall ein Elektronenüberschuss (Minuspol). Das *edlere Metall bildet stets die Katode*. Durch die Entladung der Kationen (Reduktion) entsteht an der Katode ein Elektronenmangel. Die Katode stellt somit den Pluspol dar. Die anodische Oxidation (Zersetzung) des unedleren Metalls ist z.B. die Ursache für die Kontaktkorrosion (Kap. 5.3.1) und wird andererseits gezielt im Rahmen des aktiven Korrosionsschutzes ausgenutzt (Prinzip der Opferanode, Kap. 5.3.3).

Ein besonderer Typ galvanischer Elemente liegt vor, wenn zwei *gleiche Metallhalbzellen* kombiniert werden, die sich nur in der Konzentration der Elektrolytlösung unterscheiden. Eine solche Anordnung bezeichnet man als **Konzentrationskette**. Betrachten wir wieder die Zinkhalbzelle. Ein Beispiel für eine Konzentrationskette wäre die Anordnung: Zn/Zn^{2+}(0,1 mol/l)//Zn^{2+}(0,001 mol/l)/Zn. Aus der Konzentrationsabhängigkeit des Elektrodenpotentials ergibt sich ein Stromfluss von der Halbzelle mit der niedrigeren Konzentration (negativeres Potential) zu der mit der höheren Konzentration (positiveres Potential). Konzentrationsketten sind selbstverständlich nicht auf metallische Halbzellen beschränkt. Zum Beispiel beruht der Rostprozess (Sauerstoffkorrosion) auf der Ausbildung einer Sauerstoff-Konzentrationskette (Kap. 5.3.1).

Standardelektrodenpotentiale. Um das unterschiedliche Redoxvermögen der Metalle quantitativ beurteilen zu können, müssen die sogenannten *Standardelektrodenpotentiale* (auch: Standardpotentiale oder Redoxpotentiale) herangezogen werden. Als Mess-Anordnung für ihre Bestimmung wird eine galvanische Zelle benutzt, bei der als Bezugspunkt die Wasserstoffelektrode (Redoxpaar H_2/H_3O^+) gewählt wurde.

Die Wasserstoffelektrode ist eine *Gaselektrode*. Sie besteht aus einem Platinblech, dessen Oberfläche durch aufgebrachtes, fein verteiltes Platin (*Platinmohr*) stark vergrößert wurde.

Das Pt-Blech, das ständig von Wasserstoff umspült wird, taucht in eine Säure bestimmter Konzentration. Um vergleichbare Werte für die verschiedenen Metalle zu erhalten, müssen für die Temperatur, den Druck und die Konzentration der Elektrolytlösung Standardbedingungen gelten.

Bei der **Standardwasserstoffelektrode** (SWE) taucht das Pt-Blech, das bei einer Temperatur von 25°C von reinstem Wasserstoff unter einem Druck von 1,013 bar umspült wird, in eine Säure der Hydroniumionenkonzentration 1 mol/l. Am Pt-Blech stellt sich das Potential des Redoxsystems (4-3) ein.

$$H_2 + 2\,H_2O \rightleftharpoons 2\,H_3O^+ + 2\,e^- \tag{4-3}$$

Die Spannung eines beliebigen Halbelements im Standardzustand gegenüber der Standardwasserstoffelektrode bezeichnet man **Standardelektrodenpotential**. Die Standardelektrodenpotentiale werden mit dem Symbol E^o gekennzeichnet und in Volt angegeben. Sie sind ein quantitatives Maß für das Redoxverhalten eines Redoxpaares.

Kombiniert man die Zinkhalbzelle (Standardbedingungen) mit der Standardwasserstoffelektrode, fließen Elektronen von der Zink- zur Wasserstoffelektrode. Die Reaktion (4-3) läuft bevorzugt von rechts nach links ab, es entsteht Wasserstoff. Die Zn-Elektrode lädt sich negativ auf (Anode), die Wasserstoffelektrode bildet die Katode.

Die Potentialdifferenz einer galvanischen Zelle berechnet sich nach Beziehung (4-4):

$$\Delta E = E(\text{Katode}) - E(\text{Anode}). \tag{4-4}$$

Damit ergibt sich für die obige Anordnung Zinkhalbzelle (Standardbedingungen) gegen Standardwasserstoffelektrode: $\Delta E^o = E^o(\text{SWE}) - E^o(\text{Anode}) = 0 - E^o(\text{Anode}) = - E^o(\text{Anode})$. Man erhält einen *negativen Wert* für das Standardpotential, $\Delta E^o = E^o(\text{Zn/Zn}^{2+}) = -0{,}76$ V. Ersetzt man in der Messkette das Halbelement Zn/Zn^{2+} durch die Kupferhalbzelle, so fließen die Elektronen in umgekehrter Richtung von der Wasserstoff- zur Kupferelektrode und Gl. (4-3) läuft bevorzugt von links nach rechts ab.

In der Messkette $\text{Cu/Cu}^{2+}(c = 1$ mol/l$)$ // SWE ist die Cu-Halbzelle die Katode und die SWE die Anode. Damit ergibt sich mit $\Delta E^o = E^o(\text{Katode}) -$ SWE $= E^o(\text{Katode}) - 0 = E^o(\text{Katode})$ ein positiver Wert. Er beträgt für die Cu-Halbzelle +0,34 V.

Für das Daniell-Element reduziert sich für den Fall *gleicher Elektrolytkonzentrationen* $c(\text{Cu}^{2+}) = c(\text{Zn}^{2+})$ die Berechnung der Zellspannung auf die Differenzbildung zwischen den Standardelektrodenpotentialen: $\Delta E^o = E^o(\text{Cu/Cu}^{2+}) - E^o(\text{Zn/Zn}^{2+}) = +0{,}34$ V $- (-0{,}76$ V$) = 1{,}10$ V. Liegen in den Halbzellen *unterschiedliche Elektrolytkonzentrationen* vor, muss zur Berechnung der Zellspannung die Nernstsche Gleichung [6 - 8] herangezogen werden.

Halbzellen, deren potentialbestimmender Vorgang auf einen Elektronenübergang zwischen *nichtmetallischen* Teilchen (Molekülen, Ionen) zurückzuführen ist, wie z.B.

$$2\,Cl^- \rightleftharpoons Cl_2 + 2\,e^- \qquad\qquad NO + 6\,H_2O \rightleftharpoons NO_3^- + 4\,H_3O^+ + 3\,e^-$$

$$2\,OH^- \rightleftharpoons \tfrac{1}{2}\,O_2 + H_2O + 2\,e^- \qquad SO_2 + 6\,H_2O \rightleftharpoons SO_4^{2-} + 4\,H_3O^+ + 2\,e^-$$

können ebenfalls gegen die Standardwasserstoffelektrode vermessen werden. Je nach ihrer elektronenliefernden oder elektronenentziehenden Funktion erhalten sie negative oder positive Standardpotentiale.

Ordnet man die Elektrodenpotentiale metallischer Halbzellen M/M^{z+} nach ansteigenden Standardpotentialen, erhält man die **Spannungsreihe** der Metalle (Abb. 4.3). Die dargestellte Spannungsreihe enthält die *Oxidationspotentiale*: Red $\rightleftharpoons$ Ox + z e⁻. Mitunter werden in der Literatur auch Reduktionspotentiale angegeben, wobei die oxidierte Form (Ox) des Redoxpaares zuerst genannt wird. Die Standardpotentiale sind in beiden Fällen die gleichen!

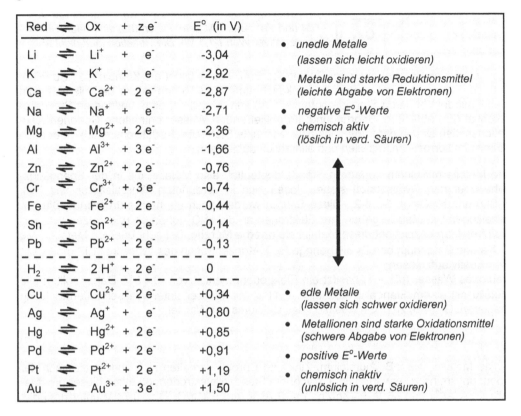

Red $\rightleftharpoons$ Ox + z e⁻	E^0 (in V)	
Li $\rightleftharpoons$ Li⁺ + e⁻	-3,04	• *unedle Metalle* *(lassen sich leicht oxidieren)*
K $\rightleftharpoons$ K⁺ + e⁻	-2,92	
Ca $\rightleftharpoons$ Ca²⁺ + 2 e⁻	-2,87	• *Metalle sind starke Reduktionsmittel* *(leichte Abgabe von Elektronen)*
Na $\rightleftharpoons$ Na⁺ + e⁻	-2,71	
Mg $\rightleftharpoons$ Mg²⁺ + 2 e⁻	-2,36	• *negative E^0-Werte*
Al $\rightleftharpoons$ Al³⁺ + 3 e⁻	-1,66	• *chemisch aktiv* *(löslich in verd. Säuren)*
Zn $\rightleftharpoons$ Zn²⁺ + 2 e⁻	-0,76	
Cr $\rightleftharpoons$ Cr³⁺ + 3 e⁻	-0,74	
Fe $\rightleftharpoons$ Fe²⁺ + 2 e⁻	-0,44	
Sn $\rightleftharpoons$ Sn²⁺ + 2 e⁻	-0,14	
Pb $\rightleftharpoons$ Pb²⁺ + 2 e⁻	-0,13	
H₂ $\rightleftharpoons$ 2 H⁺ + 2 e⁻	0	
Cu $\rightleftharpoons$ Cu²⁺ + 2 e⁻	+0,34	• *edle Metalle* *(lassen sich schwer oxidieren)*
Ag $\rightleftharpoons$ Ag⁺ + e⁻	+0,80	
Hg $\rightleftharpoons$ Hg²⁺ + 2 e⁻	+0,85	• *Metallionen sind starke Oxidationsmittel* *(schwere Abgabe von Elektronen)*
Pd $\rightleftharpoons$ Pd²⁺ + 2 e⁻	+0,91	
Pt $\rightleftharpoons$ Pt²⁺ + 2 e⁻	+1,19	• *positive E^0-Werte*
Au $\rightleftharpoons$ Au³⁺ + 3 e⁻	+1,50	• *chemisch inaktiv* *(unlöslich in verd. Säuren)*

Abbildung 4.3 Spannungsreihe der Metalle (Oxidationspotentiale) und Folgerungen

Bei der Anordnung nichtmetallischer Redoxpaare nach ihren Standardpotentialen ergibt sich dementsprechend eine Spannungsreihe der Nichtmetalle. Diese Differenzierung ist allerdings wenig zweckmäßig, deshalb werden in der Regel beide kombiniert (Anhang 4).

Die Anordnung der Redoxsysteme nach der Größe ihrer Standardelektrodenpotentiale bezeichnet man als elektrochemische Spannungsreihe.

Je kleiner (negativer) das Redoxpotential, umso größer ist die Reduktionswirkung der reduzierten Form eines Redoxpaares und umso schwächer ist die Oxidationswirkung der oxidierten Form. Umgekehrt gilt, je größer (positiver) das Redoxpotential eines Redoxpaares, umso größer ist die Oxidationswirkung seiner oxidierten und umso schwächer ist die Reduktionswirkung seiner reduzierten Form.

Folgerungen aus der Spannungsreihe. Eine Redoxreaktion ist nur zwischen den Atomen und Ionen innerhalb der Spannungsreihe möglich, die sich durch eine abfallende

Gerade verbinden lassen. Stoffe links unten und Stoffe rechts oben (gestrichelte Linie) können nicht miteinander reagieren.

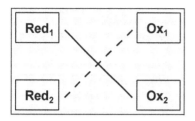

Eine Reaktion ist nur dann (thermodynamisch) erlaubt, wenn ΔE^o (Gl. 4-4) positiv ist. Beispiel: Cu^{2+}/Zn, Zn = RM, Cu^{2+} = OM; ΔE^o = -0,76V -(+0,34V) = 1,1 V.

Umgekehrt: In der Reaktion Cu + Zn^{2+} müsste Cu das RM und Zn^{2+} das OM sein. Es ergäbe sich nach Gl.4-4 ein negativer Wert (-1,1 V!). Die Reaktion läuft nicht ab!

Ein instruktives Beispiel aus dem Gebiet des Bauwesens bildet die Kombination Cu (Kupferdach, Firstblech aus Cu) und Zn (Zinkdachrinne). Das Regenwasser darf niemals vom Metall mit dem höheren Standardpotential (Cu) zum Metall mit dem niedrigeren Standardpotential (Zn) abfließen. Begründung: Im abfließenden Wasser enthaltene Cu-Ionen (Oxidationsmittel) sind in der Lage, Zink bzw. verzinkte Stahlteile (Reduktionsmittel), aber auch Aluminium korrosiv anzugreifen und allmählich aufzulösen.

Alle Metalle mit einem negativen Standardpotential, also Metalle, die in der Spannungsreihe über dem Wasserstoff stehen, lösen sich in verdünnten Mineralsäuren wie HCl, H_2SO_4 und HNO_3 (s. Gl. 4-2). Diese Säuren werden auch als **nichtoxidierende Säuren** bezeichnet. Die Metalle geben ihre Elektronen an die H_3O^+-Ionen ab und setzen Wasserstoff frei. Man bezeichnet diese Metalle als **unedle Metalle**. Bei sehr unedlen Metallen wie K, Na und Ca genügt bereits die geringe H_3O^+-Konzentration des Wassers (10^{-7} mol/l), um sie oxidativ aufzulösen.
Neutrales Wasser (pH = 7) besitzt ein Elektrodenpotential von -0,41 V. Daher sollten alle Metalle mit einem Standardpotential < -0,41 V mit Wasser unter Wasserstoffentwicklung reagieren. Gl. (4-5) zeigt die Reaktion des Calciums mit Wasser.

$$Ca + 2 H_2O \rightarrow Ca^{2+} + 2 OH^- + H_2 \tag{4-5}$$

Einige Metalle, wie z.B. Aluminium, Zink und Chrom, verhalten sich anders als nach der Spannungsreihe zu erwarten ist. Obwohl die Standardelektrodenpotentiale dieser drei Metalle $E^o(Al/Al^{3+})$ = -1,66 V, $E^o(Zn/Zn^{2+})$ = -0,76 V und $E^o(Cr/Cr^{3+})$ = -0,74 V unter dem des neutralen Wassers liegen, weiß jeder aus Erfahrung, dass sich Werkteile oder Haushaltgegenstände aus Al, Zn oder Cr nicht in (neutralem) Leitungswasser auflösen. Man bezeichnet diese Erscheinung als **Passivität**. Das Metall verhält sich „passiver" als es seinem Standardpotential entspricht. Ursache der Passivität ist die Ausbildung einer dünnen, fest an der Oberfläche der Metalle haftenden, unlöslichen Oxidschicht.

Metalle mit einem positiven Standardpotential (**edle Metalle**), wie z.B. Cu, Ag und Au, lösen sich *nicht* in Säuren unter H_2-Entwicklung. Die oft gestellte Frage, warum sich Zn in Salzsäure löst, Cu jedoch nicht, kann mit einem Blick auf die Spannungsreihe leicht beantwortet werden. Würde Kupfer von HCl gelöst, wäre in der ablaufenden Redoxreaktion Kupfer das Reduktionsmittel (es würde oxidiert) und die H^+ bzw. H_3O^+-Ionen der Salzsäure wären die Elektronenakzeptoren (Oxidationsmittel). Sie würden unter H_2-Bildung entladen. Da das Standardpotential des Kupfers positiver ist als das des Redoxpaares H_2/H_3O^+, kann Cu laut Spannungsreihe gegenüber H_3O^+-Ionen nicht als Reduktionsmittel reagieren (ansteigende Gerade!). Oder umgekehrt: Die Hydroniumionen sind nicht in der Lage, das Kupfer zu oxidieren. Zink mit seinem negativen Standardpotential erfüllt die Forderung an

ein Reduktionsmittel, nämlich ein negativeres Potential zu besitzen als das Oxidationsmittel. Es löst sich unter H_2-Entwicklung auf.
Die Auflösung der edleren Metalle kann nur durch **oxidierende Säuren** wie konz. Salpetersäure HNO_3 und konz. Schwefelsäure H_2SO_4 erfolgen. In oxidierenden Säuren liegt
neben dem H_3O^+-Ion noch ein weiteres potentielles Oxidationsmittel vor - in der HNO_3 das
Nitration (NO_3^-) und in der H_2SO_4 das Sulfation (SO_4^{2-}).

Die elektrochemische Spannungsreihe ist eine wichtige und verlässliche Basis zur theoretischen Deutung von Redoxprozessen. Die praktisch interessierenden Potentiale haben
allerdings mit den theoretisch ermittelten Standardpotentialen in der Regel wenig gemein,
beziehen sich letztere doch auf Ionenlösungen der Konzentration 1 mol/l. Ionenkonzentrationen dieser Größenordnung spielen bei realen Prozessen wie Korrosionsvorgängen
kaum eine Rolle. Ist z.B. die Konzentration an Fe^{2+}-Ionen in der Lösung nicht 1 mol/l sondern 10^{-6} mol/l - eine in der Praxis durchaus gängige Spurenkonzentration - so ergibt sich
bereits ein Potentialwert von -0,62 V statt $E^o(Fe/Fe^{2+}$ = -0,44 V). Unterschiedliche Legierungsmetalle und schützende Oxidschichten, wie z.B. bei Al, Cr und Ni, sind weitere Faktoren, die den Potentialwert beeinflussen.

Die Elektrodenpotentiale der Praxis weichen demnach meist deutlich von den tabellierten
Standardpotentialen ab, weshalb es in der Vergangenheit mehrfach Versuche gegeben
hat, die Elektrodenpotentiale von gebräuchlichen Werkstoffen - und zwar sowohl von reinen Metallen als auch von Legierungen - in realen Elektrolytlösungen zu bestimmen und
nach ansteigender Größe anzuordnen (**praktische bzw. technische Spannungsreihe**).
Die Zahlenwerte der publizierten Spannungsreihen streuen sehr stark, da sie in empfindlicher Weise von Werkstoffeigenschaften, Verunreinigungen und Beimischungen sowie von
der Art und dem Anteil des Legierungselements abhängen [6]. Darüber hinaus werden sie
bei Korrosionsprozessen stark vom angreifenden Medium, seiner Zusammensetzung,
seinem Gehalt an Luft(O_2) und Cl^--Ionen beeinflusst.

4.3 Elektrolyse

Bei der Elektrolyse werden Redoxreaktionen unter dem Einfluss elektrischer Spannung er-
zwungen. Tauchen zwei Elektroden, an die eine genügend große Gleichspannung angelegt wurde, in die Schmelze bzw. Lösung eines Elektrolyten, kommt es zwischen den
Elektroden zu einer gerichteten Bewegung der vorhandenen Ionen (Abb. 4.4). Die Kationen wandern zum Minuspol der Elektrolysezelle (**Katode**) und werden dort unter Elektronenaufnahme reduziert (*katodische Reduktion*). Die Anionen wandern zum Pluspol der
Elektrolysezelle (**Anode**) und werden dort oxidiert (*anodische Oxidation*).

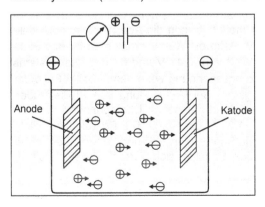

Abbildung 4.4

Ionenwanderung bei der Elektrolyse

Die positiven Ionen (Kationen) wandern
zur Katode, die negativen Ionen (*Anionen*) zur Anode.

Wie die nachfolgende Gegenüberstellung zeigt, ist der Minuspol im galvanischen Element die Anode, in der Elektrolysezelle die Katode. Dementsprechend ist der Pluspol in der galvanischen Zelle die Katode und in der Elektrolysezelle die Anode. *Generell gilt*: An der Anode findet die Oxidation und an der Katode die Reduktion statt.

Galvanisches Element	**Elektrolysezelle**

Minuspol	= Anode	$\rightarrow$	*Elektronenüberschuss*	$\leftarrow$	Minuspol	= Katode
Pluspol	= Katode	$\rightarrow$	*Elektronenmangel*	$\leftarrow$	Pluspol	= Anode

Besonders einfach gestalten sich die Verhältnisse bei der Elektrolyse einer **wasserfreien Schmelze** (*Schmelzflusselektrolyse*). Zum Beispiel wandern in einer Kochsalzschmelze die Kationen (Na^+) zur Katode, wo sie zu Natrium reduziert werden, und die Anionen (Cl^-) zur Anode, wo die Oxidation zu Chlor erfolgt.

Katode(-): $2\,Na^+ + 2\,e^- \rightarrow 2\,Na$ *Reduktion*

Anode(+): $2\,Cl^- \rightarrow Cl_2 + 2\,e^-$ *Oxidation*

Bei der Elektrolyse einer **wässrigen Salzlösung** sind die Verhältnisse etwas komplizierter. Außer den gelösten Ionen des Salzes können sich dort prinzipiell auch die durch die Autoprotolyse des Wassers vorhandenen H_3O^+- und OH^--Ionen an der elektrochemischen Reaktion beteiligen. Generell gilt, dass bei Elektrolysen immer die elektrochemischen Reaktionen ablaufen, die die geringste **Zersetzungsspannung** ($\Rightarrow$ Mindestspannung, bei der eine Zersetzung des Elektrolyten beginnt) erfordern. Sie muss mindestens so groß sein, wie die Spannung, die das zugrunde liegende galvanische Element liefern würde. Wie die Zellspannung galvanischer Elemente kann auch die Zersetzungsspannung aus der Differenz der Elektrodenpotentiale abgeschätzt werden.

Entstehen bei einer Elektrolyse Gase, ist die gemessene Zersetzungsspannung häufig größer als die Differenz der Elektrodenpotentiale. Diese Erhöhung der Spannung bezeichnet man als **Überspannung.** Die Abscheidung der Ionen an den Elektroden ist kinetisch gehemmt. Erst bei Erhöhung der angelegten Spannung läuft die Reaktion mit einer nennenswerten Geschwindigkeit ab. Die Größe der Überspannung hängt von der Art des Elektrodenmaterials und seiner Oberflächenbeschaffenheit, aber auch von der Art und der Konzentration der abzuscheidenden Ionen und der Stromdichte an der Elektrodenoberfläche ab. Wasserstoff weist eine hohe Überspannung an Zink-, Blei- und Quecksilberelektroden auf, an Graphit- und Platinelektroden ist dagegen die Abscheidung von Sauerstoff stark kinetisch gehemmt.

Betrachten wir beispielsweise die *elektrolytische Zersetzung einer wässrigen Kochsalzlösung*. Bei 25°C und einer Konzentration von 1 mol/l betragen die Abscheidungspotentiale $E°(Na/Na^+) = -2{,}71$ V und $E°(Cl^-/Cl_2) = +1{,}36$ V. Beim pH-Wert 7 erhält man für das Elektrodenpotential des Systems (H_2/H_3O^+) einen Wert von -0,41 V und für das des Systems (OH^-/O_2) einen Wert von +0,81 V. Die Zersetzungsspannung wäre demnach im Falle der Entladung von H^+- und OH^--Ionen am niedrigsten. Bei Verwendung von Pt-Elektroden scheidet sich jedoch kein Sauerstoff ab, da aufgrund der hohen Überspannung das Abscheidungspotential der OH^--Ionen den Wert +1,36 V übersteigt. Die Produkte der Elektrolyse von NaCl-Lösung sind folglich Wasserstoff und Chlor. Na^+ und OH^- bleiben in der wässrigen Lösung des Elektrolysegefäßes zurück. Es bildet sich Natronlauge (Chloralkalielektrolyse zur technischen NaOH-Gewinnung).

5 Chemie wichtiger Baumetalle

5.1 Eisen und Stahl

Physikalisch-chemische Eigenschaften. Eisen (**Fe**) ist in der Erdkruste nach Aluminium das zweithäufigste Metall, als Gebrauchsmetall steht es jedoch an erster Stelle. Mit einer Dichte von ρ = 7,87 g/cm^3 gehört es zu den Schwermetallen (**Schwermetalle**: ρ > 5 g/cm^3). Wegen seines unedlen Charakters tritt es in der Lithosphäre kaum in gediegener Form, sondern meist gebunden auf, z.B. in Oxiden, Sulfiden und Carbonaten. Wichtige Eisenerze sind Magneteisenstein (Fe_3O_4, *Magnetit*), Roteisenstein (Fe_2O_3, z.B. *Hämatit, Eisenglanz*), Brauneisenstein ($Fe_2O_3 \cdot$ x H_2O, z.B. *Limonit*), Spateisenstein ($FeCO_3$, *Siderit*) und Eisenkies (FeS_2, *Pyrit*, „Schwefelkies"). Die rotbraunen und gelben Farbtöne des Erdbodens rühren häufig von Eisen(III)-oxiden bzw. Eisen(III)-oxidhydraten her. Reines Eisen ist ein silberweißes, relativ weiches (Härte 4,5 nach Mohs), plastisch verformbares Metall. Es besitzt deshalb für das Bauwesen kaum Bedeutung.

Eisen rostet an feuchter Luft, an trockener Luft und in gering durchlüftetem Wasser verändert es sich kaum (Kap. 5.3.1). Beim Glühen an der Luft überzieht sich Eisen mit einer dünnen Oxidschicht **(Zunder)**, die hauptsächlich aus Fe_3O_4 besteht.

Als unedles Metallzeigt Fe eine geringe chemische Beständigkeit gegenüber einem sauren Angriff. In nichtoxidierenden Säuren wie Salzsäure und verdünnter Schwefelsäure löst es sich unter Wasserstoffentwicklung und Bildung von Fe^{2+}-Ionen (Kap.4.1, Gl. 4-2) auf. Von konz. Schwefelsäure und Salpetersäure wird Eisen nicht angegriffen, da es sich - wie die Metalle Chrom und Aluminium - durch eine dünne, zusammenhängende Oxidschicht schützt **(Passivierung)**. Gegenüber Alkali- bzw. Erdalkalilauge ist Eisen in der Kälte beständig. *Diese Inertheit ist eine wesentliche Voraussetzung für die Rostsicherheit des Stahls im Beton (Stahlbetonbau).*

In seinen Verbindungen tritt Eisen überwiegend in den Oxidationsstufen +II und +III auf, die Stufe +III ist die stabilere. In Kontakt mit Luft gehen die instabilen Eisen(II)-Salzlösungen allmählich in gelbbraune Eisen(III)-Salzlösungen über (Luftoxidation).

Eisen kommt in drei Modifikationen vor, deren Umwandlungspunkte bei 911°C und 1401°C liegen:

$$\alpha\text{-Eisen} \underset{}{\overset{911°C}{\rightleftharpoons}} \gamma\text{-Eisen} \underset{}{\overset{1401°C}{\rightleftharpoons}} \delta\text{-Eisen} \underset{}{\overset{1536°C}{\rightleftharpoons}} \text{Schmelze}$$

Die Erscheinung, dass ein Stoff je nach Zustandsbedingungen (Temperatur, Druck) in verschiedenen festen Zustandsformen **(Modifikationen)** auftritt, nennt man **Polymorphie.** Man findet sie nicht nur beim Eisen, sondern auch bei Elementen wie Kohlenstoff ($\rightarrow$ Diamant, Graphit, Fullerene), Schwefel, Phosphor und Zinn. Die gegenseitige Umwandelbarkeit zweier Modifikationen wird als **Enantiotropie** bezeichnet. Eisen besitzt demnach drei enantiotrope Modifikationen.

Kühlt man eine Schmelze von reinem Eisen (kohlenstofffrei!) langsam ab und registriert die Temperaturänderung pro Zeiteinheit (Abb. 5.1), so ist an drei Temperaturpunkten der annähernd lineare Abfall der Abkühlkurve unterbrochen (1536°C, 1401°C, 911°C). Die Temperaturen, die diesen waagerechten Kurvenverläufen entsprechen, nennt man *Haltepunkte*. Sie charakterisieren Phasenübergänge wie Umwandlungen der Kristallstruktur oder Änderungen des Aggregatzustandes. Die bei der Aufheizung an diesen Stellen aufgenommene Wärmemenge wird bei der Abkühlung wieder freigesetzt. Abkühlkurve und Aufheizkurve verhalten sich wie Bild und Spiegelbild.

Bei 1536°C kristallisiert zunächst das kubisch-raumzentrierte δ-Eisen aus. Beim Halte-
punkt von 1401°C wandelt sich das δ-Eisen in das kubisch-flächenzentriert kristallisierende
γ-Eisen um. Diese Strukturänderung ist exotherm, damit stellt das Kristallsystem des γ-Ei-
sens die energieärmere Struktur dar. Bei 911°C wandelt sich γ-Eisen in das noch energieärmere α-Eisen um, dessen Gitter analog dem δ-Eisen eine kubisch-raumzentrierte Elementarzelle besitzt. Die Kantenlänge der Elementarzelle des δ-Eisens ist jedoch im Vergleich zum α-Eisen um 10 pm aufgeweitet. Diese Kristallumwandlungen werden durch
Diffusion der Atome im Gitter möglich. Oberhalb der *Curie-Temperatur* von 769°C verliert
das α-Eisen seinen Ferromagnetismus.

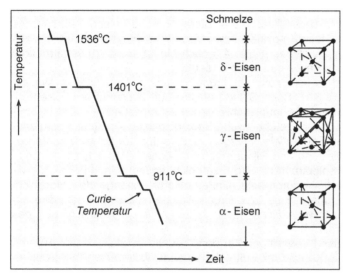

Abbildung 5.1

Abkühlkurve und Elementarzellen des Kristallgitters von
reinem Eisen

5.1.1 Produkte des Hochofenprozesses: Roheisen und Schlacke

Das Hauptprodukt des Hochofenprozesses ist das **Roheisen**. Es wird durch Reduktion
von oxidischen Eisenerzen mit Koks (C) im Hochofen gewonnen. Um eine Verschlackung
der Gangart zu erreichen, werden Zuschlagstoffe (Zuschläge) zugesetzt. Die Art der Zuschläge richtet sich nach der chemischen Zusammensetzung der Gangart. Unter der
Gangart versteht man die das Erz begleitenden metallischen und nichtmetallischen Minerale. Saure Erze werden mit basischen Zuschlägen versetzt und umgekehrt. Ist die Gangart Al_2O_3- und SiO_2-haltig, kommen als Zuschläge basische Kalkkomponenten wie Kalkstein, Branntkalk, Löschkalk oder Dolomit in Frage. Bei CaO-haltigen Gangarten werden
tonerde- und kieselsäurehaltige (also saure) Zuschläge wie Feld- oder Flussspat, Quarz
und Tonschiefer eingesetzt.
Ein Teil des sich im Verlauf der Reduktion der Erze im Hochofen bildenden amorphen
Kohlenstoffs wird vom Roheisen aufgenommen. Roheisen enthält 2,5...4% Kohlenstoff
sowie wechselnde Mengen Silicium (0,5...3%), Mangan (0,5...6%), Phosphor (0...2%) und
Spuren von Schwefel (0,01...0,05%). Mit steigendem C-Gehalt sinkt seine Zähigkeit und
wachsen seine Härte und Sprödigkeit.
Eisen ist nur dann walz- und schmiedbar, wenn der Kohlenstoffgehalt weniger als 2% (exakt: 2,06%) beträgt. **Roheisen** (C-Gehalt > 2%) ist wegen seines hohen Kohlenstoffgehalts
sehr spröde und erweicht beim Erhitzen plötzlich. Es kann deshalb nur vergossen werden.
Etwa 90% des Roheisens werden auf metallurgischem Wege in Stahl (C-Gehalt < 2%)
umgewandelt, der Rest wird zu **Gusseisen** verarbeitet.

Das Nebenprodukt des Hochofenprozesses, die **Schlacke**, ist für die Bauindustrie gleichfalls von großer Bedeutung. Sie besteht vor allem aus Calcium(Gl. 5-1)- und Aluminiumsilicaten.

$$SiO_2 \; + \; CaCO_3 \; \rightarrow \; CaSiO_3 \; + \; CO_2 \qquad\qquad\qquad (5\text{-}1)$$

Hochofenschlacke besitzt etwa folgende Zusammensetzung (auf Oxide bezogen): 30 - 50% CaO, 27 - 40% SiO_2, 5 - 15% Al_2O_3, weiterhin MgO, FeO, MnO und CaS. Ihre Eigenschaften und damit ihre Verwendungsmöglichkeiten ändern sich mit der Art der Abkühlung.

Bei *langsamer Abkühlung* der Schlacke kommt es zu einer Auskristallisation der Bestandteile und es bilden sich heterogene feste Gemische. Größere Stücke der festen Schlacke (**Stückschlacke, Betonschlacke**) werden als *Schotter* im Straßen- und Gleisbau oder als *Splitt* im Betonbau verwendet. Durch Vergießen der Schmelze in spezielle Formen (**Gussschlacke**) und langsames Erstarren stellt man rauflächige *Schlackenpflastersteine* her.
Erfolgt eine *schnelle Abkühlung* (Abschrecken) durch Granulation der flüssigen Schlacke in Wasser, wird eine vollständige Kristallisation verhindert. Man erhält eine granulierte, amorphe Hochofenschlacke (**Hüttensand**), die latent-hydraulische Eigenschaften besitzt. Sie wird für die Herstellung von Zementen verwendet.
Erfolgt schließlich die Abkühlung unter Zugabe eines *Unterschusses an Wasser*, bildet sich ein geschäumtes Produkt, die sogenannte Schaumschlacke (**Hüttenbims**). Hüttenbims besitzt wärmedämmende Eigenschaften und wird für die Herstellung von Leichtbeton verwendet.

5.1.2 Stahl

Wie bereits oben beschrieben ist Kohlenstoff der Bestandteil, der dem Eisen seine Gebrauchseigenschaften verleiht. Er ist damit das wichtigste Legierungselement des Eisens. Die spezifischen Wechselwirkungen des Kohlenstoffs mit den unterschiedlichen Modifikationen des Eisens in Abhängigkeit von der Temperatur machen die Vielfalt dieses außerordentlich wichtigen Werkstoffes aus. Darüber hinaus zeigt Eisen eine gute „Löslichkeit" für eine Reihe weiterer Nichtmetalle und Metalle, die entweder als Begleitelemente aus den Eisenerzen stammen (Si, Mn, P, S) oder als Legierungselemente zugesetzt werden (Cr, Ni, W, Mn, Co, V, Ti, Ta).
Zur Herstellung von Stahl aus Roheisen muss der Kohlenstoffgehalt des Eisens deutlich gesenkt werden (**Entkohlung**), andere Begleitstoffe müssen dagegen ganz entfernt werden. Der Raffinationsprozess umfasst das *Frischen*, also die Oxidation der gelösten Bestandteile C, Si, Mn und P, die *Entschwefelung* mit CaO und eine als *Desoxidation* bezeichnete Nachbehandlung. Dabei wird der in der Stahlschmelze gelöste Sauerstoff durch Desoxidationsmittel (Al, Legierungen vom Typ Fe-Si „Ferrosilicium" oder vom Typ Ca-Si „Calciumsilicium", z.B. $CaSi_2$) entfernt. Das Frischen geschieht heute überwiegend im Sauerstoffaufblasverfahren (LD-Verfahren).

Stahl ist ein warmverformbarer Eisenwerkstoff mit einem Kohlenstoffgehalt ≤ 2 %.

Stahl kann durch die Art seiner Herstellung, durch den Zusatz von Legierungsmetallen und durch entsprechende Wärmebehandlung für die verschiedensten technischen Anwendungsbereiche aufbereitet werden.
Für das Verständnis der bei der Wärmebehandlung von Stahl und Gusseisen ablaufenden Phasenumwandlungen ist das **Zustandsdiagramm Eisen-Kohlenstoff** von grundlegender Bedeutung. Das in Abb. 5.2 dargestellte Zustandsdiagramm gilt ausschließlich für die Kombination *Eisen-Kohlenstoff*, nicht aber für die Anwesenheit weiterer Legierungsmetalle.

Für den letzteren Fall ergeben sich teilweise beträchtliche Veränderungen der Phasenbereiche.

Die Linie ABCD in Abb. 5.2 ist die *Liquiduslinie* oberhalb derer ausschließlich die flüssige Phase vorliegt. Unterhalb der Linie AHIECF (*Soliduslinie*) existieren nur feste kristalline Formen. Beim Massenanteil 0 liegt reines Eisen vor, seine temperaturabhängige Phasenumwandlung wurde in Abb. 5.1 dargestellt. Der Kohlenstoffgehalt wird generell in Prozent angegeben, auch wenn Eisencarbid Fe_3C vorliegt. Ein C-Massenanteil von 6,68% entspricht der reinen Verbindung Fe_3C. Für die Herstellung von Stahl ist im Prinzip nur der Bereich von 0,02 ... 1,3% C von Bedeutung.

Obwohl γ-Eisen (kubisch-flächenzentriert) in einer dichteren Packung kristallisiert als α-Eisen (kubisch-raumzentriert), ist die Löslichkeit von Kohlenstoff in α-Eisen mit einem Maximalwert von 0,02% (bei 738°C) geringer als in γ-Eisen. Der entstehende α-Mischkristall wird **Ferrit** genannt. Die zweite feste Fe-Modifikation, das γ-Eisen, vermag wesentlich mehr C zu lösen. So beträgt die C-Löslichkeit des sich bildenden γ-Mischkristalls (**Austenit**) bei 1147°C maximal 2,06% (Bereich GSEIF). Während die C-Atome im Ferrit nur Würfelkanten besetzen können, ordnen sie sich im Austenit auch im Würfelinneren an. Die sich ausbildenden Mischkristalle sind demnach Einlagerungsmischkristalle.

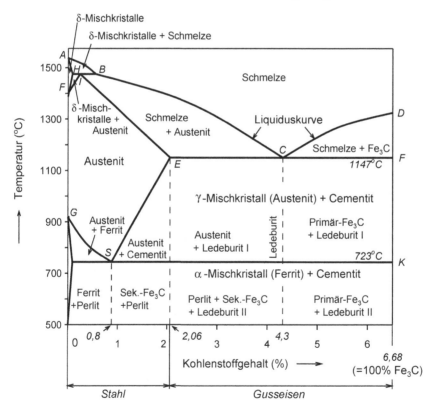

Abbildung 5.2 Zustandsdiagramm Eisen-Kohlenstoff

Der Kohlenstoff kann im Kristallgefüge der Eisenlegierungen in unterschiedlicher Form vorkommen. Er kann entweder gelöst sein (α- bzw. γ-Mischkristalle) oder als Graphitkriställchen (Grauguss) bzw. Eisencarbid (Fe_3C, **Cementit**) vorliegen. Bei einem Kohlenstoffgehalt von 4,3% weist das Zustandsdiagramm mit einer Temperatur von 1147°C den tiefsten Schmelzpunkt für das Eisen auf. Rechts der Linie SE wird die Löslichkeit des Kohlenstoffs im γ-Eisen überschritten und es kommt zur Ausscheidung von Cementit. Die Cementitphase ist hart, außerordentlich spröde und weist ein kompliziert aufgebautes Gitter auf (intermetallische Phase).

Kühlt man eine Fe/C-Schmelze (C-Gehalt > 4,3%) nicht zu langsam ab, entsteht so lange Cementit bis der C-Gehalt 4,3% beträgt. Dann erstarrt die Schmelze bei 1147°C unter Bildung eines als **Ledeburit** bezeichneten Eutektikums aus C-haltigem γ-Eisen und aus Cementit. Kühlt man dagegen eine Eisenschmelze mit einem C-Gehalt < 4,3% ab, kristallisiert aus ihr so lange eine feste Lösung von γ-Eisen und Kohlenstoff (Austenit) aus, bis sie wiederum 4,3% C enthält und bei 1147°C in Ledeburit übergeht.

Abkühlung von kohlenstoffgesättigtem (2,1% C) Austenit unter 1147°C führt zur Auskristallisation von Cementit unter Erniedrigung des C-Gehalts des Austenits. Beträgt der C-Gehalt nur noch 0,8%, entsteht beim Abkühlen unter 723°C (Perlit-Linie) ein Gefüge alternierender Schichten aus α-Mischkristallen (Ferrit) und Cementit. Die entstehende feste Mischung ist lamellenartig strukturiert, perlmutt-glänzend und wird deshalb als **Perlit** bezeichnet. Kühlt man Stahl mit einem C-Gehalt < 0,8% aus dem Austenit-Bereich allmählich ab, kristallisieren γ-Mischkristalle (Ferrit) aus. Sie werden ärmer an Fe und reichern sich dementsprechend mit Kohlenstoff (entlang der Linie GS!) an. Bei einer Temperatur von 723°C weisen sie einen C-Gehalt von 0,8% auf. Im eutektoiden Punkt S kristallisiert Perlit aus. Kohlenstoffreicheres Austenit (0,8...2,06% C) scheidet beim Abkühlen zunächst Cementit an seinen Korngrenzen aus bis sich der an Kohlenstoff ärmer werdende γ-Mischkristall mit einem C-Gehalt von 0,8% bei 723°C wiederum in Perlit umwandelt.

Bei einer *raschen* Abkühlung des glühenden Stahls in Wasser (Abschrecken) kann die beschriebene Umwandlung des γ-Mischkristalls in Ferrit und Cementit als Folge der Wanderung der C-Atome im Gitter nicht stattfinden. Das kubisch-flächenzentrierte γ-Eisen wandelt sich in die kubisch-raumzentrierte Struktur um („Umklappumwandlung"), wobei die Kohlenstoffverteilung des Austenitgitters beibehalten wird. Die dadurch entstehenden inneren Spannungen, die mit einer Aufweitung des α-Gitters verbunden sind, beeinflussen die Eigenschaften des Eisens. Seine Härte nimmt zu. Das sich ausbildende nadelige Gefüge wird als **Martensit** bezeichnet. Dieser Vorgang spielt sich beim *Härten von Stahl* ab. Durch anschließende Erwärmung (**Anlassen**) werden die inneren Spannungen abgebaut und die Martensit-Phase wird teilweise zerstört (Anlassgefüge, Vergütungsgefüge). Es entstehen kristalline Gefüge höchster Härte, die sich durch einen hohen Verschleißwiderstand, hohe Druckfestigkeit und hohe Belastungsfähigkeit auszeichnen.

Stahlsorten. Nach DIN EN 10 020 können Stähle entweder nach ihrer chemischen Zusammensetzung oder nach Hauptgüteklassen (unlegierte Qualitäts- bzw. Edelstähle, legierte Qualitäts- bzw. Edelstähle und nichtrostende Stähle) unterteilt werden. Auf letztere Gruppen soll im Rahmen des vorliegenden Buches nicht näher eingegangen und auf Lehrbücher der Baustoffkunde verwiesen werden [1, 2]. Nach ihrer chemischen Zusammensetzung unterscheidet man die drei Klassen: unlegierte Stähle, legierte Stähle und nichtrostende Stähle.

Unlegierte Stähle enthalten den Kohlenstoff als wesentlichen Härtungsbestandteil. Herstellungsbedingt enthält der Stahl neben Eisen und Kohlenstoff noch andere Elemente (Eisenbegleiter), die in unterschiedlichen Mengen enthalten sind. Sie dürfen in unlegierten Stählen die nachfolgend angegebenen Grenzwerte nicht überschreiten: $Mn \leq 1,65\%$, $Si \leq 0,6\%$, $Cu \leq 0,4\%$, $Pb \leq 0,4\%$, $Al \leq 0,3\%$, $Cr \leq 0,3\%$, $Co \leq 0,3\%$, $Ni \leq 0,3\%$, $W \leq 0,3\%$, $V \leq$

0,1%, Bi $\leq$ 0,1%, Mo $\leq$ 0,08%, Nb $\leq$ 0,06%, Ti $\leq$ 0,05%, Zr $\leq$ 0,05% (Schmelzanalyse, nach DIN 10020; [1]). Wird der Grenzwert von wenigstens einem dieser Elemente erreicht oder überschritten, gilt der Stahl als **legiert**. Als Grenze zwischen legierten und hochlegierten Stählen wurde ein Gesamtgehalt an Legierungsbestandteilen von 5% festgelegt. Beispiele für wichtige Legierungselemente und ihre Wirkungen sind: **Cr** (erhöht Härte, Verschleißwiderstand und Korrosionsbeständigkeit), **Mn** (erhöht Schmied- und Schweißbarkeit, Härte und Zugfestigkeit), **V** und **W** (erhöhen Verschleißwiderstand und Zugfestigkeit), **Mo** (erhöht Härte, Zug- und Warmfestigkeit), **Ni** (erhöht Härte, Zugfestigkeit und Korrosionsbeständigkeit), **Si** (erhöht Zugfestigkeit, Verschleißwiderstand und Säurebeständigkeit).

Nichtrostende Stähle (rostfreie Stähle, Edelstähle rostfrei oder nur Edelstähle) sind Stähle mit einem Gehalt von mindestens 10,5% Chrom (bis max. 25%!) und höchstens 1,2% Kohlenstoff. Durch den hohen Chromanteil sind die Stähle in der Lage, sich in Gegenwart von Sauerstoff zu passivieren, d.h. an der Oberfläche eine sehr dünne oxidische Schutzschicht vorwiegend aus Chromoxiden auszubilden. Wird diese Schicht etwa durch mechanische Einflüsse beschädigt, kann sie sich in Gegenwart von Sauerstoff wieder neu bilden. Nichtrostende Stähle werden in korrosionsbeständige, hitzebeständige und warmfeste Sorten eingeteilt.

Ein bekanntes Beispiel für einen Edelstahl ist der V2A-Stahl (V steht für Versuchsreihe und A für Austenit), exakte Bezeichnung X5CrNi 18 9. Daraus sind die Cr- und Ni-Gehalte unmittelbar ersichtlich: 18% Cr, 9% Ni. Der V4A-Stahl enthält 18% Cr, 11% Ni, 2% Mo und 0,07% C.

5.2 Nichteisenmetalle

- **Aluminium** (**Al**) ist das wichtigste Leichtmetall in der Bauindustrie. Als *Leichtmetalle* werden alle die Metalle bezeichnet, deren Dichte unter 5 g/cm^3 liegt. Die Dichte des Aluminiums beträgt 2,7 g/cm^3 (25°C), der Schmelzpunkt liegt bei 660,4°C. Al ist ein silberweißes, kubisch-flächenzentriert kristallisierendes Metall, das bereits in der Kälte gut verformbar ist. Man kann es zu Drähten ausziehen oder zu dünnen Blechen bis hin zu sehr feinen Folien (bis 0,004 mm Dicke, „Blattaluminium") auswalzen bzw. aushämmern.

Als unedles Metall sollte Al leicht oxidiert werden können. Es ist aber sowohl an der Luft als auch in Wasser beständig, da es sich mit einer fest haftenden, zusammenhängenden, dünnen Oxidschicht überzieht (0,05...0,1 μm). Diese Deckschicht schützt das darunter liegende Metall vor weiterer Oxidation (**Passivierung**). Die Oxidschicht kann auf elektrolytischem Wege verstärkt werden (**ELOXAL**-Verfahren, **El**ektrolytisch **Ox**idiertes **Al**uminium), wobei man Schichtdicken bis zu 20 μm erreicht. Aufgrund der Passivschicht gehört Aluminium zu den *witterungsbeständigsten Leichtmetallen*.

In seinen Verbindungen tritt Aluminium in der Oxidationsstufe +III auf, z.B. im Aluminiumoxid Al_2O_3 oder im Aluminiumhydroxid $Al(OH)_3$. Reines Aluminiumoxid (*Tonerde*) kommt in der Natur als *Korund* vor. Aluminium ist Bestandteil wichtiger Minerale wie der Feldspäte, der Glimmer und der Tone, allesamt Ausgangsmaterialien für eine Reihe wichtiger Baustoffe.

Entsprechend seinem Standardpotential löst sich Al in nichtoxidierenden Säuren wie HCl oder verd. H_2SO_4 unter H_2-Entwicklung (Gl. 5-2), nicht aber in (kalten) oxidierenden Säuren wie HNO_3 (Passivierung!). In Alkalilaugen löst sich Al unter Wasserstoffentwicklung, wobei sich **Aluminate** $[Al(OH)_4]^-$ bilden (Gl. 5-3). In alkalischem Milieu ist Al *nicht* in der Lage, eine Schutzschicht auszubilden. In Wasser oder sehr schwachen Säuren ist Al unlöslich.

$$Al + 3\,H_3O^+ \rightarrow Al^{3+} + 1\frac{1}{2}\,H_2 + 3\,H_2O \qquad (5\text{-}2)$$

$$Al + 3\,H_2O + OH^- \rightarrow [Al(OH)_4]^- + 1\tfrac{1}{2}\,H_2 \qquad (5\text{-}3)$$

Mit Laugen kann man aus Aluminiumsalzlösungen wasserunlösliches Aluminiumhydroxid $(Al(OH)_3)$ ausfällen. $Al(OH)_3$ ist ein **amphoteres** Hydroxid. Es löst sich sowohl im sauren Milieu unter Bildung von Al^{3+}-Ionen (Gl. 5-4) als auch im Basischen unter Bildung von Tetrahydroxoaluminationen (kurz: Aluminationen, Gl. 5-5).

$$Al(OH)_3 + 3\,H_3O^+ \rightleftharpoons Al^{3+} + 6\,H_2O \qquad (5\text{-}4)$$

$$Al(OH)_3 + OH^- \rightleftharpoons [Al(OH)_4]^- \qquad (5\text{-}5)$$

Bei Kontakt mit edleren Metallen wie Cu, Ag, Au, Pt, aber auch Eisen und Stahl wird die Oxidhaut zerstört und *Kontaktkorrosion* (Kap. 5.3.1) setzt ein.
Legierungen des Aluminiums mit Mg, Cu, Mn und Si zeigen zum Teil deutlich verbesserte Werkstoffeigenschaften im Vergleich zum reinen Al, das wegen seiner geringen Härte und Zugfestigkeit im Bauwesen kaum Anwendung findet. Man unterscheidet Al-Knetwerkstoffe und Al-Gusswerkstoffe. Erstere sind warm- oder kaltumformbar („knetbar"), aber auch spanend zu bearbeiten. Sie finden auf dem Bausektor vielfältig Einsatz, z.B. für Dachbe-deckungen, Bänder, Profile und Wandverkleidungen. Die Al-Gusswerkstoffe sind nur spa-nend zu bearbeiten und dienen der Herstellung von Gussstücken (Platten, Beschläge).
Aluminium wird in feinverteilter Form (Pulver oder Paste) als Treibmittel bei der Herstellung von **Porenbeton** verwendet. Die treibende Wirkung wird durch den im alkalischen Milieu des Betons entwickelten Wasserstoff verursacht (Gl. 5-3). Er bläht den Beton auf und führt zur Porenbildung.

Das Baumetall Aluminium ist im pH-Bereich zwischen 4,5 (Saurer Regen, pH-Wert $\leq$ 4!) und ~ 8,5 einsatzfähig und vor Zersetzung geschützt. Aluminiumbauteile, die in Berührung mit alkalisch reagierenden Betonen oder Putzen kommen, müssen durch Folien oder Deckschichten > 100 µm, z.B. organische Schutzlacke, geschützt werden.

• **Kupfer (Cu)** ist ein rötlich glänzendes, sehr zähes, schmied- und dehnbares Metall, das in einer kubisch-flächenzentrierten Struktur kristallisiert. Es lässt sich zu feinen Drähten ausziehen und zu sehr dünnen Folien ausschlagen. Seine Dichte beträgt 8,92 g/cm^3 (20°C) und sein Schmelzpunkt liegt bei 1084°C. Cu besitzt nach Silber die höchste elek-trische und Wärmeleitfähigkeit aller Metalle.
An der Luft bildet Kupfer langsam rotbraunes Cu(I)-oxid Cu_2O, das an der Oberfläche fest haftet und für die typische Farbe des Kupfers verantwortlich ist. In Gegenwart höherer Konzentrationen an CO_2, SO_2 (Ballungs- und Industriegebiete) oder chloridhaltigen Aero-solen (vorzugsweise in Küstennähe) bildet sich auf dem Kupfer allmählich ein grüner Überzug von basischem Carbonat $CuCO_3 \cdot Cu(OH)_2$, basischem Sulfat $CuSO_4 \cdot Cu(OH)_2$ oder basischem Chlorid $CuCl_2 \cdot Cu(OH)_2$. Dieser Überzug wird als **Patina** bezeichnet. Die Patina-Deckschicht besteht demnach in der Stadt- und Industrieatmosphäre vorwiegend aus basischem Kupfersulfat und in Reinluftgebieten vor allem aus basischem Kupfercar-bonat. Sie schützt das darunter liegende Metall vor weiterer Zerstörung und verleiht den Kupferdächern die sehr schöne grüne Farbe.
In seinen Verbindungen tritt Cu vorzugsweise in der Oxidationsstufe +II auf, z.B. im Kup-fer(II)-oxid CuO und im Kupfer(II)-sulfid CuS (*Covellin*), seltener in der Oxidationsstufe +I wie im Kupfer(I)-oxid Cu_2O. In Kupfersalzlösungen liegt das hellblaue $[Cu(H_2O)_6]^{2+}$-Ion vor. Die 6 H_2O-Moleküle bilden ein tetragonal-verzerrtes Oktaeder, in dem die beiden axialen H_2O-Moleküle weiter entfernt und schwächer gebunden sind.

Versetzt man eine Kupfersulfatlösung (CuSO$_4$) mit Ammoniakwasser (NH$_3$), bildet sich nach anfänglicher Ausfällung eines hellblauen Hydroxidniederschlags eine tiefblaue Lösung. Im zunächst vorliegenden Aquakomplex [Cu(H$_2$O)$_6$]$^{2+}$ werden die vier quadratisch-planar koordinierten H$_2$O-Moleküle gegen vier Ammoniakmoleküle ausgetauscht. Es bildet sich das Tetraammindiaquakupfer(II)-Ion [Cu(NH$_3$)$_4$(H$_2$O)$_2$]$^{2+}$. Die beiden verbleibenden (axialen) H$_2$O-Moleküle sind als Spitze und Fußpunkt eines verzerrten Oktaeders allerdings deutlich weiter vom Cu-Zentralion entfernt, als die vier NH$_3$-Liganden. Deshalb schreibt man häufig vereinfacht die Formel [Cu(NH$_3$)$_4$]$^{2+}$ (Gl. 5-6).

$$[Cu(H_2O)_6]^{2+} + 4\,NH_3 \rightleftharpoons [Cu(NH_3)_4]^{2+} + 6\,H_2O \qquad \textbf{\textit{Cu-Nachweis}} \qquad (5\text{-}6)$$
$$\textit{hellblau} \qquad\qquad\qquad\quad \textit{tiefblau}$$

Entsprechend seiner Stellung in der Spannungsreihe wird Kupfer nur von oxidierenden Säuren wie konz. HNO$_3$ und konz. H$_2$SO$_4$ gelöst. Gegenüber Wasser ist Kupfer beständig. In letzter Zeit ist mehrfach darauf hingewiesen worden, dass bereits schwach saure Wässer in der Lage sind, die Schutzschicht zu zerstören und Kupferrohre bzw. -armaturen korrosiv anzugreifen. So konnten im Trinkwasser, insbesondere nach längeren Standzeiten in den Rohrleitungen, Cu-Gehalte gemessen werden, die den empfohlenen Richtwert von 2 mg/l deutlich übertrafen. Es ist deshalb unbedingt empfehlenswert, bei der Verwendung des Werkstoffs Kupfer für Rohrleitungen vorher die Wasserbeschaffenheit, insbesondere den pH-Wert, genauer zu untersuchen.
Cu^{2+}-Ionen sind für niedere Organismen wie Bakterien, Algen und Pilze toxisch. Deshalb werden sie zu Desinfektionszwecken eingesetzt (z.B. swimming pools, Hallenbäder).

Im *Bauwesen* besitzen auch **Kupferlegierungen** eine große Bedeutung. Cu-Legierungen mit Zink (und evtl. weiteren Metallen) werden als **Messing** bezeichnet. Man unterscheidet je nach dem Zn-Gehalt: *Rotmessing* (bis zu 20% Zn): rötlich goldähnliche Legierung, sehr dehnbar, bis zu feinsten Blättchen aushämmerbar („Blattkupfer", unechtes Blattgold); *Gelbmessing* (20...40% Zn): dient besonders zur Fertigung von Maschinenteilen und Armaturen; *Weißmessing* (50...80% Zn): blassgelbes, sprödes Legierungsmetall, kann nur vergossen werden.
Bronzen sind Legierungen aus Cu mit einem oder mehreren Legierungsmetallen (außer Zn!). Ihr Cu-Gehalt beträgt mindestens 60%. *Zinnbronzen* (*„Bronzen"* im engeren Sinne) sind Cu-Sn-Legierungen mit bis zu 10% Sn. Durch den Zinnzusatz kann das Kupfer vergossen und geschmiedet werden. Die Härte und Festigkeit des Cu wird erhöht. Anwendung: Türschilder, Glocken.

Wie zahlreiche, aus vergangenen Jahrhunderten stammende Bauwerke belegen, ist Kupfer als Baumetall durch seine Patina-Schutzschicht weitgehend *vor atmosphärischer Korrosion* **geschützt**. Wird die Patina-Schutzschicht mechanisch beschädigt, setzt ein Selbstheilungsprozess ein und der Überzug bildet sich neu.

Wird Cu mit unedleren Metallen wie Fe, Zn oder Al verarbeitet, kann es in Gegenwart von Feuchtigkeit zur Kontaktkorrosion (Kap. 5.3.1) kommen. Es ist deshalb notwendig, bei Rohrinstallationen das unedlere Metall (z.B. Stahl) in Fließrichtung vor dem Kupfer anzuordnen. Problematisch ist der Einsatz von Regenfallleitungen aus Kupfer in der Nähe von Kläranlagen, landwirtschaftlichen Dunggruben, Ställen oder Toiletten, wo aggressive, das Cu angreifende Zersetzungs- bzw. Faulgase wie Ammoniak und Schwefelwasserstoff entweichen. Gegenüber Gips, Kalk und Zement ist Kupfer beständig. Gelangt durch aggressive Gase bzw. Sauren Regen gelöstes Kupfer ($\rightarrow$ Cu^{2+}) von Kupferdächern in darunter angebrachte Zinkdachrinnen, kommt es zur Abscheidung des edleren Cu unter Auf-lösung von Zn (s.a. Kap. 4.2, Spannungsreihe!). Die Folge sind Lochfraßkorrosionen. Ge-langen Cu^{2+}-haltige Niederschlagswässer in Kontakt mit Betonplatten oder mineralischen Putzen, kann es durch Salzbildung zu grün-blauen Verfärbungen kommen.

- **Zink (Zn)** ist ein bläulich weißes, an frischen Schnittstellen glänzendes Metall, das in einer verzerrt hexagonal-dichtesten Kugelpackung kristallisiert. Es ist bei gewöhnlichen Temperaturen sehr spröde. Beim Erwärmen über 100°C wird es weich und dehnbar, so dass es gewalzt und zu Draht gezogen werden kann. Bei Temperaturen > 150°C nimmt die Sprödigkeit des Zinks wieder zu, über 200°C ist sie so groß, dass sich das Metall pul-verisieren lässt. Die Dichte des Zinks beträgt 7,14 g/cm^3 (25°C), der Schmelzpunkt liegt bei 419,5°C.

In seinen Verbindungen liegt Zn in der Oxidationsstufe +II vor, z.B. im Zinkoxid ZnO. An feuchter Luft überzieht sich Zink mit einer dünnen, fest haftenden Schutzschicht aus Zink-oxid und basischem Zinkcarbonat ($Zn(OH)_2/ZnCO_3$), die es vor weiteren korrosiven Angrif-fen schützt.

Entsprechend seiner Stellung in der Spannungsreihe löst sich Zn in Säuren unter Wasser-stoffentwicklung, z.B. $Zn + 2\ HCl \rightarrow ZnCl_2 + H_2\uparrow$. Bei sehr reinem Zink erfolgt die Auflö-sung bei Raumtemperatur allerdings sehr langsam, da Wasserstoff am Zink eine hohe Überspannung (s. Kap. 4.3) besitzt. Entgegen seiner Stellung in der Spannungsreihe löst sich Zink nicht in Wasser. Ursache ist die schwerlösliche Zinkhydroxid-Schutzschicht, die sich bei Kontakt von metallischem Zink mit Wasser rasch ausbildet ($Zn + 2\ H_2O \rightarrow Zn(OH)_2 + H_2$) und einen weiteren Angriff des H_2O verhindert. In saurer Lösung wird diese Schicht zunächst aufgelöst ($Zn(OH)_2 + 2\ H^+ \rightarrow Zn^{2+} + 2\ H_2O$), ehe die Zersetzung des Zinks unter Wasserstoffentwicklung gemäß obiger Gleichung eintritt.

In Laugen löst sich Zn ebenfalls unter Wasserstoffentwicklung, wobei sich **Zinkate** (Zink-Hydroxokomplexe) bilden (Gl. 5-7).

$$Zn(OH)_2\ +\ 2\ OH^- \rightarrow [Zn(OH)_4]^{2-} \qquad\qquad (5\text{-}7)$$
$$\textit{Zinkat}$$

Aufgrund seiner $ZnO/Zn(OH)_2/ZnCO_3$-Schutzschicht weist das Baumetall Zink im mittleren pH-Bereich eine gute Witterungsbeständigkeit auf. Trotzdem erfolgt durch ständigen Tem-peraturwechsel und kontinuierlich wechselnde Nässe- und Trockenperioden ein allmähli-cher Abtrag der Deckschichten.

Der Saure Regen zerfrisst in Industriegegenden Zinkdächer und -bauteile relativ schnell unter Bildung von löslichem Zinksulfat ($Zn + H_2SO_4 \rightarrow ZnSO_4 + H_2$). Dabei kann der Zink-abtrag in den Wintermonaten (Heizperiode) den des Sommers um ein Mehrfaches über-steigen.

Ca- und Mg-Ionen sowie „Kohlensäure" (CO_2 / H_2O) im Leitungswasser begünstigen die Entstehung von Schutzschichten in Zinkleitungen, da sie basische schwerlösliche Erdalka-limetallcarbonate bilden, die in die Schutzschicht eingebaut werden können. Aus diesem Grund ist der Einsatz von verzinkten Stahlrohren für Wasserleitungen im Falle von Wäs-sern niedriger Härte generell problematisch. Bei direktem Kontakt mit edleren Metallen (Cu!) kommt es zu starker *Kontaktkorrosion* (Kap. 5.3.1; s.a. Kap. 4.2).

Im *Bauwesen* wird vorzugsweise die Knetlegierung *D-Zn* (DIN 17770) für Dachabdeckun-gen und -rinnen sowie für Regenfallrohre eingesetzt. Diese Legierung, die häufig aufgrund ihres geringen Titananteils (neben Cu!) als *Titanzink* bezeichnet wird, besitzt einen im Vergleich zum Feinzink reduzierten Wärmeausdehnungskoeffizienten.

• **Blei** (**Pb**) ist ein bläulich graues, weiches, dehnbares Metall, das in einer kubisch-flächenzentrierten Struktur kristallisiert. Es ist duktil, lässt sich gut walzen und pressen und ist sehr gut gießbar. Die Dichte des Bleis beträgt 11,3 g/cm^3, der Schmelzpunkt liegt bei 327,4°C
An frischen Schnittflächen zeigt Pb einen metallischen Glanz. Ansonsten überzieht es sich rasch an der Luft mit einer dünnen Schicht von Bleioxid PbO, die das darunter liegende Metall vor weiterer oxidativer Zerstörung schützt. In seinen Verbindungen tritt Pb in den Oxidationsstufen +II (z.B. PbO, $PbSO_4$) und +IV (z.B. PbO_2) auf.

Trotz seines negativen Standardpotentials löst sich Blei nicht in Salzsäure und in verdünnter Schwefelsäure. Mit diesen beiden Säuren bilden sich die schwerlöslichen Verbindungen $PbCl_2$ und $PbSO_4$, die auf der Oberfläche sofort einen schützenden Überzug bilden und einen weiteren Angriff verhindern. In oxidierenden Säuren erfolgt eine rasche Auflösung unter Bildung von Pb(II)-Salzen. Auch organische Säuren lösen Pb in Gegenwart von Luft unter Salzbildung, z.B. bildet Essigsäure Bleiacetat $Pb(CH_3COO)_2$. Eine 6%ige Essigsäure löst pro Tag bis zu 800 g Pb pro m^2. Auch Milchsäure, Buttersäure und Zitronensäure greifen Pb in Gegenwart von Luftsauerstoff oxidativ an. In heißen Laugen löst sich Blei unter Bildung von Plumbiten, komplexen Hydroxoanionen der Formeln $[Pb(OH)_3]^-$, $[Pb(OH)_4]^{2-}$ und $[Pb(OH)_6]^{4-}$.
Luftfreies Wasser greift Blei nicht an, dagegen wird Pb von sauerstoffhaltigem Wasser allmählich in Bleihydroxid überführt (Gl. 5-8).

$$Pb + \tfrac{1}{2} O_2 + H_2O \rightarrow Pb(OH)_2 \tag{5-8}$$

Diese Reaktion ist die Ursache für die Bleibelastung von Trinkwasser, das durch Bleirohre geleitet wird. Nach längeren Verweilzeiten des Wassers in Bleileitungen konnten Werte bis zu 0,3 mg Pb pro Liter (!) gemessen werden. Der Grenzwert für Pb liegt laut Trinkwasserverordnung bei 0,01 mg/l (gültig ab 01.12.2013). Kohlensäurehaltige Wässer lösen Pb unter Hydrogencarbonatbildung (Gl. 5-9).

$$Pb + \tfrac{1}{2} O_2 + H_2O + 2\,CO_2 \rightarrow Pb(HCO_3)_2 \tag{5-9}$$

Blei, das lange Zeit atmosphärischen Einflüssen ausgesetzt war, z.B. Bleidachdeckungen, überzieht sich mit einem schützenden Überzug aus basischem Bleicarbonat (PbO · $Pb(OH)_2$ · $PbCO_3$). Das in SO_2-haltiger Atmosphäre gebildete Bleisulfat wird zusätzlich in die Schutzschicht eingebaut. Alkalische Bindemittel wie Zement- oder Kalkmörtel greifen Blei an (Schutzanstrich!). Gegenüber Gipsputz ist Pb allerdings beständig, es bildet sich schwerlösliches $PbSO_4$. Bei direktem Kontakt mit Metallen wie Aluminium oder Zink kann es zur *Kontaktkorrosion* (Kap. 5.3.1) kommen.

Blei gehört zu den starken Umweltgiften. In den menschlichen Körper gelangt es vor allem inhalativ über das Atmungssystem (Einatmen von Pb-Stäuben) oder oral über die Nahrungsaufnahme in Form löslicher anorganischer Verbindungen. Kennzeichen chronischer Bleivergiftungen sind u.a. Blutarmut, schmerzhafte Koliken, Leber- und Nierenschäden. Besonders giftig sind organische Bleiverbindungen. Sie führen zu schweren Schädigungen des Zentralnervensystems. Die rote Mennige (Pb_3O_4) fand als Rostschutzmittel lange Zeit breite Anwendung. Wegen der Toxizität des Schwermetalls Blei ist sie inzwischen durch andere Rostschutzpigmente ersetzt worden.

- **Chrom** (**Cr**) ist ein silberglänzendes, kubisch-raumzentriert kristallisierendes Metall, das nur in reinem Zustand aufgrund seiner Zähigkeit dehn- und schmiedbar ist. Bereits Spuren von Verunreinigungen machen es hart und spröde. Chrom gehört zur Gruppe der hoch schmelzenden und hochsiedenden Metalle. Die Dichte des Chroms beträgt 7,14 g/cm^3, der Schmelzpunkt liegt bei 1907°C.

Obwohl unedel, ist Chrom gegenüber atmosphärischen Einflüssen bei Normaltemperatur beständig. Deshalb wird es in großem Umfang zum Schutz anderer, reaktionsfähigerer Metalle verwendet. Ist das Chrom durch Tauchen in starke Oxidationsmittel wie konz. HNO_3 oder durch anodische Oxidation vorbehandelt (**Passivierung**), wird es selbst von verdünnten Säuren nicht angegriffen Auch kalte Salpetersäure, *Königswasser* ($\rightarrow$ Gemisch aus 3 Teilen konz. HCl und 1 Teil konz. HNO_3) sowie Alkalilaugen greifen passiviertes Chrom nicht an.

In seinen Verbindungen liegt Cr vorzugsweise in den Oxidationsstufen +III, wie im Chrom(III)-oxid Cr_2O_3, oder +VI, wie im Kaliumchromat K_2CrO_4 bzw. Kaliumdichromat $K_2Cr_2O_7$ vor.

Wegen seiner Sprödigkeit spielt Chrom als Werkstoff kaum eine Rolle. Trotzdem gilt Cr als eines der wichtigsten Legierungsmetalle für die Stahlherstellung. Bereits geringe Cr-Zusätze verbessern die mechanischen Eigenschaften des Stahls signifikant (Kap. 5.1.2). Als Überzugsmetall wird Cr in großem Umfang zur Erhöhung der Verschleißfestigkeit von Bauteilen und Werkzeugen sowie für dekorative Zwecke verwendet (z.B. Galvanisieren).

Chrom im Zement - Chromatreduzierer. Der Gehalt an wasserlöslichen Chrom(VI)-Verbindungen liegt bei deutschen Zementen zwischen 1...30 mg/kg. Er geht auf Chrom(III)-Verbindungen zurück, die vor allem über die Zementausgangsstoffe eingetragen und während des Brennprozesses in Chrom(VI)-Verbindungen (Chromate) überführt werden. Seit Anfang der 90er Jahre gilt es als medizinisch gesichert, dass wasserlösliche Chromate der Auslöser für das sogenannte **Kontaktekzem** (*„Maurerkrätze"*) sind. In den letzten Jahren erkrankten jährlich bis 400 Beschäftigte an dieser durch den Umgang mit Zement hervorgerufenen Hautkrankheit.

Mit der Umsetzung der EU-Richtlinie 2003/53/EG dürfen ab dem 17.01.2005 in allen EU-Mitgliedsstaaten nur noch Zemente und zementhaltige Zubereitungen hergestellt, verkauft und verwendet werden, deren Gehalt an löslichem Chrom (VI) nach Hydratisierung nicht mehr als 0,0002% (2 ppm) der Trockenmasse des Zements beträgt.

Um den Chromatgehalt des Zements zu reduzieren, muss das enthaltene wasserlösliche Chrom(VI) durch ein Reduktionsmittel in Chrom(III) umgewandelt werden. Chrom(III)-Verbindungen sind nicht toxisch und besitzen keine sensibilisierende Wirkung. Sie lösen keine „Maurerkrätze" aus. In alkalischer Lösung geht Chrom(III) in bläulich-grüne Chrom(III)-hydroxid-Gele über.

Als **Chromatreduzierer** (**CR**) kommen Eisen(II)-sulfat, Zinnsulfat und verschiedene Sulfonate zum Einsatz. Aus Kostengründen wird bisher am häufigsten Eisen(II)-sulfat eingesetzt, meist als gut lösliches Heptahydrat $FeSO_4 \cdot 7\,H_2O$. Gleichung (5-10) beschreibt grob die Reduktion von Chromat durch Eisen(II)-sulfat. Die Redoxprodukte sind die Hydroxide von Cr^{III} und Fe^{III}. Sie werden in die Betonmatrix eingebaut.

Zur Reduktion von 1 Mol Cr^{VI} werden 3 Mole Fe^{II} bzw. für 1 mg Cr^{VI} 3,22 mg Fe^{II} benötigt. Praktisch arbeitet man meist mit dem 7...10fachen Überschuss an $FeSO_4$, damit die Reduktion von Chrom(VI) so vollständig wie möglich erfolgt.

$$CrO_4^{2-} + 3\,Fe^{2+} + 4\,OH^- + 4\,H_2O \rightarrow Cr(OH)_3 + 3\,Fe(OH)_3 \qquad (5-10)$$

Da zweiwertiges Eisen relativ leicht durch Luftoxidation in Eisen(III) überführt wird, nimmt der Eisen(II)-Gehalt chromatarmer Zemente mit der Zeit infolge Luftoxidation unter Bildung von Eisen(III)-Verbindungen ab und steht für die Reduktion von Chromat nicht mehr zur Verfügung. Die volle Reduktionskraft wird bei chromatarmen Zementen auf etwa 2 Monate veranschlagt. Das macht künftig die generelle Angabe eines Verfallsdatums notwendig.
Tab. 5.1 enthält einige orientierende Angaben zur Korrosion ausgewählter Baumetalle durch nichtmetallisch-anorganische Baustoffe.

Tabelle 5.1 Korrosiver Angriff nichtmetallisch-anorganischer Baustoffe auf Baumetalle

Nichtmetallisch-anorganischer Baustoff	Baumetalle					
	Al	Cu	Zn	Pb	Cr	Stahl
Kalke, Zementmörtel, Beton (alkalisches Milieu)	−	+	−	−	+	+
Gips- und Anhydritbinder (Sulfate)	−	+	−	+	+	−
Magnesiabinder (Chloride)	−	−	−	+	+	−

(+ beständig, − korrosiver Angriff)

5.3 Metallische Korrosion

Für den Bauingenieur hat der Begriff „Korrosion" eine doppelte Bedeutung. Er bezieht sich zum einen auf die unerwünschte Zerstörung von Metallen, zum anderen aber auch auf die Zerstörung nichtmetallisch-anorganischer Werkstoffe durch den Einfluss der sie umgebenden Medien. Im folgenden Kapitel soll ausschließlich die metallische Korrosion betrachtet werden. Der Angriff aggressiver Medien auf Mörtel, Beton und Natursteine wird in Kap. 6.3.8 besprochen.

Ausgehend von der DIN-Definition (DIN 50900) kann man unter **Korrosion** (*lat.* corrodere, zernagen, zerfressen) die von der Oberfläche ausgehende, unerwünschte Zerstörung eines metallischen Werkstoffs durch chemische, insbesondere aber elektrochemische Reaktionen mit der Umgebung verstehen. Durch Korrosionsprozesse wird die Funktionalität des metallischen Werkstoffs beeinträchtigt. Es kommt zu Substanz- und Festigkeitsverlust sowie (evtl.) zu Volumenzunahme.
Die Unterteilung zwischen chemischer und elektrochemischer Korrosion ist von jeher problematisch und nicht immer schlüssig anwendbar. Abbildung 5.3 gibt einen Überblick über die wichtigsten Korrosionstypen.

5.3.1 Typen der metallischen Korrosion

Als Merkmal der **chemischen Korrosion** gilt die Abwesenheit eines Elektrolyten. Es erfolgt eine *direkte* Reaktion zwischen Metallen bzw. Legierungsbestandteilen und heißen, trockenen Gasen. Charakteristische Beispiele sind die Prozesse der Hochtemperaturkorrosion von Metallen in oxidierenden Gasen wie Sauerstoff und Wasserdampf.
Eisen bildet oberhalb von 575°C auf der Metalloberfläche eine **Zunderschicht** aus Eisen(II)-oxid FeO (*Wüstit*), die nach außen über eine dünne Zwischenschicht aus Fe_3O_4 (*Magnetit*) in Fe_2O_3 (*Hämatit*) übergeht.

Unterhalb von 575°C besteht der Zunder nahezu ausschließlich aus Fe_3O_4 mit einer dünnen Außenhaut aus Fe_2O_3. Die Zusammensetzung der Zunderschicht hängt demnach empfindlich von der Temperatur ab. Bei legierten Stählen sind in der Zunderschicht neben Eisenoxiden auch Oxide der Legierungselemente enthalten.

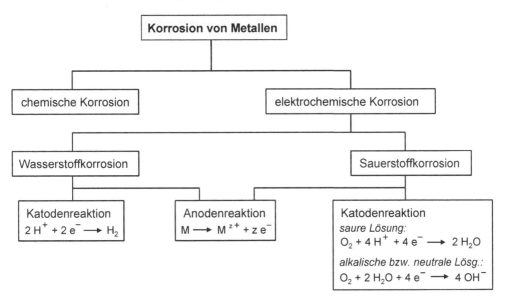

Abbildung 5.3 Überblick über wichtige Korrosionstypen

Elektrochemische Korrosion. Die wichtigsten Korrosionsvorgänge der Praxis sind allesamt elektrochemischer Natur, sie sollen im Weiteren kurz dargestellt werden.

Ein Metall wird dann korrosiv zersetzt, wenn in einem wässrigen Elektrolyten zwei gekoppelte, aber lokal getrennte Elektrodenreaktionen ablaufen können. Wegen der Protolysereaktion(en) des im Wasser immer gelösten CO_2, evtl. auch SO_2 bzw. NO_2 ($\rightarrow$ Bildung von H_3O^+- und Säurerestionen), übernehmen bereits Regen- oder Kondenswasser die Funktion der Elektrolytlösung. Es bilden sich auf der Metalloberfläche Bezirke aus, in denen vorwiegend Metallionen in Lösung gehen (*Anode*), und Bezirke, in denen Oxidationsmittel reduziert werden können (*Katode*). *Anode und Katode sind Stellen mit verschiedenem elektrochemischem Potential.* Indem sie durch den Elektrolyten leitend verbunden werden, kann zwischen ihnen ein Strom fließen. Im Metall erfolgt der Transport des Stroms durch Elektronen- und in der Elektrolytlösung durch Ionenleitung. Der Stromkreis stellt ein kleines, kurzgeschlossenes galvanisches Element dar, das als **Korrosionselement** bezeichnet wird. Im Mikrobereich (< 1 mm) spricht man auch von einem **Lokalelement**. Die Elektrodenflächen betragen nur Bruchteile eines Quadratmillimeters.

Zur Ausbildung von Korrosionselementen kann es auf unterschiedliche Weise kommen. Zwei in der Praxis fundamental wichtige Typen von Korrosionselementen bilden sich aus, wenn a) lokal unterschiedliche Konzentrationen eines angreifenden Mediums, z.B. Sauerstoff, in einer Elektrolytlösung auf einer Metalloberfläche vorliegen (Konzentrations- bzw. Belüftungselemente $\rightarrow$ Rostprozess) oder b) die Berührungsstelle verschieden edler Metalle in Kontakt mit einer Elektrolytlösung gelangt (Kontaktkorrosion).

Anodenvorgang: Die Anodenreaktion ist immer die oxidative Auflösung des Metalls:

$$M \rightarrow M^{z+} + z\,e^- \tag{5-11}$$

Katodenvorgang: Als Katodenreaktion kommen je nach Bedingungen (pH-Verhältnisse, Sauerstoffkonzentration!) verschiedene Teilprozesse in Frage, bei denen die nach (Gl. 5-11) freigesetzten Elektronen verbraucht werden. In der Mehrzahl der Fälle übernehmen der Sauerstoff oder die H^+-Ionen die Rolle des Elektronenakzeptors bzw. Oxidationsmittels (Gl. 5-12 und 5-13).

• Betrachten wir zunächst die Redoxverhältnisse in *neutralen* bzw. *schwach alkalischen, sauerstoffhaltigen Wässern*. Hier fungiert der Sauerstoff als Oxidationsmittel unter Bildung von OH^--Ionen (Gl. 5-12). Es liegt Sauerstoffkorrosion vor.

$$O_2 + 2\,H_2O + 4\,e^- \;\rightarrow\; 4\,OH^- \qquad \textit{\textbf{Sauerstoffkorrosion}} \qquad (5\text{-}12)$$
$$(\tfrac{1}{2}\,O_2 + \quad H_2O + 2\,e^- \;\rightarrow\; 2\,OH^-)$$

Von praktischem Interesse ist insbesondere der *schwach saure Bereich* ($4 < pH \le 6{,}5$), denn in diesem Bereich liegen die pH-Werte des mehr oder weniger stark belasteten Regenwassers bzw. des Kondenswassers. Gelangt Wasser dieses pH-Bereichs in Kontakt etwa mit einer Eisenoberfläche, läuft neben der Entladung von H^+-Ionen selbstverständlich auch eine Reduktion des Sauerstoffs ab (Gl. 5-13) und der Rostprozess setzt ein.

$$O_2 + 4\,H_3O^+ + 4\,e^- \;\rightarrow\; 6\,H_2O \qquad\qquad (5\text{-}13)$$
$$(\tfrac{1}{2}\,O_2 + 2\,H_3O^+ + 2\,e^- \;\rightarrow\; 3\,H_2O)$$

• In *stärker sauren* Lösungen ($pH < 4$) erfolgt die Reduktion der Hydroniumionen zu Wasserstoff (Wasserstoff- oder Säurekorrosion; Gl. 5-14). Es erfolgt ein Redoxprozess zwischen dem Metall und den H_3O^+-Ionen, z.B. $Fe + 2\,H_3O^+ \rightarrow Fe^{2+} + H_2 + 2\,H_2O$.

$$2\,H_3O^+ + 2\,e^- \;\rightarrow\; H_2 + 2\,H_2O \qquad \textit{\textbf{Wasserstoffkorrosion}} \qquad (5\text{-}14)$$

• Bei **Sauerstoffmangel** läuft *im neutralen bis schwach-alkalischen Milieu* Reaktion (5-15) ab. Der Wasserstoff des Wassermoleküls wird unter Freisetzung von Hydroxidionen zu elementaren Wasserstoff reduziert. Die Wasserzersetzung besitzt vor allem bei der Korrosion von aktiven Metallen mit negativen Potentialen (Zink, verzinkter Stahl) in O_2-armen Wässern Bedeutung.

$$2\,H_2O + 2\,e^- \;\rightarrow\; H_2 + 2\,OH^- \qquad\qquad (5\text{-}15)$$

Die beiden nachfolgend behandelten Korrosionsprozesse (Rosten von Eisen, Kontaktkorrosion) können sowohl nach dem Sauerstoff- als auch nach dem Wasserstofftyp (oder aber nach beiden!) ablaufen. Art und Umfang des jeweiligen Katodenprozesses hängen von der O_2-Konzentration und vom pH-Wert ab.

Rosten von Eisen/Stahl. Der Rostvorgang ist *der* Korrosionsprozess schlechthin. Wurden keine Schutzmaßnahmen vorgenommen, beginnen Eisenwerkstoffe wie unlegierter bzw. niedrig legierter Stahl oder Grauguss *oberhalb einer relativen Luftfeuchtigkeit von ~ 65%* zu korrodieren. Die Spannungsreihe liefert die elektrochemischen Grundlagen zum Verständnis des Korrosionsprozesses und der Möglichkeiten zu seiner Eindämmung bzw. Vermeidung.

Der *Anodenvorgang* bei der Korrosion des Eisen ist generell der Übergang des Metalls in seine oxidierte Form Fe^{2+} (anodische Oxidation, Gl. 5-16).

$$Fe \;\rightarrow\; Fe^{2+} + 2\,e^-. \qquad E^0(Fe/Fe^{2+}) = -0{,}44\ V \qquad\qquad (5\text{-}16)$$

Laut Spannungsreihe wird Eisen mit einem Standardpotential von -0,44 V von Oxidations-mitteln mit einem Redoxpotential > -0,44 V oxidiert.

Katodenvorgang. Bringt man Eisen in ***sauerstoffhaltiges neutrales bis schwach alka-lisches Wasser*** oder setzt es ***feuchter Luft*** aus, kommt der Rostprozess recht schnell in Gang. Schon nach wenigen Stunden ist am Rand kleiner Wasserinseln auf einer Eisen-oberfläche die beginnende Rostbildung zu beobachten. Sauerstoff reagiert als Oxidati-onsmittel und bildet gem. Gl. (5-12) Hydroxidionen, die in einer Folgereaktion mit Fe^{2+}-Ionen zu Eisen(II)-hydroxid reagieren (Gl. 5-17). Das gebildete Eisen(II)-hydroxid wird bei Sauerstoffzutritt zum Elektrolyten zu schwerlöslichem **Eisen(III)-oxidhydroxid**, dem Rost, aufoxidiert (Gl. 5-18).

$$Fe^{2+} + 2\,OH^- \;\rightarrow\; Fe(OH)_2 \qquad\qquad\qquad\qquad (5\text{-}17)$$

$$2\,Fe(OH)_2 + \tfrac{1}{2}\,O_2 \;\rightarrow\; 2\,FeO(OH)\;+\;H_2O \qquad\qquad (5\text{-}18)$$
$$\textit{\textbf{Rost}}$$

Von besonderem Interesse sind die Redoxverhältnisse in *neutralem* (z.B. **Trinkwasser**) bzw. *schwach alkalischem Wasser*. Sauerstoffarmes Trinkwasser besitzt eine geringe Neigung zur Oxidation des Eisens, d.h. der Korrosionsprozess verläuft unter Luftaus-schluss außerordentlich langsam. Deshalb hat man für Heizungsrohre lange Zeit normales Eisen verwendet. Solange die Rohre innen mit Wasser gefüllt und luftfrei blieben, trat jah-relang kein nennenswerter Korrosionsschaden auf.

Gelangt sauerstoffhaltiges Regenwasser des pH-Bereichs 4...6 in Kontakt mit Eisen, kön-nen sowohl O_2-Moleküle (Gl. 5-12) als auch H_3O^+-Ionen (Gl. 5-14) als Oxidationsmittel reagieren.
In *sauren Lösungen* (pH < 4) läuft Reaktion (5-14) ab. Die Hydroniumionen wirken als Oxidationsmittel und werden unter Wasserstoffentwicklung entladen (*Wasserstofftyp*).

Eisen, Sauerstoff (Luft) und Wasser sind die drei für den Rostprozess notwendi-gen Komponenten. Fehlt eine dieser Komponenten, findet praktisch keine Korro-sion statt.

Abb. 5.4 zeigt den Mechanismus der Rostbildung. Ein Tropfen Leitungswasser (pH ~ 7) auf einer Eisenoberfläche wirkt als Elektrolytlösung einer winzigen galvanischen Zelle. Aufgrund des längeren Diffusionsweges ist die Konzentration an gelöstem Sauerstoff im Zentrum des Tropfens geringer als in den Randzonen. Damit liegt eine Sauerstoff-Konzen-trationskette bzw. ein sogenanntes „**Belüftungselement**" vor. Es arbeitet nach folgendem Prinzip: Die Flächenbereiche des Metalls, bei denen der Elektrolyt eine höhere O_2-Kon-zentration aufweist, bilden die Katode, und die Bereiche geringerer O_2-Konzentration die Anode. Im sauerstoffarmen (wenig belüfteten) Bereich in der Tropfenmitte treten Fe^{2+}-Io-nen in die Elektrolytlösung über (*Anodenvorgang*). Die Elektronen fließen im Metall an den Rand des Tropfens, wo höhere O_2-Konzentration vorliegen. Hier erfolgt die Reduktion des Sauerstoffs (*Katodenvorgang*) unter Bildung von OH^--Ionen. Die an der Anode gebildeten Fe^{2+}-Ionen reagieren zunächst mit den entstandenen Hydroxidionen zu $Fe(OH)_2$ (Gl. 5-17), das durch weiteren Sauerstoff im Tropfen zu braunem, amorphem Rost $FeO(OH)$, Ei-sen(III)-oxidhydroxid oxidiert wird (Gl. 5-18)
Mitunter schreibt man für den Rostvorgang folgende verallgemeinerte **Bruttogleichung:**

$$2\,Fe\;+\;H_2O\;+\;1\tfrac{1}{2}\,O_2 \;\rightarrow\; 2\,FeO(OH)\;\text{bzw.}\;Fe_2O_3 \cdot H_2O \qquad (5\text{-}19)$$

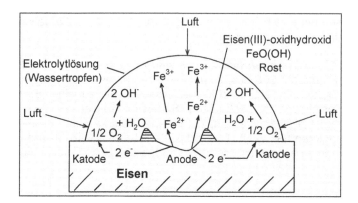

Abbildung 5.4

Korrosion von Eisen:
Mechanismus der Rost-
bildung (neutrale Lösung)

Rost besitzt keine einheitliche Zusammensetzung. Neben dem sich primär bildenden Ei-
sen(II)-hydroxid $Fe(OH)_2$ liegt rotbraunes Eisen(III)-oxidhydroxid $FeO(OH)$ als Hauptkomponente neben wasserhaltigem Eisen(II)-Eisen(III)-oxid ($Fe_3O_4 \cdot x H_2O$) vor. Bei Sauerstoffmangel, kann eine vollständige Oxidation des Fe^{2+} zu Fe^{3+} nicht stattfinden. Deshalb
entstehen Fe(II,III)-Zwischenprodukte, z.B. „Grünrost", ein grünes Magnetithydrat $Fe_3O_4 \cdot$
H_2O oder schwarzer Magnetit Fe_3O_4. Das Auftreten einer schwarzen inneren und einer
grünen bzw. rotbraunen äußeren Rostschicht ist ein oft zu beobachtendes Korrosionsbild.

Rost besitzt mit einer Dichte von ρ = 3,5 g/cm^3 in etwa *das doppelte Volumen* von Eisen (ρ
= 7,87 g/cm^3). Tatsächlich kann sich sein Volumen *aufgrund der hohen Porosität bis auf
das Siebenfache* ausdehnen. Infolge der durch die Porosität bedingten großen inneren
Oberfläche bindet Rost je nach Luftfeuchtigkeit beträchtliche Mengen an Wasser.
Häufig wird für Rost vereinfacht die allgemeine Formel **$Fe_2O_3 \cdot x H_2O$**, chemisch: Eisen(III)-
oxidhydrat, angegeben. Sie soll verdeutlichen, dass der Anteil des Wassers im Rost varia-
bel ist. Er hängt von den Bedingungen der Bildungsreaktion ab. Für x = 1 lässt sich diese
Formel in die Hauptkomponente des Rosts ($\rightarrow Fe_2O_3 \cdot H_2O$ = 2 **FeO(OH)**) umwandeln.

Eisen(II)-hydroxid und basische Eisencarbonate bilden mit Kalk bevorzugt eine mehrere
Millimeter dicke „**Kalk-Rost-Schutzschicht**" auf der Metalloberfläche, die das Metall vor
weiterem Angriff schützt. Die Eisen(II)-Ionen werden durch $FeCO_3$-Bildung abgefangen
und damit einer weiteren Oxidation zu Fe^{3+} entzogen. Diese Reaktion ist vor allem für
Wasserrohre aus Gusseisen oder Stahl von Bedeutung. **Salze** beschleunigen die Korrosion der Metalle. Als Elektrolyte sorgen sie dafür, dass der für den Ablauf der elektrochemischen Reaktion notwendige elektrische Stromkreis geschlossen ist.

• Kontaktkorrosion

Gelangt die Berührungsstelle zweier verschieden edler Metalle in Kontakt mit einer Elektrolytlösung, bildet sich wiederum ein kleines galvanisches Element (*Lokalelement*) aus.
Man spricht von *Kontaktkorrosion*. Das unedlere Metall wird korrosiv aufgelöst. Kontaktkorrosion kann an Schraub- und Nietverbindungen unterschiedlicher Metalle, aber auch an
beschädigten metallischen Überzügen auftreten. Der Mechanismus dieses Korrosionstyps
soll an zwei Beispielen erläutert werden:

• Korrosion an verzinntem Stahlblech.
Zinn (Sn) ist aufgrund seiner Beständigkeit ge-
gen Luft und Wasser, aber auch gegen schwache Säuren und Basen, ein geeignetes
Überzugsmaterial für Stahlblech („Weißblech"). Es verleiht dem Stahlblech einen zuverläs-

sigen Korrosionsschutz. Da Zinn darüber hinaus noch ungiftig ist, wird Weißblech vor allem in der Lebensmittelbearbeitung bzw. -aufbewahrung (Konservendosen) eingesetzt.
Wird die Zinnschicht allerdings beschädigt und gelangt die Schadstelle in Kontakt mit einer Elektrolytlösung, kommt das gegenüber Eisen höhere Standardpotential des Zinns ($E^0(Sn/Sn^{2+}) = -0,14\ V > E^0(Fe/Fe^{2+}) = -0,44\ V$) zum Tragen. Das unedlere Eisen bildet die Anode (Abb. 5.5). Es löst sich auf und geht in Rost über. Folgende chemische Reaktionen laufen ab:

Anode (Oxidation): $Fe \rightarrow Fe^{2+} + 2\ e^-$

Katode (Reduktion): Art und Umfang des ablaufenden Katodenprozesses hängen wie beim Rostprozess von der O_2-Konzentration und vom pH-Wert ab. Es liegt entweder der Sauerstoff- (Gl. 5-12) oder der Wasserstofftyp (Gl. 5-14) oder eine Kombination beider vor.

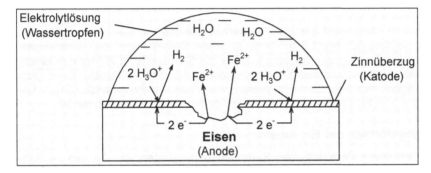

Abbildung 5.5   Lokalelement Fe/Sn: Korrosion an verzinntem Stahlblech; saurer Elektrolyt (Typ: Wasserstoffkorrosion).

Die beim Anodenvorgang freigesetzten Elektronen fließen zum edleren Metall (Sn) und werden je nach pH-Wert und O_2-Konzentration an dessen Oberfläche von H_3O^+-Ionen oder von Sauerstoff aufgenommen. Das edlere Zinn bleibt im Wesentlichen unverändert. Bei Beschädigung der Zinnschutzschicht korrodiert der Stahl. Es kommt zum *Unterrosten* der Schutzschicht und der Korrosionsabtrag schreitet in die Tiefe fort (Lochfraß). Ein analoges elektrochemisches Verhalten zeigt ein durch eine Kupferschicht geschütztes Stahlblech.

• **Korrosion an verzinktem Stahlblech.** Anders sind die Verhältnisse, wenn Zink als Überzugsmaterial für Stahlteile (Kfz-Karosserien, Stahlmasten, Dachrinnen) eingesetzt wird. Ist die Zinkschicht beschädigt und gelangt die Schadstelle in Kontakt mit einer Elektrolytlösung, fungiert das Eisen als Katode des sich ausbildenden Lokalelements. Das unedlere Zink ($E^0(Zn/Zn^{2+}) = -0,76\ V < E^0(Fe/Fe^{2+}) = -0,44\ V$) bildet die Anode und wird zu Zn^{2+}-Ionen oxidiert. Die Zinkschicht löst sich allmählich auf (Abb. 5.6). Die Elektronen fließen zum edleren Eisen, wo sie in Abhängigkeit vom pH-Wert vom Sauerstoff oder den H^+-Ionen aufgenommen werden. Das Eisen ist weitgehend vor dem Rosten geschützt. Folgende chemische Reaktionen laufen ab:

Anode (Oxidation): $Zn \rightarrow Zn^{2+} + 2\ e^-$

Katode (Reduktion):   siehe oben Fe/Sn

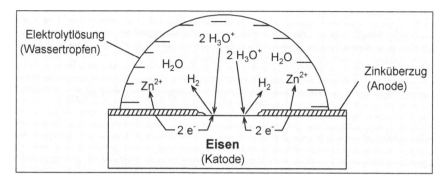

Abbildung 5.6   Lokalelement Zn/Fe: Katodischer Schutz von Eisen durch leitenden
                 Kontakt mit Zink; saurer Elektrolyt (Typ: Wasserstoffkorrosion)

In beiden betrachteten Fällen wird das jeweils unedlere Metalls korrosiv zerstört. Für den praktischen Korrosionsschutz ergibt sich damit folgende Schlussfolgerung: Wenn keine Bedenken funktioneller Art dagegen sprechen, sollte die Schutzschicht immer aus einem unedleren Metall als die zu schützende Schicht bestehen (z.B. Zink auf Eisen). Dann geht bei einer Beschädigung der Schutzschicht immer zuerst das unedlere Metall (Zn) in Lösung und das edlere (Fe) bleibt so lange erhalten, so lange noch Zink vorhanden ist.

5.3.2 Erscheinungsformen der Korrosion

Je nach dem verwendeten Werkstoff, den Korrosionsbedingungen, der Art des Stoffabtrags und der mechanischen Belastung können die Erscheinungsformen der Korrosion sehr vielfältig sein. Die wichtigsten Formen sind:

Gleichmäßige Flächenkorrosion (Abtragende Korrosion). Der Korrosionsangriff erfolgt parallel zur Oberfläche. Der metallische Werkstoff wird eben und gleichmäßig über große Bereiche der Metalloberfläche abgetragen, wobei eine allmähliche Querschnittsverminderung eintritt (Abb. 5.7a). Flächenkorrosion findet vor allem an unlegierten bzw. niedrig legierten Stählen in neutralen Wässern oder feuchter Atmosphäre statt. Sie ist die bekannteste und häufigste Form der Korrosion. Aus technischer Sicht ist ein gleichmäßiger Korrosionsabtrag wenig problematisch. Die Korrosionsraten sind meist gering, so dass die Flächenkorrosion trotz ihres gefährlichen Aussehens leicht überwacht und die Standzeit eines Stahlbauteils gut abgeschätzt werden kann.

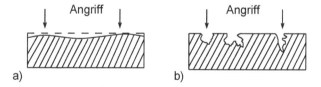

Abbildung 5.7   Typische Erscheinungsformen der Korrosion: a) Gleichmäßige Flächenkorrosion; b) Lochfraßkorrosion (Lochkorrosion, Lochfraß).

Bei der **Lochfraßkorrosion** (Abb. 5.7b) erfolgt eine Zerstörung der oxidischen Schutzschicht (Passivschicht), wobei kraterförmige, die Oberfläche unterhöhlende tiefe Löcher auftreten. Ausgangspunkt sind Fehl- und Störstellen in der Passivschicht. Außerhalb der Lochfraßstellen tritt praktisch kein Flächenabtrag auf, deshalb spricht man auch von ungleichmäßiger oder lokal begrenzter Korrosion. Die Tiefe der Lochfraßstelle ist im Allgemeinen gleich oder größer als ihr Durchmesser. Das relativ schnelle Wachstum in die Tiefe des metallischen Werkstoffs wird durch Faktoren wie pH-Wert, Temperatur und Halogenkonzentration (vor allem Chloridionen) beeinflusst. Zu den passiven Werkstoffen, die besonders durch Lochfraßkorrosion gefährdet sind, gehören hochlegierte ferritische Chrom- und Chrom-Nickel-Stähle sowie Aluminiumteile.

Ausgangspunkt für die Lochkorrosion sind Fehl- und Störstellen in der Passivschicht. Darunter sind herstellungs- und bearbeitungsbedingte mechanische Oberflächendefekte, Heterogenitäten des Werkstoffs oder auch Oberflächenverunreinigungen bzw. Ablagerungen zu verstehen. Indem bestimmte Ionen wie Cl^-, aber auch Br^- und I^- an diesen Stellen adsorbiert und eingebaut werden, wird die Passivschicht so verändert, dass es zu einer stationären Auflösung des Metalls kommen kann.

Findet auf einer ansonsten kaum korrosiv angegriffenen Metalloberfläche ein örtlich begrenzter Abtrag statt und der Durchmesser der Löcher (Mulden) ist größer als ihre Tiefe, spricht man von **Muldenkorrosion**. In zahlreichen Schadensfällen ist zwischen Lochfraß und Muldenfraß keine eindeutige Abgrenzung möglich.

Unter **selektiver Korrosion** fasst man Korrosionsformen zusammen, bei denen „bestimmte Gefügebestandteile, korngrenzennahe Bereiche oder Legierungsbestandteile bevorzugt gelöst werden" (DIN 50 900 Tl.1). Man unterscheidet die interkristalline Korrosion (ältere irreführende Bezeichnung: „Kornzerfall"), die transkristalline Korrosion, die Entzinkung (bei Messing), die Entnickelung und Entaluminierung sowie die Spongiose.

Die *interkristalline Korrosion* tritt vorwiegend bei passivierenden Legierungen im Bereich der Korngrenzen des Werkstoffgefüges auf. Unter **Korngrenzen** versteht man die Grenzen zwischen den Metallkristalliten im Metallverbund. Unsachgemäße Behandlung, z.B. durch zu starke Wärmeeinwirkung bei bestimmten Bearbeitungsschritten wie Schweißen oder Warmverformungsverfahren, kann zu Inhomogenitäten im Werkstoffgefüge führen. An den Korngrenzen können sich chromreiche Phasen ausscheiden, wobei den unmittelbar benachbarten Bereichen Cr entzogen wird. Damit bilden sich an den Korngrenzen Lokalelemente aus. Folge der *interkristallinen Korrosion* ist eine Auflockerung des Gefüges verbunden mit einem Festigkeitsverlust des Metalls. Das Gefüge kann so stark geschwächt werden, dass ein Kornzerfall eintritt. Interkristalline Korrosion ist vor allem an Cr-Ni- und Cr-Ni-Mo-Stählen zu beobachten.

In Ausnahmefällen wird an Bauteilen aus Messing, die in ständigem Kontakt mit Trinkwasser oder Schwitzwasser stehen, die sogenannte **Entzinkung** beobachtet. Sie kann im Extremfall zu Schäden an Armaturen oder Rohren führen. Die Entzinkung wird - was nicht ganz korrekt ist - ebenfalls der selektiven Korrosion zugerechnet. Sie ist als Schädigungsprozess seit langem bekannt. Vereinfacht dargestellt lösen sich bei der Entzinkung die Mischkristalle des Messings auf. Die edleren Cu-Ionen werden durch die unedleren Zn-Ionen aus der Lösung „verdrängt". Sie scheiden sich an der Messingoberfläche wieder ab und bilden einen rötlichen, schwammigen Niederschlag. Damit täuschen sie eine entzinkte Oberfläche vor. Die angegriffene Stelle weist praktisch keine Eigenfestigkeit mehr auf. Aus der fälschlichen Annahme einer lokalen Verminderung des Zn-Gehaltes wurde früher der Begriff „Entzinkung" geprägt. Die Entzinkung ist in der Regel mit einer örtlichen pfropfenförmigen Zerstörung (Lochfraß) des Bauteils verbunden.

Voraussetzung für diese Korrosionserscheinung ist chloridhaltiges, relativ weiches Wasser. Der Entzinkung kann in unserer Zeit problemlos vorgebeugt werden. Der Einsatz von entzinkungsbeständigem Messing (**dr-Messing**, **d**ezincification **r**esistant) ist heute Stand

der Technik. Entzinkungsbeständige dr-Messinge werden durch eine spezielle Wärmebehandlung hergestellt, die den Anteil der Messing-α-Phase gegenüber der β-Phase (wird
bei der Entzinkung bevorzugt angegriffen!) erhöht. Im Gefüge von dr-Messing dominiert
demzufolge die α-Phase. Sie lässt sich im Gegensatz zur β-Phase durch Zusatz geringer
Mengen an Hemmstoffen (Inhibitoren) gegen die Entzinkung schützen.

Die **Spongiose** (Graphitisierung) beim Grauguss wird ebenfalls der selektiven Korrosion
zugerechnet. Durch den Angriff bevorzugt sauerstoffarmer Wässer oder Wasserdampf
werden aus dem Grauguss dessen Gefügebestandteile Ferrit und Perlit herausgelöst. Zurück bleibt ein relativ weiches, schwammähnliches („Eisenschwamm"), im Wesentlichen
aus Graphit bestehendes Korrosionsprodukt. Hervorgerufen wird die Spongiose durch die
Ausbildung eines Lokalelements zwischen dem edleren Graphit und der unedleren Fer-
rit/Perlit-Metallmatrix. Die ursprüngliche Form des Werkstücks bleibt erhalten, die Festigkeit geht verloren.
Gehen Korrosionsprozesse auf Spalten oder kleine Hohlräume in Werkstoffdeckschichten
zurück, spricht man von **Spaltkorrosion**. Wie bei der Lochfraßkorrosion führen unterschiedliche Sauerstoffkonzentrationen in der den Spalt füllenden Elektrolytlösung zur Ausbildung von Belüftungselementen. Ursache für unterschiedliche O_2-Konzentrationen sind
Diffusionshemmungen. Der Bereich im Inneren des Spaltes ist sauerstoffärmer als der
obere Bereich. Die gut belüftete obere Spaltseite bildet die Katode, an der die Reduktion
des Sauerstoffs stattfindet. Im Bereich des Sauerstoffunterschusses im Inneren des Spaltes läuft der Anodenprozess ab, z.B. die Auflösung (Oxidation) des Eisens.

Korrosion bei mechanischer Belastung. Wirken außer einem aggressiven Medium *mechanische Spannungen (Zugspannungen)* auf den metallischen Werkstoff ein, können Korrosionsprozesse ausgelöst bzw. verstärkt werden. Die Korrosionsschäden resultieren aus
dem Zusammenwirken werkstoffbezogener, medienseitiger und mechanischer Wirkgrö-
ßen. Sie treten nur dann auf, wenn im speziellen Fall die kritische mechanische Beanspruchung überschritten wird. Ist dies nicht der Fall, reicht der korrosive Angriff durch Medien
nicht aus, um einen Schaden hervorzurufen.

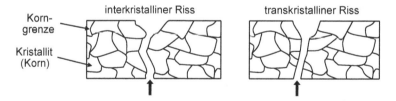

Abbildung 5.8 Rissverlauf bei Spannungsrisskorrosion

Voraussetzung für die **Spannungsrisskorrosion** (Abb. 5.8) ist die Wirkung einer Zugspannung, also einer statischen Beanspruchung, die entweder eine Eigen- oder eine Last-
spannung sein kann, bei gleichzeitiger Einwirkung eines Korrosionsmediums wie z.B. chloridhaltige oder stark alkalische Lösungen. Spannungsrisskorrosion führt meist zu veräs-
telter Rissbildung mit verformungsarmen Trennungen als Folge. Das Metallgefüge „reißt"
entlang der Korngrenzen auf. Betroffen sind vor allem nichtrostende austenitische Cr-Ni-
Stähle. Je nach Rissbildung unterscheidet man inter- und transkristalline Spannungsrisskorrosion (Abb. 5.8). In der Praxis häufig anzutreffende Beispiele für diesen Korrosionstyp
sind die an der Außenseite gebogener Metalle sowie an Schweißnähten von Rohren auftretenden Spannungsrisse. In ihnen schreitet die Korrosion sehr schnell fort.

Schwingungsbelastungen, die normalerweise keine Schädigungen an Werkstoffen hervorrufen würden, können in Verbindung mit einem Korrosionsmedium zu schwerwiegenden Korrosionserscheinungen führen. Man spricht von **Schwingungsrisskorrosion** oder Ermüdungskorrosion. Die Rissbildung erfolgt stets *transkristallin* (Abb. 5.8 rechts). Das Korrosionsmedium ist wenig spezifisch, einen wesentlich stärkeren Einfluss besitzt das Werkstoffgefüge.

Spalt- und Spannungsrisskorrosion sind weit verbreitet. Die von ihnen ausgehenden Gefahren sind nicht zu unterschätzen, da der gesamte Umfang des Schadens häufig erst dann festgestellt wird, wenn die Bauteile bzw. Werkstücke oder die gesamte Stahlkonstruktion kaum noch zu retten sind. Die gebildeten Risse sind so fein, dass sie mit bloßem Auge oft nicht erkennbar sind. Meist sind sie mit Korrosionsprodukten gefüllt. Obwohl der chemische Umsatz der Korrosionsreaktion von vernachlässigbarer Größe ist, kann es trotzdem zu einer signifikanten Schädigung des Werkstoffquerschnitts kommen.

5.3.3 Korrosionsschutz

Die Schäden durch Korrosion haben wirtschaftliche Konsequenzen von nahezu gigantischem Ausmaß. Deshalb sind Maßnahmen zu ihrer Verhütung von allergrößter Bedeutung. Zum *aktiven Korrosionsschutz* gehören Verfahren, die Korrosionsprozesse durch einen aktiven Eingriff in das System Werkstoff / angreifendes Medium ausschalten sollen. Als Möglichkeiten ergeben sich Veränderungen am Werkstoff z.B. durch Legieren, Maßnahmen zur Kompensation des Korrosionsstroms oder durch eine Reduzierung der Angriffswirkung des korrosiven Mediums. Der Schutz des Werkstoffs vor dem aggressiven Medium durch geeignete Deckschichten ist das Anliegen des *passiven Korrosionsschutzes*. Verfahren zum passiven Korrosionsschutz besitzen die volkswirtschaftlich größere Bedeutung. Ihr Einsatz ist oft ökonomisch sinnvoller als etwa Veredlung des Grundwerkstoffs bzw. die Anwendung elektrochemisch basierter Verfahren.
Der Begriff des passiven Korrosionsschutzes steht in keinem Zusammenhang mit der Passivität der Metalle.

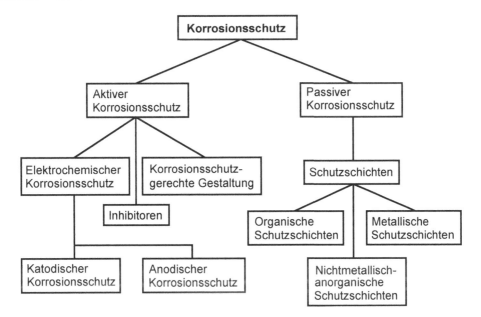

Passiver Korrosionsschutz. Grundidee des passiven Korrosionsschutzes ist eine räumliche Trennung des metallischen Bau- oder Werkstoffes vom angreifenden Medium durch eine Schutzschicht.

• **Metallische Schutzschichten**. Unter den Methoden zur Erzeugung metallischer Schutzschichten (*Metallisierungsverfahren*), sind vor allem das Schmelztauchen und das Galvanisieren hervorzuheben. Beim **Schmelztauchen** (Feuermetallisieren) wird das zu schützende Metall in die Schmelze eines Überzugsmetalls getaucht. Die nach dem Abschrecken an der Luft oder in Wasser erstarrte metallische Schutzschicht ist im Allgemeinen dicker als ein auf galvanischem Wege hergestellter Überzug. Aus ökonomischen Gründen wird das Schmelztauchen vor allem zur Erzeugung von Korrosionsschutzschichten aus niedrig schmelzenden Metallen eingesetzt. Die wichtigste Anwendungsform ist die **Feuerverzinkung**. Nach dem Entfetten und Beizen mit verdünnten Säuren werden die Stahlbleche, Stahlrohre und -halbzeuge bzw. Stahlfertigerzeugnisse (z.B. Eimer, Kessel) in flüssiges Zink (Smp. 419,5°C) getaucht. Wegen der Dicke der Schutzschicht von ca. 0,05 mm und der sofortigen Passivierung der Zinkoberfläche an der Luft, wird die Feuerverzinkung bevorzugt als Schutzmaßnahme gegen Außenbewitterung im Stahlbau, im Bauwesen, in der Landwirtschaft und in der Elektroversorgung eingesetzt.

Eine Erhöhung der Schutzwirkung ergibt sich durch eine zusätzlich aufgebrachte organische Deckschicht (**Duplex-System**: *Feuerverzinkung + organische Beschichtung*). Durch die Kombination Zink/organische Beschichtung erhöht sich die Schutzwirkung um das 1,5- bis 2,5-fache der Summe der individuellen Schutzfaktoren. Das ist vor allem für den Einsatz von Bauteilen in belasteten Industrieregionen und in aggressiven Böden von Bedeutung.

Beim **Galvanisieren** wird das Überzugsmetall elektrolytisch auf der zu schützenden Oberfläche abgeschieden. Das zu beschichtende Werkstück wird als Katode einer Elektrolysezelle geschaltet. Die Anode besteht aus dem als Schutzschicht aufzubringenden Metall. Das Werkstück taucht in eine Elektrolytlösung (galvanisches Bad), die ein Salz des Schichtmetalls in schwefelsaurer Lösung enthält. Die Kationen der Salzlösung scheiden sich an der Katode ab und bilden die Deckschicht auf dem Werkstück. Das allmähliche Auflösen des Anodenmaterials hält die Konzentration an Metallkationen im Elektrolytbad annähernd konstant. Die erzeugten Überzüge (~ 0,012 mm) haften bei sachgemäßer Vorbehandlung des Werkstücks gut auf der Metalloberfläche.

• **Organische Beschichtungsstoffe** enthalten neben Korrosionsschutzpigmenten wie Zn-Staub, Zn- oder Zn-Al-Phosphaten entweder in organischen Lösungsmitteln lösliche Bindemittel (Chlorkautschuk, PVC, Acryl- und Epoxidharze) oder wasserlösliche Bindemittel wie Acrylharz-, Vinylharz-, Polyurethan-Dispersionen. Des Weiteren können Füllstoffe wie $BaSO_4$, $CaSO_4$ und Silicate (Glimmer, Quarz und Talk), Farbmittel und evtl. Zusatzstoffe wie Verdicker und Weichmacher enthalten sein. Die Filmbildung bei diesen Beschichtungsstoffen erfolgt durch Verdunstung des organischen Lösungsmittels oder des Wassers. Im letzteren Fall ist die Beschichtung nach der Filmbildung nicht mehr wasserlöslich.

• **Anorganische Überzüge** auf Metalloberflächen erhält man entweder durch gezielte Oberflächenreaktionen (*Reaktionsbeschichten*) oder durch *Aufschmelzen* anorganischer Stoffe auf die Oberfläche des zu schützenden Werkstoffs. So können zum Beispiel auf Stählen **oxidische Schichten** durch kontrollierte Oxidation mit überhitzter Luft bzw. mit ca. 500°C heißem Wasserdampf (*Bläuen*) erzeugt werden.

Beim **Emaillieren** werden durch Aufschmelzen anorganischer Substanzen (Ausgangsstoffe: Borax, Quarzmehl und Feldspat sowie geringe Mengen Soda, Kryolith und Flussspat) glasartige Überzüge erhalten. Die heute gängigen Emailsorten bestehen aus Borsilicatgläsern, die bei technischen Anwendungen getrübt sein können. Durch Zusatz von Metalloxiden entstehen farbige Schichten, die für dekorative Zwecke Verwendung finden.

- Eine weitere, wenn auch strukturell andere Gruppe anorganischer Schutzüberzüge bilden die *Phosphatschichten*. Sie lassen sich durch **Phosphatieren** der Oberfläche von Stählen, Zink, Aluminium, Cadmium und Magnesium erzeugen. Bei diesem besonders für Eisenwerkstoffe wichtigen Verfahren wird eine dünne (0,002...0,02 mm) Oberflächenschicht aus schwerlöslichen Phosphaten gebildet. Sie stellt trotz eventueller Nachbehandlung zwar nur einen kurzfristigen Korrosionsschutz dar, weist aber eine Reihe praktisch bedeutsamer Vorteile auf. Zum einen ist sie durch ihre feinkristalline Struktur ein gut geeigneter Haftgrund für Rostschutzbeschichtungen. Zum anderen vermindert sie bei Verformungen den Gleitwiderstand und wirkt deshalb als Schmiermittelträger.
Bei der **Zinkphosphatierung** von Stahl wird das zu phosphatierende Teil in eine Lösung getaucht, die aus primären Zink- oder Manganphosphaten ($Zn(H_2PO_4)_2$ bzw. $Mn(H_2PO_4)_2$), Phosphorsäure und anderen Zusätzen besteht. Im Resultat mehrerer Teilreaktionen [6] wird auf der Eisenoberfläche schwerlösliches tertiäres Zinkphosphat $Zn_3(PO_4)_2$ gebildet.

Aktiver Korrosionsschutz. Eine Variante des aktiven Korrosionsschutzes besteht darin, durch gezielte Anwendung elektrochemischer Grundlagen und Zusammenhänge eine Kompensation des zwischen den katodischen und anodischen Bereichen der Metalloberfläche fließenden Korrosionsstroms zu erreichen. Man erzeugt einen Schutzstrom (Gleichstrom), der dem Korrosionsstrom entgegengerichtet ist und dessen Stärke mindestens der des Korrosionsstroms entspricht. Ziel ist ein Potentialausgleich auf der gesamten Werkstoffoberfläche, so dass ein Übertritt von positiven Metallionen in die Elektrolytlösung nicht mehr möglich ist. Eine Kompensation des anodischen, die Metallauflösung bewirkenden Korrosionsstroms kann entweder durch geeignete galvanische Anoden oder durch einen Fremdstrom erreicht werden. Da das zu schützende Metall als Katode fungiert, spricht man vom **katodischen Korrosionsschutz**. Katodischer Korrosionsschutz kommt überall dort zur Anwendung, wo Eisen(Stahl)-Konstruktionen großflächig in Kontakt mit Elektrolytlösungen stehen, z.B. bei Rohrleitungen, Lagerbehältern oder Kabeln im Erdboden sowie bei Stahlkonstruktionen im Meerwasser.

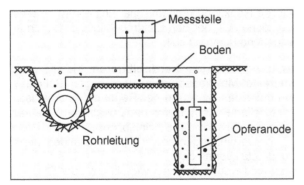

Abbildung 5.9

Katodischer Korrosionsschutz:
Prinzip der Opferanode

Die bekannteste Möglichkeit zur Erzeugung eines Korrosionsschutzstroms ist die Verwendung einer **Opferanode**. Man schaltet das zu schützende Metall (meist Eisen) als Katode eines galvanischen Elements und verbindet es leitend mit einem unedleren Metall als Anode (Abb. 5.9). Die vorhandene Bodenfeuchtigkeit reicht als erforderliche Elektrolytlösung vollkommen aus. Das unedlere Metall korrodiert, d.h. es wird „geopfert" (*Opferanode, Aktivanode*). Die Elektronen fließen zum Eisen (Schutzstrom) und kompensieren den Korrosionsstrom auf der Eisenoberfläche. Die Bildung von Fe^{2+}-Ionen wird unterdrückt und

das zu schützende Objekt (Katode) vor der Zerstörung bewahrt. Als Material für Aktivano-
den, die in speziellen Bettungsmassen verlegt werden, eignet sich im Prinzip jedes Metall
das unedler als das zu schützende ist. In der Praxis verwendet man neben Mg und Mg-
Legierungen auch Zn und Al. In der Schifffahrt wurden jahrzehntelang Al- und Zn-Opfer-
anoden für den Korrosionsschutz der Schiffsrümpfe eingesetzt.

Den gleichen Effekt wie mit einer Opferanode kann man durch den Einsatz eines **Fremd-
stroms** erreichen. In diesem Fall wird der notwendige Korrosionsschutzstrom durch eine
Gleichspannungsquelle (meist ein mit Wechselstrom gespeister Gleichrichter) von außen
geliefert. Die dazu notwendigen Hilfselektroden (Anoden) bestehen aus Siliciumeisen,
Graphit oder Magnetit und sind in einiger Entfernung vom zu schützenden Objekt in einer
Koksbettung positioniert. Verbindet man den positiven Pol der Gleichspannungsquelle mit
der Hilfselektrode und den Minuspol mit dem zu schützenden Objekt, so fließt ein Strom
von der Hilfselektrode durch den Elektrolyten zur Katode, z.B. zu einer Rohrleitung.
Der kathodische Korrosionsschutz mit Fremdstrom stellt heute den Stand der Technik dar.
Er ist für Gashochdruck- und Ölleitungen vorgeschrieben und gewinnt auch für den Schutz
von Tankbehältern und ganzer Industrieanlagen zunehmend an Bedeutung. Die besondere Attraktivität dieser Variante besteht darin, dass über potentialregelnde Gleichrichter
ständig Korrekturen des Einspeisepotentials möglich sind, die sich etwa aus jahreszeitlich
bedingten Änderungen der Leitfähigkeit des Elektrolyten ergeben. Heute rüsten die Werf-
ten ihre Schiffe überwiegend mit Fremdstromanlagen aus. Der Schutzstrom kann effektiver
unterschiedlichen Schiffsgeschwindigkeiten, unterschiedlichen Temperaturen und einem
sich häufig ändernden spezifischen Widerstand des Meerwassers angepasst werden.

Korrosionsinhibitoren vermindern die angreifende Wirkung korrosiver Medien. Durch
Zusatz bestimmter chemischer Substanzen zu dem mit dem metallischen Werkstoff in
Kontakt stehenden Medium (saure bzw. alkalische Lösungen, Öle, aggressive Gase, Lösungsmittel oder Kraftstoffe) werden physikalische oder chemische Veränderungen an der
Metalloberfläche bewirkt, die den elektrochemischen Korrosionsvorgang direkt beeinflussen. Die Korrosionsinhibitoren setzen die Geschwindigkeit des Korrosionsvorganges herab
(negative Katalyse). Die Reaktionshemmung wird erreicht, indem die zugesetzten Chemikalien die metallische Elektrodenfläche blockieren. Sie bilden durch Adsorptionsprozesse
(physikalische Inhibitoren) oder chemische Reaktionen (chemische Inhibitoren) einen stabilen Film auf der zu schützenden Oberfläche aus, der den Elektronenfluss zwischen anodischen und katodischen Bezirken weitgehend hemmen soll.

Zur Gruppe der *physikalischen Inhibitoren* gehören die **Beizinhibitoren**. Metalle werden
gebeizt, d.h. mit Säuren behandelt, um „reine" Metalloberflächen zu erzeugen. Bei den von
Rost und Zunder gereinigten Stählen erfolgt das Beizen in der Regel mit anorganischen
Säuren wie HCl, H_2SO_4 und HNO_3 in speziellen Bädern. Durch den Zusatz von *Sparbeizen*
erreicht man eine bevorzugte Auflösung der Eisenoxide. Beizinhibitoren wie aliphatische
und aromatische Amine bzw. deren Oniumverbindungen sowie Thioharnstoffderivate sollen den Angriff der Säuren auf das Grundmetall vermindern.
Zu den *chemischen Inhibitoren* gehören oxidierende Anionen wie Nitrate oder Chromate.
Sie bilden durch chemische Reaktion mit der Metalloberfläche einen dünnen, gleichmäßigen Schutzfilm (ca. 20 nm), der passivierend wirkt und damit die Korrosion verhindern soll
(*Passivatoren*). Die Wirkung von Reduktionsmitteln wie Natriumsulfit Na_2SO_3 und Hydrazin
N_2H_4 beruht auf der reduktiven Entfernung des korrosionsfördernden, im Elektrolyten gelösten Sauerstoffs, z.B. $N_2H_4 + O_2 \rightarrow N_2 + 2\,H_2O$.

Korrosionsinhibitoren kommen in den verschiedensten Anwendungsgebieten zum Einsatz,
von der Erdöl- und Erdgasförderung, dem Automobilsektor bis hin zur Metallbearbeitung.

6 Chemie nichtmetallisch-anorganischer Baustoffe

6.1 Minerale und Gesteine

Die äußerste Schicht unserer Erde ist aus einer Vielzahl unterschiedlicher Gesteine aufgebaut, die sich über lange geologische Zeiträume hinweg gebildet haben. Von der Art der bei der Bildung der Gesteine ablaufenden physikalischen oder chemischen Vorgänge hängen ihre Struktur und ihr Aufbau und damit ihre Gebrauchseigenschaften ab.

Gesteine sind heterogene Gemenge von Einzelbausteinen, den **Mineralen.** Unter einem Mineral (*lat.* minera, Erzader) versteht man einen in der Erdkruste gebildeten, chemisch und physikalisch einheitlichen natürlichen Stoff. Als Bestandteil der Gesteine kommen die Minerale meist in kristalliner Form vor. Die wichtigsten gesteinsbildenden Minerale sind: Feldspäte (55...60%); Ketten- und Bandsilicate, z.B. Amphibole (15...16%); Quarz (12%); Glimmer (3...4%); Olivin, Kalkspat und Aragonit (1,5%); Tonminerale, Dolomit, Limonit, Gips/Anhydrit (1...1,5%), weiterhin Salze (NaCl, KCl), Graphit, Serpentin, Apatit (in Klammern ungefähre prozentuale Anteile). Chemisch handelt es sich bei den angeführten Mineralen vor allem um Silicate und Siliciumdioxid, um Carbonate, Sulfate, Phosphate, Oxide, Hydroxide sowie Sulfide. Manche Gesteine, wie z.B. Quarz und Gipsstein, bestehen nur aus *einem* Mineral.

Eine wichtige Unterteilung der Gesteine im Bauwesen bezieht sich auf den Zusammenhalt im Kristallit- bzw. Kornverband. Während *Festgestein* im Bauwesen unmittelbar verwendet werden kann (→ Naturwerksteine), muss *Lockergestein* (Sande, Tone) mit Hilfe eines Bindemittels verfestigt werden.

Im Hinblick auf ihre *Entstehung* unterteilt man die Gesteine in 3 Gruppen: magmatische Gesteine, Sedimentgesteine und metamorphe Gesteine. Alle drei Gesteinsgruppen gehören zum *Festgestein*.

• Zu den **magmatischen Gesteinen** (Erstarrungsgesteine, Magmatite) gehören alle die Gesteine, die durch Abkühlung der magmatischen, hauptsächlich silicatischen Schmelze (*Magma*) entstanden sind. Je nach dem Ort der Abkühlung unterscheidet man zwischen Tiefen- und Ergussgesteinen. *Tiefengesteine* oder Plutonite bilden sich, wenn die heißen Schmelzen innerhalb der Erdkruste erstarren. Da die Abkühlung sehr langsam erfolgt, entstehen große Kristalle, die im Gesteinsmaterial gut sichtbar sind. Die magmatischen Tiefengesteine weisen eine richtungslose (keine Schichtung oder Schieferung!), gleichmäßig körnige bis grobkörnige Mineralstruktur auf. Die wichtigsten Vertreter sind *Granit*, *Syenit*, *Gabbro* und *Diorit*. Gelangt das flüssige Magma durch Risse, Spalten oder Schwachstellen der Erdkruste an die Oberfläche und ergießt sich dort als Lava, werden die Kristallisationsprozesse aufgrund der schnellen Abkühlung weitgehend unterdrückt. Es entstehen feinkristalline Strukturen oder glasige Erstarrungsprodukte, die man als *Ergussgesteine* oder Vulkanite bezeichnet. Ihr Gefüge erscheint einheitlich und massiv. Wichtige Ergussgesteine sind *Basalt*, *Diabas*, *Trachyt* und *Quarzporphyr*. Bei explosionsartigen Eruptionen (z.B. Vulkanismus) kann es zum Auswurf von *Lockerprodukten* kommen. Zu den Lockerprodukten gehören *Aschen*, *Bimssteine* (durch Gase aufgeblähte, glasig erstarrte Magmateilchen) und *Tuffe* (verfestigte vulkanische Aschen).

Abb. 6.1 zeigt schematisch den Verwitterungsprozess eines Erstarrungsgesteins (z.B. Granit). Granit besteht hauptsächlich aus den Mineralen Quarz, Feldspat und Glimmer. Im Verlaufe des Verwitterungsprozesses werden die Alkali- und Erdalkalimetallbestandteile herausgelöst, wobei sich leichtlösliche Alkalimetall- und schwerlösliche Erdalkalimetallverbindungen bilden. Aus letzteren entstehen Kalkstein bzw. Gips; *Tone* und *Sande* bleiben zurück. Tone bilden mit Feinsand *Lehm* und mit Kalkstein *Mergel*. Einige ausgewählte, aus den Verwitterungsprodukten hergestellte Baustoffe sind aufgeführt.

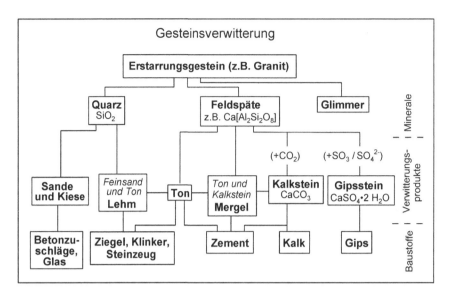

Abbildung 6.1   Verwitterungsprozess eines magmatischen Erstarrungsgesteins (z.B. Granit),
Verwitterungsprodukte und daraus hergestellte Baustoffe

- **Sedimentgesteine** (Schichtgesteine, Sedimentite) entstehen als Verwitterungsprodukte anderer Gesteine. Die **mechanische (physikalische) Verwitterung** führt infolge ständigen Temperaturwechsels, kontinuierlichen Frost-Tau-Wechsels, des Kristallisationsdruckes auskristallisierender Salze und des ständigen Einflusses stürmischer Winde und fließenden Wassers zu einer allmählichen Zerkleinerung des Gesteins. Die chemische Zusammensetzung der Gesteine ändert sich nicht. Mechanische Abtragungsprozesse werden auch als **Erosion** bezeichnet. Die **chemische Verwitterung** umfasst chemische Reaktionen, die zwischen den Bestandteilen des Gesteins und dem Wasser, einschließlich der darin gelösten Stoffe, ablaufen. Sie beruht auf Lösungs-, Protolyse- und Hydrolysereaktionen sowie auf Oxidationsprozessen.

Wichtige Vertreter der Gruppe der Sedimentgesteine sind Sandsteine und Tonschiefer, vor allem aber Kalksteine. **Sandsteine** besitzen im Bauwesen eine große Bedeutung. Sie enthalten vorwiegend Quarz, Feldspat und Glimmer, die in ein kieseliges, kalkiges oder toniges Bindemittel eingebettet sind. Kieselig gebundene Sandsteine bezeichnet man auch als *saure* Sandsteine. Sie gehören zu den hochwertigen Sandsteinen mit einer hohen Festigkeit. Sind ihre Poren weitgehend mit Bindemittel gefüllt, sind sie frostsicher. *Quarzite* sind Sandsteine mit einem hohen Prozentsatz an kieseligem Bindemittel und einem vergleichsweise geringen Prozentsatz an Quarzkristallen. Kalkig gebundene Sandsteine werden auch als *basische* Sandsteine bezeichnet. Sie sind empfindlich gegenüber einem Angriff saurer Gase (vor allem SO_2). *Grauwacken* sind im Erdaltertum entstandene graue Sandsteine.

Kalksteine bestehen überwiegend aus Calciumcarbonat $CaCO_3$. Natürlich vorkommender Kalkstein ist zum einen durch Verwitterung von Feldspäten entstanden. Er ist ein feinkristallines Calciumcarbonat, das vor allem durch Tonminerale verunreinigt ist (deshalb auch: *Kalkstein-Ton-Gestein*). Liegt der Carbonatgehalt über 90% spricht man von *Kalksteinen*, liegt er unter 10% von *Tonen*. Dazwischen folgen die Stufen *Mergelton* (> 10...30%), *Tonmergel* (> 30...50%), *Mergel* (> 50...70%), *Kalkmergel* (> 70... 85%) und *Mergelkalk* (> 85 ...90%); in Klammern stehen jeweils die Carbonatgehalte. Bei den angeführten Mergelgesteinen darf der $MgCO_3$-Anteil 5% des Gesamtcarbonatgehalts nicht übersteigen. *Dolomit*

$CaMg(CO_3)_2$ ist durch das Eindringen höher konzentrierter magnesiumhaltiger Lösungen in kalkhaltige Gesteine entstanden. Der $MgCO_3$-Anteil liegt hier über 30% des Gesamtcarbonatgehalts.

Zum anderen entstand (und entsteht) der Kalkstein infolge Ausfällung der im Meer gelösten Calcium- durch Carbonationen. Ein Teil der Calciumionen wird von den im Meer lebenden Organismen aufgenommen und zu kalkhaltigen Hartteilen wie Schalen, Panzer und Skelette verarbeitet (*Biomineralisation*). *Muschelkalk, Kreide* (z.B. Kreidefelsen auf der Insel Rügen) und *Korallenkalk* bestehen überwiegend aus organischen Sedimenten. Die biogene Sedimentierung von kieselsäurehaltigen Schalen und Hartteilen der Diatomeen (Kieselalgen) führte zur Bildung von *Kieselgur*. *Kalktuffe* sind gelbe bis rötliche, weiche, sehr gut bearbeitbare Kalksteine. Reiner *Marmor* ist weiß und unter hohem Druck entstanden. Die Farbigkeit der roten Varietäten ist auf Hämatit (Fe_2O_3), der gelben bis braunen auf Limonit (Gemisch verschiedener hydratisierter Eisenoxide) und der grauen bis schwarzen auf Kohlenstoff zurückzuführen. *Marmor* ist gleichzeitig die Handelsbezeichnung für alle polierfähigen Kalksteine.

- **Metamorphe Gesteine** (Umwandlungsgesteine, Metamorphite) sind durch Umwandlung von magmatischen oder Sedimentgesteinen entstanden. Durch Verschiebungen, Überwerfungen oder Faltungen der Erdoberfläche gelangten in den zurückliegenden Erdformationen Magmatite und Sedimentite in tiefere Erdschichten. Hier veränderte sich unter dem Einfluss starken Drucks und hoher Temperaturen ihre Gesteinsstruktur. Die Ausgangsgesteine wurden umgewandelt („metamorphisiert"). Spätere Erdbewegungen förderten sie wieder zutage.

Charakteristisches Strukturmerkmal der Metamorphite ist ihre **Schieferung.** Durch Druckeinwirkung in einer bestimmten Vorzugsrichtung erfolgte eine parallele Ausrichtung von blättchenförmigen Mineralen senkrecht zur Druckrichtung. Aus Graniten, Dioriten bzw. Syeniten entstanden *Gneise* (*kristalline Schiefer*), aus Tongesteinen *Glimmerschiefer* bzw. *Phyllite* und aus Kalkgesteinen wie Marmor *Kalkschiefer.*

6.2 Siliciumdioxid – Silicate – siliciumorganische Verbindungen

6.2.1 Siliciumdioxid SiO_2

Siliciumdioxid tritt in zahlreichen kristallinen wie auch amorphen Modifikationen auf. Die wichtigste kristalline Modifikation ist – neben Tridymit und Cristobalit – der *Quarz*. Amorphe Formen des Siliciumdioxids sind *Kieselgur*, *Trass* und der *Opal*. Kristalliner reiner Quarz (*Bergkristall*) ist sehr hart, wasserklar und schmilzt bei einer Temperatur von $1713°C$. Die Farbigkeit natürlich vorkommender Quarzkristalle ist meist auf Spuren von Übergangsmetallionen zurückzuführen, die in das Quarzgitter eingebaut sind, z.B. *Rosenquarz* (rosa, Ti), *Amethyst* (violett, Fe), *Rauchquarz* (braun, Al) und *Citrin* (gelbbraun, Fe). Gut ausgebildete Kristalle werden als Schmucksteine verwendet.

Anders als Kohlenstoff bildet Silicium nur in seltenen Fällen Doppelbindungen aus. Deshalb existiert Siliciumdioxid nicht wie CO_2 als isoliertes Molekül, sondern bildet ein **dreidimensionales Kristallgitter.** Jedes Si-Atom ist tetraedrisch von vier O-Atomen umgeben und jedes Sauerstoffatom besitzt zwei Si-Atome als Nachbarn (Abb. 6.2a). Demnach sind die SiO_4-Tetraeder über gemeinsame Ecken verknüpft. Die hin und wieder anzutreffende Formel $(SiO_2)_n$ für Siliciumdioxid trägt dieser besonderen Bindungssituation in einem räumlichen Netzwerk Rechnung. Ordnet man jedes Brückensauerstoffatom zur Hälfte den beiden an ihm gebundenen Siliciumatomen zu, kommen auf ein Si-Atom 4/2 O-Atome. Damit erhält auch die weithin gebräuchliche Formel SiO_2 ihre Berechtigung.

Ursache für die große Härte, die hohe thermische Stabilität und die chemische Inertheit des Siliciumdioxids sind stabile Bindungen zwischen Si und O. SiO_2 wird von Säuren kaum angegriffen (Ausn.: Flusssäure HF). Selbst heißen, wässrigen Laugen gegenüber verhält sich Siliciumdioxid relativ inert. Schmilzt man es jedoch mit Alkalihydroxiden oder -carbonaten, entstehen Alkalimetallsilicate (Gl. 6-1, 6-2).

Die verbrückten SiO_4-Tetraeder des Siliciumdioxid-Gitters können sich in Abhängigkeit von der Temperatur umordnen. Es entstehen verschiedene **polymorphe Modifikationen**, die bei bestimmten Temperaturen ineinander übergehen (Abb. 6.2b). Bei Normaldruck ist Quarz bis 870°C die stabile Modifikation. Bis 573°C liegt er in der Niedertemperaturform (α-Quarz), darüber in der Hochtemperaturform (β-Quarz) vor. Die Umwandlung von der α- in die β-Form ist mit einer *Volumenausdehnung* verknüpft, was u. a. zu Problemen bei der Verwendung SiO_2-haltiger Gesteinskörnungen bei feuerfesten Baustoffen führt. Bei 870°C geht der β-Quarz in Tridymit und bei 1470°C geht Tridymit in Cristobalit über. Bei 1713°C schmilzt β-Cristobalit. Wegen der außerordentlich geringen Umwandlungsgeschwindigkeiten kommen auch die Hochtemperaturmodifikationen Tridymit und Cristobalit in der Natur vor. Mit zunehmender Temperatur nimmt die Dichte der Kristallmodifikationen des SiO_2 ab (Abb. 6.2b). Eine SiO_2-Schmelze erstarrt bei rascher Abkühlung zu einer glasartig, amorphen Masse, dem **Quarz-** oder **Kieselglas**.

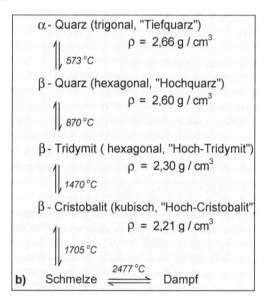

Abbildung 6.2
a) Tetraederumgebung von Si im SiO_2-Gitter;
b) Gitteraufbau, Umwandlungstemperaturen und Dichten der bei Atmosphärendruck und Raum- bzw. höheren Temperaturen stabilen SiO_2-Modifikationen [8]

Durch Gesteinsverwitterung entstandene Quarzkiese und -sande, die einen hohen Prozentsatz an SiO_2 enthalten, werden in großen Mengen zur Herstellung von Beton und Mörtel benötigt.

6.2.2 Kieselsäuren und Silicate

Orthokieselsäure H_4SiO_4 („Kieselsäure") ist praktisch in allen natürlichen Gewässern enthalten. Sie bildet sich durch Auflösen von amorphem Siliciumdioxid, das durch Verwitterung aus den Silicaten entstanden ist:

$$SiO_2 + 2\,H_2O \rightleftharpoons H_4SiO_4$$
$$\text{\textit{fest}} \qquad\qquad\qquad\qquad \text{\textit{gelöst}}$$

H_4SiO_4 ist eine *Monokieselsäure*. Sie kommt im Gegensatz zu den anderen Kieselsäuren (s. u.) als isoliertes Molekül vor. Allerdings ist sie nur in sehr verdünnter Lösung ($c(H_4SiO_4)$ < $2 \cdot 10^{-3}$ mol/l) kurzzeitig stabil. Derartig verdünnte Lösungen erhält man im Labor durch Auflösen von SiO_2, günstigerweise von amorphem, aus der Gasphase abgeschiedenem SiO_2 in Wasser. Die Löslichkeit von amorphem SiO_2 ist mit einem Wert von 120 mg pro Liter Wasser ($25^\circ C$) deutlich größer als die von kristallinem oder glasigem SiO_2 (Quarz: 2,9 mg/l; Quarzglas 39 mg/l; $25^\circ C$).
Die in verdünnter Lösung vorliegende Orthokieselsäure ist eine schwache Säure (pK_{S1} = 9,51; pK_{S2} = 11,74). In neutraler Lösung liegt sie praktisch unprotolysiert vor.

Charakteristisches Merkmal der Kieselsäure ist ihre Neigung *zur intermolekularen Wasserabspaltung* (Kondensation) unter Bildung von **Polykieselsäuren.** Die Orthokieselsäure geht unter H_2O-Abspaltung zunächst in die Dikieselsäure $H_6Si_2O_7$ und durch weitere Kondensation über die Stufen der Tri- und Tetrakieselsäuren in höhermolekulare Polykieselsäuren, z.B. Polymetakieselsäuren $(H_2SiO_3)_n$, über (Abb. 6.3). Die sich zunächst im *Solzustand* befindlichen Polykieselsäuren kondensieren weiter. Unter Wasseraustritt werden weitere Si-O-Si-Bindungen geknüpft. Am Ende der Kondensationsreaktionen stehen kugelförmig verknäuelte Polykieselsäureaggregate kolloider Dimension mit einer relativen Molekülmasse von etwa 6000. Sie bestehen aus einem SiO_2-Gerüst unregelmäßig miteinander verknüpfter SiO_4-Tetraeder, das nach außen durch eine Schicht OH-Gruppen enthaltender Kieselsäureeinheiten begrenzt wird. Im Verlauf des Kondensationsprozesses wandelt sich das Sol allmählich in eine gelartige Masse um, die als **Kieselgel** (auch: Kiesel-Hydrogel) bezeichnet wird.

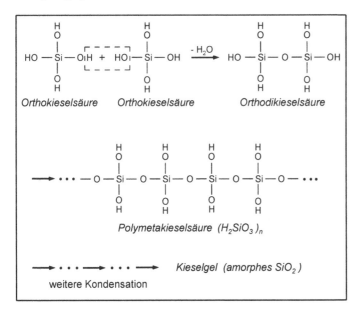

Abbildung 6.3

Kondensation der Kieselsäuren

Beim Trocknen (Entwässern) von Kieselgel erhält man ein poriges, lockeres Produkt mit einer großen inneren Oberfläche (Silicagel, auch: Kiesel-Xerogel). Getrocknetes Kieselgel ist eine amorphe Form des Siliciumdioxids mit einem völlig ungeordneten Netzwerk aus SiO_4-Tetraedern (*reaktives SiO_2, reaktive Kieselsäure*). Aufgrund der an der Oberfläche lokalisierten OH-Gruppen ist die reaktive Kieselsäure in der Lage, mit dem $Ca(OH)_2$ des

Kalks oder Zements im Sinne einer Neutralisationsreaktion schwerlösliche Calciumsilicate zu bilden (*Puzzolanwirkung*).

Silicastaub ist feinteiliger SiO_2-Staub. Er fällt als Nebenprodukt bei der Herstellung von Reinstsilicium und Si-Legierungen im elektrischen Lichtbogenofen an. Wegen seiner puzzolanischen Aktivität und seiner Füllereigenschaft wird er für Hochleistungsbetone verwendet.

Silicate sind die Salze der Monokieselsäure und der Polykieselsäuren. *Alkalimetallsilicate* werden durch Zusammenschmelzen von SiO_2 mit Alkalimetallhydroxiden (Gl. 6-1) bzw. Alkalimetallcarbonaten (Gl. 6-2) bei etwa $1300^\circ C$ erhalten. Ob ein Orthosilicat (z.B. Na_4SiO_4) oder ein polymeres Metasilicat (z.B. Na_2SiO_3) entsteht, hängt vom eingesetzten Molverhältnis ab.

$$SiO_2 \quad + \quad 4\,NaOH \quad \rightarrow \quad Na_4SiO_4 \quad + \quad 2\,H_2O \qquad\qquad (6\text{-}1)$$
Natriumorthosilicat
$$SiO_2 \quad + \quad 2\,Na_2CO_3 \quad \rightarrow \quad Na_4SiO_4 \quad + \quad 2\,CO_2 \qquad\qquad (6\text{-}2a)$$

$$SiO_2 \quad + \quad Na_2CO_3 \quad \rightarrow \quad Na_2SiO_3 \quad + \quad CO_2 \qquad\qquad (6\text{-}2b)$$
Natriumorthosilicat

Die durch Schmelze technisch erzeugten Natrium- und Kaliumsilicate sind klare glasige, eventuell durch Verunreinigungen gefärbte Produkte. Wegen ihrer Wasserlöslichkeit werden sie als „**Wassergläser**" bezeichnet. Wassergläser kommen als dickflüssige Lösungen in den Handel. Da die Silicationen als Anionen der schwachen Kieselsäure protolysieren, reagieren die Lösungen *basisch* (Gl. 6-3, 6-4). Wasserglaslösungen enthalten neben Alkalimetall- und Hydroxidionen unterschiedlich protolysierte Monosilicationen $HSiO_4^{3-}$, $H_2SiO_4^{2-}$, $H_3SiO_4^-$ sowie Polysilicationen. Die Protolyse der (Mono)-Silicationen SiO_4^{4-} und $HSiO_4^{3-}$ ist in den Gln. 6-3 und 6-4 gezeigt.

$$SiO_4^{4-} \quad + \quad H_2O \quad \rightleftharpoons \quad HSiO_4^{3-} \quad + \quad \mathbf{OH^-} \qquad\qquad (6\text{-}3)$$
$$HSiO_4^{3-} \quad + \quad H_2O \quad \rightleftharpoons \quad H_2SiO_4^{2-} \quad + \quad \mathbf{OH^-} \qquad usw. \qquad (6\text{-}4)$$

Durch Zugabe von Säuren bzw. Einwirkung von Kohlendioxid (Gl. 6-50) kommt es zu einer Verfestigung der Wasserglaslösung.

Wasserglaslösungen dienen als mineralische Leime zum Kitten von Glas und Porzellan sowie als Imprägnier- und Flammschutzmittel für Gewebe und Holz. Im *Bausektor* werden sie als Injektionsflüssigkeiten zur Trockenlegung, als Bestandteil der Silicatfarben, als Isolationsschicht in Brandschutzgläsern sowie zur Imprägnierung von natürlichen und künstlichen Steinen verwendet.

Im Gegensatz zu den wasserlöslichen Alkalimetallsilicaten sind Erdalkalimetall- und Aluminiumsilicate schwerlösliche Verbindungen.

Silicatklassen. Die natürlichen Silicate bilden nicht nur mengenmäßig, sondern auch im Hinblick auf ihre Strukturvielfalt eine der umfangreichsten Klassen anorganischer Verbindungen. In Analogie zum SiO_2 liegt auch in den Silicaten die tetraedrische SiO_4-Einheit als struktureller Grundbaustein vor. Die SiO_4-Bausteine können sich über ihre Tetraederecken (O-Atome) miteinander verknüpfen und Si-O-Si-Bindungen ausbilden. Da von jeder SiO_4-Einheit maximal bis zu vier Bindungen ausgehen, ergeben sich zahlreiche Anordnungsmöglichkeiten für die SiO_4-Tetraeder (Abb. 6.4). Darüber hinaus können kleinere Kationen dreiwertiges Aluminium, dreiwertiges Bor oder zweiwertiges Beryllium das vierwertige

Silicium der Silicatbausteine teilweise ersetzen, wobei Alumosilicate, Borosilicate oder Beryllosilicate entstehen.

Von Bedeutung für das Bauwesen sind vor allem die **Alumosilicate.** Alumosilicate sind Gerüstsilicate, bei denen die SiO_4-Tetraeder analog zum Quarzgitter über alle vier Sauerstoffatome mit den Nachbartetraedern verbunden sind. Ein Teil der Si-Atome des Gitters ist durch Al-Atome substituiert.

Da die Al^{3+}-Ionen eine positive Ladung weniger als die Si^{4+}-Ionen besitzen, oder anders ausgedrückt, da das AlO_4-Tetraeder, verglichen mit dem SiO_4-Tetraeder, eine zusätzliche negative Ladung aufweist, müssen Kationen für den Ladungsausgleich sorgen. Dabei handelt es sich meist um Alkali- bzw. Erdalkalimetallkationen. Pro eingebautem Al-Atom erhält das Gerüst *eine* zusätzliche negative Ionenladung. Das sich ausbildende dreidimensionale Raumgitter ist die Ursache für die quarzähnliche Härte der Alumosilicate.

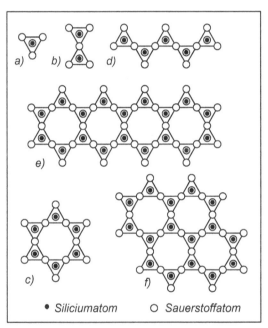

Abbildung 6.4

a) Inselsilicate
b) Gruppensilicate
c) Ringsilicate
d) Kettensilicate
e) Bandsilicate
f) Schichtsilicate

Der Einfachheit halber sind die tetraedrischen Struktureinheiten in die Ebene projiziert und als gleichseitige Dreiecke dargestellt.

• Siliciumatom   O Sauerstoffatom

Eine wichtige Untergruppe der Gerüstsilicate bilden die **Feldspäte** mit ihren Vertretern

- *Albit* (Natronfeldspat) $Na[AlSi_3O_8]$
- *Orthoklas* (Kalifeldspat) $K[AlSi_3O_8]$
- *Anorthit* (Kalkfeldspat) $Ca[Al_2Si_2O_8]$.

Feldspäte (vor allem Kalifeldspat) bilden den Hauptanteil der meisten magmatischen Gesteine wie der Granite, Gneise, Porphyre und Basalte. In der Regel liegen Mischkristalle zwischen den Feldspatkomponenten vor. *Albit*, *Orthoklas* und *Anorthit* sind wichtige Rohstoffe in der Glas- und Keramikindustrie. Daneben finden sie als Schleifmittel und als Füllstoffe (Lacke und Farben, Kunststoffe, Gummi) Verwendung.

Als weitere wichtige Vertreter der Gruppe der Gerüstsilicate sollen die **Zeolithe** angeführt werden. Zeolithe sind kristalline, hydratisierte Alumosilicate mit Gerüststruktur, in deren Hohlräumen („Poren") und Kanälen sich Alkali- und/oder Erdalkalimetallkationen befinden.

Zeolithe kommen natürlich vor, werden aber auch großtechnisch synthetisiert. Eine breite Anwendung findet **Zeolith A** ($Na_2[Al_2Si_4O_{12}] \cdot x\ H_2O$, Handelsbezeichnung Sasil®) als Wasserenthärter in modernen Waschmitteln, wo man sich die Fähigkeit zum Ionenaustausch zunutze macht. Die sich in den Hohlräumen befindlichen Na^+-Ionen können gegen die Härtebildner Ca^{2+}- und Mg^{2+} (Kap. 3.7) ausgetauscht werden.

$$Na_2[Al_2Si_4O_{12}] \cdot x\ H_2O + Ca^{2+} \ \rightleftharpoons\ Ca[Al_2Si_4O_{12}] \cdot x\ H_2O + 2\ Na^+$$

Asbeste besitzen im Bauwesen eine besondere, wenn auch wenig rühmliche Geschichte. Unter der Sammelbezeichnung Asbeste (*griech.* asbestos unbrennbar) versteht man faserförmige, natürlich vorkommende Silicate mit Schichtstruktur ($\rightarrow$ Serpentinasbeste) und Bandstruktur ($\rightarrow$ Amphibolasbeste).
Der wichtigste Vertreter der Serpentinasbeste ist der **Chrysotil** („Asbest schlechthin"), Formel: $Mg_3(OH)_4[Si_2O_5]$. Wegen seiner weißen Farbe wird er auch Weißasbest genannt. Chrysotil macht(e) etwa 95% der weltweiten Asbestproduktion aus. Wichtigste Vertreter der Gruppe der Amphibolasbeste sind **Krokydolith** $Na_2(Fe^{II}{}_3Fe^{III}{}_2)[(Si,Al)_4O_{11}]_2$ (*Blauasbest*) und **Amosit** $(Fe^{II}/Mg)_7(OH)_2[(Si,Al)_4O_{11}]_2$ *Braunasbest*. Beide Asbestgruppen unterscheiden sich im Hinblick auf ihre Faserabmessungen. Während die Serpentinasbeste aus gebündelten Einzelfasern von etwa 15...40 nm Durchmesser bestehen, liegt der Durchmesser der Amphibolasbestfasern zwischen 100 bis 300 nm, also deutlich höher. Das ist der Grund für das höhere kanzerogene Potential der Amphibolasbeste.
Asbeste brennen nicht, sind thermisch stabil (Smp. > 1200°C, obwohl bei etwa 600°C die Struktur zusammenbricht) und weisen bei geringer Eigenmasse hohe Zugfestigkeiten auf. Sie werden von Laugen kaum angegriffen, was für ihre Verwendung als Zementzusatz von großer Bedeutung war. Darüber hinaus weisen sie niedrige elektrische und Wärmeleitfähigkeiten auf. Wegen der äußeren Hydroxidschicht werden Serpentinasbeste allerdings von Säuren angegriffen.

Die Gefährlichkeit der Asbeste resultiert aus ihrer faserigen Struktur. Asbestfasern sind auf Grund ihrer Abmessungen lungengängig. Nach dem Einatmen können sie bei entsprechender Einwirkungsdauer und entsprechend hohen Konzentrationen zu Asbestose und gegebenenfalls zu Lungenkrebs führen.

Die Blütezeit der Verwendung von Asbest waren die Jahre 1950 – 1980. Seit etwa 1960 häuften sich die Fälle von Asbestfolgeerkrankungen, die schließlich in der BRD 1979 zu einem Verbot von *Spritzasbest* führten. Im Spritzasbest mit einem Asbestanteil > 60% und einem Bindemittelanteil unter 40% sind die Asbestfasern nur **schwach gebunden**. Sie können leicht als Feinstaub in die Raumluft gelangen können. Spritzasbest wurde u.a. zur Isolierung von Decken, Wänden, Böden in Hallen und anderen Räumlichkeiten, zur Ummantelung von Rohren und Leitungen sowie für Brandschutzabschottungen eingesetzt. In Asbestprodukten mit **starker Asbestbindung** wie Asbestzementplatten und Rohren sowie Formstücken für den Trink- und Abwasserbereich ist dagegen die Gefahr der Faserfreisetzung gering (Asbestanteil 10...15%, Bindemittelanteil 85...90%).

1981 wurde die Verwendung einer Vielzahl von asbesthaltigen Produkten verboten und seit 1993 gilt ein generelles Herstellungs- und Verwendungsverbot asbesthaltiger Produkte. Damit sollte das Kapitel Asbest als abgeschlossen betrachtet werden können. Vom bautechnischen und wirtschaftlichen Standpunkt bleibt dieser Faserstoff allerdings weiter in der Diskussion, da sich die Arbeiten zur Asbestsubstitution noch über viele Jahrzehnte erstrecken und Kosten in zweistelliger Milliardenhöhe verursachen werden.

6.2.3 Technische Silicate (Künstliche Silicate)

6.2.3.1 Gläser

Glas ist aufgrund seiner spezifischen Eigenschaften, der vielfältigen industriellen Fertigungsmöglichkeiten in Verbindung mit praktisch unbegrenzt und preisgünstig vorliegenden Rohstoffen ein Werkstoff mit äußerst vielseitigen Anwendungsbereichen im Bauwesen.
Als Glas wird ein Material bezeichnet, das aus einer Schmelze in den festen Zustand übergegangen ist, ohne zu kristallisieren, d.h. ohne die für einen Kristall typische Fernordnung der einzelnen Struktureinheiten auszubilden. Thermodynamisch gesehen liegt Glas in einem „eingefrorenen", energetisch metastabilen Zustand vor. Es besitzt das Bestreben, in den energetisch niedrigeren Zustand einer kristallinen Verbindung überzugehen. Aufgrund der zu geringen Beweglichkeit der Baugruppen ist dies im vorliegenden eingefrorenen Zustand in einer endlichen Zeit jedoch nicht möglich.

> *Metastabile Phasen* bzw. *Stoffe besitzen unter den gegebenen Bedingungen (Druck, Temperatur) eine höhere Energie (korrekter: freie Enthalpie) als die stabile Phase. Aufgrund einer hohen Aktivierungsenergie wandeln sie sich nicht oder nur langsam in die stabile Phase um. Sie verbleiben auf einem höheren energetischen Zwischenzustand, man spricht von kinetisch gehemmten Systemen. Die Aufhebung der Hemmung kann durch Zufuhr von mechanischer oder thermischer Energie bzw. durch Katalysatoren erfolgen. Beispiele für metastabile Systeme sind überhitzte oder unterkühlte Flüssigkeiten, übersättigte Lösungen oder Klinkerphasen wie C_3S, β-C_2S.*

Der Unterschied zwischen einer Glas- und einer Kristallschmelze besteht darin, dass eine Kristallschmelze am Schmelzpunkt schlagartig in den kristallinen (geordneten) Zustand übergeht. Glas hat dagegen keinen festen Schmelzpunkt. Eine bei hoher Temperatur dünnflüssige Glasschmelze wird mit abnehmender Temperatur immer zäher (viskoser). Unterhalb des sogenannten **Transformationspunktes** T_G, der in Abhängigkeit von der Glassorte zwischen 400...600°C liegt, geht das Glas aus dem plastischen in den starren Zustand über.

Glas ist ein anorganisches Schmelzprodukt, das ohne Kristallisation erstarrt ist. Es ist ein amorpher (nichtkristalliner) Festkörper.

Zusammensetzung und Struktur. Schmilzt man kristallinen Quarz und kühlt die Schmelze ab, erhält man *Quarz-* oder *Kieselglas*. Im geschmolzenen Zustand werden die Si-O-Si-Bindungen der Tetraederstruktur des SiO_2 (Abb. 6.5a) gespalten. Dadurch wird eine Verschiebung der Strukturelemente gegeneinander möglich, die Schmelze fließt. Quarzglas besteht aus einem ungeordneten dreidimensionalen Netzwerk, in dem die SiO_4-Tetraeder über die Ecken verknüpft sind (Abb. 6.5b). Es verfügt über eine Reihe von Eigenschaften, die es für bestimmte Spezialanwendungen geradezu prädestinieren: Es ist ein vollkommen durchsichtiges, klares, erst bei ca. 1700°C schmelzbares Glas, dessen chemische Widerstandsfähigkeit der des Quarzes entspricht. Es ist durchlässig für UV-Strahlung - was für normales Fensterglas nicht gilt (!) - und besitzt einen sehr kleinen linearen Ausdehnungskoeffizienten (1/18 des gewöhnlichen Glases). Zur Rotglut erhitztes Kieselglas kann in kaltes Wasser getaucht werden, ohne dass es zerspringt.

Zu den glasig-amorph erstarrenden Stoffen gehören neben Siliciumdioxid und den Silicaten auch Oxide wie B_2O_3, GeO_2, P_2O_5 und As_2O_3. Diese Verbindungen sind für die Ausbildung der dreidimensionalen Netzwerkstruktur verantwortlich, man nennt sie *Netzwerkbildner*. Silicatgläser werden als *Gläser im engeren Sinne* bezeichnet.

Die wichtigsten Ausgangsstoffe für die Glasherstellung sind Quarzsand (SiO_2), Kalkstein ($CaCO_3$) und Dolomit ($CaMg(SO_4)_2$) sowie Soda (Na_2CO_3).

Normalglas (Kalk-Natron-Glas) wird aus *Quarzsand* (SiO_2), *Soda* („*Natron*", $Na_2CO_3 \rightarrow Na_2O + CO_2$) und *Kalkstein* (ohne unerwünschte Beimengungen, $CaCO_3 \rightarrow CaO + CO_2$) bei Temperaturen zwischen 1300...1500°C erschmolzen. Durch den Einfluss der Alkalimetalloxide und Erdalkalimetalloxide werden Si-O-Si-Bindungen gespalten. Die Kationen lagern sich als Gegenionen an die Sauerstoffionen der Trennstellen an (Abb. 6.5c). Der Strukturverband lockert sich und die Erweichungstemperatur sinkt ab. Es entstehen Silicatgläser.

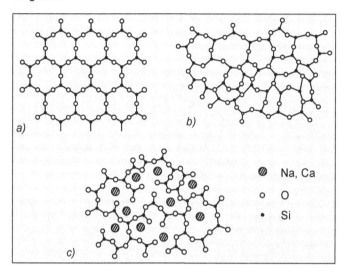

Abbildung 6.5

Schematische zweidimensionale Darstellung der Anordnung der SiO_4-Tetraeder in

a) kristallinem SiO_2 (Bergkristall),
b) Kiesel- oder Quarzglas,
c) in Natron-Kalk-Glas

Glassorten gibt es in großer Zahl. Da man den Gläsern keine stöchiometrischen Formeln zuschreiben kann, gibt man formal ihre Zusammensetzung in Prozent der enthaltenen Oxide an. Das bereits oben erwähnte und gegenüber Quarzglas bedeutend billigere **Natron-Kalk-Glas** („Normalglas" $Na_2O \cdot CaO \cdot 6 \, SiO_2$) besitzt eine hohe Lichtdurchlässigkeit und Wasserbeständigkeit. Seine Erweichungstemperatur liegt bei 600°C. Natron-Kalk-Glas ist gegenüber den meisten Chemikalien sehr beständig. Generell kann die chemische Widerstandsfähigkeit eines Glases durch seine Zusammensetzung gesteuert werden. Sie erhöht sich mit seinem Siliciumgehalt. Flusssäure HF greift Glas unter Zerstörung der Netzwerkstruktur an.

Ersatz von Na_2O durch K_2O, also Zusatz von K_2CO_3 (*Pottasche*) statt Na_2CO_3, erhöht die Schmelzbarkeitsgrenze und bewirkt eine Verbesserung der optischen Eigenschaften (**Kali-Kalk-Glas**, auch Pottasche-Kalk-Glas). Das bekannteste Kali-Kalk-Glas ist das *„Böhmische Kristallglas"*. Natron-Kalk-Glas und Kali-Kalk-Glas werden oft unter dem Begriff **Alkali-Kalk-Gläser** zusammengefasst.

Die Gebrauchseigenschaften des Glases, insbesondere seine Widerstandsfähigkeit gegenüber Wasser, Chemikalien und auftretenden Temperaturunterschieden, werden in starkem Maße erhöht, ersetzt man einen Teil des Siliciumdioxids durch Bor (B_2O_3)- und Aluminiumoxid (Tonerde, Al_2O_3). Der hohe Vernetzungsgrad der entstehenden **Bor-Tonerde-Gläser** (Borosilicatgläser) infolge geringerer Anteile an Metalloxiden bewirkt eine verringerte Wärmeausdehnung des Glases sowie eine erhöhte Beständigkeit gegenüber Säuren und Alkalien. Der Zusatz von Tonerde verleiht dem Glas zusätzliche positive Eigenschaften im Hinblick auf seine mechanische Festigkeit, Wärmeausdehnung und chemische Widerstandsfähigkeit. Bor-Tonerde-Gläser werden in der chemischen Technik, im Laboratorium und im Haushalt als feuerfestes Geschirr verwendet.

Farbige Gläser erhält man durch Zusatz von Metalloxiden, z.B. blaue Gläser durch Zusatz von Cobalt(II)-oxid (Cobaltglas), grüne durch Chrom(III)- oder Kupfer(II)-oxid, blaugrüne durch Eisen(II)-oxid und braune durch Eisen(III)-oxid bzw. Braunstein, MnO_2 (Flaschenglas).

6.2.3.2 Keramische Erzeugnisse

Unter Keramik bzw. keramischen Erzeugnissen versteht man im klassischen Sinne alle Produkte, die durch Brennen von feinteiligen, meist feuchten, geformten Tonen hergestellt werden (*Tonkeramik*). Tone entstehen durch Verwitterung und Zerfall von Erstarrungsgestein. Sie bestehen hauptsächlich aus den Tonmineralen *Kaolinit, Montmorillonit* und *Illit,* die alle drei zur Gruppe der Schichtsilicate gehören. Hinzu kommen Quarze und Feldspäte (bzw. deren Verwitterungsprodukte), weitere Schichtsilicate wie Glimmer (bzw. deren Verwitterungsprodukte) und eventuell Carbonatminerale (Kalkspat). *Kaolin* (Porzellanerde) mit seinem Hauptbestandteil *Kaolinit* ist ein sehr wertvoller Ton. Er besitzt im Unterschied zu den dunkleren Tonen (gelb, rotbraun bis braun) eine weiße Farbe und dient als *Rohstoff zur Porzellanherstellung.* Weniger reine Tone, sogenannte *keramische Tone,* werden zur Herstellung von Steingut und Steinzeug benutzt. Sind Eisenoxide bzw. Eisenoxidhydrate enthalten, werden die Tone beim Brennen braun bis rot. Aus diesen Tonen stellt man das gewöhnliche *Töpfergeschirr* und *Terrakotten* (→ porös gebrannte, unglasierte Erzeugnisse) her. Mit Sand verunreinigter Ton wird als **Lehm** bezeichnet.

Die charakteristischen Eigenschaften der Tone wie *Plastizität, Einbindevermögen für Wasser* und *thixotropes Verhalten* lassen sich anhand der Plättchenstruktur der Tonminerale erklären. So bildet beispielsweise Kaolinit sechseckige dünne Plättchen mit einer Kantenlänge von 0,1...3 μm und einer Dicke < 10 nm aus, die sich strukturell von den parallelen $\{Al_2(OH)_4[Si_2O_5]\}$-Schichten des Tonminerals ableiten. Die Abmessungen, insbesondere die Dicke der Kaolinitplättchen, fallen in den Bereich kolloider Dimension.

Tone werden beim Vermischen mit Wasser weich, plastisch und formbar. Die plättchenförmigen Tonkristalle sind in der Ton-Wasser-Mischung von Wassermolekülen umgeben. Deshalb gleiten sie beim Verformen aneinander vorbei, ohne dass sich Risse bilden. Die negativ geladenen Silicatplättchen werden durch die an ihrer Oberfläche lokalisierten Kationen (Ca^{2+}, Mg^{2+}) zusammengehalten. Die Kationen sind damit für die sich ausbildende gerüstartige Anordnung der Plättchen verantwortlich (Abb. 6.6). In die Hohlräume zwischen den Plättchen können sich Wassermoleküle einlagern. In der Verarbeitungsphase wird die gerüstartige Struktur wieder zerstört und der Ton geht wiederum in eine weiche formbare Masse über (*Thixothropie*, Abb. 6.6).

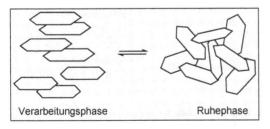

Verarbeitungsphase   Ruhephase

Abbildung 6.6

Thixotropie von Tonmineralen

Brennprozess. Brennt man eine geformte, getrocknete Tonmasse, so entweicht bis zu einer Temperatur von etwa $200^\circ C$ sowohl das in den Hohlräumen des Gerüsts eingeschlossene als auch das gebundene Wasser und der Ton wird starr und spröde. Ab $450^\circ C$

zerfallen die Tonminerale infolge Abgabe des „hydroxidisch gebundenen" Wassers aus den OH-Gruppen der Oktaederschicht der Tonminerale. Unter Volumenverminderung bilden sich amorphes, reaktionsfähiges SiO_2 (bis zu 20%), kristallines Al_2O_3 und amorphes schuppiges *Mullit* der Zusammensetzung $3\ Al_2O_3 \cdot 2\ SiO_2$. Das mit diesen Prozessen verbundene *Brennschwinden* kann bis zu 20% betragen. Es lässt sich durch Vermischen mit *Magerungsmitteln* wie gepulvertem gebranntem Ton, Quarzsand oder -mehl weitgehend vermeiden. Die amorphen Modifikationen von SiO_2 und *Mullit* lösen sich in der bei ca. $950°C$ entstehenden Schmelze auf und scheiden sich anschließend in Form von *Cristobalit* und kristallinem *Mullit* wieder aus. Das aus dem Feldspat bzw. aus *Illit* stammende K_2O bildet mit dem SiO_2 bei Temperaturen über $1000°C$ ein Glas, das nach dem Abkühlen des keramischen Produkts die kleinen Keramikteilchen verkittet. Durch Zusatz von Feldspat, Eisenoxid oder Kalkstein als Flussmittel kann die *Sintertemperatur*, d.h. die Temperatur des Schmelzbeginns der einzelnen Phasen mit anschließender Verdichtung der Schmelze, erniedrigt werden.

Keramische Erzeugnisse lassen sich in solche mit wasserdurchlässigem (porösem) und in solche mit wasserundurchlässigem (dichtem) Scherben unterteilen (Tab. 6.1). Die Erzeugnisse der ersten Gruppe bezeichnet man als **Irdengut** (Tongut) und die der zweiten Gruppe als **Sinterzeug** (Tonzeug).

Tabelle 6.1 Keramische Erzeugnisse und ihre Verwendung

Werkstoff		Brenntemperatur (°C)	Produkte	Verwendung
Irdengut (Tongut)	Farbiges Irdengut, poröser Scherben	900...1100	Mauerziegel, Dachziegel	Hoch- und Tiefbau
	Steingut, poröser Scherben	1100...1300	Irdengutfliesen und gemeines Geschirr (farbig), Steingutfliesen und weißes Geschirr mit Glasur	Innenausbau, Sanitärausbau, Haushalt
Sinterzeug (Tonzeug)	Steinzeug, dichter Scherben, nicht durchscheinend	1200...1300	Klinker und Riemchen, Kanalisationsrohre	Fassadenverkleidung, Abwasserbeseitigung
	Porzellan, dichter Scherben, durchscheinend	1200...1500	Fliesen, Sanitärartikel	Innenausbau, Sanitärausbau, Haushalt
Feuerfeste Steine, grobporiger Scherben		1300...1800	Steine, Formstücke	Auskleidung von Öfen u. Feuerungen

Zu den *keramischen Baustoffen* zählen sowohl Ziegel (Mauer- und Dachziegel) als auch Steinzeugrohre, Schamottesteine und -rohre sowie Magnesit- und Dolomitsteine. Zur Herstellung von *Mauerziegeln* verwendet man billige, sand- und kalkhaltige Tone (Lehm, Mergel). Sandarmen Lehmen wird Sand als Magerungsmittel zugesetzt und die Mischung unter Zugabe geringer Mengen Wasser (ohne Zusatz von Flussmitteln) verarbeitet. Das

Brennen erfolgt bei Temperaturen zwischen 950...1100°C im Ringofen. Stark eisenoxidhaltiger Lehm ergibt rote und kalkreicher Lehm gelbe Ziegel. Stärker gebrannte dichtere und festere Ziegel bezeichnet man als **Klinker.**

Schamottesteine gehören zu den **feuerfesten Steinen.** Sie werden durch Brennen von rohem plastischem Bindeton (hoher Anteil an feinsten Tonmineralteilchen) und Schamottemehl als Magerungsmittel bei Temperaturen über 1250°C hergestellt. Schamottemehl ist ein gebrannter, gemahlener Schamotteton. Die feuerfesten Eigenschaften sind in erster Linie auf die Bildung von kristallinem *Mullit* (Smp. 1740°C) zurückzuführen. Die Anwendungsgrenze der Schamottesteine liegt bei Temperaturen um 1300 bis 1400°C. Sie dienen zur Auskleidung von Feuerungen bzw. Hochöfen und werden in der Regel mit Schamottemörtel vermauert.

Im Umgangssprachgebrauch werden häufig alle feuerfesten Steine bzw. Werkstoffe als „Schamotte" bezeichnet, es gibt aber zahlreiche weitere feuerfeste Werkstoffe für unterschiedliche Einsatzbereiche. **Magnesitsteine** werden aus Magnesit ($MgCO_3$) bei Temperaturen über 1600°C gebrannt. Es sind basische, hochfeuerbeständige Steine, die bis 1700°C verwendbar sind. **Silikasteine** bestehen zu mind. 93% aus reinem SiO_2. Sie werden aus reinem, gemahlenem Quarzit bei etwa 1500°C gebrannt und sind verwendbar bis etwa 1650°C (Einsatz in Stahlwerks- und Koksöfen). Weitere feuer- und hochfeuerfeste Steine sind *Sillimanitsteine* (durch Erhöhung des Tonerdegehalts wird die Erweichungstemperatur erhöht, Brennen von Alumosilicaten, verwendbar bis 1850°C), *Dynamidonsteine* (Brennen von geschmolzener Tonerde mit 10% Ton als Bindemittel, verwendbar bis 1900°C und *Korundsteine* (verwendbar bis 2000°C).

Die Oberfläche der gebrannten, einfarbigen tonkeramischen Produkte ist meist rau. Eine Glättung und eventuelle Einfärbung der Oberfläche lässt sich durch Aufschmelzen von **Glasuren** erreichen. Glasuren sind glasartige Überzüge, die neben farbgebenden Bestandteilen Trübungsmittel (z.B. Zirkonsilicat) enthalten können. Die mit Wasser angerührten Gemische (*Schlicker*) aus Quarz, Feldspat, Marmor und Kaolin werden durch Tauchen, Spritzen oder Begießen auf die Oberfläche aufgebracht und unterhalb der Schmelztemperatur der Grundsubstanz (bis 1400°C) gesintert. Dabei entsteht der glasige Überzug. Die Farbigkeit wird durch Zumischen bestimmter Metalloxide bewirkt, z.B. Cobaltoxid (blau), Eisenoxid (rot) und Chromoxid (grün).

6.2.4 Siliciumorganische Verbindungen

Silicone (systematische Bezeichnung: **Polyorganosiloxane** oder kurz Polysiloxane) sind synthetische polymere Verbindungen, in denen die Siliciumatome über Sauerstoffatome ketten- und/oder netzartig verknüpft sind. Die restlichen zwei Bindungen der Si-Atome sind durch organische Kohlenwasserstoffreste R (R = Alkylreste, Phenylrest; Kap. 7.1.1) abgesättigt.

Charakteristisches Merkmal der Silicone ist das Vorliegen einer Si-O-Si-Kette **(Siloxankette).** Darin unterscheiden sie sich grundsätzlich von den Makromolekülen herkömmlicher organischer Kunststoffe, deren Hauptkette aus Kohlenstoffatomen besteht (Kap. 7.3). Silicone nehmen eine Zwischenstellung zwischen anorganischen Verbindungen (Silicaten) und organischen Polymeren ein. Abb. 6.7 zeigt links ein lineares Polyorganosiloxan mit R = CH_3. Da das Molekül um die Si-O-Bindungen frei drehbar ist, ergibt sich die typische geknäuelte Form (Abb. 6.7 rechts). Aufgrund der Kombination von Siloxan(Si-O)- und Silicium-Organo(Si-C)-Bindungen bezeichnet man die Silicone auch als *Organosiliciumverbindungen* bzw. *siliciumorganische Verbindungen.*

Polyorganosiloxane sind aus mono-, di-, tri- und tetrafunktionellen Struktureinheiten aufgebaut:

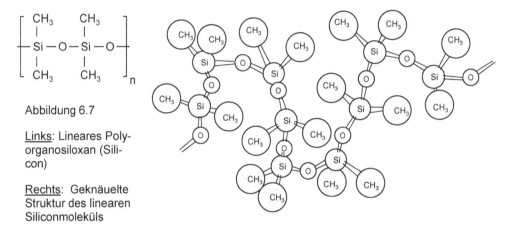

monofunktionell   difunktionell   trifunktionell   tetrafunktionell
(M)   (D)   (T)   (Q)

Aus den verschiedenen Möglichkeiten der Verknüpfung mono(M)-, di(D)-, tri(T)- und tetra (Q)-funktioneller Struktureinheiten zu linearen, cyclischen und vernetzten Anordnungen resultiert die große Strukturvielfalt dieser Stoffgruppe.

Abbildung 6.7

<u>Links</u>: Lineares Polyorganosiloxan (Silicon)

<u>Rechts</u>: Geknäuelte Struktur des linearen Siliconmoleküls

Je nach Wahl der Ausgangsstoffe, der Reaktionsbedingungen und dem Grad der Vernetzung entstehen flüssige (Siliconöle), feste (Siliconharze) und elastische (Siliconkautschuke) Produkte. Allen **Siliconen** gemeinsam ist eine Reihe **herausragender Eigenschaften**, die sie für einen breiten Einsatz in der Praxis qualifizieren: Sie besitzen eine hohe Resistenz gegen Hitze und Kälte sowie gegen Ozon und UV-Strahlung. Sie weisen eine hohe Elastizität und gute dielektrische Eigenschaften (hohes Isoliervermögen und gute Kriechstromfähigkeit) auf, brennen nicht, reagieren neutral und sind ökologisch unbedenklich.

Von besonderer Bedeutung für ihre Anwendung im Bautenschutz: Siliconharze sind hart, stark wasserabweisend, gas- und dampfdurchlässig und besitzen eine hohe Lebensdauer. Sie eignen sich deshalb außerordentlich gut als *Hydrophobierungsmittel* für organische und anorganische Materialien.

Siliciumorganische Verbindungen im Bautenschutz

Siliciumorganische Verbindungen sind ideale Verbindungen zur **Hydrophobierung** mineralischer Baustoffe. Zum Einsatz kommen monomere Si-organische Verbindungen (Silane und Siliconate), oligomere Si-organische Verbindungen (Oligosiloxane, „Siloxane") und polymere Si-organische Verbindungen, die eigentlichen Siliconharze. Wenn nicht schon vorhanden (→ „auspolymerisierte" Harze), entsteht bei der Anwendung dieser Produkte durch Polykondensation im mineralischen Substrat oder in der Beschichtung das Siliconnetzwerk als Träger der für diese Substanzklasse wichtigen Eigenschaften: *Wasserabsto-ßung*, *Wasserdampfdurchlässigkeit* und *Langlebigkeit*.

Silane und Siloxane. In der Bauanwendung, und das soll auch im Folgenden so gehand-habt werden, versteht man unter **Silanen** generell Alkylalkoxysilane.

$$
\begin{array}{c}
R \\
| \\
R'O - Si - OR' \\
| \\
OR'
\end{array}
\qquad
\begin{array}{l}
R\ =\ CH_3\ (\text{Methyl}), \\
\quad\ \text{auch:}\ C_4H_9\ (\text{Butyl}), \\
\quad\quad C_8H_{17}\ (\text{Octyl}); \\
OR'\ =\ OCH_3\ (\text{Methoxy}), \\
\quad\quad OC_2H_5\ (\text{Ethoxy})
\end{array}
\qquad
\begin{array}{c}
CH_3 \\
| \\
Si \\
H_5C_2O \diagup\ |\ \diagdown OC_2H_5 \\
OC_2H_5
\end{array}
$$

Alkyltrialkoxysilan

Methyltriethoxysilan

Silane sind überwiegend niedrigviskose, klare Flüssigkeiten. Auf eine Betonoberfläche aufgebracht, fördert deren Alkalität die Entstehung der Alkylkieselsäure (Alkylsilanol, Abb. 6.8a) und deren Vernetzung zum hydrophobierenden Endprodukt (Abb. 6.8b und c).

Abbildung 6.8 a) Verseifung des Butyltriethoxysilans zur Butylkieselsäure (exakt: Butylsilan-triol); b) Vernetzung (Polykondensation) der Silanole zum Siliconharz; c) Fixierung des Sili-conharzes durch kovalente Bindungen auf der Oberfläche mineralischer Baustoffe. Die Bindung erfolgt über die Si-OH-Gruppen der silicatischen Komponente(n) des Baustoffes.

Silane können durch ihre geringe Molekülgröße leichter und tiefer in den Baustoff eindringen - gewünscht sind mehrere Millimeter - und auf feuchtem, nicht zu nassem Untergrund eingesetzt werden. Dem stehen allerdings auch einige *Nachteile* gegenüber. Silane enthalten hohe Mengen an gebundenem Alkohol (Ethanol, Methanol), sind flüchtig und besitzen teilweise lange Reaktionszeiten bis zum Aufbau des dreidimensionalen Siliconnetzwerkes.

Die Bezeichnung **Siloxan** für *oligomere Alkylalkoxysilane* ist vom chemischen Standpunkt her problematisch, da der Begriff „Siloxan" ganz allgemein für die gesamte Klasse von Verbindungen mit Si-O-Si-Ketten unterschiedlichen Polymerisationsgrades steht. In der praktischen Bauanwendung versteht man unter Siloxanen generell oligomere Alkylalkoxysilane oder Oligosiloxane, die durch Kondensation von 3 bis 6 Molekülen eines monomeren Alkylalkoxysilans unter Ausbildung von Siloxanbindungen entstehen. Aufgrund der vorliegenden Teilvernetzung stehen die oligomeren Organosiloxane strukturell zwischen Organosilanen und Siliconharzen.

Siloxane sind in der Regel leicht bewegliche, klare, kaum noch flüchtige Flüssigkeiten. Ihr Gehalt an gebundenem Alkohol liegt deutlich unter dem der Silane. Sie besitzen ein tendenziell schlechteres Eindringvermögen als die Silane. Trotzdem zeigen sie in der Praxis meist die besseren Resultate, denn die oligomeren Moleküle sind immer noch klein genug, um in die Baustoffporen einzudringen und ihre Molmasse ist groß genug, um einen nicht zu hohen Dampfdruck aufzuweisen. Der entscheidende Vorteil gegenüber den Silanen besteht in der schnelleren Ausbildung des Siliconnetzwerkes. Bei dieser Verbindungsgruppe wurde versucht, die vorteilhaften Eigenschaften der Organosilane und der Siliconharze zu kombinieren. Besonders bewährt haben sich Kombinationen aus Silanen und Siloxanen.

Siliconate sind Salze von Alkylkieselsäuren. Sie entstehen, wenn vor dem Kondensationsprozess Alkalilauge (z.B. KOH) zugegeben wird. Eine wässrige Kaliumsiliconatlösung

$$H_3C - \underset{\underset{OH}{|}}{\overset{\overset{OH}{|}}{Si}} - O^- \, K^+ \qquad \textit{Kaliummethylsiliconat}$$

reagiert wie eine Wasserglaslösung mit dem CO_2 der Luft unter Bildung von hygroskopischem K_2CO_3 und der Ausbildung des Siliconnetzwerkes. Wasserlösliche Methylsiliconate besitzen heute kaum noch Bedeutung. Als Gründe sind die starke Alkalität, die Wasserlöslichkeit des unvernetzten Produkts und Bildung von weißen Salzkrusten auf stark alkalischen Untergründen anzuführen.

Siliconharze. Bei den Siliconharzen ist die Polykondensation so weit fortgeschritten, dass zähflüssige bzw. feste, in organischen Lösungsmitteln noch lösbare polymere Siloxane vorliegen (*Flüssig- oder Festharze*). Sie finden Anwendung als Bindemittel in Siliconharzfarben und Siliconharzputzen. Im Vergleich zu anderen organischen Harzen besitzen die Siliconharze niedrige Molmassen (2000 bis 5000), der Anteil an gebundenem Alkohol beträgt nur noch 2...4%. Für Beschichtungen werden meist Methylsiliconharze verwendet. Siliconharze werden in organischen Lösemitteln gelöst oder lösemittelfrei in Pulverform vermarktet. Auf Baustoffoberflächen aufgebracht, trocknen sie aus organischen Lösungen oder Emulsionen schnell und klebfrei auf. Die wasserabweisende Wirkung ist von Anfang an vorhanden. Siliconharzlösungen spielen als Hydrophobierungsmittel heute nur noch eine untergeordnete Rolle. Der Grund dafür ist zum einen im zunehmenden ökologischen Bewusstsein des Verbrauchers hinsichtlich der Anwendung lösemittelfreier Produkte und zum anderen in der Teilchengröße der Polyorganosiloxane zu sehen ($\rightarrow$ größere Teilchen mit einer geringeren Eindringtiefe). Der weitaus größere Teil der für den Bausektor produzierten Siliconharze wird für Siliconharzfarben und Siliconharzputze verwendet.

Siliconharzimprägnierungen wirken wasserabstoßend (hydrophob). Sie schützen die poröse Oberflächenstruktur mineralischer Baustoffe gegen eindringende Feuchtigkeit und damit verbundene Schäden. Wasserdampf- und CO_2-Durchlässigkeit werden kaum reduziert. Trotz nur geringfügig abnehmender Gasdurchlässigkeit kommt es zu einer deutlichen Verzögerung der Carbonatisierung des Betons.

Heute werden für Fassadenimprägnierungen vor allem Gemische aus Silanen und Siloxanen mit unterschiedlicher Zusammensetzung und unterschiedlichem Verhältnis in organischen Lösemitteln gelöst oder als lösemittelfreie Emulsion verwendet.

Siliconkautschuke sind in den gummielastischen Zustand überführbare Siliconmassen. Sie enthalten neben der [-Si(R)$_2$-O-]-Hauptkette funktionelle Gruppen wie die Hydroxyl- und die Vinylgruppe (-CH=CH$_2$), die eine weitmaschige Vernetzung ermöglichen. Die funktionellen Gruppen können sich an den Kettenenden befinden oder in die Kette eingebaut sein. Zugesetzte Füllstoffe beeinflussen in Abhängigkeit von der Art und der Menge mechanische und chemische Eigenschaften der Vulkanisate. Siliconkautschuke werden im Bauwesen vor allem als Fugendichtmasse verwendet.

6.3 Anorganische Bindemittel

Nach ihrem Erhärtungsverhalten werden die Bindemittel in nichthydraulische (Erhärtung ausschließlich an der Luft) und hydraulische Bindemittel (Erhärtung sowohl an der Luft als auch unter Wasser) eingeteilt. Zu den **nichthydraulischen** Bindemitteln (auch: *Luftbindemittel*) gehören neben den Luftkalken vor allem die Baugipse bzw. Anhydritbinder und die Magnesiabinder, zu den **hydraulischen** Bindemitteln die Zemente und die hydraulisch erhärtenden Kalke.

6.3.1 Baukalke

„Kalk" ist seit Jahrhunderten das Bindemittel schlechthin. Hauptbestandteil der Baukalke sind die Oxide und Hydroxide des Calciums (CaO, Ca(OH)$_2$) neben geringeren Anteilen an Oxiden und Hydroxiden des Magnesiums (MgO, Mg(OH)$_2$), Siliciums (SiO$_2$), Aluminiums (Al$_2$O$_3$) und Eisens (Fe$_2$O$_3$). Die chemisch aktiven Bestandteile hinsichtlich der Carbonaterhärtung sind CaO und MgO. Als Rohstoffe für die Herstellung von Baukalken kommen Kalkstein, Kalkstein-Ton-Gesteine (Kalkmergel) und Dolomit zum Einsatz. Kalksteine bestehen vorwiegend aus Calciumcarbonat CaCO$_3$, als Verunreinigungen treten tonige (Al- und Fe-Verbindungen) sowie quarzitische Beimengungen auf. Dolomit fungiert als Begleitmineral. Calciumcarbonat tritt in drei kristallinen Modifikationen auf: als trigonal-rhomboedrisch kristallisierender *Calcit* (Kalkspat), als orthorhombisch kristallisierender *Aragonit* und als hexagonal kristallisierender *Vaterit*. Die beständigste Form, die den Hauptteil des Kalksteins bildet, ist der Calcit. *Vaterit* ist die instabilste CaCO$_3$-Modifikation.

• **Luftkalke.** Durch *Brennen* von Kalkstein (vereinfacht als CaCO$_3$ angenommen) bei Temperaturen über 900°C wird gebrannter Kalk CaO gewonnen (Gl. 1-16). Die thermische Zersetzung des Kalksteins unter Freisetzung von Kohlendioxid („Kohlensäure") wird auch als *Entsäuerung* oder *Calcinierung* bezeichnet.

$$CaCO_3 \quad \rightarrow \quad CaO \quad + \quad CO_2 \qquad \Delta H = +178 \text{ kJ/mol}$$
$$\textit{Kalkstein} \qquad \textit{gebrannter Kalk}$$

Brennen. Der Brennprozess muss unterhalb 1200°C erfolgen, um ein Sintern des Brenn-produkts zu vermeiden. Gemäß obiger Reaktion werden aus 100 g $CaCO_3$ etwa 56 g CaO und 44 g CO_2 gewonnen. Der **gebrannte Kalk** (**ungelöschter Kalk**, früher: Branntkalk) entsteht als ein hochporöses Material mit einem Porenvolumen von etwa 52 Vol.-% (Vo-lumenkonstanz vorausgesetzt). Die im gebrannten Kalk entstandenen Poren sind von allergrößter Bedeutung für den sich anschließenden Löschvorgang.

Wird der Kalkstein zu hoch erhitzt („überbrannt"), entsteht kristallines CaO. Der auf diese Weise erhaltene *Sinterkalk* reagiert infolge der Verdichtung der CaO-Kristalle und einer stark verringerten Porosität nur langsam mit Wasser. Der nachfolgende Löschprozess wird teilweise oder ganz unterbunden.

Löschen. Um als Bindemittel wirken zu können, muss der Kalk *gelöscht* werden. Dabei reagiert CaO in einer stark exothermen Reaktion (Gl. 6-5) mit Wasser zu Calciumhydroxid (**gelöschter Kalk**, Löschkalk; nicht ganz korrekt: Kalkhydrat).

$$\underset{\textit{gebrannter Kalk}}{CaO} \quad + \quad H_2O \quad \rightarrow \quad \underset{\textit{gelöschter Kalk}}{Ca(OH)_2} \qquad \varDelta H = -65,2 \text{ kJ/mol} \qquad (6\text{-}5)$$

Erfolgt das Löschen im stöchiometrischen Verhältnis, wird also die laut Gl. (6-5) erforderli-che Wassermenge, einschließlich der verdampfenden Menge (!) an Wasser, zugegeben, fällt der Löschkalk als trockenes Pulver an (werkmäßige Herstellung, *Trockenlöschen*). Löscht man Kalk mit einem mäßigen Überschuss an Wasser (*Nasslöschen*), erhält man den auf der Baustelle eingesetzten *Kalkbrei*. Durch Ablöschen von Kalk mit einem hohen Überschuss an Wasser wird eine dünnflüssige Suspension von $Ca(OH)_2$ in Wasser, die sogenannte *Kalkmilch*, erhalten.
Beim Löschen dringt das Wasser in die Poren des gebrannten Kalks ein, wobei sich das Volumen fast bis auf das Doppelte vergrößert. Der stückige, gebrannte Kalk zerfällt infolge **Volumenvergrößerung** (Dichteänderung von 3,34 auf 2,24 g/cm^3) zu mikrokristallinen $Ca(OH)_2$-Teilchen. Der Löschvorgang muss vor der Verarbeitung des Kalks als Bindemittel abgeschlossen sein. Vermörtelter Luftkalk (*Kalkmörtel*) ist ein steifer, wässriger Brei, der aus gelöschtem Kalk als Mörtelbildner und Sand als Magerungsmittel besteht.
Enthält Kalkmörtel zu harte oder überbrannte Kalkanteile, die unter dem Einfluss der Feuchtigkeit erst nach dem Aufbringen des Mörtels ablöschen, können infolge der Volu-menzunahme Sprengwirkungen auftreten („*Nachlöschen*"). Beim Mauermörtel kommt es zur Gefügezerstörung und zur Festigkeitsminderung, bei Putzmörteln treten Risse, Blasen bzw. Absprengungen auf (Kalktreiben, Kap. 6.3.8.1.2).
Wie CaO ist auch $Ca(OH)_2$ in Wasser schwerlöslich, bei 20°C lösen sich 1,26 g $Ca(OH)_2$ in einem Liter Wasser. Die stark basisch reagierende gesättigte Lösung besitzt einen pH-Wert von 12,5 (20°C).

Kalk ist die in der Praxis gebräuchliche Bezeichnung für Calciumoxid CaO. Dass häufig auch Kalkstein ($CaCO_3$) und gelöschter Kalk ($Ca(OH)_2$) als Kalk bezeichnet werden, ist zwar vom chemischen Standpunkt her falsch, führt aber in der Praxis kaum zu Problemen.

Erhärten. Beim Aufbringen von Kalkmörtel auf Mauersteine erfolgt relativ schnell eine erste Verfestigung und Versteifung des Mörtels, da die porösen Steine einen Teil des Mör-telwassers „absaugen". Der *chemische Erhärtungsprozess* besteht in der Bindung von Kohlendioxid aus der Luft. Diesen für alle Luftkalke charakteristischen Erhärtungsvorgang bezeichnet man als **Carbonatisierung** (s. Gl. (1-17): $Ca(OH)_2 + CO_2 \rightarrow CaCO_3 + H_2O$
$\varDelta H = -112 \text{ kJ/mol}$).

Die Carbonatisierung kann allerdings nur in Gegenwart von Wasser ablaufen, da es sich chemisch um eine *Neutralisation* der Base $Ca(OH)_2$ mit der Kohlensäure H_2CO_3 /CO_2, H_2O handelt (Gl. 6-6). Die Kohlensäure entsteht durch Reaktion des CO_2 der Luft mit dem Mörtelwasser.

$$Ca(OH)_2 \quad + \quad H_2O \quad + \quad CO_2 \quad \rightarrow \quad CaCO_3 \quad + \quad 2\,H_2O \qquad (6\text{-}6)$$

Gelöschter Kalk	*Mörtel-wasser*	*aus Luft*	*Calciumcarbonat (erhärteter Kalk)*	*freigesetzte Baufeuchtigkeit*

Durch den geringen CO_2-Gehalt der Luft (ca. 0,04 Vol%) verläuft die Carbonatisierung sehr langsam. Man geht davon aus, dass sie nach etwa einem Jahr abgeschlossen ist. Bei großen Putzflächen im Freien muss man selbst bei warmen Wetter mit einer Carbonatisierungsdauer von einigen Monaten rechnen. In tiefen Mauerfugen benötigt die Carbonatisierung einige Jahre bis Jahrzehnte und verläuft auch dann nicht vollständig.
Bei der Erhärtung der Luftkalke wird als Nebenprodukt Wasser freigesetzt (Gl. 6-6). Es tritt als **Baufeuchtigkeit in Neubauten** in Erscheinung. In Abhängigkeit von der Carbonatbildung ist die Wasserabgabe je nach Wandstärke und -beschaffenheit frühestens nach etwa einem Jahr abgeschlossen. Der Kreislauf des „Kalkes": Brennen – Löschen – Erhärten ist in Abb. 6.9 dargestellt.
Zur Gruppe der Luftkalke gehören der Weiß- und der Dolomitkalk. **Weißkalk** (CL, calcium lime) wird durch Brennen von möglichst reinem Kalkstein erhalten. Handelsüblicher CaO-Gehalt: 94%, früher auch: *Speck-* oder *Fettkalk*. **Dolomitkalk** (DL, dolomitic lime) wird durch Brennen von Dolomit $CaMg(CO_3)_2$ erhalten, MgO-Gehalt $\geq$ 10%.

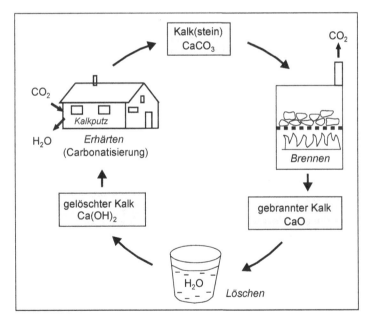

Abbildung 6.9

„Kalk"-Kreislauf

• **Hydraulische Kalke** (HL, hydraulic lime) können sowohl durch Reaktion mit Wasser an der Luft als auch unter Wasser erhärten. Ursache für letztere Eigenschaft sind Klinkerphasen, wie sie auch im Zement vorkommen. Sie erstarren infolge von Hydratationsprozessen und gehen in schwerlösliche Erhärtungsprodukte hoher Festigkeit über. Der Begriff **„hydraulisch"** hat in der Bauchemie eine doppelte Bedeutung: Er steht zum einen für *wasser-*

bindend und zum anderen für *wasserfest* und wird damit in gänzlich anderem Sinne verwendet als etwa in der Physik.

Durch **Brennen** tonhaltiger Kalksteine (Kalkmergel) bei Temperaturen unterhalb der Sintergrenze von ca. 1250°C wird die Kristallstruktur der Tone zerstört. Es entstehen die sogenannten **Hydraulefaktoren** (Al_2O_3, SiO_2 und Fe_2O_3). Sie reagieren oberhalb 900°C mit dem aus der Kalksteinkomponente gebildeten basischen CaO zu Verbindungen ähnlicher Struktur wie sie im Portlandzementklinker vorliegen: Tricalciumaluminat $3CaO \cdot Al_2O_3$ (**C_3A**), Dicalciumsilicat $2CaO \cdot SiO_2$ (**C_2S**) und Tetracalciumaluminatferrat $4CaO \cdot Al_2O_3 \cdot Fe_2O_3$ (**C_4AF**).

Erhärtung. Die gebildeten Verbindungen **C_3A**, **C_2S** und **C_4AF** reagieren mit Wasser und erhärten hydraulisch. Die entstehenden Hydratphasen sind in Kap. 6.3.2.4 genauer beschrieben. Hydraulische Kalke enthalten noch mindestens 3% freies CaO, das nicht an SiO_2, Al_2O_3 bzw. Fe_2O_3 gebunden ist. Dieser Kalkanteil erhärtet wie Luftkalk. Die Erhärtung der hydraulischen Kalke beruht demnach zum einen auf der Carbonatisierung und zum anderen auf der Hydratation. Hydraulische Kalke erhärten schneller als Luftkalke und erreichen höhere Festigkeiten.

Kalke, die durch Brennen von mehr oder weniger tonhaltigen bzw. kieselsäurehaltigen Kalksteinen mit nachfolgendem Löschen und gegebenenfalls Mahlen hergestellt werden, bezeichnet man als „**Natürliche hydraulische Kalke**" **NHL**. Werden hydraulische Kalke durch werkmäßiges Mischen von Luftkalk (z.B. CL 90) mit bis zu 20% latent hydraulischem (*Hüttensand*), hydraulischem (*Zement*) oder puzzolanischem (*Trass, Flugasche*) Stoffen hergestellt, bezeichnet man sie mit **HL**.

Hydraulische Kalke stellen das *Bindeglied zwischen Luftkalken und Zementen* dar. Dementsprechend nimmt die Druckfestigkeit mit dem Anteil an hydraulischer Komponente zu. Man klassifiziert die hydraulischen Kalke wie folgt: **HL 2** (Druckfestigkeit nach 7 Tagen nicht gefordert, nach 28 Tagen 2...7 N/mm^2), **HL 3,5** (Druckfestigkeit nach 7 Tagen nicht gefordert, nach 28 Tagen 3,5...10 N/mm^2) und **HL 5** (Druckfestigkeit nach 7 Tagen ≥ 2 N/mm^2, nach 28 Tagen 5...15 N/mm^2).

6.3.2 Zemente

Zement ist mit einer Jahresproduktion von etwa 4,18 Mrd. Tonnen (2014) weltweit der wichtigste Baustoff unserer Zeit (Deutschland 2014: 32,1 Mio. t; vdz-online). Der Begriff „Zement" tauchte erstmals, wenn auch mit einer völlig anderen Bedeutung als heute, bei den Römern auf. Sie nannten die Zuschlagstoffe, die sie für ihr Gussmauerwerk (Opus Caementitum, „Römerbeton") einsetzten, als Caementum. Später wurden die hydraulischen Zusatzstoffe vulkanischen Ursprungs bzw. Ziegelmehle als Ciment (Frankreich), Cement (England) oder Zyment (Deutschland) bezeichnet. Mit dem Niedergang des Römischen Reiches gingen auch zahlreiche theoretische und praktische Erfahrungen und Erkenntnisse der römischen Baukunst verloren. Die Rezepturen zur Herstellung hydraulischer Bindemittel gerieten in Vergessenheit oder wurden vernichtet. Im Mittelalter fanden überwiegend Baustoffe Verwendung, die wenig dauerhaft waren.

Die moderne Geschichte des Bindemittels Zement geht auf den Engländer *J. Smeaton* (1724-1792) zurück. Er beschäftigte sich in den Jahren 1756-1759 intensiv mit dem Problem der Hydraulizität von Kalken. Dabei erkannte er die besondere Bedeutung des Tongehaltes im Kalkstein für die Herstellung hydraulischer Bindemittel. Angeregt durch diese Untersuchungen stellte *J. Parker* 1796 erstmals industriell hydraulische Kalke her. Er nannte sein Bindemittel, das durch Brennen aus den sogenannten Mergelnieren des Londoner Septarien-Tones hergestellt wurde, „Romancement".

Als Geburtsjahr des Portlandzements gilt im Allgemeinen das Jahr 1824. In diesem Jahr meldete der englische Maurermeister *Joseph Aspdin* ein Patent zur Herstellung eines Zement an, der aus einer Schlämme aus Kalk und Ton bei hohen Temperaturen erbrannt wurde. Das Produkt, das nachfolgend zu einem feinen Pulver zermahlen wurde, bezeichnete er als **Portlandzement**, da es im abgebundenen Zustand dem graustichig-weißen Farbton des auf der südenglischen Halbinsel Portland gewonnenen Kalksteins ähnelte. Dieses Bindemittel entsprach nach unserem heutigen Verständnis immer noch einem hydraulischem Kalk und *nicht* einem Portlandzement. *J. Aspdin* brannte sein Gemisch unterhalb der Sintertemperatur.

Den ersten Portlandzement nach heutiger Nomenklatur stellte sein Sohn *William Aspdin* im Jahre 1843 her, indem er bei deutlich höheren Temperaturen brannte und damit einen hohen Anteil gesinterter Phasen erhielt. In der Folgezeit entwickelte sich die englische Zementindustrie sprunghaft, die Zementqualität wurde zunehmend verbessert. Im Jahre 1853 wurde in Züllchow bei Stettin durch *H. Bleibtreu* das erste deutsche Zementwerk errichtet. In den Folgejahren entwickelte sich die deutsche Zementindustrie stetig und erfolgreich, so dass teure englische Importe immer mehr zurückgedrängt werden konnten. 1862 entdeckte *E. Langen* die latent-hydraulischen Eigenschaften von glasig-erstarrter Hochofenschlacke (Hüttensand). Die Überlegung, granulierte Hochofenschlacke durch Portlandzement anzuregen, geht auf *G. Prüssing* zurück. Er stellte 1882 den ersten Hüttenzement mit einem Hüttensandanteil von 30% her. Zwischen 1914-1918 wurde in Frankreich der erste Tonerdezement hergestellt. In den nachfolgenden Jahren stellten sich die Zementproduzenten auf immer speziellere Anforderungen ein: Herstellung von Zementen mit hohem Sulfatwiderstand, Herstellung von frühfesten Zementen und Zementen mit niedriger Hydratationswärme. Die gegenwärtige Entwicklung auf diesem Sektor ist gekennzeichnet durch die Forderung nach höheren (Früh)-Festigkeiten etwa durch den Einsatz von Silicastaub oder von Fasern sowie nach Ressourcen schonender Produktion

Die derzeit in Deutschland und vielen anderen europäischen Ländern gültige Norm **EN 197-1** definiert Zement in folgender Weise: „Zement ist ein hydraulisches Bindemittel, das heißt ein fein gemahlener anorganischer Stoff, der, mit Wasser gemischt, Zementleim ergibt, welcher durch Hydratation erstarrt und erhärtet und nach dem Erhärten auch unter Wasser fest und raumbeständig bleibt." Nach EN 197-1 besteht Normzement aus Haupt- und 0 - 5% Nebenbestandteilen.

Die möglichen Hauptbestandteile sind Portlandzementklinker (K), Hüttensand (S), Puzzolane: natürliche Puzzolane (P) und natürliche getemperte Puzzolane (Q); Flugasche: kieselsäurereiche Flugasche (V) und kalkreiche Flugasche (W), gebrannter Schiefer (T) und Silicastaub (D). Daneben enthält Zement noch Nebenbestandteile, Calciumsulfat und Zusätze.

Nach DIN EN 197-1 unterscheidet man fünf Hauptzementarten: CEM I Portlandzement, CEM II Portlandkompositzement, CEM III Hochofenzement, CEM IV Puzzolanzement und CEM V Kompositzement. Die Zusammensetzung der den Hauptzementarten zugeordneten 27 Normalzemente ist in Tab. 6.5 (Kap. 6.3.2.7) wiedergegeben. Die nachfolgenden Ausführungen beziehen sich zunächst auf Portlandzement, die mit einem Anteil von über 75% bei Weitem wichtigste Zementart.

6.3.2.1 Rohstoffe und Herstellung von Portlandzement

Die **Rohstoffe** für die Herstellung von Portlandzement **CEM I** (altes Kurzzeichen: **PZ**) sind in erster Linie Kalkstein und Ton oder ihre „natürlichen Gemische" Kalkmergel bzw. Mergelkalk. Da entsprechende Mergel allerdings nur selten in der benötigten Zusammensetzung zur Verfügung stehen, kommen meistens geeignete Mischungen aus Kalkstein und Ton („Rohmehle") zum Einsatz (Mischungsverhältnis Kalkstein : Ton etwa 3 : 1). Falls nötig, werden dem Rohmehl als Korrekturkomponenten Sande, Eisenerze oder hochwertige Kalksteine beigemischt.

Um einen normgerechten Zement herzustellen, muss das Rohmehl eine optimale chemische Zusammensetzung besitzen. Zu ihrer Berechnung werden *Kennwerte* oder **Moduln** verwendet, in die die durch chemische Analyse ermittelten Prozentgehalte für die einzelnen Oxide eingesetzt werden.

Zur Berechnung des optimalen Kalkgehaltes dienen die sogenannten **Kalkstandards** (*KSt*) (Gl. 6.7), sie werden in Prozent angegeben. Ein hoher Kalkgehalt ist für die Bildung der kalkreichen, silicatischen Klinkerphasen verantwortlich. Er muss auf die Bildung der Hydraulefaktoren abgestimmt sein. Ist er zu hoch, liegt ein Überschuss an ungebundenem CaO (Freikalk) vor. Der Freikalk kann bei einer späteren Reaktion des Betons mit Wasser zu Treiberscheinungen führen (*Kalktreiben*, s. Kap. 6.3.8.1.2). Ist der Kalkgehalt zu niedrig, kann es zu Einbußen in der Festigkeit kommen, da die **C$_3$S**-Bildung unvollständig verläuft. In die Gleichungen (6-7a,b) werden die anhand der chemischen Analyse eines Zements bzw. eines Rohmehls ermittelten Oxidgehalte in Prozent eingesetzt.

$$KSt\,I = \frac{(CaO)}{(2,8\cdot SiO_2) + (1,1\cdot Al_2O_3) + (0,7\cdot Fe_2O_3)}\cdot 100 \qquad \text{(6-7a)}$$

Beim *Kalkstandard I* (nach Kühl) wird der Berechnung die mögliche Bildung der Phasen **C$_3$S**, **C$_{12}$A$_{17}$** und **C$_4$AF** zugrunde gelegt. Die Koeffizienten vor den Hydraulefaktoren leiten sich aus den Stöchiometrieverhältnissen der entstehenden Phasen ab. Zum Beispiel binden 3 Mol CaO 1 Mol SiO$_2$ zu Tricalciumsilicat **C$_3$S**, damit lautet das Massenverhältnis: 168,3 g CaO/ 60,1 g SiO$_2$ = 2,8.

Beim *Kalkstandard II* wurden die Faktoren für SiO$_2$, Al$_2$O$_3$ und Fe$_2$O$_3$ der Praxis besser angepasst. Wird zusätzlich Magnesiumoxid (MgO-Gehalt < 2%) berücksichtigt, ergibt sich der Kalkstandard III (Gl. 6-7b, nach *Spohn*, *Woermann* und *Knöfel* [3]).

$$KSt\,III = \frac{CaO + 0,75\,MgO}{(2,8\cdot SiO_2) + (1,18\cdot Al_2O_3) + (0,65\cdot Fe_2O_3)}\cdot 100 \qquad \text{(6-7b)}$$

Ist der MgO-Gehalt ≥ 2%, steht im Zähler von Gl. (6-7b) der Ausdruck (CaO + 1,5 MgO).

In einem PZ-Klinker mit einem theoretischen *KSt*-Wert von 100% ist das gesamte CaO an die Hydraulefaktoren gebunden, damit liegt der optimale CaO-Gehalt vor. In der Praxis liegt der Kalkstandard für normale Zemente zwischen 90...95%, für Zemente höherer Festigkeit zwischen 95...98%.

Weitere wichtige Kennwerte für die mineralische Zusammensetzung des Klinkers sind folgende Moduln:

Der **Silcatmodul** (**SM**) kennzeichnet das Verhältnis des SiO$_2$- zu den Al$_2$O$_3$-/Fe$_2$O$_3$-Gehalten (Gl. 6-8). Mit steigendem Silicatmodul bzw. steigendem SiO$_2$-Anteil erhöht sich die Festigkeit, allerdings verschlechtert sich das Sinterverhalten. Der SM kann zwischen 1,8 und 3,0 schwanken. In der Regel liegen die Werte zwischen 2,2 und 2,6.

$$SM = \frac{SiO_2}{Al_2O_3 + Fe_2O_3}\cdot 100 \qquad \text{(6-8)}$$

Der **Tonerdemodul** (**TM**, Gl. 6-9) ist schließlich ein wichtiger Indikator für die Zusammensetzung der Schmelzphase beim Klinkerbrennen. Auf die Festigkeitsentwicklung hat er keinen Einfluss. Nimmt TM ab, sinkt der **C$_3$A**-Gehalt des Zements. Der Tonerdemodul liegt üblicherweise zwischen 1,5 und 2,9 und nur selten darüber. **C$_3$A**-freie Zemente weisen einen hohen Sulfatwiderstand auf.

$$TM = \frac{Al_2O_3}{Fe_2O_3} \qquad\qquad\qquad\qquad (6\text{-}9)$$

Brennen. Hinsichtlich der beim Brennprozess der Zementrohstoffe ablaufenden Vorgänge gibt es einige Gemeinsamkeiten mit den hydraulischen Kalken. Da es sich um komplizierte Festkörperreaktionen handelt, müssen die Reaktionspartner zunächst in einen möglichst intensiven Kontakt zueinander gebracht werden. Um dies zu erreichen, mahlt man die Rohstoffe im richtigen Mengenverhältnis so fein, bis etwa 90% der Teilchen einen geringeren Durchmesser als 90 µm besitzen. Das fertige Rohmehl durchläuft bei den heute üblichen Trockenverfahren einen vorgeschalteten, mehrstufigen Zyklonvorwärmer, bevor es in den Drehrohrofen gelangt. Es wird im Gegenstrom zu den Ofengasen geführt wird und auf diese Weise bereits auf Temperaturen bis ca. 900°C aufgeheizt. Damit finden wesentliche Umwandlungsprozesse am Rohmehl bereits im Vorwärmer und nicht erst im Ofen statt. Durch die schräge Lagerung der Drehrohröfen (⌀ 3,5 - 4,5 m, Neigung 3° - 4°) und die langsame Drehung um die Längsachse wird das von oben eingeführte Brenngut nach unten bewegt, wo sich die Flamme befindet. Das Rohmehl gelangt in immer heißere Zonen (Maximaltemperatur: 1450°C).

Nach dem Trocknen des fein gemahlenen Brenngutes (Abgabe von freiem und adsorbiertem Wasser) erfolgt zunächst die Zersetzung/Dehydratisierung der Tonminerale, wobei die Hydraulefaktoren entstehen (450...600°C). Aus Kaolinit (Al$_2$(OH)$_4$[Si$_2$O$_5$]) bildet sich Metakaolinit. Oberhalb 600°C (bis etwa 1000°C) zersetzt sich Metakaolinit wieder und es erfolgt die Abspaltung von CO$_2$ aus dem Kalkstein. Die nach dem Dehydratisierungsprozess und der Calcinierung vorliegenden Brennprodukte, instabiles CaO und entwässerter Ton, reagieren bei ansteigender Temperatur miteinander, wobei sich unterschiedlich aufgebaute Zwischenverbindungen (Calciumsilicate, Aluminate, Aluminatferrate) bilden. Bei etwa 1280°C erweicht das Rohmehl. Es entsteht eine Schmelze. Die Zwischenverbindungen zerfallen wieder. Bei der maximalen Temperatur im Drehrohrofen von ca. 1450°C (*Sintertemperatur*) liegen alle Bestandteile außer den Silicaten geschmolzen vor. Noch nicht umgesetztes CaO reagiert mit Dicalciumsilicat zum Tricalciumsilicat (Gl. 6-10). Während der Abkühlung kristallisieren die Aluminat- und die Ferratphasen aus.

$$2\,CaO \cdot SiO_2 \; + \; CaO \;\; \rightarrow \;\; 3\,CaO \cdot SiO_2 \qquad\qquad (6\text{-}10)$$
$$\quad\;\; \textbf{C}_2\textbf{S} \qquad\quad\;\; \textbf{C} \qquad\qquad\quad \textbf{C}_3\textbf{S}$$

Der Abkühlvorgang stellt die letzte Phase der Klinkerherstellung dar. Nach dem Durchlauf der inneren Kühlzone des Drehrohrofens wird der Klinker mit Kaltluft abgekühlt, wobei die mineralische Zusammensetzung des Klinkers im Wesentlichen erhalten bleibt. Die Schmelze kristallisiert aus. Es bilden sich vorwiegend Aluminat- und Ferratphasen, in die die Calciumsilicate (**C$_3$S** und **C$_2$S**) eingebunden sind. Die Abkühlung muss rasch erfolgen, da ansonsten Tricalciumsilicat unterhalb von 1250°C wieder in Dicalciumsilicat und CaO (Freikalk!) zerfällt (Gl. 6-10, Rückreaktion).

Die beim Brennen entstehenden Calciumsilicate sind *energiereiche, bei normaler Temperatur nicht beständige Verbindungen.* Sie besitzen das Bestreben, sich unter Energieabgabe in kalkärmere Verbindungen umzulagern. Die im Herstellungsprozess "eingefrorene" *metastabile* Form (s. Kap. 6.2.3.1) ist auf Grund der relativen Unbeweglichkeit der Moleküle bzw. Ionen zu Umlagerungsreaktionen jedoch nicht in der Lage. Diese Reaktionen werden erst durch den Kontakt der Zementkörner mit Wasser ermöglicht (Kap. 6.3.2.4).

Die Klinkerminerale werden im Ergebnis des Sinterprozesses als harte Massen, meist in Form walnussgroßer Stücke erhalten (**Portlandzementklinker**). Der Begriff *Zementklinker* wurde wegen der Ähnlichkeit der Brennprodukte mit den aus Lehm gewonnenen und ebenfalls bis zur Sinterung gebrannten dichten, sehr festen Ziegelsteinen (*Klinkern*) gewählt. Die anschließende Feinmahlung bewirkt eine signifikante Vergrößerung der reaktiven Oberfläche. Um den Energieverbrauch beim Mahlprozess zu senken, werden Hilfsmittel wie Triethanolamin und Polyethylenglycol eingesetzt. Der Mahldurchsatz wird deutlich gesteigert und bei gleichem Energieverbrauch wird eine weitere Oberflächenvergrößerung erreicht. Erst jetzt liegt ein hydraulisches, rasch erstarrendes Bindemittel vor.

6.3.2.2 Zusammensetzung und Eigenschaften von Portlandzementklinker

Portlandzementklinker besteht im Wesentlichen aus zwei silicatischen Phasen, dem Tricalciumsilicat C_3S (auch als **Alit** bezeichnet) und dem Dicalciumsilicat C_2S (auch **Belit**) sowie der Calciumaluminat (C_3A)- und der Ferrat (C_4AF)-Phase (auch Ferritphase). Die Begriffe Alit und Belit sind 1897 von Törnebohm eingeführt worden, als er die zunächst noch nicht bekannten Minerale des Zements nach den Anfangsbuchstaben des Alphabets benannte. Diese Bezeichnungen sind bis heute beibehalten worden. Wie aus Tab. 6.2 zu ersehen, bilden die beiden silicatischen Phasen mit etwa 80% den Hauptanteil am Zement. Sie sind die festigkeitsgebenden Phasen.

Tabelle 6.2 Portlandzementklinker: Zusammensetzung und Eigenschaften

Klinker-phase	Oxidschreib-weise	Kurz-schreib-weise	Farbe der reinen Phase	Anteil im Klinker (%)[1] Bereich	Mittelwert
Alit (Tricalcium-silicat)	$3\,CaO \cdot SiO_2$	C_3S	weiß	45…80	63
Belit (Dicalcium-silicat)	$2\,CaO \cdot SiO_2$	C_2S	weiß	0,2… 32	16
Aluminat-phase (Tricalcium-aluminat)	$3\,CaO \cdot Al_2O_3$	C_3A	weiß	7…15	11
Ferrat-phase [2] (Calcium-aluminat-ferrat)	$4\,CaO(Al_2O_3, Fe_2O_3)$	C_4AF	dunkelbraun, bei MgO-Einbau graugrün	4…14	8

[1] [vdz-online 2013], [2] auch Ferritphase.

Die in den Rohstoffen Kalkstein und Ton, aber auch in den Brennstoffen enthaltenen Verunreinigungen führen zum Einbau von Fremdionen in das Kristallgitter der Klinkerphasen. Deshalb entstehen bei der industriellen Zementherstellung niemals die reinen Klinkerphasen C_3S, C_2S, C_3A und C_4AF.

Der fein gemahlene Klinker (Teilchengröße < 60 µm) reagiert außerordentlich schnell mit Wasser. Würde er für Mörtel oder Beton verwendet, wären die Verarbeitungszeiten bis zu seiner Verfestigung außerordentlich kurz. Durch werkseitiges Zumahlen von Gips/Anhydrit (**Sulfatträger**, Anteil: 3...5%) wird die Erstarrungszeit so verlangsamt, dass günstigere Verarbeitungszeiten erreicht werden.

Die einzelnen Klinkerbestandteile weisen nicht nur eine verschiedene chemische Zusammensetzung auf, sie unterscheiden sich auch hinsichtlich ihrer Erhärtungsgeschwindigkeit, ihrer Empfindlichkeit gegenüber Sulfatangriff und hinsichtlich der bei ihrer Erhärtung freigesetzten Hydratationswärme. Um die Zementhydratation als Gesamtprozess zu verstehen, ist eine genauere Kenntnis der Zusammensetzung und der Eigenschaften der Klinkerphasen unerlässlich.

Alit. Alit ist mit durchschnittlich 63% der Hauptbestandteil im Portlandzementklinker. Er besteht im Wesentlichen aus **Tricalciumsilicat C_3S** (Oxidschreibweise 3CaO · SiO_2 = 73,7% CaO + 26,3% SiO_2; ρ = 3,13 g/cm^3; Formel: Ca_3SiO_5). Tricalciumsilicat ist das wichtigste Klinkermineral und kann als Hauptträger der hydraulischen Erhärtung angesehen werden.

C_3S baut Fremdoxide wie MgO (0,3...2,1%), Al_2O_3 (0,4...1,8%) und Fe_2O_3 (0,2...1,9%) in sein Gitter ein, in diesem Sinne kann Alit als ein mit Fremdionen dotiertes Tricalciumsilicat betrachtet werden. Von praktischer Bedeutung ist vor allem der Einbau von MgO (Kap. 6.3.8.1.2, Magnesiatreiben).

Reines C_3S ist bei Temperaturen >1250°C stabil. Beim langsamen Abkühlen (<1250°C) tritt eine Zersetzung unter Bildung von C_2S und CaO ein ($C_3S \rightarrow C_2S$ + C), so dass für eine rasche Abkühlung der Schlackenschmelze auf etwa 150°C gesorgt werden muss.

Belit. Hauptbestandteil der Klinkerphase Belit ist die β-Modifikation des **Dicalciumsilicats** (**β-C_2S**, 2CaO · SiO_2 = 65,1% CaO + 34,9% SiO_2; Formel: Ca_2SiO_4). C_2S kann vor allem Fremdoxide wie Al_2O_3 (0,5...3,0%), Fe_2O_3 (0,4...2,7%), K_2O (0,1...1,9%) und Na_2O (0,1...0,8%) in sein Gitter einbauen. Die Metalle bilden mit dem C_2S feste Lösungen unterschiedlicher Konzentration.

C_2S schmilzt bei 2130°C. Zwischen 1500°C und 20°C existieren sowohl stabile (α, α´ und γ) als auch metastabile (β) Modifikationen. Von den Hochtemperaturumwandlungen (α → α´, α´ → β) abgesehen, ist vor allem die unterhalb 400°C stattfindende Umwandlung der metastabilen β-Form (ρ = 3,28 g/cm^3) in die bei Raumtemperatur stabile γ-Form (ρ = 2,97 g/cm^3) von Interesse. Mit der Dichteänderung ist eine 8%ige Volumenausdehnung verknüpft, die zum Zerrieseln des Klinkers und zum Zerfall des C_2S führen kann.

Da die γ-Form keine hydraulische Aktivität besitzt, wird durch schnelles Abkühlen des Klinkers die Bildung dieser Phase zugunsten der metastabilen, reaktiven β-C_2S-Form verhindert. Die im Belitkristall enthaltenen Alkalien (> 0,2%) stabilisieren die β-Form, sie werden vor allem durch die tonigen Bestandteile des Rohmehls in den Zement eingetragen.

Aluminat. Hauptbestandteil der Aluminatphase ist das **Tricalciumaluminat C_3A** (3CaO · Al_2O_3 = 62,3% CaO + 37,7% Al_2O_3; ρ = 3,04 g/cm^3). Reines C_3A schmilzt bei 1542°C, polymorphe Umwandlungen sind nicht bekannt. Es besteht aus Ringen verbrückter [AlO$_4$]-Tetraeder der Formel $[Al_6O_{18}]^{18-}$. Die Cyclohexaaluminat-Baugruppen werden durch Calciumionen zusammengehalten, wobei sich das Ca^{2+}-Ion in einer verzerrt oktaedrischen Umgebung von O-Atomen befindet (Summenformel: $Ca_9Al_6O_{18}$). Der relativ kurze Ca-O-Abstand und die vorliegende Verzerrung der Oktaederumgebung erzeugen eine gewisse Spannung im Kristall. Diese Spannung und die großen Hohlräume im Gitter sind als Ursache für die schnelle Reaktion mit Wasser anzusehen (s.u.).

Auch die Aluminatphase enthält Fremdionen (Fe, Mg), von besonderer Bedeutung ist der Einbau von Alkalien (Ersatz von $Ca^{2+} \leftrightarrow Na^+/K^+$). Die Aluminatphase kann bis zu 5,7% Alkalien in das Kristallgitter einbauen, wodurch es zu Veränderungen der Gittersymmetrie kommt. Dies ist von praktischer Bedeutung für das Erstarrungsverhalten des Zements: Bereits **C₃A** mit einem geringen Alkaligehalt besitzt eine signifikant höhere hydraulische Aktivität als undotiertes **C₃A**.

Wichtige Eigenschaften des Klinkers wie die Festigkeit des Zements und der Wasseranspruch werden direkt vom **C₃A**-Gehalt des Klinkers beeinflusst. Mit steigendem **C₃A**-Gehalt erhöhen sich Frühfestigkeit und Wasseranspruch, die Spätfestigkeit nimmt ab. Bei Zementen mit hohem Sulfatwiderstand (Kap. 6.3.2.7) muss der **C₃A**-Gehalt unter 3% liegen.

Ferrat. Die Ferratphase (auch: Aluminatferratphase) besitzt keine definierte stöchiometrische Zusammensetzung, sondern besteht aus Mischkristallen mit einem variablen Al_2O_3/Fe_2O_3-Verhältnis. Welches Al_2O_3/Fe_2O_3-Verhältnis vorliegt, wird im Wesentlichen durch die Massenverhältnisse der beiden Oxide im Rohmehl bestimmt. Ursache der Mischkristallbildung zwischen der Verbindung **C₂F** und dem hypothetischen "**C₂A**" sind ähnliche Radien der Al^{3+}- und Fe^{3+}-Ionen. Dieser Situation trägt die verallgemeinerte Formel **C₂(A,F)** Rechnung.

In der Literatur wird anstelle von Ferrat bzw. Ferratphase auch häufig Ferrit bzw. Ferritphase verwendet.

Das Calciumaluminatferrat der technischen Klinker besitzt häufig die chemische Zusammensetzung **C₄AF** (4CaO · Al_2O_3 · Fe_2O_3, **Tetracalciumaluminatferrat**). Diese Zusammensetzung entspricht stöchiometrisch der Struktur des natürlich vorkommenden Minerals *Brownmillerit*. In die Ferratphase bauen sich ebenfalls Fremdionen ein. Reines **C₄AF** besitzt wie die meisten eisen(III)-haltigen Verbindungen eine braune Farbe. Durch die Einlagerung von MgO in das **C₄AF**-Gitter (max. 1,5...2%) erhält der Portlandzement seine charakteristische graue bis graugrüne Farbe.

Die Ferratphase ist weniger reaktiv als die Aluminatphase. Sie ist umso reaktionsträger, je höher der Gehalt an Fe_2O_3 ist.

Neben den vier Hauptklinkerphasen sind in den meisten Klinkern nichtgebundenes CaO (*Freikalk*) und MgO (*Periklas*) enthalten. Ihre Gehalte sollten jeweils unter 2% liegen, da es sonst zu Treiberscheinungen in den mit diesen Zementen hergestellten Betonen kommen kann (Kap. 6.3.8.1.2). Außer CaO und MgO enthält der Portlandzementklinker noch Alkalien, vor allem Sulfate (Na_2SO_4, K_2SO_4) und geringe Mengen an Schwermetallen.

Portlandzement, hergestellt durch Vermahlung von Klinker und Gips/Anhydrit, besteht aus 58...66% CaO, 18...26% SiO_2, 4...10% Al_2O_3 und 2...5% Fe_2O_3.

6.3.2.3 Bestandteile von Normzementen

Zemente enthalten nach DIN EN 197-1 unterschiedliche Haupt- und Nebenbestandteile. Nachfolgend sind die Hauptbestandteile angeführt und kurz charakterisiert.

● **Hauptbestandteile**

Portlandzementklinker (Kurzzeichen: **K**; Kap. 6.3.2.2)

Hüttensand (S)

Hüttensand ist eine granulierte Hochofenschlacke. Sie entsteht bei der Erzeugung von Roheisen aus der Gangart des Eisenerzes, der Koksasche und den jeweiligen Zuschlägen (Kalkstein, gebrannter Kalk, Dolomit bzw. Quarz, Flussspat; s. Kap. 5.1.1). Zur Herstellung eines als Zementzusatzstoff geeigneten Hüttensandes ist ein sehr schnelles Abkühlen der Schlackenschmelze von ca. $1500°C$ unter die Transformationstemperatur von $840°C$ erforderlich. Dies erfolgt meist durch Nassgranulation. Wasser wird durch Hochdruckdüsen auf die flüssige Schlacke gesprüht, wobei das Wasserstrahlbündel die Schlacke zerteilt (granuliert). Anschließend erfolgt die Feinmahlung der *glasig-amorphen Schlacke.*

Hüttensand ist ein **latent-hydraulischer Stoff**. Er besitzt ein „verborgenes" Erhärtungsvermögen und kann - im Gegensatz zu den Puzzolanen (s.u.) - mit Wasser reagieren. Allerdings erfolgt die Bildung der Erhärtungsprodukte so langsam, dass sie für den Bausektor ohne Bedeutung ist. Die hydraulischen Eigenschaften des Hüttensandes werden erst wirksam, wenn sie durch die Gegenwart einer zweiten Komponente, dem sogenannten **Anreger**, aktiviert werden. Als Anreger kommen basische Stoffe wie $Ca(OH)_2$, Kalk, Alkalimetallcarbonate (Na_2CO_3) und Alkalimetallsilicate (Wassergläser) in Betracht. Eine zusätzliche Anregungswirkung kann dem Sulfatträger im Zement zugeschrieben werden (sulfatische Anregung). Die Anregersubstanzen bewirken in Gegenwart von Wasser eine hydraulische Erhärtung.

Hochofenschlacke ist eine Kalk-Tonerde-Silicatschlacke, deren Hauptbestandteile CaO, SiO_2 und Al_2O_3 sind. Damit entspricht ihre Zusammensetzung in etwa der des Portlandzements, wenngleich der CaO-Gehalt der Schlacke niedriger ist. Die latent-hydraulischen Eigenschaften hängen vor allem vom Kalkgehalt ab. Die Hauptbestandteile des Hüttensandes sind (Oxidschreibweise): CaO (30...50%); SiO_2 (27...40%); Al_2O_3 (5...15%), und MgO (1...10%). Die oxidische Zusammensetzung der glasigen Hüttensande entspricht in etwa der Zusammensetzung der Melilithe (Mischkristalle aus Gehlenit und Akermanit).

Nach DIN EN 197-1 ist ein Hüttensand nur dann als Zementhauptbestandteil (→ Portlandhüttenzement CEM II-S, Hochofenzement CEM III, Kompositzement CEM V) geeignet, wenn er mindestens zwei Drittel glasige Bestandteile enthält. Er muss zu zwei Dritteln aus den Komponenten CaO, MgO und SiO_2 bestehen (→ Massenverhältnis (CaO + MgO)/SiO_2 größer als 1). Hüttensande müssen demnach „basisch" sein. Die Basizität, das heißt das Verhältnis (CaO + MgO) zu SiO_2, liegt bei deutschen Hüttensanden im Mittel bei 1,32. Der Glasgehalt heutiger Hüttensande liegt über 95 %. Die Forderung nach hoher Glasigkeit ist für eine Anwendung als latent-hydraulischer Zusatzstoff deshalb wichtig, da nur bei einer schnellen Abkühlung das Dicalciumsilicat **C_2S** in der β-Modifikation entsteht. Auf diesem metastabilen β-**C_2S** beruhen im Wesentlichen die hydraulischen Eigenschaften der Hochofenschlacke.
Bei der alkalischen Anregung werden die glasigen Hüttensandpartikel angelöst und in Silicat- und Aluminateinheiten gespalten. Durch anschließende Kondensationsreaktionen erfolgt eine Verknüpfung dieser Einheiten. Es bilden sich kettenförmige Reaktionsprodukte, die in ihrer Zusammensetzung den Hydratphasen des Portlandzements ähneln. Durch die Bildung der Hydratationsprodukte wird der metastabile glasige Zustand quasi „abgebaut".

Allerdings können weder die chemische Zusammensetzung noch der Glasgehalt als Kennwerte für die Hüttensandreaktivität angesehen werden. Vielmehr hängt das latent-hydraulische Potential des Hüttensandes von einer Vielzahl verschiedener Parameter ab, die sich teilweise wechselseitig beeinflussen, angefangen beim Hochofenbetrieb, der die

Schlackenzusammensetzung und -viskosität sowie die Glasbildung steuert, den Granulationsverfahren und -bedingungen, der Lagerung usw.

Puzzolane (P, Q)

„Puzzolane sind natürliche Stoffe mit kieselsäurehaltiger oder alumosilicatischer Zusammensetzung oder einer Kombination davon (DIN EN 197-1)". Sie besitzen *keine hydraulischen Eigenschaften*. Puzzolane erhärten nach dem Anmachen mit Wasser nicht selbstständig, sondern reagieren fein gemahlen und in Gegenwart von Wasser mit $Ca(OH)_2$ unter Bildung zusätzlicher hydraulischer Erhärtungsprodukte ($\rightarrow$ **C-S-H**-Phasen).

Puzzolane bestehen hauptsächlich aus amorphem reaktionsfähigem Siliciumdioxid („reaktive Kieselsäure"; Kap. 6.2) und aus Aluminiumoxid Al_2O_3. Der Rest entfällt auf Eisen(III)-Oxid Fe_2O_3 und andere Oxide. Der Anteil an reaktionsfähigem SiO_2 muss mindestens 25% betragen. Die reaktive Kieselsäure kann mit dem vom Kalk oder Zement stammenden $Ca(OH)_2$ schwerlösliche Calciumsilicathydrate und das reaktionsfähige Al_2O_3 mit dem gelösten $Ca(OH)_2$ Calciumaluminathydrate bilden.

Der Name Puzzolan geht auf eine in der Nähe des Ortes Puteoli am Fuße des Vesuvs bei Neapel (heute: Pozzuoli) gefundene tuffhaltige Erde zurück (*Puzzolanerde*). Indem die Römer diese Puzzolanerde gebranntem Kalk zusetzten, hatten sie einen hydraulischen Kalk in der Hand, der ihnen die Errichtung von Hafen- und anderen Wasserbauten ermöglichte.

$\rightarrow$ **Natürliche Puzzolane (P)** sind mineralische Stoffe vulkanischen Ursprungs oder Sedimentgesteine entsprechender chemisch-mineralischer Zusammensetzung. Sie müssen obiger Definition eines Puzzolans genügen. Unter den natürlichen Puzzolanen kommt in Deutschland dem **Trass** die größte Bedeutung zu. Der Abbau erfolgt in der Eifel, besonders am Laacher See, und im Neuwieder Becken ($\rightarrow$ *rheinischer Trass*) sowie im Ries bei Nördlingen (*Suevit-Trass*).

Trass ist ein feingemahlener, saurer vulkanischer Tuff der allgemeinen Zusammensetzung 50...67% SiO_2 und 14...20% Al_2O_3, neben Fe_2O_3, CaO und MgO, Alkalien (3...8%) und Wasser (5...8%). Sein Glasgehalt (> 50%) ist wie bei den Hüttensanden für die Reaktionsfähigkeit verantwortlich.

$\rightarrow$ **Natürliche getemperte Puzzolane (Q)** sind thermisch aktivierte Stoffe vulkanischen Ursprungs, Tone, Schiefer oder Sedimentgesteine. Sie müssen der obigen allgemeinen Definition eines Puzzolans entsprechen.

Flugasche (V, W)

Flugasche fällt bei der Kohleverbrennung in Wärmekraftwerken an Sie wird durch elektrostatische oder mechanische Abscheidung von staubartigen Partikeln aus Rauchgasen von Kohlekraftwerken erhalten, die mit fein gemahlener Kohle befeuert werden. Asche, die durch andere Verfahren entsteht, darf im Zement, der der DIN EN 197-1 entspricht, nicht verwendet werden. Besonders bedeutsam ist *Steinkohlenflugasche* (**SFA**), *Braunkohlenflugaschen* (**BFA**) weisen mitunter zu hohe Anteile an Calciumsulfat und Freikalk auf, um als Zumahlstoff verwendet werden zu können [24a]. Allerdings gibt es auch Braunkohlenflugaschen, die hinsichtlich ihrer Zusammensetzung als Zumahlstoff in Frage kommen (s.u.).

Flugasche ist sehr feinteilig und hat einen hohen Anteil an glasigen, kugelförmigen Partikeln des Durchmessers von 0,5...100 µm. Mit dieser Korngröße ist SFA meist feiner als der gemahlene Portlandzementklinker. Sie kann deshalb das Porenvolumen verringern (**Füller-Effekt**) und den Kornaufbau des Gefüges verbessern.

Die Art der Feuerung (Trockenfeuerung, Temp. bis 1300°C) bzw. Schmelzkammerfeuerung ~1600°C) beeinflusst den Glasgehalt und damit die puzzolanischen Eigenschaften der Asche. So liegen die Gehalte an glasig-amorphen Bestandteilen bei Flugaschen aus Trockenfeuerungen mit etwa 70% deutlich niedriger als die der Flugaschen aus Schmelz-feuerungen (ca. 95%).

Um Flugaschen alkalisch zu aktivieren, werden höher konzentrierte Alkalihydroxid- bzw. Alkalimetallsilicatlösungen benötigt. Die Alkalien lösen - ähnlich wie bei den Hüttensanden - die glasigen Partikel der Flugasche und spalten sie in Silicat- und Aluminateinheiten auf. Diese kleinen Bausteine verknüpfen sich anschließend zu einem dreidimensionalen alu-mosilicatischen Netzwerk [31]. Generell gilt, dass mit abnehmendem CaO-Gehalt - vom Portlandzementklinker über den Hüttensand bis zur Flugasche - die Konzentration des alkalischen Anregers erhöht werden muss, um die glasigen Bestandteile zu lösen. Ent-sprechend ändern sich die Reaktions- bzw. Hydratationsprodukte.

Man unterteilt Flugaschen in kieselsäurereiche und kalkreiche Aschen:

→ **Kieselsäurereiche Flugasche (V)** ist ein feinkörniger Staub aus hauptsächlich kugeli-gen Partikeln (Abb. 6.10) mit *puzzolanischen Eigenschaften*. Sie besteht überwiegend aus reaktionsfähigem SiO_2 und aus Al_2O_3, neben geringen Anteilen an Fe_2O_3 und anderen Ver-bindungen (DIN EN 197-1). Der Gehalt an reaktionsfähigem CaO muss unter 10% liegen, der Anteil an freiem CaO darf 1,0% nicht übersteigen (Bestimmungsverfahren laut EN 451-1). Der Anteil an reaktionsfähigem SiO_2 muss mindestens 25% betragen.

Steinkohlenflugaschen sind kieselsäurereiche Flugaschen. Sie zeichnen sich durch hohe Kieselsäure- und Aluminiumoxid-Anteile aus. Steinkohlenflugaschen besitzen folgende mittlere chemische Zusammensetzung (Oxidschreibweise): SiO_2 40...55%, Al_2O_3 23...35%, Fe_2O_3 4...17%, Alkalien 0,1...5,5%, CaO 1...8%, MgO 0,8...4,8%, SO_3 0,1...2% (Quelle: Bundesverband Kraftwerksnebenprodukte e.V.).

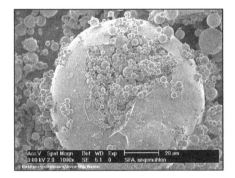

Abbildung 6.10

REM-Aufnahme von Steinkohlenflugasche, 1000fache Vergrößerung

(Quelle: F. A. Finger-Institut für Baustoffkunde, Bauhaus-Universität Weimar)

→ **Kalkreiche Flugasche (W)** ist ein feinkörniger Staub mit *hydraulischen und/oder puzzolanischen* Eigenschaften. Sie besteht im Wesentlichen aus reaktionsfähigem CaO, reaktionsfähigem SiO_2 und Al_2O_3. Der Rest entfällt auf Fe_2O_3 und andere Verbindungen. Der CaO-Anteil darf 10% nicht unterschreiten. Kalkreiche Flugasche mit Anteilen an reak-tionsfähigem CaO zwischen 10...15%, muss mindestens 25% reaktionsfähige Kieselsäure (SiO_2) enthalten.

Braunkohlenflugaschen sind kalkreiche Flugaschen. Ihr CaO-Gehalt liegt zwischen 10 und 44 %. Daneben enthält sie SiO_2 (15...63 %), Al_2O_3 (2...16%) und Fe_2O_3 (6...24 %); (Quelle: Bundesverband Kraftwerksnebenprodukte e.V.).

Erfüllt die gerade im mittel- und ostdeutschen Raum durch die Braunkohleverbrennung in großen Mengen anfallende Braunkohlenflugasche die Anforderungen der DIN EN 450 oder ist ihre Eignung anderweitig nachgewiesen, kann sie ebenfalls als Betonzusatzstoff verwendet werden.

Laut DIN EN 197-1 dürfen drei Zementarten Flugasche enthalten: Portlandkompositzement 0...28%, Portlandflugaschezement 10...28% und Puzzolanzement bis zu 40%.

Silicastaub (D)

Silicastaub (silica fume), auch **Mikrosilica** oder **Silica**, entsteht als Nebenprodukt bei der Herstellung von Reinstsilicium und Si-Legierungen im elektrischen Lichtbogenofen im Rahmen der Abgasreinigung. Er besteht aus sehr feinen, glasig-kugeligen Partikeln mit einer *mittleren Teilchengröße* von 0,1...0,2 µm. Damit ist er etwa 50...100-mal feiner als durchschnittliche Zementpartikel. Hauptbestandteil des Silicastaubes ist Siliciumdioxid (SiO_2-Anteil > 85%), der Rest entfällt auf Al_2O_3, Fe_2O_3, CaO, MgO, Na_2O, K_2O, SO_3 und Ruß. Der sehr reaktionsfähige SiO_2-Staub wirkt als Puzzolan. Die **puzzolanische Aktivität** beruht auf der Bildung zusätzlicher festigkeitsgebender Calciumsilicathydrate durch Reaktion des SiO_2 mit dem während der Zementhydratation entstehenden Calciumhydroxid ($Ca(OH)_2$ + SiO_2 → Calciumsilicathydrate). Silicastaub wird pulverförmig, häufiger jedoch als Suspension („Slurry") eingesetzt.

Neben der puzzolanischen Reaktion bewirkt Silicastaub aufgrund seiner Feinheit eine wesentliche Verringerung des Porenvolumens (**Füller**) sowie eine Veränderung der Mikrostruktur in der Kontaktzone Zementstein/Gesteinskörnung. Die Folge ist eine deutliche Verbesserung des Verbundes. Die ansonsten poröse Zone im Übergangsbereich Zementstein/Gesteinskörnung wird aufgrund der hohen Packungsdichte und der puzzolanischen Reaktion des Silicastaubes verfestigt. Silicastaub findet deshalb Einsatz im Bereich der *Hochleistungsbetone.*

Nanosilica, mittlere Teilchengröße ca. 25 nm, fällt nicht als Nebenprodukt eines Industrieprozesses an, sondern wird synthetisch hergestellt. Die SiO_2-Partikel (amorphe Kieselsäure) sind aufgrund ihrer extremen Feinteiligkeit und der damit verbundenen hohen aktiven Oberfläche noch reaktiver hinsichtlich der Bildung zusätzlicher **C-S-H**-Phasen.

Gebrannter Schiefer (T)

Gebrannter Schiefer wird aus Ölschiefer in speziellen Öfen bei Temperaturen von ca. 800°C hergestellt. Aufgrund der Zusammensetzung des natürlichen Ausgangsmaterials und der Spezifik des Herstellungsverfahrens enthält gebrannter Schiefer Klinkerphasen, vor allem Dicalciumsilicat und Monocalciumaluminat, sowie neben geringen Mengen an freiem CaO und $CaSO_4$ auch größere Anteile an puzzolanisch reagierenden Oxiden, z.B. SiO_2. Demzufolge besitzt gebrannter Schiefer in feingemahlenem Zustand neben puzzolanischen auch ausgeprägte hydraulische Eigenschaften wie der Portlandzement. In Deutschland wird Ölschiefer bei Balingen (Schwäbische Alb) abgebaut.

Flugasche, Silicastaub, gebrannter Schiefer und Ziegelmehl werden häufig zur Gruppe der **künstlichen Puzzolane** zusammengefasst.

Kalkstein (L, LL)

Kalksteinmehl wird dem Zement vor allem als Zumahlstoff zugegeben. Dabei muss der Kalkstein folgende Anforderungen erfüllen:

- Der $CaCO_3$-Gehalt, berechnet aus dem Gehalt an CaO, muss mindestens 75% betragen.
- Der Tongehalt darf 1,20 g/100 g (Bestimmung nach dem Methylenblau-Verfahren, EN 933-9) nicht übersteigen.

- Der TOC-Wert (*engl.* Total Organic Carbon; Summenparameter für den organisch ge-bundenen Kohlenstoff), ermittelt nach Prüfverfahren prEN 13639, muss einem der bei-den Kriterien entsprechen:

LL organisch gebundener Kohlenstoff < 0,20%

L   organisch gebundener Kohlenstoff < 0,50%.

Die oben beschriebenen anorganischen puzzolanischen Stoffe wie Flugasche, Silicastaub, Trass, gebrannter Schiefer aber auch inerte Gesteinsmehle wie Kalkstein- oder Quarzmehl werden auch als **Betonzusatzstoffe** eingesetzt. Sie beeinflussen den Mehlkorngehalt, die Konsistenz und die Verarbeitbarkeit des Frischbetons, können aber auch die Festigkeit, die Dichtigkeit und die Beständigkeit des erhärteten Betons verbessern. Sie sind als Volu-menanteile zu berücksichtigen, da sie dem Beton in deutlich höheren Mengen zugegeben werden als die chemischen Zusatzmittel (s. Kap. 6.3.3). Nach DIN EN 206-1/ DIN 1045-2 unterscheidet man zwei Arten anorganischer Zusatzstoffe. **Typ I**: nahezu inaktive Stoffe wie Gesteinsmehle (nach DIN EN 12620) oder Pigmente (nach DIN EN 12878). Sie rea-gieren nicht mit dem Zement oder dem Wasser und greifen nicht in die Hydratationspro-zesse ein. Aufgrund ihrer Korngröße, Kornzusammensetzung und -form dienen sie der Verbesserung des Kornaufbaus im Mehrkornbereich. **Typ II** beinhaltet puzzolanische oder latent-hydraulische Zusatzstoffe wie Trass (nach DIN 51043), Flugasche (nach DIN EN 450-1) oder Silicastaub (nach DIN EN 13263-1). Sie reagieren mit dem bei der Hydratation des Zementsteins entstehenden $Ca(OH)_2$ und bilden dabei zementsteinähnliche Hydratati-onsprodukte. Hüttensandmehl (nach DIN EN 15167-1) ist ein latent-hydraulischer Zusatz-stoff, für den die Eignung als Betonzusatzstoff Typ II als nachgewiesen gilt.

• **Nebenbestandteile** des Zements sind besonders ausgewählte anorganische Stoffe, die aus der Klinkerherstellung stammen oder Bestandteile wie oben beschrieben betreffen, es sei denn, sie sind bereits als Hauptbestandteil im Zement enthalten (EN 197-1). Ihr Anteil soll nicht mehr als 5% der Gesamtsumme aller Haupt- und Nebenbestandteile betragen. Nebenbestandteile sollen aufgrund ihrer Korngrößenverteilung wichtige physikalische Ze-menteigenschaften wie die Verarbeitbarkeit oder das Wasserrückhaltevermögen verbes-sern. Sie können schwach ausgeprägte hydraulische, latent-hydraulische oder puzzolani-sche Eigenschaften besitzen oder inert sein. Nebenbestandteile dürfen den Wasserbedarf des Zements nur unwesentlich erhöhen, die Beständigkeit des Betons oder Mörtels in kei-ner Weise beeinträchtigen und den Korrosionsschutz der Bewehrung nicht herabsetzen. In Frage kommen inerte Stoffe, Stoffe mit schwachen bzw. latent-hydraulischen oder puzzo-lanischen Eigenschaften, auch solche, die zuvor bereits unter dem Punkt Hauptbestand-teile genannt wurden, sofern sie nicht Hauptbestandteil eines Zements sind.

• **Calciumsulfat** wird den anderen Bestandteilen des Zements bei seiner Herstellung zur Regelung des Erstarrungsverhaltens in Mengen von 3...5% zugegeben. Calciumsulfat („*Sulfatträger*") kann Gips ($CaSO_4 \cdot 2\ H_2O$; Dihydrat), Halbhydrat ($CaSO_4 \cdot \frac{1}{2}\ H_2O$) oder Anhydrit II (kristallwasserfreies $CaSO_4$) oder eine Mischung davon sein. Gips und Anhydrit liegen als natürliche Stoffe vor. Calciumsulfat ist auch als Nebenprodukt industrieller Ver-fahren verfügbar (REA-Gips, Kap. 2.2.2)

• **Zementzusätze** im Sinne der EN 197-1 sind Bestandteile, die nicht unter die Zement-Haupt- und Nebenbestandteile fallen und die dem Zement in geringen Mengen zugegeben werden, um die Herstellung oder die Eigenschaften des Zements zu verbessern. Hierzu gehören vor allem Mahlhilfsmittel und Pigmente. Die Gesamtmenge der Zusätze darf 1%, bezogen auf die Zementmasse (Pigmente ausgenommen), nicht überschreiten.

6.3.2.4 Hydratation der Klinkerphasen

Die energiereichen metastabilen Klinkerphasen (Kap. 6.3.2.2) sind erst durch den Kontakt mit Wasser zu chemischen Reaktionen in der Lage. Durch die bessere Beweglichkeit der Teilchen in wässriger Lösung erfolgen Umlagerungen, in deren Resultat die stabilen Hydratphasen entstehen. Der damit verbundene Stabilitätsgewinn ist die Voraussetzung für den Ablauf dieser Umlagerungs- und Hydratbildungsprozesse.

Bei Zugabe von Wasser zum Zement entsteht zunächst flüssiger **Zementleim**. Er ist plastisch, thixotrop, bindet die Gesteinskörnung ein und füllt die Hohlräume zwischen den Körnern aus. Die in der Folge einsetzenden Prozesse und Reaktionen führen über das Ansteifen, Erstarren und Erhärten zum festen **Zementstein**, der die Gesteinskörnung miteinander verkittet. Aus den Klinkerphasen entstehen wasserhaltige Verbindungen, die Hydratphasen. Der Gesamtprozess wird als **Zementhydratation** bezeichnet.

Der Begriff „Hydratation" ist in diesem Zusammenhang deutlich weiter gefasst als bisher (s. Kap. 3.6.1: Hydratation als Anlagerung von H_2O). Da die verschiedenartigen Prozesse beim Mischen von Zement mit Wasser allesamt unter „Verbrauch" von H_2O ablaufen, bezeichnet man sie in ihrer Gesamtheit als Hydratationsprozesse. Und zwar unabhängig von der Art und Weise wie das Wasser reagiert oder wie es gebunden wird.

Bei der Zementhydratation laufen verschiedene Reaktionen nach- und nebeneinander ab:

- Hydratations- und Protolysereaktionen
- Lösungs- und Kristallisationsvorgänge, wobei aus gesättigten bzw. übersättigten Lösungen gelartige oder kristalline wasserhaltige Verbindungen entstehen können, die Hydratphasen
- Grenzflächenprozesse, die eine „Verbindung" der Bestandteile des Zementsteins bzw. Betons bewirken

Für den Prozess der Zementerhärtung existieren zwei klassische Theorien [24a, 25]. Die *Kristalltheorie* von Le Chatelier (1882) beschreibt zwei Perioden der Entwicklung der Hydratphasen:

• Die Klinkerbestandteile gehen in Lösung, es laufen Hydratations- und Protolyseprozesse ab. Es entsteht eine an Hydraten unterschiedlicher Zusammensetzung übersättigte Lösung.
• Aus der übersättigten Lösung scheiden sich verfilzende, nadelförmige Kristalle aus.

Die *Kolloidtheorie* von Michaelis (1892) geht ebenfalls von zwei Teilprozessen aus:
• Ausbildung einer kolloiden Grundmasse aus Ca-Silicathydraten, Ca-Aluminathydraten und Ca-Ferrathydraten (Gelbildung)
• Schrumpfung der kolloiden Grundmasse (Hydrogelbildung) infolge „innerer Absaugung" des Wassers durch den noch nicht hydratisierten Zement

Im Licht neuerer Untersuchungen und Vorstellungen geht man davon aus, dass sowohl die Gel- als auch die Kristallbildung die beiden entscheidenden Prozesse bei der Erhärtung des Zements sind. Die Komplexität der ablaufenden Prozesse ergibt sich auch daraus, dass die Klinkerphasen nicht unabhängig voneinander reagieren, sondern sich in ihrer Reaktionsfähigkeit gegenseitig beeinflussen.

Die Reaktion der vier Klinkerphasen mit Wasser erfolgt mit unterschiedlicher Intensität und Wirkung, woraus die verschiedenen Eigenschaften des Zements resultieren. Tricalciumsilicat C_3S, als Hauptbestandteil des Portlandzements, zeichnet sich durch eine schnelle Erhärtung sowie durch eine hohe Anfangs- und Endfestigkeit bei hoher Hydratationswärme (ca. 520 J/g) aus. Die kalkärmere Calciumsilicatphase C_2S erhärtet dagegen langsam, aber stetig. Die dabei frei werdende Hydratationswärme ist mit einem Wert von 260 J/g entsprechend niedrig. Die Anfangsfestigkeit ist gering, die Endfestigkeit entspricht der des Alits, sie ist sehr hoch.

Tricalciumaluminat C_3A ist die reaktivste aller Klinkerphasen. Sie zeichnet sich durch schnelles Erstarren und eine relativ hohe Hydratationswärme (z.B. $C_3A(Cs)H_{12}$: 1140 J/g, $C_3A(Cs)_3H_{32}$: 1670 J/g) aus. Der Beitrag zur Festigkeitsentwicklung ist gering. Die Ferratphase C_4AF erhärtet langsam aber stetig, die Hydratationswärme beträgt 420 J/g. Sowohl Anfangs- als auch Endfestigkeit sind gering. Für die hydraulische Erhärtung hat die Ferratphase ebenfalls nur geringe Bedeutung (alle Werte: vdz-online.de). Die gebildeten Hydratationsprodukte sind praktisch wasserunlöslich, d.h. der Zementstein ist wasserbeständig.

Die Reaktionen, die zur Bildung der Hydratphasen führen, lassen sich nicht durch einfache stöchiometrische Gleichungen beschreiben, da vielfach Festkörperprodukte unterschiedlicher Zusammensetzung entstehen bzw. die Umsetzungen über Zwischenstufen verlaufen.

- **Calciumsilicate**. Für die Erhärtung des Zements ist die Hydratation der Calciumsilicate Alit (Tricalciumsilicat C_3S) und Belit (Dicalciumsilicat C_2S) von überragender Bedeutung. Sie sind die festigkeitsgebenden Phasen. Die entstehenden Calciumsilicathydrate unterschiedlicher Stöchiometrie enthalten im Wesentlichen CaO, SiO_2 und Wasser. Ihre spezifische Zusammensetzung hängt vor allem vom Wasserzementwert ab.

Die Reaktion der Calciumsilicate mit Wasser soll vereinfacht durch die Gln. (6-11 und 6-12) wiedergegeben werden. Neben den Calciumsilicathydraten variabler Zusammensetzung entsteht Calciumhydroxid (mineralogische Bezeichnung **Portlandit**, CH; Abb. 6.12). Für die unterschiedlichen Hydratationsprodukte der Calciumsilicate wurde die allgemeine Bezeichnung **C-S-H**-Phasen eingeführt.

$$\textit{Alit:}\quad 2\,(3\,CaO \cdot SiO_2) + 6\,H_2O \;\rightarrow\; \underset{\textit{C-S-H-Phase}}{3\,CaO \cdot 2\,SiO_2 \cdot 3\,H_2O} + \underset{\textit{Portlandit}}{3\,Ca(OH)_2} \qquad (6\text{-}11a)$$

Kurzschreibweise:

$$2\,C_3S + 6\,H \;\rightarrow\; C_3S_2H_3 + 3\,CH \qquad (6\text{-}11b)$$

Für die Hydratation von Belit (C_2S-Phase) kann man vereinfacht die Gln. (6-12) schreiben.

$$\textit{Belit:}\quad 2\,C_2S + 5\,H \;\rightarrow\; C_3S_2H_4 + CH \qquad (6\text{-}12a)$$

$$2\,C_2S + 4\,H \;\rightarrow\; C_3S_2H_3 + CH \qquad (6\text{-}12b)$$

Die Calciumsilicatkörner beginnen sofort nach dem Kontakt mit Wasser Ca^{2+}- und OH^--Ionen freizusetzen. Belit hydratisiert deutlich langsamer als Alit, was auf seine geringere Löslichkeit in Wasser zurückzuführen ist. Die Geschwindigkeit dieser Prozesse sinkt rasch ab, geht aber auch während der Ruheperiode (s.u.) niemals gegen null. Werden in der wässrigen Phase die jeweiligen Sättigungskonzentrationen (bzw. die Löslichkeitsprodukte, Kap. 3.6.2) überschritten, beginnt die Kristallisation des Portlandits (**CH**) und der Calciumsilicathydrate (**C-S-H**-Phasen). Die Reaktion des Tricalciumsilicats gewinnt wieder deutlich an Intensität. Die Ruheperiode ist somit der Zeitraum, in dem eine ausreichende Anzahl von Ionen in Lösung gehen, um die Voraussetzung für die eigentliche Kristallbildung zu schaffen.

Zunächst bilden sich an der Oberfläche der Klinkerphase vereinzelt winzige kristalline **C-S-H**-Phasen (Abb. 6.11a). Sie wachsen im Verlauf der Hydratation zu spitznadeligen Kristallen mit einer Länge von 1...1,5 μm und einem Durchmesser von etwa 50 nm [25]. Die Nadeln sind strukturiert. Die kleineren Struktureinheiten weisen Querschnitte von wenigen Nanometern auf. Die geringen Abmessungen der einzelnen **C-S-H**-Phasen sind für die außerordentlich große Oberfläche des Zementsteins (50 - 200 m^2/g) verantwortlich.

 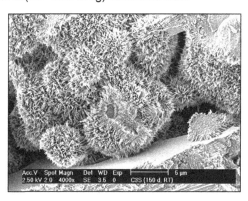

Abbildung 6.11 *a)* Bildung von spitznadeligen **C-S-H**-Phasen bei der Hydratation von **C$_3$S**. Die Fasern wachsen nach 600 Tagen Hydratationszeit bis auf eine Länge von 1,5 μm. *b)* Gefügeverdichtung durch das gerichtete Wachstum von Säumen aus **C-S-H**-Phasen um die reagierenden Partikel (Quelle: F. A. Finger-Institut für Baustoffkunde, Bauhaus-Universität Weimar)

Im Verlauf der Hydratation bildet sich eine dichte Hülle aus nadelförmigen **C-S-H**-Phasen um das Klinkerkorn, wobei die **C-S-H**-Phasen nur in Richtung des Porenraumes wachsen. Dies bewirkt nach einigen Stunden ein Verwachsen der einzelnen „Hydratationssäume" (Abb. 6.11b), wobei eine stabile Matrix entsteht. Dies erklärt den hohen Beitrag der silicatischen Hydratphasen zur Festigkeitsentwicklung des Zementsteins. Der exakte chemisch-mineralogische Aufbau der Kristallstruktur der **C-S-H**-Phase ist gegenwärtig noch nicht geklärt. Im Resultat von NMR-Untersuchungen wird vermutet, dass sie in Form von *Dreier-Einfachketten (kettenförmig verknüpfte SiO$_4$-Tetraeder)* vorliegen [19]. Da die Ketten der **C-S-H**-Phasen nur unvollständig verbunden sind, Fehlordnungen aufweisen und Fremdionen einlagern, besitzen sie nur kleine Bereiche mit einem Ordnungsgrad wie er für eine Identifikation mittels Röntgenbeugung erforderlich ist.

Abbildung 6.12

Einzelner Portlanditkristall zwischen **C-S-H**-Phasen; Präparat **C$_3$S** (Quelle: F. A. Finger-Institut für Baustoffkunde, Bauhaus-Universität Weimar)

Der Hydratationssaum bildet sich nicht nur um den Alitbereich der Klinkerkörner aus. Es werden auch langsamer reagierende Bereiche wie Belit und Ferrat davon überdeckt. Nach mehreren Monaten kann ein dichter Bewuchs von verfilzten **C-S-H**-Nadeln auf der Kornoberfläche als Endpunkt der Hydratation angesehen werden.

Portlandit kristallisiert aus der Lösung in Form großer tafelförmiger Kristalle (bis zu 0,2 mm!) aus (Abb. 6.12). Die Portlanditkristalle besitzen eine definierte Zusammensetzung, ihr Festigkeitsbeitrag wird als niedrig eingeschätzt. Der geringe Anteil an gelöstem Portlandit führt zu einer Erhöhung der Konzentration an Calcium- und Hydroxidionen im Anmachwasser. Infolge der Konzentrationserhöhung an OH^--Ionen steigt der pH-Wert augenblicklich an. Eine gesättigte $Ca(OH)_2$-Lösung besitzt einen pH-Wert von 12,5. Durch die zusätzliche Wirkung der im Zement enthaltenen Alkalien liegt der pH-Wert meist sogar noch etwas höher (pH > 13). Dieser stark basische pH-Wert ist verantwortlich für die Rostsicherheit des Bewehrungsstahls im Beton. Darüber hinaus sind die Ca^{2+}-Ionen von großer Wichtigkeit für die Reaktion mit latent-hydraulischen Stoffen und Puzzolanen.

Die Zementhydratation läuft als Summe exothermer Prozesse ab. Die während der Hydratation freiwerdende Wärmemenge (**Hydratationswärme**) ist ein Charakteristikum für das jeweilige Stadium des ablaufenden Prozesses. Sie wird häufig herangezogen, um den Gesamt-Hydratationsprozess in einzelne Abschnitte zu unterteilen: die Anfangs- oder *Frühphase* (Beginn der Protolyse (Hydrolyse)- und Hydratationsreaktionen), die *dormante* oder Ruheperiode, die *Accelerations*- oder Beschleunigungsperiode, die *Decelerations*- oder Entschleunigungsperiode und die *Finalperiode* (Tab. 6.3). Jede dieser Perioden ist durch unterschiedliche Reaktionen gekennzeichnet. In Abb. 6.13 ist der zeitliche Verlauf der Wärmeentwicklung der **C₃S**-Phase dargestellt. Nach einer kurzen intensiven Reaktionsphase in den ersten Minuten nach dem Anmachen mit Wasser tritt eine Ruheperiode ein (6.13a). Es finden nur noch sehr geringfügige Reaktionsumsätze statt.

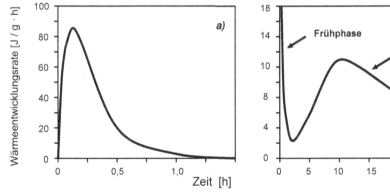

Abbildung 6.13   Zeitlicher Verlauf der Wärmeentwicklung der **C₃S**-Phase, a) Frühphase und b) Frühphase und Hauptperiode der Hydratation [28]

Nach einigen Stunden ist die Ruheperiode abgeschlossen, nun beginnt die Hauptperiode der Zementhydratation (Beschleunigungs- und Entschleunigungsperiode). Nach dem Abklingen der Hauptperiode werden nur noch geringe Wärmemengen freigesetzt (6.13b).

Die Untergliederung der **C₃S**-Reaktionen in Perioden lässt sich auf die Hydratation des Portlandzements übertragen (Kap. 6.3.2.5).

Tabelle 6.3 Reaktionsfolge bei der Hydratation von C_3S [21, 24a]

Periode / Stadium	Kinetik der Reaktion	Chemische Prozesse	Einfluss auf die Betoneigenschaften
I Anfangsphase (pre-induction period)	chemisch kontrollierte, schnelle Reaktion	Beginn der Protolyse, Ionen gehen in Lösung	Einstellung des basischen pH-Wertes
II Ruheperiode (dormant period)	langsame Reaktion, keimbildungskontrolliert	Ionen gehen kontinuierlich in Lösung, C-S-H-Keimbildung	Ansteifen und Erstarrungsbeginn
III Beschleunigungsperiode (acceleration period)	chemisch kontrolliert, schnelle Reaktion	Beginn der Bildung von C-S-H-Phasen	Erstarrungsende und Erhärtungsbeginn
IV Entschleunigungsperiode (deceleration period)	chemisch und diffusionskontrollierte Reaktion	kontinuierliche Bildung von C-S-H-Phasen	bestimmt die Entwicklung der Frühfestigkeit
III Stetige Periode (final period)	diffusionskontrollierte Reaktion	langsame Bildung von C-S-H-Phasen	bestimmt die Entwicklung der Endfestigkeit

• **Aluminat- und Ferratphase: Tricalciumaluminat und Calciumaluminatferrat.**

⇒ **Tricalciumaluminat C_3A:** Sind *keine Sulfatträger* als Erstarrungs- oder Abbinderegler vorhanden, reagiert C_3A so rasch mit Wasser, dass ein frisch angemachter Zementmörtel bereits nach Minuten erstarrt und nicht mehr verarbeitbar ist („Löffelbinder"). Es bilden sich dünntafelige Calciumaluminathydrate (Gl. 6-13), wobei eine erhebliche Wärmemenge (ca. 900 J/g) freigesetzt wird. In Gl. 6-13a ist die Bildung von C_2AH_8 und C_4AH_{13} formuliert.

$$2\,C_3A \ + 21\,H \quad \rightarrow\ C_4AH_{13} \ + \ C_2AH_8 \qquad\qquad\qquad (6\text{-}13a)$$

$$C_4AH_{13} + \ C_2AH_8 \quad \rightarrow\ 2\,C_3AH_6 \ + \ 9\,H \qquad\qquad\qquad (6\text{-}13b)$$

Die instabilen Calciumaluminathydrate C_2AH_8 und C_4AH_{13} wandeln sich anschließend in stabiles C_3AH_6 (*Katoit*, Gl. 6-13b) um. Im Unterschied zu den Silicatphasen wird kein Calciumhydroxid gebildet. Die Kristalle der sulfatfreien Hydratphase verknüpfen die einzelnen Zementpartikel. Sie überbrücken den wassergefüllten Porenraum durch Ausbildung eines kartenhausähnlichen Gefüges und führen somit nach Wasserzugabe zu einer sofortigen Verfestigung.

Anwesenheit von Sulfatträgern. Um das spontan einsetzende Erstarren des Aluminats zu verhindern, werden dem Zement Calciumsulfate $CaSO_4 \cdot x\,H_2O$ (**CsH_x**) als Erstarrungs- oder Abbinderegler zugesetzt. Zum Einsatz kommen in der Regel das Di- oder das Halbhydrat bzw. ein Gemisch beider.

Steht ein hoher $CaSO_4$-Gehalt zur Verfügung, reagiert das **C_3A** mit Wasser und $CaSO_4$ zu *Ettringit* (Gl. 6-14). Die Bezeichnung Ettringit wurde aufgrund der strukturellen Analogie des Tricalciumaluminattrisulfathydrates mit dem bei Ettringen/Eifel gefundenen Mineral $Ca_6Al_2[(OH)_4/SO_4]_3 \cdot 26\,H_2O$ gewählt. Ettringit bildet stäbchenförmige Kristalle (Abb. 6.14). Bei ausreichendem Sulfatangebot ist es sehr stabil und ändert seine Kristallform kaum. Da pro Mol Ettringit drei Mole $CaSO_4$ gebunden werden, bezeichnet man Ettringit auch als „Trisulfat".

$$3\,CaO \cdot Al_2O_3 + 3\,(CaSO_4 \cdot 2\,H_2O) + 26\,H_2O \;\rightarrow$$

$$3\,CaO \cdot Al_2O_3 \cdot 3\,CaSO_4 \cdot 32\,H_2O \qquad\qquad (6\text{-}14a)$$
Trisulfat (Ettringit)

$$\mathbf{C_3A + 3\,CsH_2 + 26\,H \;\rightarrow\; C_3A(Cs)_3H_{32}} \qquad\qquad (6\text{-}14b)$$

Abbildung 6.14

Lokale Anreicherung der stäbchenförmigen Ettringitkristalle auf der Oberfläche der Aluminatphase

(Quelle: F. A. Finger-Institut für Baustoffkunde, Bauhaus-Universität Weimar

Nachdem die primäre Ettringitbildung abgeschlossen ist, steht in der Regel noch ursprüngliches **C_3A** zur Verfügung. Es reagiert aufgrund der großen Neigung der Aluminatphase zur Bildung sulfathaltiger Hydrate mit Trisulfat und Wasser gemäß Gl. (6-15a) zu Monosulfat als sulfatärmere Phase. Monosulfat bildet hexagonale, plättchenförmige Kristalle. Die Sulfationenkonzentration, unterhalb der das Trisulfat nicht mehr stabil ist und sich in Monosulfat umwandelt, beträgt 2,85 mg SO_4^{2-}/Liter. Der Übergang ist mit einer Volumenänderung verbunden: ρ(Trisulfat) = 1,78 g/cm³, ρ(Monosulfat) = 2,03 g/cm³.

$$\mathbf{C_3A(Cs)_3H_{32} + 2\,C_3A + 4\,H \;\rightarrow\; 3\,C_3A(Cs)H_{12}} \qquad\qquad (6\text{-}15a)$$
Monosulfat

Ist die Sulfationenkonzentration in der Lösung zu gering, d.h. kann der Sulfatträger für das reaktive **C_3A** nicht schnell genug Sulfationen liefern, bildet sich anstelle von Trisulfat sofort das Monosulfat (6-15b). Eine Ettringitbildung ist demnach nur möglich, wenn eine bestimmte Konzentration an Sulfationen vorliegt.

$$\mathbf{C_3A + CsH_2 + 10\,H \;\rightarrow\; C_3A(Cs)H_{12}} \qquad\qquad (6\text{-}15b)$$
Monosulfat

Ebenfalls wie bei der **C-S-H**-Bildung entsteht durch das an der Körneroberfläche kristallisierte Trisulfat eine Diffusionsbarriere und die Reaktion des **C_3A** wird sukzessive gehemmt. Mit der Umwandlung des Tri- in das Monosulfat wird diese Barriere wieder abgebaut und **C_3A** beginnt erneut zu reagieren. Wann die erneute Reaktion des **C_3A** einsetzt hängt davon ab, nach welcher Zeit der Gips chemisch verbraucht ist. Bei gebräuchlichen Zementen ist dies nach 12...36 h der Fall.

Ist die Gipsmenge zu reichlich bemessen, kann es im bereits *erhärteten Zementstein* zur Trisulfatbildung kommen. Da das Trisulfat ein im Vergleich zum **C_3A** deutlich größeres Volumen aufweist, sind Sprengwirkungen im Gefüge die Folge. Diese Schädigung kann vor allem durch den späteren Kontakt des Zementsteins mit sulfathaltigen Wässern (Abwässer, Grundwasser) eintreten (Kap. 6.3.8.1.2, Sulfattreiben).

⇒ **Calciumaluminatferrat.** Die Hydratation der Aluminatferratphase gehört bis heute zu den am wenigsten aufgeklärten und verstandenen Prozessen. Prinzipiell bilden sich ähnliche Produkte wie bei der Hydratation von C_3A, wobei Aluminium teilweise durch Eisen ersetzt ist. In welcher Form das Eisen in die Hydratationsprodukte eingebaut wird, ist bis heute unklar.

Tetracalciumaluminatferrat C_4AF, als typischer Vertreter der Calciumaluminatferrate, setzt sich zwar langsamer mit Wasser um als C_3A, die Reaktion muss aber ebenfalls mit einem Sulfatträger verzögert werden.

Nach dem Modell von Taylor [19] laufen nachfolgende Reaktionen ab: Bei *Abwesenheit eines Sulfatträgers* entsteht neben den instabilen Ferratphasen $C_4(A,F)H_{13}$ und $C_2(A,F)H_8$ ein Gemisch aus $Fe(OH)_3$ und $Al(OH)_3$ (kurz: $(A,F)H_3$), Gl. 6-16). Die Ferratphasen zerfallen anschließend gemäß Gl. (6-17) in $C_3(A,F)H_6$ und Wasser.

$$2\,C_4AF \;+\; 32\,H \qquad\quad \rightarrow\;\; C_4(A,F)H_{13} + 2\,C_2(A,F)H_8 \;+\; (A,F)H_3 \qquad (6\text{-}16)$$

$$C_4(A,F)H_{13} \;+\; C_2(A,F)H_8 \;\;\rightarrow\;\; 2\,C_3(A,F)H_6 \;+\; 9\,H \qquad\qquad\qquad (6\text{-}17)$$

In *Gegenwart eines Sulfatträgers* werden ebenfalls Trisulfate $C_3(A,F)(Cs)_3H_{32}$ (Aluminatferrat-Trisulfat, *„Eisenettringit"*) gebildet (Gl. 6-18), die sich später in Monosulfate der allgemeinen Formel $C_3(A,F)\,Cs\,H_{12}$ umwandeln können (Gl. 6-19).

$$3\,C_4AF \;+\; 12\,CsH_2 \;+\; 110\,H \;\;\rightarrow\;\; 4\,[C_3(A,F)(Cs)_3H_{32}] \;+\; 2\,(A,F)H_3 \qquad (6\text{-}18)$$
$$\textit{Eisenettringit}$$

$$3\,C_4AF \;+\; 2\,[C_3(A,F)(Cs)_3H_{32}] \;+\; 14\,H \;\;\rightarrow\;\; 6\,[C_3(A,F)CsH_{12}] \;+\; 2\,(A,F)H_3 \quad (6\text{-}19)$$
$$\textit{Aluminatferrat-}$$
$$\textit{Monosulfat}$$

Alit ist aufgrund seiner hohen Reaktionsfähigkeit für die Frühfestigkeit des Zements verantwortlich. Belit ist wesentlich reaktionsträger, erreicht bei langen Hydratationsdauern jedoch die gleiche Druckfestigkeit wie C_3S. Aluminat- und Ferratphasen tragen zur Festigkeitsentwicklung nur wenig bei.

6.3.2.5 Hydratation von Portlandzement

Beim Anmachen von Zement mit Wasser füllt das Wasser sowohl Poren und Risse in den Zementpartikeln als auch alle Zwischenräume aus. Der entstehende plastische *Zementleim* beginnt zu erstarren und allmählich zu erhärten. **Erstarrung** und **Erhärtung** sind zwei nicht scharf trennbare Perioden des Verfestigungsprozesses eines Baustoffes, sie gehen fließend ineinander über. Die sofort nach Zugabe des Anmachwassers einsetzende Erstarrung eines Frischbetons ist durch den Übergang von der plastisch-breiigen Konsistenz zu einer gewissen, wenn auch noch geringen Anfangsfestigkeit gekennzeichnet.

In der sich anschließenden Erhärtungsphase verfestigt sich das erstarrte System immer weiter. Es geht mit fortschreitender Dauer in einen Zementstein hoher Festigkeit über. In der Praxis wird der anfangs eintretende Erstarrungsprozess kurz als *Abbinden* und der Gesamtprozess als *Erhärten* bezeichnet. Während des Hydratationsverlaufs wird das Zementkorn allmählich aufgelöst, es wandelt sich in Zementgel um. Die Hydratationsprodukte wachsen in den wassergefüllten Raum zwischen den Zementkörnern hinein. Mit Abschluss der Hydratation nehmen sie etwa das Doppelte des Platzbedarfs der ursprünglichen Zementkörner ein.

Die zuvor für die einzelnen Klinkerphasen beschriebenen Prozesse laufen bei der Hydratation von Zement in unterschiedlichem Umfang neben- und hintereinander ab. Die Zementhydratation stellt damit ein komplexes Reaktionssystem mit mehreren, sich teilweise beeinflussenden Einzelreaktionen dar. In Abb. 6.15 sind die Bildung der Hydratphasen und die Gefügeentwicklung bei der Hydratation des Zements nach Locher, Richartz und Sprung [20-22] schematisch dargestellt. Man unterscheidet **drei Hydratationsstufen:**

• **Stufe I:** Der beim *Anmachen* von Zement mit Wasser entstehende Zementleim liegt bis etwa eine Stunde nach Wasserzugabe als Suspension von Zementkörnern in einer $Ca(OH)_2$-gesättigten, wässrigen Lösung vor. Die Suspension ist zunächst ohne jede Festigkeit. Sie ist aufgrund ihrer Plastizität verform- und verdichtbar und durch ein gutes Einbindevermögen für die Gesteinskörnung gekennzeichnet. Sofort nach Wasserzugabe reagieren ca. 10% des im Zement enthaltenen C_3A und ca. 2% des im Zement enthaltenen C_3S [25]. Um das Zementkorn bildet sich ein dünner Belag aus Hydratphasen, vor allem aus nanokristallinem Ettringit. Er verhindert zunächst den weiteren Zutritt von Wasser zum Zementkorn. Nach 0,5...2 Stunden kommt sowohl die Reaktion des Aluminats mit dem $CaSO_4$ als auch die Reaktion des C_3S weitgehend zum Stillstand. Es setzt eine Ruheperiode von 2...4 Stunden ein (Tab. 6.3). Allmählich diffundieren jedoch H_2O-Moleküle und Sulfationen durch die Hydratschicht und setzen sich im Korninneren zu Ettringit um. Da das Volumen der sich bildenden Reaktionsprodukte das der Ausgangsstoffe deutlich übersteigt, sprengt der Kristallisationsdruck die erste Ettringithülle. Solange noch genügend Sulfationen vorhanden sind, erfolgt eine sofortige Neubildung der Ettringitschicht. Ist der Vorrat an Sulfationen aufgebraucht, können die gesprengten Ettringitschichten nicht länger „abgedichtet" werden und das Aluminat hydratisiert rasch weiter.

Nach Stunden entstehen aus den kleinen, auf der Oberfläche liegenden Ettringitkristallen größere prismatische, stäbchenförmige Kristalle. Sie bewirken eine Verzahnung und rufen eine erste Verfestigung (Erstarrung) hervor. Die Reaktionen der C_4AF-Phase entsprechen denen des C_3A.
In ähnlicher Weise wie bei den Aluminaten diffundieren die Wassermoleküle durch die Calciumsilicathydrathülle in das Innere der C_3S-Körner. Umgekehrt können auch Ionen, vor allem Calciumionen, aus dem Korn nach außen diffundieren. Durch die Diffusion der H_2O-Moleküle ins Korninnere bildet sich innerhalb der Calciumsilicathydrathülle ein osmotischer Druck aus, der die Hülle schließlich zum Platzen bringt. Der Hydratationsprozess „frisst" sich nach innen. Im Ergebnis der Hydratation der Calciumsilicate wird Calciumhydroxid (**CH**) freigesetzt. Es bildet sich eine übersättigte $Ca(OH)_2$-Lösung, aus der *Portlandit* auskristallisiert. Der Zementleim wird nach etwa 1...4 Stunden steif (Erstarrungsbeginn).

Aus dem Sulfatträger und in der Porenlösung vorhandenen Kaliumionen kann sich vorübergehend die Mineralphase **Syngenit** ($K_2SO_4 \cdot CaSO_4 \cdot H_2O$) bilden. Die K^+-Ionen stammen von den während der Klinkerkühlung auf der Oberfläche auskristallisierenden Alkalimetallsulfaten. Alkalimetallsulfate sind sehr gut wasserlöslich und bewirken so hohe Konzentrationen an K^+. Bei alkalireichen Portlandzementen entsteht Syngenit neben Ettringit sofort zu Reaktionsbeginn [25]. Erste Kristalle sind nach wenigen Minuten sichtbar, danach bilden sich zunehmend größere Kristallaggregate aus. Bei Zementen mit einem sehr niedrigen Alkaligehalt wird die Syngenitbildung zeitlich verzögert beobachtet. Nach 4...6 Stunden verschwindet Syngenit wieder. Es entsteht sekundärer Gips, der zu verstärkter Ettringitbildung führt. Zum genauen Verständnis von Funktion und Bedeutung der temporären Syngenitbildung sind weitere Untersuchungen notwendig [24a, 25].

• **Stufe II:** Nach 4...6 Stunden erfolgt eine beschleunigte Bildung der Hydratphasen des C_3S und C_2S (Accelerationsperiode). Die Erstarrung des Zementleims schreitet deutlich voran. An Ecken und Kanten der C_3S- und C_2S-Körner entstehen kurze, stumpfnadelige C-S-H-Faserbündel (etwa 600 nm), aus denen sich allmählich spitznadelige Calciumsilicathydrat-Kristalle (1...1,5 µm) bilden. Die nadelförmigen C-S-H-Phasen wachsen in die wassergefüllten Porenräume zwischen den Zementpartikeln und verknüpfen benachbarte Zementkörner. Durch diese Gefügeverfestigung entsteht das Grundgefüge des Zementsteins. In die Gefügehohlräume lagern sich $Ca(OH)_2$-Kristalle ein. Der Erstarrungsprozess ist nach etwa 24 Stunden abgeschlossen. Selbst bei dichtester Packung können die Hydratphasen die Hohlräume nicht vollständig ausfüllen. Es verbleiben sehr kleine Zwischenräume, die *Gelporen* (s.u.).

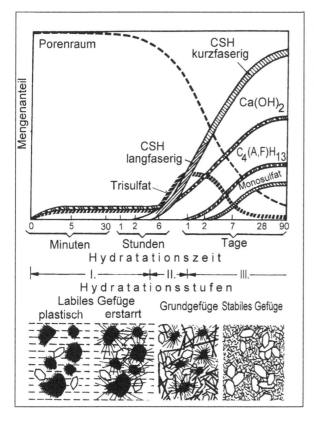

Abb. 6.15

Bildung der Hydratphasen und Gefügeentwicklung des Zements nach Locher und Mitarb. [20-22]

• **Stufe III:** Nach etwa 24 Stunden setzt der eigentliche Erhärtungsprozess ein. Durch weiteres Längenwachstum der C-S-H-Fasern erfolgt eine noch stärkere Verzahnung der Partikel. Calciumhydroxid wird in großen Mengen frei, es liegt entweder in Ionenform in der Porenlösung oder kristallin als Portlandit im Zementstein vor. Nach 2 bis 3 Tagen setzt der Abbau des Trisulfats zum Monosulfat ein. Die Festigkeit des Zementsteins wird davon nicht berührt. Nach Verbrauch des Gipses bilden sich kristalline Calciumaluminat- und Calciumaluminatferrathydrate.
Die Hydratation der silicatischen Phasen ist nach ca. zwei Wochen auch im Inneren des Korns deutlich fortgeschritten. Da sie diffusionsgesteuert abläuft, ist sie erst nach Monaten, bei gröberen Zementpartikeln eventuell erst nach Jahren abgeschlossen.

Wie bereits beschrieben, sind die Umwandlungsprozesse der Klinkerminerale in die Hydrate exotherme Vorgänge. Beim Erstarren und Erhärten des Zements wird demnach entsprechend dem Reaktionsfortschritt Wärme frei. Dabei setzen die kalkreichen Minerale C_3A und C_3S größere Wärmemengen in kürzerer Zeit frei als die kalkärmeren Klinkerkomponenten C_2S und C_4AF. Die Gesamt-Hydratationswärme eines Zements ergibt sich als Summe der Reaktionswärmen der Klinkerminerale, deren Betrag wiederum vom Anteil der Klinkerminerale im Zement abhängt. Bei Annahme einer vollständigen Hydratation liegt die **Hydratationswärme** eines PZ je nach Zusammensetzung zwischen 375...525 J/g.

6.3.2.6 Aufbau und Eigenschaften des Zementsteins

Unter **Beton** ist ein *künstlicher Stein* zu verstehen, der durch Erhärten einer Mischung aus Zement, Wasser und Gesteinskörnung entsteht. Solange der Beton noch verarbeitbar ist, heißt er *Frischbeton*. Nach der Erhärtung nennt man ihn *Festbeton*.
Verantwortlich für die Festigkeit des Zementsteingefüges sind Form und Größe, räumliche Anordnung sowie Packungsdichte (**Porosität**) der gebildeten Hydratationsprodukte. Im Vergleich zum ursprünglichen Volumen von Zementpartikeln und Anmachwasser erhöht sich das Volumen des Zementsteins nach *vollständiger* Hydratation etwa auf das Doppelte. Der Zementstein ist ein Festkörper mit einer mehr oder weniger hohen Porosität. Zum Beispiel entsteht bei einem w/z-Wert (s.u.) von 0,5 ein Porenvolumen von 40...45% [24a]. Damit besteht fast die Hälfte des Zementsteinvolumens aus Poren.

Porenarten. Die verschiedenen Porengrößen lassen sich mit der unterschiedlichen Art ihrer Entstehung erklären. Die größten Poren im Zementstein, die **Verdichtungsporen** (auch: natürliche Luftporen), werden beim Anmachen des Zements in den Zementleim eingetragen. Sie können durch nachfolgende Verdichtung niemals vollständig ausgetrieben werden. Verdichtungsporen kann man mitunter mit bloßem Auge erkennen. Ihr Größenbereich erstreckt sich von 1 bis zu 10 mm [24a]. Ihr Anteil im Beton wird umso geringer sein, je verdichtungswilliger der Beton ist. Verdichtungsporen dürfen nicht mit den künstlich in den Zementstein eingeführten Luftporen verwechselt werden, deren Aufgabe es ist, den Frost-Tausalz-Widerstand zu erhöhen (Kap. 6.3.3, Luftporenbildner).

Kapillarporen umfassen einen Porenbereich von 10 nm bis 100 µm (Abb. 6.16). Sie sind durch Überschusswasser entstanden, das vom Zement weder chemisch bei der Bildung der Hydratationsprodukte, noch adsorptiv („physikalisch") von den **C-S-H**-Phasen gebunden werden kann. Dieses Wasser ist für die Ausbildung eines Systems feiner, häufig zusammenhängender, unregelmäßig geformter, kleiner Hohlräume verantwortlich, dem *Kapillarporensystem*. Im Gegensatz zu den vorher beschriebenen Verdichtungsporen ändert sich der Kapillarporenraum mit fortschreitender Hydratation. Die gebildeten Hydratationsprodukte binden ständig Anmachwasser und füllen dessen Volumen aus. Damit wird der Kapillarporenanteil reduziert. Über das Kapillarporensystem finden alle Transportvorgänge statt, in den Zementstein hinein und aus dem Zementstein heraus. Der Anteil der Kapillarporen an der Gesamtporosität eines Zementsteins hängt primär vom w/z-Wert (s.u.), dem Hydratationsgrad und der Art des Zements ab.

Das bei der Zementhydratation eingelagerte Wasser wird in der bauchemischen Literatur häufig in chemisch und physikalisch gebundenes Wasser unterteilt. Unter **chemisch gebundenem Wasser** *versteht man das vom Zement als Hydratwasser oder Hydroxid gebundene Wasser, unter* **physikalisch gebundenem Wasser** *dagegen das in den Gelporen durch intermolekulare Bindungskräfte gebundene Wasser. Während sich das chemisch gebundene Wasser beim Erwärmen auf eine Temperatur von $105°C$ nicht aus dem Zementstein austreiben lässt, entweicht das in den Gelporen physikalisch gebundene Wasser bis $105°C$ vollständig.*

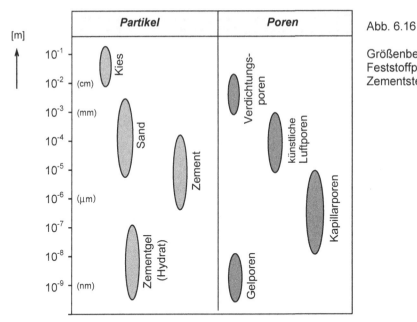

Abb. 6.16

Größenbereiche von
Feststoffpartikeln und
Zementsteinporen [23]

Die kleinsten Poren im Zementstein sind die **Gelporen**. Ihr Durchmesser liegt unter 50 nm. Gelporen sind Bestandteil des Zementgels bzw. der Hydratphasen und durch Schrumpfen entstanden. Das in den Gelporen verbliebene Wasser wird zum überwiegenden Teil durch starke intermolekulare Wechselwirkungen an den Porenwänden adsorptiv gebunden. Da der Größenunterschied zwischen dem Durchmesser einer Gelpore und den Abmessungen eines Wassermoleküls nur rund eine Zehnerpotenz beträgt, sind die Gelporen mit Gelwasser (→ Porenlösung) vollständig gefüllt. Gelporen sind für Gase undurchlässig.

Ein hoher Anteil an Kapillarporen vermindert die Festigkeit, die chemische Widerstandsfähigkeit und die Frost-Tau-Wechselbeständigkeit eines Zementsteins bzw. Betons. Das Verhältnis von Kapillar- zu Gelporen ist ein wichtiger Indikator für den Hydrationsfortschritt und damit für die erreichte Festigkeit. Sind viele Gel- und wenig Kapillarporen vorhanden, kann von einer fortgeschrittenen Hydratation und einer hohen Festigkeit ausgegangen werden.

Wasserzementwert (*w/z-Wert*). Wie oben betont, üben Kapillarporen einen großen Einfluss auf die Dichtigkeit und Festigkeit und damit auf die Dauerhaftigkeit des Betons aus. Deshalb stellt die Minimierung des Kapillarporenanteils eines der wichtigsten betontechnologischen Probleme dar. Der Anteil der Kapillarporen an der Gesamtporosität hängt neben dem Hydratationsgrad und der Zementart in erster Linie vom Wasserzementwert (Gl. 6-20) ab.

Der Wasserzementwert (w/z) kennzeichnet das Massenverhältnis zwischen Wasser (wirksamer Wasseranteil) und Zement.

$$w/z = \frac{Wassergehalt\ w\ (in\ kg\ oder\ kg/m^3)}{Zementgehalt\ z\ (in\ kg\ oder\ kg/m^3)} \qquad (6\text{-}20)$$

Unter dem **wirksamen Wassergehalt** versteht man die Differenz zwischen der Gesamt-wassermenge und der Wassermenge, die von der Gesteinskörnung durch Poren aufge-nommen wird. Der Begriff Gesamtwassermenge umfasst das Zugabe- oder Anmachwas-ser, die Eigenfeuchtigkeit der Gesteinskörnung, Wasser bei Einsatz wässriger Zusatzmittel und Zusatzstoffe sowie Wasser, das bei speziellen technologischen Verfahren verwendet wird.

Zur vollständigen Bildung der Hydratphasen benötigt ein Zement eine Wasserzugabe-menge von etwa 25...30%, bezogen auf die Zementmasse. Das entspricht einem w/z-Wert von 0,25...0,30. Mit dieser Wassermenge kann jedoch kein verarbeitbarer Beton herge-stellt werden. Bei der Rezeptur für einen verarbeitbaren Beton geht man deshalb von ei-nem „chemischen" (25% der Wasserzugabemenge) und einem „physikalischen" (15% der Wasserzugabemenge) Wassergehalt aus. Das entspricht einem Wasserzementwert von **w/z = 0,4**. Diesem Wert kommt damit eine theoretische Bedeutung zu. Er bezieht sich auf den Fall der vollständigen Zementhydratation, d.h. auf einen Hydratationsgrad von 100%. Der Zement bindet in diesem Fall chemisch und physikalisch 40% seiner Masse an Was-ser. Nach Abschluss der Hydratation würde bei einem Wasserzementwert von 0,4 das ge-samte Zugabewasser in gebundener Form vorliegen. Kapillarporen wären im Zementstein nicht vorhanden, es käme nur zur Ausbildung von Gelporen. Praxisgerechte w/z-Werte liegen in der Regel zwischen 0,5...0,6.

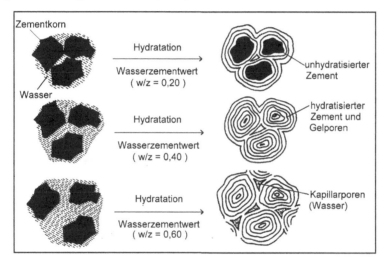

Abbildung 6.17 Erhärtung eines Zementsteins bei verschiedenen w/z-Werten [23]

Bei niedrigeren *w/z*-Werten dürften ebenfalls keine Kapillarporen auftreten. Das zugege-bene Wasser ist nicht mehr in der Lage, die Zementpartikel vollständig zu hydratisieren. Im Gefüge des Zementsteins bleiben nichthydratisierte Anteile des Zementklinkers zurück. Das Vorliegen nichthydratisierter Klinkeranteile ist aber *nicht* gleichbedeutend mit einem Festigkeitsabfall des Zementsteins. Die Festigkeit nimmt sogar zu, da zum einen der nichthydratisierte Zement die Gesamtporosität vermindert und zum anderen die Eigenfes-tigkeit der Klinkerreste und ihr enger Verbund mit den nanokristallinen wasserhaltigen Phasen festigkeitssteigernd wirken. Allerdings ist ein angemachter Zement mit *w/z*-Werten $\leq$ 0,4 schlecht verarbeitbar, so dass der Einsatz von Zusatzmitteln (Kap. 6.3.3) erforderlich wird. *w/z*-Werte > 0,4 führen aufgrund eines Überschusses an Zugabewasser immer zu einem mehr oder weniger ausgeprägten Kapillarporenraum (Abb. 6.17).

Je größer der w/z-Wert, umso geringer sind Dichtigkeit und Festigkeit des Betons. Mit geringer werdenden w/z-Werten sinkt die Porosität des Zementsteins ab. Festigkeit und Dichtigkeit steigen an. Für hochfeste Betone kommen sogar w/z-Werte von 0,25 zur Anwendung.

Die **Druckfestigkeit** (Festigkeit) ist für alle Baumaterialien, die im Bauwerk auf Druck beansprucht werden, eine außerordentlich wichtige Kenngröße. Unter der Druckfestigkeit versteht man die bei einer zügigen einachsigen Druckbeanspruchung ertragbare Höchstkraft F_{max}, bezogen auf den Ausgangsquerschnitt S_0: $\beta_d = F_{max}/S_0$ (N/mm^2). β_d wird vorzugsweise an würfelförmigen Probekörpern auf einer Druckprüfmaschine bestimmt, wobei die Probekörper zwischen zwei ebenen, planen Stahlplatten aufliegen (Details s. [1, 2]).

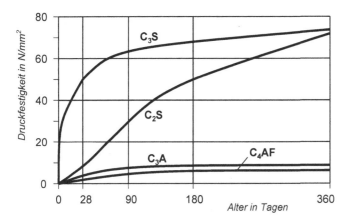

Abbildung 6.18

Entwicklung der Druckfestigkeit der Klinkerminerale nach Bogue [18]

Wie in Kap. 6.3.2.4 beschrieben, leisten die verschiedenen Hydratationsprodukte der Klinkerphasen einen unterschiedlichen Beitrag zur Festigkeit des Zementsteins. Am stärksten tragen die Hydratationsprodukte der silicatischen Phasen zur Festigkeit bei, der Beitrag von **C$_3$A** und **C$_4$AF** ist dagegen als gering einzuschätzen. Abb. 6.18 zeigt die Entwicklung der Druckfestigkeit der Klinkerminerale [18]. Während **C$_3$S** anfänglich relativ schnell hohe Festigkeiten erreicht, liefert **C$_2$S** zu Beginn nur einen geringen Beitrag. Nach etwa drei Jahren hat sich dieser Unterschied jedoch ausgeglichen, beide Phasen weisen die gleiche Endfestigkeit auf.

Festigkeits-Klasse	Druckfestigkeit (N/mm²)			
	Anfangsfestigkeit		Normfestigkeit	
	2 Tage	7 Tage	28 Tage	
32,5	-	≥ 16	≥ 32,5	≤ 52,2
32,5 R	≥ 10	-	≥ 32,5	≤ 52,5
42,5	≥ 10	-	≥ 42,5	≤ 62,5
42,5 R	≥ 20	-	≥ 42,5	≤ 62,5
52,5	≥ 20	-	≥ 52,5	-
52,5 R	≥ 20	-	≥ 52,5	-

Tabelle 6.4

Festigkeitsklassen von Zementen nach DIN EN 197-1

Zemente werden bezüglich ihrer Druckfestigkeit nach 2 und nach 7 Tagen (*Anfangsfestigkeit*) sowie nach 28 Tagen (*Normfestigkeit*) in folgende **Festigkeitsklassen** unterteilt (Tab. 6.4). An die Stelle der bisherigen Festigkeitsklassen Z 35, Z 45 und Z 55 sind jetzt die

Klassen 32,5, 42,5 und 52,5 (Mindestdruckfestigkeit nach 28 Tagen in N/mm^2) getreten. Für jede Klasse der Normfestigkeit sind zwei Klassen der Anfangsfestigkeit definiert: eine Klasse mit üblicher Anfangsfestigkeit, die mit N gekennzeichnet wird, und eine Klasse mit hoher Anfangsfestigkeit, gekennzeichnet mit R (*engl.* rapid). Zemente der Festigkeitsklasse 52,5 erreichen nach 28 Tagen fast ihre Endfestigkeit, die Nachhärtung ist gering.

Formänderungen. Mit dem Wassergehalt eng verknüpft sind Form- bzw. Volumenänderungen des erhärtenden bzw. erhärteten Betons. Besonders bedeutsam sind das Schwinden und das Quellen des Betons. Das **Schwinden** stellt eine Volumenverminderung durch Abgabe von Feuchtigkeit dar. Dabei kann es zu Bauteilverkürzungen und zum Auftreten von Schwindrissen kommen. Man unterscheidet verschiedene Arten von Schwindprozessen:

⇒ Das *Kapillar- oder Frühschwinden (auch: plastisches Schwinden)* beruht auf Kapillarkräften, die beim Entzug des Wassers aus dem frischen, noch verarbeitbaren Beton durch Verdunstung (Wind, Sonneneinstrahlung und/oder hohe Temperaturen bei niedriger relativer Luftfeuchtigkeit) bzw. durch wassersaugende Gesteinskörnungen wirksam werden. Bei unzureichender Nachbehandlung können in den Betonen Risse senkrecht zur Oberfläche mit einer Tiefe von mehreren Zentimetern auftreten.

⇒ Mit dem Begriff *Trocknungsschwinden* beschreibt man die Volumenverminderung infolge Abgabe des in den Kapillarporen adsorptiv gebundenem Wassers. Trocknungsschwinden läuft beim erhärtenden, aber auch beim bereits erhärteten Festbeton ab. Das Ausmaß des Schwindprozesses hängt vor allem von der Luftfeuchte, der Temperatur, der Betonzusammensetzung sowie den Bauteilabmessungen ab.

⇒ Unter dem *chemischen Schwinden (Schrumpfen)* versteht man die Volumenabnahme infolge Wasserbindung bei der Bildung der Hydratphasen. Im Verlauf der Hydratation baut der Zement etwa 25% Wasser in die Hydratphasen ein („chemisch gebundenes Wasser"). Damit verbunden ist eine Volumenverminderung um ca. 6 cm^3/100 g Zement. *Das Volumen der gebildeten Hydratphasen ist somit kleiner ist als die Summe der Volumina von Zement und Anmachwasser.* Hydratisiert Zement bei einem w/z-Wert von 0,4 vollständig, beträgt das Volumen des Zementsteins nur noch 93% des Volumens des Zementleims [22]: 100 mm^3 PZ + 125 mm^3 H_2O → 209 mm^3 Zementstein.

Die Porosität des Zementsteins wird mit fortschreitender Hydratation geringer. Beim Schrumpfen tritt weder eine Veränderung der äußeren Abmessungen ein, noch kommt es zur Ausbildung von Schwindrissen. Die resultierende Volumenverringerung von etwa 7% bezieht sich nahezu ausschließlich auf die interne Porosität. Für Normalbeton hat das Schrumpfen keine praxisrelevante Bedeutung.

⇒ *Carbonatisierungsschwinden*. Durch Reaktion von Kohlendioxid mit Calciumhydroxid carbonatisieren die oberflächennahen Zonen eines Betons (Bildung von $CaCO_3$). Dieser Prozess bewirkt ein zusätzliches Schwinden, da im carbonatisierten Gefüge des Betons Produkte mit einem geringeren Volumen im Vergleich zu nicht carbonatisiertem Beton entstehen. Bereits bestehende Schwindrisse können sich vergrößern oder es können sich im oberflächennahen Bereichen Netzrisse bilden.

Um dem Schwinden entgegen zu wirken, können dem Portlandzement **Quellzusätze** zugegeben werden, z.B. Calciumsulfoaluminate (→ **CSA**-Zemente). Grundgedanke: Ein gesteuertes Treiben (Sulfattreiben) soll das Schwinden kompensieren. Das Problem dieser

Zusätze besteht darin, den zeitlichen Ablauf von Quell- und Erhärtungsprozess so zu steuern, dass keine Treibrisse entstehen. Schwindreduzierte Systeme werden u.a. von der Trockenmörtelindustrie angeboten. Dem Trockenmörtel werden Tonerdezement (Kap. 6.3.2.7) und Anhydrit zugemischt, um den Schwindprozess durch eine verstärkte Ettringitbildung zu kompensieren. Wassergelagerter bzw. wassergesättigter Zementstein zeigt keine Schwindneigung. Der Endwert (*Größtwert*) des Schwindens wird meist erst nach einigen Jahren erreicht. Er liegt bei Normalbeton im Bereich zwischen 0,2...0,65 mm/m.

Das **Quellen** des Betons durch Wasseraufnahme wirkt sich in der Praxis weit weniger aus. Das Endquellmaß ist bei Normalbeton deutlich geringer als das Schwindmaß. Es liegt im Bereich von 0,1...0,2 mm/m. Gequollener Beton besitzt eine höhere Wasserdichtigkeit. Aufgabe der Zuschläge ist es, das Schwinden und Quellen des Zementsteins herabzusetzen.

6.3.2.7 Zementarten – Spezialzemente

Die Hauptzementarten CEM I bis CEM V, die hinsichtlich der Zusammensetzung ihrer wichtigsten Bestandteile Portlandzementklinker (**K**), Hüttensand (**S**), Silicastaub (**D**), natürliche Puzzolane, z.B. Trass (**P**), natürliche getemperte Puzzolane, z.B. Phonolith (**Q**), kieselsäurereiche (**V**) oder kalkreiche (**W**) Flugasche, Kalkstein mit einem Gesamtgehalt an organischem Kohlenstoff (TOC) $\leq$ 0,5% (**L**) bzw. $\leq$ 0,2% (**LL**) und gebrannter Schiefer (**T**) unterteilt werden, sind in Tab. 9.8 zusammengefasst.

Zemente mit besonderen Eigenschaften erhalten zusätzlich folgende Kennbuchstaben: **NW** für Zemente mit niedriger Hydratationswärme, **HS** für Zemente mit hohem Sulfatwiderstand und **NA** für Zemente mit niedrigem wirksamem Alkaligehalt.

- **Niedrige Hydratationswärme NW**. Zement NW: Anforderung an die Lösungswärme in den ersten 7 Tagen $\leq$ 270 J/g Zement.
Hauptanwendungsgebiete: massige Betonteile, Betonieren bei hohen Außentemperaturen.

- **Hoher Sulfatwiderstand HS**. Portlandzement-HS: Für CEM I: C_3A $\leq$ 3%, Al_2O_3 $\leq$ 5%; Hochofenzement-HS: Hochofenzemente CEM III/B und CEM III/C.
Hauptanwendungsgebiete: Bauteile, die sulfathaltigen Wässern (> 600 mg SO_4^{2-} je Liter) bzw. Böden (> 3000 mg SO_4^{2-} je kg) ausgesetzt sind.

- **Niedriger wirksamer Alkaligehalt NA**. Zement-NA: Anforderung an den Gesamtalkaligehalt in % Na_2O-Äquivalent: Für CEM I, CEM II (außer CEM II/B-S), CEM IV, CEM V $\leq$ 0,60%; Portlandhüttenzement-NA: CEM II/B-S $\leq$ 0,70; Hochofenzement-NA: CEM III/A (mit Hüttensandgehalt $\leq$ 49%) $\leq$ 0,95%, CEM III/A (mit Hüttensandgehalt $\geq$ 50%) $\leq$ 1,10% und CEM III/B, CEM III/C $\leq$ 2,00.
Hauptanwendungsgebiete: Bauteile, die mit alkaliempfindlichen Gesteinskörnungen hergestellt werden; s. Kap. 6.3.8.1.2: Alkali-Kieselsäure-Reaktion).

Spezialzemente (Auswahl):

- **Weißzemente** werden aus weitgehend Fe- und Mn-freien (Fe_2O_3 < 0,4%, Mn_2O_3 < 0,2%) Rohstoffen wie Kalkstein, Kaolin und Quarz in speziellen Verfahren hergestellt. Da beim Brennen kein C_4AF (mit eingelagertem Mg) entstehen kann, das für die „betongraue" Färbung verantwortlich ist, werden helle, gut einfärbbare Betone erhalten. Sie finden insbesondere als Sichtbeton Anwendung.

Tab. 6.5 Zementarten und Zusammensetzung nach DIN EN 197-1

Haupt-zement-arten	Bezeichnung der 27 Produkte (Normalzement-arten)		Zusammensetzung (in %)[1),2)]									
			Hauptbestandteile									
			Portland-zement-klinker	Hütten-sand	Silica-staub	Puzzolane		Flugasche		Ge-brannter Schiefer	Kalkstein	
						natürlich	natürlich getem-pert	Kiesel-säure-reich	Kalk-reich			
			K	S	D[3)]	P	Q	V	W	T	L	LL
CEM I	Portland-zement	CEM I	95–100	–	–	–	–	–	–	–	–	–
CEM II	Portland-hütten-zement	CEM II/A-S	80–94	6–20	–	–	–	–	–	–	–	–
		CEM II/B-S	65–79	21–35	–	–	–	–	–	–	–	–
	Portland-silica-staub-zement	CEM II/A-D	90–94	–	6–10	–	–	–	–	–	–	–
	Portland-puzzolan-zement	CEM II/A-P	80–94	–	–	6–20	–	–	–	–	–	–
		CEM II/B-P	65–79	–	–	21–35	–	–	–	–	–	–
		CEM II/A-Q	80–94	–	–	–	6–20	–	–	–	–	–
		CEM II/B-Q	65–79	–	–	–	21–35	–	–	–	–	–
	Portland-flug-asche-zement	CEM II/A-V	80–94	–	–	–	–	6–20	–	–	–	–
		CEM II/B-V	65–79	–	–	–	–	21–35	–	–	–	–
		CEM II/A-W	80–94	–	–	–	–	–	6–20	–	–	–
		CEM II/B-W	65–79	–	–	–	–	–	21–35	–	–	–
	Portland-schiefer-zement	CEM II/A-T	80–94	–	–	–	–	–	–	6–20	–	–
		CEM II/B-T	65–79	–	–	–	–	–	–	21–35	–	–
	Portland-kalkstein-zement	CEM II/A-L	80–94	–	–	–	–	–	–	–	6–20	–
		CEM II/B-L	65–79	–	–	–	–	–	–	–	21–35	–
		CEM II/A-LL	80–94	–	–	–	–	–	–	–	–	6–20
		CEM II/B-LL	65–79	–	–	–	–	–	–	–	–	21–35
	Portland-komposit-zement[4)]	CEM II/A-M	80–94	6–20								
		CEM II/B-M	65–79	21–35								
CEM III	Hoch-ofen-zement	CEM III/A	35–64	36–65	–	–	–	–	–	–	–	–
		CEM III/B	20–34	66–80	–	–	–	–	–	–	–	–
		CEM III/C	5–19	81–95	–	–	–	–	–	–	–	–
CEM IV	Puzzolan-zement[4)]	CEM IV/A	65–89	–	11–35					–	–	–
		CEM IV/B	45–64	–	36–55					–	–	–
CEM V	Komposit-zement[4)]	CEM V/A	40–64	18–30	–	18–30				–	–	–
		CEM V/B	20–38	31–50	–	31–50				–	–	–

1) Die Werte in der Tabelle beziehen sich auf die Summe der Haupt- und Nebenbestandteile (ohne CaSO$_4$ und Zementzusätze).
2) Zusätzlich Nebenbestandteile bis 5 % möglich.
3) Der Anteil von Silicastaub ist auf 10 % begrenzt.
4) In den Zementen CEM II/A-M, CEM II/B-M, CEM IV/A und CEM IV/B sowie CEM V/A und CEM V/B müssen die Hauptbestandteile neben Portlandzementklinker angegeben werden, z. B. CEM II/A-M (S-V-L) 32,5 R.

- **Hydrophobierte Zemente** (*Pectacrete*) sind wasserabweisend eingestellte Portlandzemente. Durch Zugabe hydrophober Stoffe, z.B. Salze langkettiger Fettsäuren, werden die Zementkörner umhüllt und wasserabweisend gemacht. Erst bei der Verarbeitung wird die wasserabweisende Schicht um das Korn durch die Reibewirkung des Sandes und/oder den Kontakt mit der Bodenkrume zerstört und der normale Erhärtungsprozess kann einsetzen. *Verwendung*: Im Straßenbau und zur Verfestigung feinkörniger, sandiger Böden.

- **Tonerdezemente** bestehen zu 70...80% aus Calciumaluminaten („Calciumaluminat-Zemente"), daneben enthalten sie bis zu 10% SiO_2 und bis zu 15% Fe_2O_3. Ihre Klinker werden aus Bauxit und Kalkstein durch Sintern (~1500°C) oder Schmelzen (~1600°C; Tonerdeschmelzzement, **TSZ**) hergestellt. Die Calciumaluminate liegen in den Tonerdezementen nicht als Tricalciumaluminat C_3A, sondern als kalkärmere Aluminatphasen vor, überwiegend Monocalciumaluminat **CA**, neben Calciumdialuminat CA_2 (CaO · 2 Al_2O_3), $C_{12}A_7$ u.a. SiO_2 ist in Form von C_2S oder C_2AS (*Gehlenit*) gebunden, Eisenoxid bildet wie im Portlandzementklinker Calciumaluminatferrate. Die exakte Zusammensetzung der Tonerdezemente hängt wesentlich von der chemischen Zusammensetzung der Rohstoffe und den Brennbedingungen ab.

Da die beiden Klinkerphasen Monocalciumaluminat **CA** und Calciumdialuminat CA_2 sehr schnell hydratisieren, können bereits nach 24 Stunden hohe Anfangsfestigkeiten (20...60 N/mm^2) erreicht werden. Die Hydratationswärmen von 545...585 J/g liegen deutlich höher als die anderer Zemente, z.B. Portlandzement 375...525 J/g (vdz-online). Die Hydratationswärme wird beim TZ im Wesentlichen innerhalb des ersten Tages freigesetzt, CEM I- und CEM III-Zemente entwickeln dagegen ihre Hydratationswärme über einen deutlich längeren Zeitraum. Tonerdezemente binden etwa doppelt soviel Wasser wie Portlandzement und sind ca. 1,5...2 h verarbeitbar. Sie spalten praktisch kein $Ca(OH)_2$ ab.
Art und Zusammensetzung der bei der Hydratation entstehenden Hydratationsprodukte hängen wesentlich von der Temperatur ab. Bei Temperaturen < 25°C entstehen aus **CA** die festigkeitsbestimmenden, aber metastabilen Phasen CAH_{10} (Gl. 6-21) und C_2AH_8 (Gl. 6-22).

$$\textbf{CA} \quad + \ 10 \ \textbf{H} \quad \rightarrow \quad \textbf{CAH}_{10} \tag{6-21}$$

$$2 \ \textbf{CA} \ + \ 11 \ \textbf{H} \quad \rightarrow \quad \textbf{C}_2\textbf{AH}_8 \ + \ 2 \ Al(OH)_3 \tag{6-22}$$

Im Temperaturbereich 25...40°C wird eine Mischung aus CAH_{10} und C_2AH_8 erhalten, der Anteil an C_2AH_8 erhöht sich mit der Temperatur. Über 40°C entsteht zunehmend die stabile C_3AH_6-Phase (Gl. 6-23).

$$3 \ \textbf{CA} \ + \ 12 \ \textbf{H} \quad \rightarrow \quad \textbf{C}_3\textbf{AH}_6 \ + \ 4 \ Al(OH)_3 \tag{6-23}$$

Die Hydratation des CA_2 verläuft analog, die Reaktionsgeschwindigkeit ist jedoch deutlich niedriger. Die metastabilen, energiereichen Phasen C_2AH_8 und CAH_{10} wandeln sich bei Temperaturen über 40°C und einem hohen Feuchtigkeitsgehalt der Luft ebenfalls in das stabile Hexahydrat C_3AH_6 um (Gl. 6-24a: Umwandlung von CAH_{10} in C_3AH_6; *Konversionsreaktion* von Tonerdezement).

$$3 \ \textbf{CAH}_{10} \quad \rightarrow \quad \textbf{C}_3\textbf{AH}_6 \ + \ \textbf{18 H} \ + \ 4 \ Al(OH)_3 \tag{6-24a}$$

Die gebildeten festen Reaktionsprodukte C_3AH_6 und $Al(OH)_3$ nehmen nur ca. 50% des Volumens des Ausgangsstoffes CAH_{10} ein. Diese Volumenverringerung sowie die Freisetzung von H_2O führen zu einer erhöhten Porosität und zu Schwindrissen. Die Festigkeitseigenschaften verschlechtern sich.

Da das Dekahydrat **CAH_{10}** mit dem CO_2 der Luft zu $CaCO_3$ und $Al(OH)_3$ reagiert (Gl. 6-24b), sinkt der pH-Wert allmählich auf Werte < 9. Damit ist die Rostsicherheit der Stahlbewehrung nicht mehr gewährleistet.

$$3\ \textbf{CAH}_{10} + 3\ CO_2\ \rightarrow\ 3\ CaCO_3\ + 6\ Al(OH)_3\ +\ \textbf{21 H} \qquad\qquad (6\text{-}24b)$$

Tonerdezement ist in Deutschland nicht genormt und darf nicht zur Herstellung von bewehrtem Beton verwendet werden. Er findet Einsatz vor allem im Feuerungsbau (Beton für hohe Temperaturen), zur Auskleidung von Abwasserrohren (Korrosionsschutz) sowie für Trockenmörtel, die eine besonders schnelle Erhärtung erfordern.

- **Schnellzement.** Der ebenfalls nicht genormte Schnellzement (Regulated Set Cement, Jet-Cement) ist ein spezieller PZ, der sehr schnell erstarrt und erhärtet und hohe Frühfestigkeiten erreicht, z.B. nach ca. 4 Stunden: Druckfestigkeit 10 N/mm^2, nach 2 Tagen: ca. 40 N/mm^2. Das entspricht einem Zement der Festigkeitsklasse 52,5 R. Die Verarbeitungszeit liegt bei etwa 30 min. Schnellzemente sind kalkreiche Portlandzemente mit einem erhöhten Aluminat- sowie einem zusätzlichen Fluorgehalt. Neben **C_3S** tritt als wesentlicher Bestandteil eine Calciumaluminatfluoridphase (11 CaO · 7 Al_2O_3 · CaF_2) auf. Sie bewirkt die schnelle Erstarrung und Erhärtung. *Anwendung*: schnelle Reparaturen beschädigter Betonflächen, Betonieren unter Wasser. BRD: „Wittener Schnellzement".

Weitere Informationen und Details zu speziellen Zementen, ihren Eigenschaften und Anwendungsfeldern s. Lehrbücher der Baustoffkunde [1, 2].

6.3.2.8 Zemente: Umweltaspekte und Trends

Bei der Produktion einer Tonne Zementklinker werden rund 850 kg des Treibhausgases Kohlendioxid freigesetzt. Das CO_2 stammt zum überwiegenden Teil (> 60%) aus der Entsäuerung des Kalksteins ($CaCO_3 \rightarrow CaO + CO_2$; Kap. 6.3.1), der Rest resultiert aus dem Energieaufwand beim Sintern und Vermahlen des Klinkers. Aufgrund dieser hohen CO_2-Mengen ist die Zementindustrie für etwa 5% des globalen CO_2-Ausstoßes verantwortlich. Tendenz steigend! Als Folge der jüngsten Aktivitäten zur Begrenzung des industriellen CO_2-Ausstoßes (Kyoto-Protokoll 1997, UN-Klimakonferenz Paris 2016, Handel mit CO_2-Emissionsrechten) sowie im Licht ansteigender Energiepreise wurden von der Zementindustrie eine Reihe von Maßnahmen zur Verbesserung der Ökobilanz ergriffen:

- *Einsatz von Sekundärrohstoffen mit hohem Biomasseanteil:* kohlenstoffhaltige Abfallstoffe wie Autoreifen, Altöl und Kunststoffgranulate.

- *Senkung des Klinker/Zement-Faktors.* Seit etwa 2005 unternimmt insbesondere die Betonindustrie große Anstrengungen, den Einsatz von Portlandzement (CEM I), bei dessen Produktion besonders hohe Mengen an CO_2 freigesetzt werden, zugunsten von Portlandkompositzementen (CEM II mit Kalksteinmehl oder Flugasche als Kompositmaterialien) oder von Hochofenzement (CEM III) zu verringern. Portlandkompositzemente haben in Deutschland, aber auch in Europa, den Portlandzement inzwischen als meist verwendete Zementart abgelöst. Die damit verbundene CO_2-Reduktion ist deutlich: Der CO_2-Ausstoß bei der Herstellung einer Tonne CEM II liegt aufgrund des geringeren Klinkeranteils nur noch bei 600...650 kg CO_2, verglichen mit 850 kg CO_2 für 1 t CEM I-Klinker [29]. CEM II-Zemente und Portlandzemente besitzen weitgehend vergleichbare Eigenschaften. In

Abhängigkeit von Art und Menge des eingesetzten Kompositmaterials können hinsichtlich einzelner Kenngrößen wie Wasser- und Fließmitteleinsatz und Unterschieden in der Frühfestigkeit jedoch Unterschiede auftreten.

Mit ansteigendem Einsatz der Kompositzemente tritt zunehmend das Problem der Verfügbarkeit der Kompositmaterialien in den Vordergrund. Flugasche (weltweit ca. 700 Mio. t/Jahr) und Hüttensand (ca. 250 Mio t/Jahr) stehen global in ausreichenden Mengen zur Verfügung. Sie sind allerdings starken konjunkturellen und jahreszeitlichen Schwankungen unterworfen. Kompositmaterialien wie Mikrosilica, natürliche Puzzolane (Trass) oder Reisschalen fallen in deutlich geringeren Mengen (< 50 Mio. t/Jahr) an. Sie spielen allenfalls lokal eine Rolle. Auf der Suche nach potentiellen neuen Kompositmaterialien kommt den calcinierten Tonen eine besondere Bedeutung zu. Sie sind global verfügbar und verursachen geringe Transportkosten. Von Nachteil sind der Energieeinsatz beim Calcinieren der Tone (Kap. 6.2.3.2) sowie die in den Tonen auftretenden Verunreinigungen wie Quarz, Feldspat, Calcit/Dolomit und Eisenverbindungen. Sie erhöhen die Brenntemperatur und wirken reaktivitätsmindernd.
Neben der Entwicklung und der Weiterentwicklung sowie dem Einsatz CO_2-reduzierter Systeme im Rahmen der traditionellen Zementherstellung wird weltweit nach Wegen gesucht, CO_2-arme oder gar CO_2-freie Bindemittelsysteme zu entwickeln [31]. Beispiele sind der Einsatz von

- Geopolymeren ($\rightarrow$ Geopolymere sind künstlich hergestellte Alkalimetall- bzw. Erdalkalimetall-Alumosilicate mit amorpher bis nanokristalliner Struktur. Sie bilden eine neue Klasse anorganischer, alumosilicatischer Bindemittel, deren Festigkeitsbildung mit dem Begriff „Geopolymerisation" beschrieben wird. Ihre chemische Zusammensetzung entspricht gesteinsbildenden, alumosilicatischen Mineralien wie z.B. Feldspäten, Glimmern, Zeolithen und Tonen)
- reaktiven **C-S-H**-Phasen
- Bindern basierend auf amorphen *metastabilen Calciumcarbonaten*
- CO_2-ärmeren Klinkerphasen ($\rightarrow$ Belit-Klinker)
- Phosphatbindern
- Sulfathüttenzementen (Hauptkomponente Hüttensand $\geq$ 75%, Calciumsulfat (5...20%) sowie Portlandzement; weitere Bestandteile können im Umfang $\leq$ 5% enthalten sein).

Einsatz von Sekundärrohstoffen: recyclisierte Materialien wie Ziegelmehle, getrocknete Klärschlämme, Aschen aus Müllverbrennungsanlagen oder Gießereisande. Bei einigen deutschen Zementwerken liegt der verwendete Anteil an Sekundärrohstoffen bereits über 70%. Der Einsatz von Sekundärrohstoffen ist ökologisch sinnvoll, er schont die natürlichen Ressourcen und reduziert die Kosten.

6.3.3 Betonzusatzmittel (Zusatzmittel)

„Ein Betonzusatzmittel ist ein Stoff, der während des Mischvorgangs des Betons in einer Menge hinzugefügt wird, die einen Massenanteil von 5 % des Zementanteils im Beton nicht übersteigt (DIN EN 934)". Betonzusatzmittel sollen durch chemische und/oder physikalische Wirkungen Eigenschaften des Frisch- bzw. des Festbetons wie Verarbeitbarkeit, Erstarren und Erhärten, Dichtigkeit und Dauerhaftigkeit verändern.
Tab. 6.6 enthält die in DIN EN 934 aufgeführten Wirkungsgruppen, deren zugeordnete Kurzzeichen und ihre Farbkennzeichnung. Neben den genormten Betonzusatzmitteln ist in Deutschland der Einsatz von Zusatzmitteln mit einer allgemeinen bauaufsichtlichen Zulas-

sung des Deutschen Instituts für Bautechnik (DIBt) zulässig. Sie sind ebenfalls in Tab. 6.6 aufgeführt.

Tabelle 6.6 Wirkungsgruppen, Kurzzeichen und Farbkennzeichnung von Betonzusatzmitteln nach DIN EN 934

Wirkungsgruppe (Kurz-zeichen)	Farbkenn-zeichen	Wirkungsgruppe (Kurzzei-chen)	Farbkenn-zeichen
Betonverflüssiger (BV)	gelb	Verzögerer (VZ)	rot
Fließmittel (FM)	grau	Erstarrungsbeschleuniger (BE)	grün
Luftporenbildner (LP)	blau	Einpresshilfen (EH) DIN EN 943-4	weiß
Dichtungsmittel (DM)	braun	Stabilisierer (ST)	violett
Zulassung nach DIBt		**Zulassung nach DIBt**	
Chromatreduzierer (CR)	rosa	Schaumbildner (SB)	orange
Recyclinghilfen für Waschwasser (RH)	schwarz	Recyclinghilfe für Restbeton (RB)	schwarz

- **Verflüssiger und Fließmittel**

Verflüssiger (Betonverflüssiger, BV; *engl.* plasticizer) werden dem Zementleim zugesetzt, um seine Viskosität (in der Sprache der Betontechnologie „Konsistenz") herabzusetzen. Damit wird bei gleichem Wasserzementwert die Verarbeitbarkeit des Frischbetons verbessert. Eine zweite Möglichkeit ist die Reduzierung des Wasseranspruchs von Beton oder Zement- bzw. Gipsmörteln. Durch den Einsatz des Verflüssigers wird bei gleicher Verarbeitbarkeit der w/z-Wert abgesenkt. Eine reduzierte Menge an Zugabewasser und damit ein kleinerer w/z-Wert bewirken eine Erhöhung der Druckfestigkeit, der Dichtigkeit und der Widerstandsfähigkeit des Betons. Ist eine besonders hohe Wassereinsparung oder Verbesserung der Konsistenz notwendig, sind *Fließmittel (FM)* einzusetzen. Fließmittel sind Stoffe, deren verflüssigende Wirkung die der Betonverflüssiger um den Faktor 2 bis 3 übertrifft. Sie werden deshalb auch als *Superverflüssiger* (*engl.* superplasticizer) bezeichnet. Die Viskosität des Zementleims wird derart reduziert, dass die thixotropen Eigenschaften nahezu verloren gehen.

Fließmittel und Betonverflüssiger sind *grenzflächenaktive Substanzen* (Tenside, Kap. 3.3). Sie reduzieren die Oberflächenspannung und bewirken so eine effektivere Benetzung der Baustoffpartikel und der Gesteinskörnung. Darüber wirken sie durch elektrostatische oder sterische Abstoßung (oder beides) dispergierend.

Ligninsulfonat (Strukturelement)

Der historisch erste und bei weitem gebräuchlichste Verflüssiger ist das **Ligninsulfonat** (Lignosulfonat). Seine verflüssigende Wirkung wurde um 1920 beim Straßenbau in den USA entdeckt. Ligninsulfonate sind modifizierte Naturprodukte. Sie fallen bei der Herstellung von Cellulose etwa für die Papierindustrie an. Um zum Ligninsulfonat für bauchemische Anwendungen zu gelangen, muss das Rohprodukt mit Hilfe von Enzymen abgebaut, mit Oxidationsmitteln depolymerisiert und mittels Sulfomethylierung gereinigt werden. Der Reinigungsschritt erfolgt durch Umsetzung des „rohen" Ligninsulfonats mit Formaldehyd und Natriumsulfit Na_2SO_3 (Sulfonierung). Die Sulfonierung macht das Lignin wasserlöslich und lädt es anionisch auf ($\rightarrow$ Sulfonsäuregruppen $-SO_3^-$). Je nach Ausgangsmaterial und Herstellungsverfahren fallen die Ligninsulfonate als polymere, vernetzte Strukturen an, wobei eine allgemein gültige chemische Formel nicht angegeben werden kann.

Durch Adsorption der Ligninpolymeren auf dem Zementkorn laden sich die Oberflächen der Zementpartikel negativ auf. Die Folge ist eine elektrostatische Abstoßung der gleichsinnig geladenen Oberflächen der Zementkörner. Die in der Praxis verwendeten Ligninsulfonate, meist Na-, Ca- oder NH_4-Salze, sind braune, wässrige Lösungen, die einen holzartigen süßlichen Geruch aufweisen. Der Geruch geht auf Zuckerverbindungen. Sie besitzen eine hydratationsverzögernde Wirkung. Noch vorhandene Reste von Baumharzen oder -ölen können schaumbildend wirken, weshalb heute einige Hersteller bereits entschäumte, zuckerfreie Lignosulfonate anbieten. Von Nachteil ist ihre kurze Wirkungsdauer und ihre hydratationsverzögernde Wirkung auf den Erstarrungsverlauf.

Fließmittel unterteilt man hinsichtlich ihrer chemischen Natur in zwei Gruppen, in *Polykondensate* und in *Polycarboxylate*:

- **Polykondensate** entstehen durch Verknüpfung gleicher oder verschiedener Monomere unter Abspaltung kleiner anorganischer Moleküle (s.a. Kap. 7.3.4.2). Es bilden sich Polymere, die aufgrund ihres mehr oder weniger hohen Vernetzungsgrades als unlösliche, harzartige Substanzen anfallen (Kondensatharze). Die bei weitem wichtigste Polykondensat-Fließmittelgruppe sind die **Naphthalinsulfonsäure-Formaldehyd-Harze** (**NSF-Harze, Naphthalin-Harze**). Ihre zementverflüssigende Wirkung wurde 1962 von K. Hattori (Fa. Kao Soap, Japan) entdeckt, ihr Einsatz führte zur Entwicklung des Transportbetons.

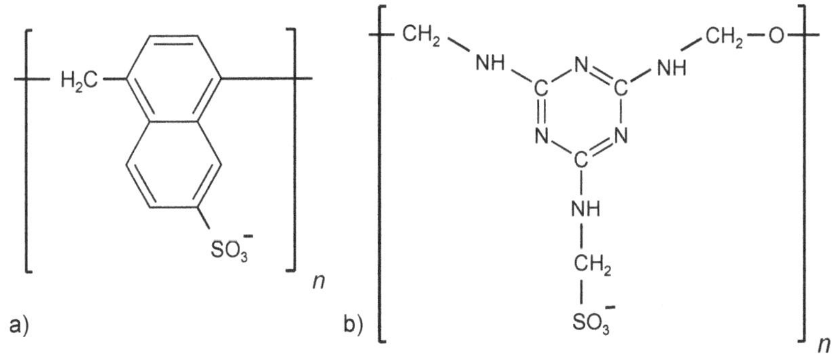

Abbildung 6.19   Strukturelemente von Polykondensaten: a) Naphthalinsulfonsäure-
                  Formaldehyd-Harze und b) Melamin-Formaldehyd-Sulfonat-Harze

Die Herstellung der NSF-Harze (Abb. 6.19a) erfolgt durch Sulfonierung von Naphthalin unter Druck, anschließender Umsetzung mit Formaldehyd und nachfolgender alkalischer Kondensation. Das Polykondensat wird durch die Sulfonierung wasserlöslich gemacht, wobei die eingeführten anionischen Sulfonsäuregruppen für die Fließmittelwirkung verantwortlich sind. Die kommerziell erhältlichen NSF-Fließmittel sind wässrige, gelbbraune Lösungen mit einem Harzgehalt von 40...45%. Für Anwendungen im Trockenmörtelbereich kommen pulvrige NSF-Harze zum Einsatz. Zu den Vorteilen der NSF-Harze gehören sehr gute Plastifizierungseigenschaften und ein günstiges Preis-Leistungs-Verhältnis. Ihre hydratationsverzögernde Wirkung ist gering. NSF-Harze führen allerdings in geringem Maße

Luftporen ein, so dass der Zusatz eines Entschäumers notwendig wird. Hauptan-
wendungsgebiet: Transportbeton.

Eine weitere Gruppe von Polykondensat-Fließmitteln wurde 1962 von der Fa. SKW Trost-
berg (Deutschland) entwickelt, die **Melaminsulfonsäure-Formaldehyd-Harze (MFS-
Harze**, Abb. 6.19b). MFS-Harze bilden sich bei der Umsetzung von Melamin mit Formaldehyd zu Trimethylolmelamin, nachfolgender Sulfonierung durch Zugabe von $NaHSO_3$
bzw. $Na_2S_2O_5$ und anschließender Kondensation im Sauren. Nach der Neutralisation mit
NaOH fallen die MFS-Harze als Natriumsalze an. Kommerziell werden die MFS-Harze als
farblose, klare Lösungen mit einem Harzgehalt von 40...60% angeboten. Damit bieten sie
sich auch für einen Einsatz in Gipsprodukten an. Im Gegensatz zu den NSF-Harzen führen
sie keine Luftporen in den Beton ein. Wegen ihres günstigen Einflusses auf die Frühfestigkeit werden sie vor allem in der Fertigteilindustrie verwendet. Für Transportbeton ist ihre
Wirkungsdauer zu kurz, da ihre verflüssigende Wirkung bereits wenige Minuten nach Zugabe zum Beton verloren geht.

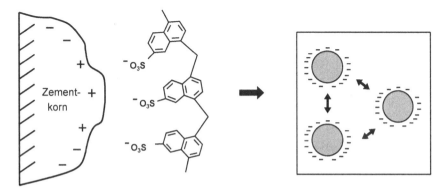

Abbildung 6.20a Wirkmechanismus von Polykondensaten, z.B. NSF-Harze [28, 29]

Wirkungsweise der NSF- und MFS-Harze. Polykondensate weisen eine hohe Ladungsdichte auf. Deshalb werden sie sofort und nahezu vollständig mittels ihrer anionischen
Sulfonsäuregruppen ($-SO_3^-$) an die positiven Ladungszentren der Oberfläche der Zementkörner adsorbiert (Abb. 6.20a). Die Folge ist eine negative Aufladung der Oberflächen. Die
resultierende elektrostatische Abstoßung zwischen den gleichsinnig geladenen Oberflächen der Zementkörner bewirkt einen Dispergiereffekt, der eine Zusammenballung der
Partikel verhindert. Zusätzlich zur elektrostatischen Abstoßung kommt es zu einer gering-
fügigen sterischen Abstoßung als Folge der Wechselwirkung zwischen den Polymerketten.
Grenzen der Anwendbarkeit von Polykondensaten: Durch die sofortige und effektive Adsorption nimmt die Fließwirkung rasch ab. Bei w/z-Werten < 0,40 ist die Wirksamkeit gering bzw. nicht mehr vorhanden.

• **Polycarboxylate (PC).** 1986 brachte die japanische Fa. Nippon Shokubei Methacrylsäu-
reester-basierte Polycarboxylate auf den Markt. Dabei handelte es sich um Copolymere
aus der ungesättigten Methacrylsäure und ω-Methoxypoly(ethylenglycol)methacrylsäure-
estern (kurz: MPEG-MA-Ester, Abb. 6.20b). Die Polycarboxylate gelten als Ausgangspunkt
einer neuen Generation von Fließmitteln. Sie bestehen aus einer Haupt- und mehreren
Seitenketten („Bürsten- oder Kammpolymere"). Bausteine der Hauptkette sind ungesättigte
Carbonsäuren wie Methacrylsäure, seltener Acrylsäure (Kap. 7.1.6). Die Seitenketten bestehen aus Methoxypoly(ethylenglycolen), die über eine Ester(Abb. 6.20b)- oder eine Et-
hergruppierung an die Hauptkette gebunden sind. Die zahlreichen Carboxygruppen der

Hauptkette liegen in alkalischer Lösung deprotoniert (-COO$^-$) vor. Damit ist die Hauptkette negativ geladen, die Polyethylenoxid-Seitenketten tragen keine Ladung. PC unterscheiden sich von den Polykondensaten durch eine geringere anionische Ladungsdichte (Abb. 6.21).

In den vergangenen 25 Jahren wurde eine Reihe neuer Fließmitteltypen entwickelt und erprobt. Heute sind neben den bereits beschriebenen Produkten auf Methacrylsäureester-Basis Copolymere mit Etherverküpfung zwischen Haupt- und Seitenkette (Einsatz von Allyl- oder Vinylethern) sowie Polymerisate mit einer *Amid- bzw. Imidverknüpfung* zwischen Haupt- und Seitenkette auf dem Markt. Bei den Fließmitteln der neuesten Generation sind die Polycarboxylate mit Polyamidoamin-Seitenketten verknüpft [28-30]. Sie weisen selbst bei w/z-Werten von 0,15 noch eine sehr gute Verflüssigungswirkung auf.

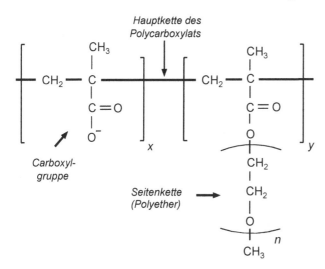

6.20 b

Schematischer Aufbau eines Polycarboxylat - Fließmittels auf Methacrylsäure - Ester-Basis [28-30].

Der Polymerisationsgrad, der die Hauptkettenlänge *x* und *y* bestimmt, kann durch unterschiedliche Eingangsmengen variiert werden. Die Seitenkettenlänge *n*, d.h. die Anzahl der Ethylenoxideinheiten, ist durch die Molmasse des verwendeten MPEG-Methacrylatesters vorgegeben.

In der Literatur - wie auch im technischen Sprachgebrauch - werden die PC aufgrund der Polyether-Seitenketten meist als *Polycarboxylatether (PCE)* bezeichnet. Größte technische Bedeutung haben die esterverknüpften Vertreter erlangt. Ihr Anteil am Gesamtfließmittelmarkt übertrifft heute den der Polykondensate deutlich.

Polykondensate   **Polycarboxylate**

   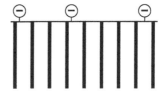

- hohe Ladungsdichte
- SO$_3^-$-Gruppen als Ladungsträger
- kurzkettig, teilweise oligomer
- relative Molmasse: 500–20.000

- mittlere bis niedrige Ladungsdichte
- Carboxylatgruppen als Ladungsträger
- Haupt- und Seitenketten
- relative Molmasse: 20.000–150.000

Abbildung 6.21 Vergleich zwischen polykondensat- und polycarboxylat-basierten Fließmitteln

Wirkungsweise der Polycarboxylate. Im ersten Schritt werden die Fließmittelmoleküle an den positiv geladenen Oberflächen der Hydratphasen adsorbiert. Wie Untersuchungen zeigten sind insbesondere Oberflächen von Ettringit, in geringerem Maße auch von Monosulfat mit Fließmittel belegt. Die Calciumsilicathydrate nehmen dagegen nur wenig Fließmittel auf [29]. Während bei den Polykondensaten die verflüssigende Wirkung ausschließlich auf der elektrostatischen Abstoßung der mit Fließmittel belegten Zementpartikel beruht, kommen bei den PC zusätzlich *sterische Effekte* dazu. Die Polymer-Seitenketten, die von den Zementpartikeln in den Raum gerichtet sind, stoßen sich gegenseitig ab und verhindern ein Zusammenballen der Zementteilchen (sterische Abstoßung, **„sterische Dispergierung"**, Abb. 6.22). Diese sterischen Abstoßungskräfte sind für die höhere Wirksamkeit der PC verantwortlich.

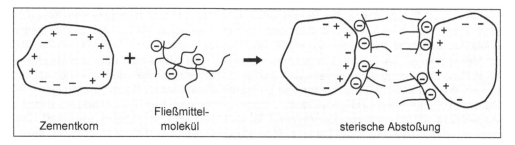

Abbildung 6.22 Wirkmechanismus von Polycarboxylaten: Stabilisierung durch sterische Abstoßung zwischen den Seitenketten.

Durch Variation der Länge der Hauptkette - und damit der zur Adsorption befähigten negativen Ladungen - sowie der Anzahl und der Länge der Seitenketten können Systeme mit unterschiedlichen Eigenschaften hergestellt werden, z.B. mit einer starken Anfangsverflüssigung oder einer verlängerten Verarbeitungszeit.

Einige Unterschiede im Hinblick auf die chemische Natur der Fließmittelmoleküle sowie die Verflüssigungswirkung der PC sind in Abb. 6.23 dargestellt. Eine hohe Seitenkettendichte im Molekül verbunden mit einer niedrigen Ladungsdichte, also wenigen Carboxylgruppen an der Hauptkette, bewirkt die für den Transportbeton wichtige, lang anhaltende Verflüssigungswirkung (bis zu 2 h). Dagegen sind PC mit geringer Seitenkettendichte und einer hohen anionischen Ladungsdichte an der Hauptkette für Fertigteilbeton prädestiniert.

Polycarboxylate für Transportbeton   **Polycarboxylate für Betonfertigteile**

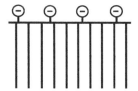   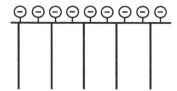

• geringe anionische Ladungsdichte   • hohe anionische Ladungsdichte

• hohe Seitenkettendichte   • geringe Seitenkettendichte

• lang anhaltende Fließwirkung   • hohe Anfangsverflüssigung

Abb. 6.23 Molekularer Aufbau, Eigenschaften und Wirkung von PC [29]

Vorteile der PCE gegenüber den Polykondensaten:

- Große Variationsbreite hinsichtlich *Länge* der Haupt- und Seitenketten sowie der *Anzahl* von Carboxylatgruppen und Seitenketten
- hohe Frühfestigkeiten
- niedrigere Dosierungen (0,4...2%, bezogen auf die Zementmasse)
- effektiv bei niedrigen w/z-Werten (0,15...0,35)
- Konsistenzhaltung bis zu 2 Stunden.

Nachteil: Deutlich höherer Preis.

• **Luftporenbildner** (LP) sind Zusatzmittel, die den Luftgehalt und damit die Frost- und Frost-Taumittel-Beständigkeit des Betons erhöhen sollen. LP sind ebenfalls *grenzflächen-aktive Stoffe*. Sie bilden während des Mischens im alkalischen Milieu des Zementleims feinblasige Schäume mit langer Standzeit. Im Resultat entstehen im Beton kugelförmige Luft-Mikroporen (∅ bis 0,3 mm) in geringem Abstand. Der **Abstandsfaktor** als Mittelwert der größten Entfernung eines beliebigen Punktes im Zementstein bis zum Rand der nächsten Luftpore soll unter 0,2 mm liegen. Die Luftporen unterbrechen die röhrenförmigen Kapillaren im Zementstein und vermindern aufgrund ihres größeren Durchmessers dessen Saugwirkung. Damit wird die Eindringtiefe für das aufsteigende Wasser verringert. Die Erhöhung des Frost- und Frost-Tausalz-Widerstandes ist auf die Fähigkeit der Luft-Mikroporen zurückzuführen, den beim Gefrieren des Wassers in den Kapillarporen entstehenden Überdruck (Gefrier- oder Eisdruck) auszugleichen. Gleichzeitig bewirken sie eine Verbesserung der Verdichtungswilligkeit des Betons.

Bewährt haben sich Seifen aus natürlichen Harzen, wie z.B. Tallharzen, Vinsolharzen, Balsamharzen (Kolophonium) und deren Derivaten, sowie synthetische nichtionische und ionische Tenside, z.B. Fettsäuren, Alkylsulfate bzw. -sulfonate und Alkylpolyglycolether. Aufgrund ihrer hohen Wirksamkeit werden Luftporenbildner dem Beton nur in geringen Mengen zugesetzt (0,01...0,1%). Luftporenbildner verringern die Festigkeit des Betons.

• **Dichtungsmittel** (DM) sind Zusatzmittel, die die kapillare Wasseraufnahme von Festbeton verringern sollen. In erster Linie sind für die Herstellung dichter Betone natürlich die entsprechenden betontechnologischen Voraussetzungen wie ein niedriger w/z-Wert, ein ausreichend hoher Zementgehalt, eine gute Verdichtung sowie eine entsprechende Nachbehandlung zu beachten. Werden dennoch Dichtungsmittel notwendig, z.B. für Betone, die am Bauwerk gegen aufsteigende Feuchtigkeit oder herabfließendes Wasser zusätzlich geschützt werden sollen, setzt man Stoffe mit begrenzter Quellfähigkeit oder mit hydrophoben Eigenschaften ein. Quellfähige Stoffe wie dispergierte Kieselsäure, Phosphate oder quellfähige Eiweiße sollen die Kapillarporen verschließen bzw. verstopfen. Hydrophobe Stoffe, wie z.B. Erdalkalimetallsalze von Fettsäuren, sollen dagegen die kapillare Wasseraufnahme reduzieren. Die Langzeitwirkung von Dichtungsmitteln lässt allerdings oft zu wünschen übrig. Darüber hinaus kann durch DM Luft in den Beton eingeführt werden, was zu einer Verminderung der Festigkeit führt.

• **Verzögerer** (VZ), auch Abbindeverzögerer, sind Zusatzmittel, die den Zeitraum zwischen dem verarbeitbaren plastischen Beton (Frischbeton) und dem festen Beton verlängern sollen. Ein mit Normzement hergestellter Beton beginnt nach 2...3 Stunden zu erstarren. Um bei hohen Betoniertemperaturen etwa im Hochsommer, bei der Herstellung größerer massiver Bauteile ohne Arbeitsfugen oder bei Transportbeton ausreichend lange Verarbeitungszeiten zu gewährleisten, werden dem Beton VZ zugesetzt.

Die am häufigsten als VZ eingesetzten Verbindungen sind Saccharosen (Rohr- oder Rübenzucker), Gluconate (modifizierte Zucker; häufig findet das Na-Salz der Gluconsäure Anwendung) und Phosphate, z.B. Tetrakaliumdiphosphat $K_4P_2O_7$ oder Natriumpoly- bzw. Natriummetaphosphate.

Verzögerer zeigen je nach ihrer chemischen Natur recht unterschiedliche **Wirkmechanismen**: Zum einen können sie an der Bindemitteloberfläche adsorbieren und so den Wasserzutritt erschweren. Zum anderen können sie direkt in die chemische Reaktion zwischen Zement und Wasser eingreifen, indem sie mit den für die Hydratation notwendigen Calciumionen des Anmach- bzw. Porenwassers schwerlösliche Calciumverbindungen oder Chelatkomplexe bilden. Damit verringern sie ihre Konzentration. Durch Ablagerung der schwerlöslichen Calciumverbindungen auf den **C_3A**-Oberflächen verhindern sie vorübergehend das Inlösunggehen der schnell reagierenden Zementbestandteile (Aluminate!) und verzögern die Auskristallisation der Hydratphasen. Die VZ können auch auf den Oberflächen der bereits gebildeten Hydratphasen adsorbieren und so ihr weiteres Wachstum hemmen.
Die Dosierungsmengen für Verzögerer liegen zwischen 0,2...2%, je nachdem welche Verarbeitbarkeitsdauer gefordert ist. Bei bestimmten (zu hohen) Dosierungen und/oder Zusatzmittelkombinationen können die Verzögerer ein „Umschlagen" bewirken. Sie wirken dann nicht länger verzögernd sondern beschleunigen den Erstarrungsprozess. Weitere Nebenwirkungen können eine stärkere Ausblühneigung sowie Farbunterschiede an glattem Sichtbeton sein.

• **Beschleuniger** (BE) werden nach DIN EN 934-2 in Erstarrungs- und in Erhärtungsbeschleuniger unterteilt. **Erstarrungsbeschleuniger** sollen den Zeitraum zwischen dem plastischen und dem festen Zustand des Betons verkürzen, z.B. beim Betonieren bei tiefen Außentemperaturen (Gefrierschutz für jungen Beton!) oder im Tunnelbau. **Erhärtungsbeschleuniger** sollen dagegen das Erreichen einer bestimmten Anfangsfestigkeit beschleunigen, mit oder ohne Einfluss auf die Erstarrungszeit. Sie werden ebenfalls für das Betonieren bei tiefen Außentemperaturen sowie für die Steigerung der Frühfestigkeit von Betonwaren eingesetzt.
Erstarrungsbeschleuniger werden heute vor allem für Spritzbeton verwendet. Auf dem Markt befinden sich zahlreiche Systeme mit unterschiedlicher chemischer Zusammensetzung. Sie werden sowohl in flüssiger als auch in Pulverform angeboten.

Anfangs wurden als Beschleuniger zunächst Alkalimetallsilicate und/oder Alkalimetallcarbonate eingesetzt. Später ging man zu Aluminiumverbindungen wie Natrium ($Na[Al(OH)_4]$- oder Kaliumaluminat $K[Al(OH)_4]$) über. Die angeführten Substanzen sind allesamt hochalkalisch (pH-Werte um 13). Sie gehören zur Gruppe der **alkalihaltigen Beschleuniger.**
Bei ihrer Verarbeitung treten oft unerwünschte Belästigungen wie Hautverätzungen und Augenentzündungen auf. Durch Einatmen des beim Verarbeiten entstehenden Staubes kommt es zu Schädigungen der Atemwege. Darüber hinaus können durch Auslaugung des Betons, z.B. bei Wechselwirkung von Bergwasser mit Tunnelbeton, Alkalien in das Grundwasser gelangen und den pH-Wert erhöhen. Alkalihaltige Beschleuniger bewirken ein sehr schnelles Erstarren.
Erstarrungsbeschleuniger gelten dann als alkalifrei (**alkalifreie Beschleuniger**), wenn ihr Alkaligehalt, ausgedrückt durch das Na_2O-Äquivalent, < 1% ist. Ihre pH-Werte müssen im Bereich zwischen 3...8 liegen. Zum Einsatz kommt vor allem amorphes Aluminiumhydroxid-Hexahydrat $Al(OH)_3 \cdot 6\,H_2O$, das mit aktiven Sulfaten (Aluminium- und/oder Eisensulfat) kombiniert wird. Gesundheitsschädigungen können bei diesen Substanzen ausgeschlossen werden. Festigkeit und die Wasserdichtigkeit des Betons werden verbessert.

Chemische Wirkung. Die Alkalimetallsilicate reagieren mit dem $Ca(OH)_2$ des Spritzbetons zu unlöslichen **C-S-H**-Phasen, was zu einem raschen Ansteifen führt. Dem Spritzbeton zugesetzte Alkalimetallcarbonate reagieren dagegen mit dem bei der Hydratation der Calciumsilicate freigesetzten $Ca(OH)_2$ zu $CaCO_3$ und Alkalimetallhydroxiden. Die Calciumcarbonat-Bildung führt zu einem raschen Erstarren.

Alkalimetallaluminate $M[Al(OH)_4]$, mit M = Na und K, wie auch die alkalifreien Beschleuniger beeinflussen die frühe Hydratation von **C$_3$A** und **C$_3$S**. Sie greifen aktiv in den Hydratationsprozes ein und bilden zusätzliche Hydratationsprodukte. Die Alkalimetallaluminate wie auch gelöstes $Al(OH)_3$ reagieren mit $Ca(OH)_2$ zunächst unter Bildung von **C$_3$A**, das sich anschließend mit Wasser und dem Sulfatträger zu Ettringit umsetzt.
Obwohl Beschleuniger im Allgemeinen die Frühfestigkeit erhöhen, reduzieren sie häufig die Endfestigkeit. Sie vergrößern das Schwinden, was zur Rissbildung führen kann. Chemisch gesehen bewirken sie eine beschleunigte Hydratation der Zementkomponenten.

• **Einpresshilfen** (EH) finden als Zusatzmittel im Spannbetonbau Anwendung. Ziel ist ein möglichst vollständiges Ausfüllen der Hohlräume in den Spannglied-Hüllrohren mit Zementmörtel. Einpresshilfen sollen den Wasseranspruch und das Absetzen des Einpressmörtels vermindern, die Fließfähigkeit des Mörtels verbessern und ein mäßiges Quellen bewirken. Die Quellwirkung wird durch Zugabe von Aluminiumpulver als Einpresshilfe erreicht. Das Aluminium löst sich im alkalischen Milieu unter H_2-Entwicklung auf (Gl. 5-3), der damit verbundene Treibeffekt (Volumenvergrößerung) soll dem normalen Schwinden entgegenwirken. Wegen der starken Quellwirkung sind die Wirkstoffgehalte der gebräuchlichen Einpresshilfen sehr gering (0,1…1%), die Dosiermengen liegen bei 0,2…1%, bezogen auf die Zementmasse. Die Wirksamkeit der Einpresshilfen ist von der Temperatur und der Zusammensetzung des Zements, aber auch von der Mischintensität und der Zugabemenge an EH abhängig.

• **Stabilisierer** (ST) werden dem Beton zugegeben, um ein Absondern von Wasser („Bluten") zu verhindern. Das Zusammenhaltevermögen des Frischbetons soll verbessert werden, indem dem Entmischen durch Sedimentieren der Feinststoffe und dem Absetzen der Gesteinskörnung entgegengewirkt wird. Bei den ST handelt es sich um Zusätze, die in der Lage sind, im alkalischen Milieu des Betons Wasser zu binden und es für die nachfolgend ablaufenden Hydratationsvorgänge wieder zur Verfügung zu stellen. Als Stabilisierer kommen vor allem lösliche organische Polymere mit langen Molekülketten wie Polyethylenoxid und Polysaccharide (Cellulose- und Stärkeether) zum Einsatz. Die makromolekularen Verbindungen „halten" über ihre polaren OH-Gruppen und O-Atome Wassermoleküle fest (Wasserstoffbrückenbindungen!) und bauen so Hydrathüllen auf.
Anwendung finden die ST bei Pumpbeton, um einem Entmischen vorzubeugen und bei Leichtbeton, um ein „Aufschwimmen" von leichten Gesteinskörnungen zu verhindern. Stabilisatoren werden auch eingesetzt, um einer zu starken Wasserabsaugung durch den Untergrund (Mauersteine) entgegenzuwirken (*Wasserretentionsmittel*).

Chromatreduzierer (CR), siehe Kap. 5.2: Chrom).

Vom Deutschen Institut für Bautechnik zugelassene Zusatzmittel:

• **Schwindreduzierer** (*engl.* **S**hrinkage **R**educing **A**dmixtures **SRA**) werden dem Frischbeton zugefügt, um das Schwinden des Betons (Kap. 6.3.2.6) zu verringern. Das Funktionsprinzip der meisten heute verwendeten Schwindreduzierer besteht in der Verringerung der Oberflächenspannung des Wassers – und zwar sowohl des Zugabewassers als auch der

Porenlösung. Auf diese Weise trocknet der Beton gleichmäßiger und vor allem langsamer aus. Eingesetzt werden wiederum tensidische Verbindungen, vor allem langkettige Alkohole und Glycolether.

• **Recyclinghilfen** (RH) ermöglichen die Wiederverwendung von Waschwasser, das bei der Reinigung von Mischfahrzeugen und Mischern anfällt, indem sie die Hydratation des im Waschwasser enthaltenen Zementes ggf. über mehrere Tage blockieren. Bei den Recyclinghilfen handelt es sich um Langzeitverzögerer. Als Substanzen kommen organische Derivate der Phosphonsäure und Fruchtsäuren (vor allem Zitronensäure) zum Einsatz.

• **Schaumbildner** (Schäumer; SB) dienen der Herstellung eines Schaumbetons (Porenleichtbeton) bzw. eines Betons mit porosiertem Zementleim durch Einführung eines hohen Gehalts an Luftporen. Zur Anwendung kommen neben synthetischen anionischen und zwitterionischen Tensiden wie Alkyl- und Polyglycolsulfaten auch Eiweißhydrolysate (Proteinschäumer). Der aus Proteinen hergestellte Schaumbeton weist hohe Festigkeiten auf. Von Nachteil ist allerdings der unangenehme Geruch der Proteinschäumer, die durch Verkochen von Rinderhäuten, Rinderknochen bzw. -blut mit Salzsäure hergestellt werden.

• **Korrosionsinhibitoren** auf Nitritbasis, z.B. Calciumnitrit $Ca(NO_2)_2$, sollen die Passivschicht des Bewehrungsstahls erhalten bzw. verstärken, um den Stahl besser vor Korrosion zu schützen. Nitrite können sowohl Oxidations- als auch Reduktionsmittel sein. Hier wirkt NO_2^- oxidierend. Es oxidiert die Fe(II)- zu Fe(III)-Ionen, wobei NO_2^- zu NO reduziert wird (Gl. 6-25). Fe^{2+} ist ein stärkeres Reduktionsmittel als das Nitrition.

$$2\,Fe^{2+} + 2\,OH^- + 2\,NO_2^- \; \rightarrow \; 2\,NO + Fe_2O_3 + H_2O \qquad (6\text{-}25)$$

Im Ergebnis der Redoxreaktion bildet sich Fe_2O_3 als wesentlicher Bestandteil der Passivschicht (s. Kap. 5.1). Der korrosionsauslösende (kritische) Chloridgehalt wird durch die Zugabe $Ca(NO_2)_2$ als Korrosionsihibitor deutlich erhöht (> 50%). Ein Teil des Nitrits wird zu Nitrat (NO_3^-) oxidiert, was bei niedriglegierten Stählen zur Spannungsrisskorrosion führen kann. Bei den für diese Anwendung vorgeschriebenen Nitrit-Dosiermengen sind jedoch keine kritischen Nitratkonzentrationen im Hinblick auf eine Spannungsrisskorrosion zu erwarten.

Nach heutigem Wissen werden die meisten der oben besprochenen Zusatzmittel fest in die Zementsteinmatrix eingebunden. So reichern sich z.B. die Luftporen- und die Schaumbildner aufgrund ihrer besonderen tensidischen Struktur am Rand der Luftporen an. Der polare Teil ist fest in der Zementsteinmatrix verankert, während der unpolare Molekülteil in die Luftpore hineinragt.

Weitere chemische Zusatzmittel: Werktrockenmörtel (Trockenmörtel, DIN 18557) bestehen aus drei Hauptbestandteilen, dem Bindemittel (Zement, Kalk), der Gesteinskörnung und den Additiven. Zu den eingesetzten Additiven zählen folgende Zusatzmittel und Hilfsstoffe: Wasserückhaltemittel (Wasserretentionsmittel), Verdickungsmittel, Luftporenbildner, Kunststoffdispersionen (Kap. 7.3.5), Hydrophobierungsmittel (Kap. 6.2.4 und 7.3.5), aber auch Fasern und anorganische Pigmente.

Wasserretentionsmittel binden das Anmachwasser und verhindern beim Aufbringen des Mörtels auf saugende, poröse Untergründe wie Ziegel, Kalksandsteine oder Porenbeton eine unerwünschte Wasserabgabe. Auf diese Weise erhalten sie dem Zement (oder Gips!) das für den Abbindeprozess notwendige Wasser und gewährleisten eine gute Verarbeitbarkeit sowie eine vollständige Hydratation. Als Wasserretentionsmittel kommen vor allem Celluloseether zum Einsatz. Celluloseether sind Derivate der Cellulose (Abb. 7.17), die durch partielle oder vollständige Substitution der H-Atome in den Hydroxylgruppen der Cellulose entstanden sind. Im technischen Bereich spielen vor allem Methylcellulose (kurz: MC, Abb. 6.24), Methylhydroxyethylcellulose (MHEC) bzw. Methylhydroxypropylcellulose (MHPC) eine wichtige Rolle. Die beiden letztgenannten Verbindungen sind doppelt derivatisierte Celluloseether. Sie werden durch Umsetzung von MC mit Ethylen- oder Propylenoxid erhalten. Eine Derivatisierung der Cellulose ist notwendig, da sich reine Cellulose praktisch nicht in Wasser löst.

Die Bindung des Wassers beruht auf der Wasserstoffbrückenbindung (Kap. 1.4.2). Freie OH-Gruppen der Celluloseethermoleküle bilden mit den H_2O-Molekülen Wasserstoffbrücken aus und „halten" so das Wasser. Ein Glucose-Sechsring kann mehrere Hundert Wassermoleküle binden. Dabei quellen die Cellulosestränge bei Wasseraufnahme um ein Vielfaches ihres Durchmessers auf.

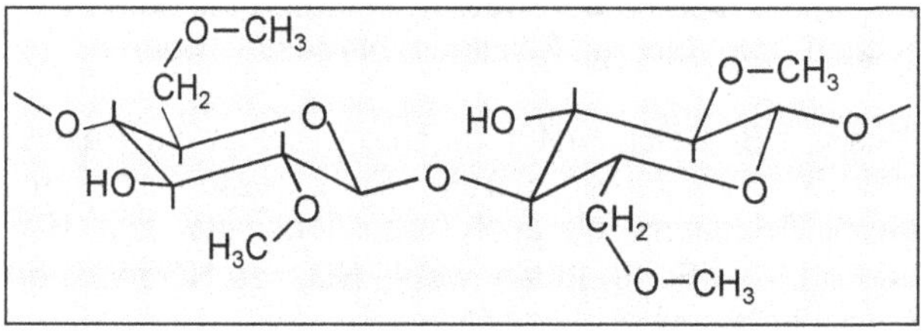

Abb. 6.24

Chemische Struktur einer Methylcellulose (Ausschnitt)

Die Eigenschaften der Methylcelluloseether werden durch den Polymerisationsgrad (Kap. 7.3.1), die Viskosität und den Grad der Substitution ($\rightarrow$ Anzahl der Methylgruppen pro Anhydroglucose-Ring) bestimmt. Ihre Wirksamkeit ist umso besser, je höher Polymerisationsgrad und Viskosität sind. In der Trockenmörtelindustrie wird allerdings kaum noch reine Methylcellulose verwendet. Zur Anwendung kommt heute in zement- oder gipsbasierten Putzen überwiegend MHPC. Die Ergiebigkeit ist höher und die wärmeisolierenden und wasserspeichernden Eigenschaften des Putzes werden verbessert. Die üblichen Dosierungen liegen bei 0,2%, bezogen auf die Zementmasse. Häufig werden bis zu 10% synthetische Polymere, z.B. Polyacrylamide, zugemischt, um optimale Viskositätsprofile zu erreichen. Bei Gipsputzen liegen die MHPC-Dosierungen höher.

Für Fliesenkleber, Fugenmörtel und Selbstverlaufmassen werden vor allem Methylhydroxyethylcellulose-Typen eingesetzt. Wasserretentionsmittel finden auch beim Unterwasserbetonieren Verwendung, um das Auswaschen von Zement und feiner Gesteinskörnung beim Einbringen in Wasser zu vermeiden. Zum Einsatz kommt hier vor allem Hydroxypropylcellulose (HPC).

Verdickungsmittel werden vor allem in der Trockenmörtelindustrie mit dem Ziel eingesetzt, einen viskoseren, steiferen Mörtel (bzw. Beton) zu erzielen. Sie beeinflussen die Rheologie, also das Fließverhalten, und damit die Verarbeitbarkeit des Baustoffs. Zum Einsatz kommen die bereits oben beschriebenen Celluloseether, neben Stärkeethern und Polyacrylamiden. Verdickungsmittel erhöhen sowohl die plastische Viskosität als auch in geringerem Maße die Fließgrenze (Details s. [1, 2]). Zu den wichtigen anorganischen Verdickungsmitteln für Putze zählen Schichtsilicate wie die Bentonite. Wichtigster Bestandteil der Bentonite ist das Tonmineral Montmorillonit, ein Mg-Al-Silicat der allgemeinen Formel: $M_x(Mg,Al,Fe)_2(OH)_2[Si_4O_{10}] \cdot n\, H_2O$, mit M = Na, K, ½ Mg oder ½ Ca. Bentonit quillt im Alkalischen (pH > 9) unter Schichtaufweitung, wobei eine hochviskose Tonsuspension entsteht.

6.3.4 Gips und Anhydrit

Baugipse sind anorganisch-mineralische Bindemittelsysteme, die überwiegend aus Dehydratationsprodukten des Calciumsulfat-Dihydrats $CaSO_4 \cdot 2\,H_2O$ bestehen. Die dehydratisierten Formen besitzen die Fähigkeit - und darin besteht ihre baupraktische Bedeutung - unter Aufnahme von Wasser wieder „rehydratisieren" zu können.

6.3.4.1 Vorkommen, Darstellung, Eigenschaften und Verwendung

Calciumsulfat kommt in der Natur überwiegend als Dihydrat $CaSO_4 \cdot 2\,H_2O$ **Gips** (**Gipsstein**) und als wasserfreie Form $CaSO_4$ **Anhydrit** (**Anhydritstein**) vor. Neben den natürlichen Vorkommen fallen große Mengen von **Chemiegips** als Nebenprodukt chemischer Prozesse wie der Nassherstellung von Phosphorsäure sowie von **REA-Gips** bei der Rauchgasentschwefelung (Kap. 2.2.2) an. Da Chemiegips eine relativ hohe radioaktive Belastung aufweist (erhöhte Konzentrationen an Ra-226 und K-40) findet er nur noch eingeschränkt Anwendung. Baugipse werden heute zu einem erheblichen Anteil aus REA-Gips hergestellt (s. Kap. 2.2.2). Im Jahr 2013 lag die Produktion an REA-Gips in Deutschland bei 7,2 Mio. t, davon fanden 4,7 Mio. t (64,8%) im Bauwesen Verwendung (Quelle: Bundesverband Baustoffe - Steine und Erden e.V., 2016).

• **Brennen von Gips.** Voraussetzung für die Verwendung von Gips als Bindemittel ist das Brennen des Calciumsulfat-Dihydrats $CaSO_4 \cdot 2\,H_2O$ (**Dihydrat**, DH). Beim Brennen erfolgt die thermische Dehydratisierung (Entwässerung). In Abhängigkeit von der Temperatur und der Zeitdauer entstehen fünf verschiedene Phasen, zwei wasserhaltige Phasen ($CaSO_4 \cdot 2\,H_2O$ und $CaSO_4 \cdot \frac{1}{2}\,H_2O$) und drei wasserfreie Phasen (Anhydrit III, Anhydrit II und Anhydrit I). Thermodynamisch stabil sind nur das Dihydrat und der Anhydrit II. Beide Formen kommen in der Natur frei vor oder fallen bei chemischen Prozessen an. Die metastabilen Phasen Halbhydrat und Anhydrit III sowie der „erbrannte" Anhydrit II können „künstlich" aus dem Dihydrat durch Dehydratisierung erhalten werden. Sie besitzen große technische Bedeutung.

Erhitzt man Gips im Labor auf etwa 120°C, wird ein Teil des Kristallwassers abgespalten. Aus dem Dihydrat bildet sich das **Halbhydrat** (HH), Gl. (6-26).

$$CaSO_4 \cdot 2\,H_2O \quad \rightarrow \quad CaSO_4 \cdot \tfrac{1}{2}\,H_2O + 1\tfrac{1}{2}\,H_2O \tag{6-26}$$

$$CaSO_4 \cdot \tfrac{1}{2}\,H_2O \quad \rightarrow \quad CaSO_4 + \tfrac{1}{2}\,H_2O \tag{6-27}$$

Beim technischen Brennprozess können je nach Entwässerungsbedingungen zwei unterschiedliche Modifikationen entstehen, das α-**Halbhydrat** oder das β-**Halbhydrat** (Tab. 6.7). In der nassen Atmosphäre des Autoklaven bildet sich das α-Halbhydrat. Es fällt in relativ großen, weißen bis durchsichtigen Kristallen an. Die β-Form, die sich bei der Entwässerung in trockener Atmosphäre bildet, wird als mikrokristallines Produkt erhalten. Die kleinen nadeligen, mattweißen Kristalle besitzen eine deutlich größere Oberfläche als die Kristalle der α-Form. Der für die Bauanwendung wesentliche Unterschied zwischen beiden Formen besteht im Anmachwasserbedarf und in verschiedenen Druck- und Zugfestigkeiten (Druckfestigkeit: α-HH ca. 45 N/mm^2, β-HH ca. 12,5 N/mm^2; Zugfestigkeit: α-HH ca. 12,5 N/mm^2, β-HH ca. 4,5 N/mm^2).

Bildung der $CaSO_4$-Phasen [33]. Beim Erhitzen über 200°C wird das restliche Kristallwasser bis auf einen Restgehalt $\leq 1\%$ ausgetrieben (Gl. 6-27). Es entsteht der **Anhydrit III** ($CaSO_4$ III), von dem ebenfalls je eine α- und eine β-Form existieren. Anhydrit III ist eine metastabile Phase, die bereits an feuchter Luft wieder in das Halbhydrat übergeht. Die Bildungstemperatur von **Anhydrit II** im technischen Prozess liegt zwischen 300...900°C. Nach der Brenntemperatur und der Reaktionsfreudigkeit mit Wasser zum Dihydrat werden drei Formen unterschieden: **Anhydrit II$_S$** entsteht unterhalb von 500°C. Das „s" steht für schwerlöslich, die Hydratation erfolgt innerhalb von Stunden bis Tagen. Der **Anhydrit II$_U$** bildet sich bei Temperaturen zwischen 500...700°C aus dem Anhydrit II$_S$. Das „u" steht für unlöslich, die Rehydratationszeit liegt bei über drei Tagen. Anhydrit II wird auch als „totgebrannter" Gips bezeichnet.

Wie bereits erwähnt, reagiert Anhydrit II im Gegensatz zum Halbhydrat sehr langsam mit Wasser und setzt sich meist nicht vollständig um. Für die Anwendung im Bauwesen muss deshalb die Reaktionsgeschwindigkeit deutlich erhöht werden, der Anhydrit muss *angeregt* werden (Kap. 6.3.4.2). Bei einer Temperatur von etwa 1200°C bildet sich sogenannter Hochtemperatur-Anhydrit (**Anhydrit I**, $CaSO_4$ I). Er besitzt keine technische Bedeutung.

Tabelle 6.7 Phasen im System $CaSO_4$ - H_2O und physikalisch-chemische Eigenschaften [33]

Chemische Formel der Phase	$CaSO_4 \cdot 2\ H_2O$	$CaSO_4 \cdot \frac{1}{2}\ H_2O$	$CaSO_4$ III	$CaSO_4$ II
Bezeichnung	Calciumsulfat-Dihydrat (DH)	Calciumsulfat-Halbhydrat (HH)	Anhydrit III	Anhydrit II
Weitere Bezeichnungen	Naturgips, Rohgips, Chemiegips, Gipsstein, technischer Gips, abgebundener Gips	β-Halbhydrat, β-Gips, Stuckgips, α-Halbhydrat, α-Gips, Autoklavengips	löslicher Anhydrit	Natur- oder Rohanhydrit, Anhydritstein, synthetischer Anhydrit, erbrannter Anhydrit
Formen		α-Form β-Form	α-A III β-A III	A II-s [a] A II-u [a] A II-E [a]
Kristallwasser (%)	20,92	6,21	0	0
Dichte (g/cm³)	2,31	β: 2,619 α: 2,757	2,58	2,93 2.97
Molmasse (g/mol)	172,2	145,15	136,14	136,14
Kristallsystem	monoklin-prismatisch	monoklin-prismatisch	orthorhombisch	orthorhombisch
Löslichkeit in H_2O, 20°C (g $CaSO_4$/L)	2,05	β: 8,8 α: 6,7	β: 8,8 α: 6,7	2,7
Stabilität	< 40°C	metastabil	metastabil	40 – 1180°C
Bildungstemperatur im Labor		β: 45-200°C in trockener Luft α: >45°C in H_2O-Dampf	50°C Vakuum 100% Luftfeuchtigkeit	200 – 1180°C
Bildungstemperatur im technischen Prozess		β: 120-180°C trocken α: 80-180°C nass	β: 290°C trocken α: 110°C nass	300 - 900°C, A II-s u. A III-u: 300 – 500 °C, AII-E: > 700°C

[a] Unterteilung entsprechend ihrer Reaktivität gegenüber Wasser : A II-s (schwerlöslicher Anhydrit), Rehydratationszeit: ½ h bis 3 d, pH = 6; A II-u (unlöslicher Anhydrit), Rehydratationszeit 3-7 d, pH = 6; A II-E (**Estrichgips**), Rehydratationszeit > 3 d, pH = 9.

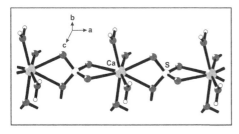

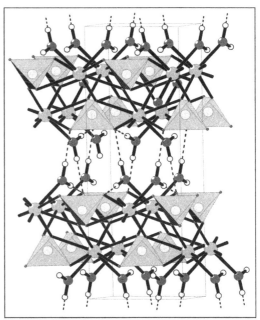

Abbildung 6.25

Kristallstruktur von Calciumsulfat-Dihydrat (CaSO$_4$ · 2 H$_2$O)

oben: SO$_4$-Ca-SO$_4$-Ketten,

rechts: Bindung der Schichten über Wasserstoffbrückenbindungen, die grauen Tetraeder sind Sulfationen

Quelle: J. Sieler, Universität Leipzig

Die Kristallstrukturen aller Phasen im System CaSO$_4$ - H$_2$O bestehen aus CaSO$_4$-Schichten, zwischen denen, abhängig von der Art der Phase, verschiedene Mengen an Wasser eingelagert sind. Abb. 6.25 zeigt die Kristallstruktur des CaSO$_4$ · 2 H$_2$O. Die Calciumsulfatschichten, die aus SO$_4$-Ca-SO$_4$-Ketten bestehen, alternieren mit Zwischenschichten aus Wassermolekülen. Untereinander sind die Schichten über *schwache* Wasserstoffbrückenbindungen zwischen den Wasserstoffatomen der an den Calciumionen koordinierten H$_2$O-Molekülen und den O-Atomen von Sulfationen benachbarter Schichten verbunden. Dies erklärt die relativ leichte Wasserabgabe des Calciumsulfat-Dihydrats, die nicht erst bei Temperaturen > 100°C, sondern bereits bei 42°C beginnt. Bei der Entwässerung bleibt nicht nur der Gitteraufbau erhalten, auch die Kristallform bleibt weitgehend unverändert. Das Kristallwasser entweicht über Risse auf der Kristalloberfläche. Mit dem Wasserverlust ist eine signifikante Dichtezunahme verbunden (Tab. 6.7).

Baugipse bestehen zu mindestens 50% aus Dehydratationsprodukten des Dihydrats. Laut DIN EN 13279-1 unterscheidet man zwei Gruppen:

- Baugipse ohne werkseitig beigegebene Zusätze (Stuckgips und Putzgipse)
- Baugipse mit werkseitig beigegebenen Zusätzen (Fertigputzgips, Haftputzgips, Maschinenputzgips, Fugengips und Spachtelgips).

Die für das Bauwesen wichtigsten Gipstypen sind β-Gips und Mehrphasengips. **β-Gips** (*früher: **Stuckgips***) besteht überwiegend aus β-Halbhydrat. Daneben enthält er Anhydrit III und Reste von ungebranntem Dihydrat, alles Dehydratationsprodukte des Niedertemperaturbereichs. Der Versteifungsbeginn kann zwischen 9...13 min nach dem Anmachen des Gipses mit Wasser liegen, das Versteifungsende zwischen 22...28 min. **Mehrphasengipse** (*früher: **Putzgipse***) bestehen aus Dehydratationsprodukten des Nieder- und Hochtemperaturbereichs: β-Halbhydrat, β-Anhydrit III und Anhydrit II, wobei erst ein bestimmtes Verhältnis zwischen diesen Komponenten den eigentlichen Putzgips ausmacht. Dieses

Verhältnis kann durch die Art der Brandführung unter Einsatz von Gipsstein bestimmter Korngröße eingestellt werden. Der Versteifungsbeginn liegt bei 6 min, das Versteifungsende zwischen 27…35 min.

6.3.4.2 Hydratations- und Erhärtungsprozess

Die Erhärtung des Gipses ist eine Umkehrung des Brennprozesses. Das beim Brennen aus den Kristallen ausgetriebene Wasser wird beim Anmachen mit Wasser wieder eingebaut. Die Halbhydrate und die Anhydrite II und III reagieren mit Wasser unter Bildung von Calciumsulfat-Dihydrat. Damit weisen sie Bindemitteleigenschaften auf, man spricht von *hydratischer Verfestigung*. Bei der Bildung des Dihydrats aus Halbhydrat (Gl. 6-28) werden je nach der kristallinen Modifikation zwischen 34,4 und 38,6 kJ/mol, bei der Bildung des Dihydrats aus Anhydrit (Gl. 6-29) dagegen nur 30,2 kJ/mol Wärme frei.

$$CaSO_4 \cdot \tfrac{1}{2} H_2O + 1\tfrac{1}{2} H_2O \quad \rightarrow \quad CaSO_4 \cdot 2 H_2O \tag{6-28}$$

$$CaSO_4 + 2 H_2O \quad \rightarrow \quad CaSO_4 \cdot 2 H_2O \tag{6-29}$$

Abbildung 6.26
Wachstum von Gipskristallen auf einem β-Halbhydratkristall. ESEM-Aufnahmen bei 11°C nach 4 min (links, 6000x) und nach 8 min (rechts, 2500x).
Quelle: F. A. Finger-Institut für Baustoffkunde, Bauhaus-Universität Weimar

Im Ergebnis der Hydratation entstehen nadelförmige $CaSO_4 \cdot 2 H_2O$-Kristalle, die untereinander verfilzen und so die Versteifung bewirken (Abb. 6.26). Nach dem Trocknen (Austrocknen) des Gipses liegt ein polykristallines Gefüge hoher Festigkeit vor. Die zunächst einsetzende Volumenkontraktion von 7…9% wird infolge Dihydratbildung durch eine geringe **Volumenvergrößerung** (bis zu 1%) überlagert. Gips weist ein *Porenvolumen von ca. 50%* auf. Er ist deshalb im trockenen Zustand gut wärmedämmend.

In Abb. 6.27 ist die Abhängigkeit der **Löslichkeit** der Calciumsulfathydratphasen und des Anhydrit II von der Temperatur dargestellt. Bedeutsam für den Erhärtungsprozess ist die Tatsache, dass sich bei der Bildung des Dihydrats die Löslichkeit sukzessive verringert: $CaSO_4 \cdot \tfrac{1}{2} H_2O$ (β-HH) ca. 8,8 g, Anhydrit II ca. 2,7 g, $CaSO_4 \cdot 2 H_2O$ ca. 2 g (alle Werte pro Liter H_2O, 20°C). Die Löslichkeit des Dihydrats steigt bis zu einem Maximum bei etwa 50°C, um anschließend wieder abzufallen. Anhydrit II löst sich bei niedrigen Temperaturen besser als Dihydrat, schneidet dessen Löslichkeitskurve bei ca. 45°C. Die geringen Löslichkeitsunterschiede zwischen Dihydrat und Anhydrit sind die Ursache, weshalb reiner Anhydrit als Bindemittel ungeeignet ist. Erst wenn durch Zugabe von Beschleunigern (s.u.)

das Löslichkeitsprodukt der Dihydrate abgesenkt wird, ergibt sich ein genügender Löslichkeitsunterschied und damit ein für praktische Anwendungen hinreichendes Abbindeverhalten. Unter 45°C stellt das Dihydrat und über 45°C der Anhydrit II die thermodynamisch stabilste Modifikation dar.

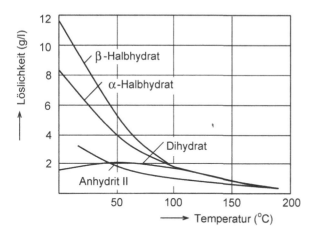

Abbildung 6.27

Abhängigkeit der Löslichkeit der Calciumsulfathydratphasen sowie von Anhydrit II von der Temperatur.

Wie oben erwähnt, hydratisiert Anhydrit II aufgrund seiner geringen Löslichkeit deutlich langsamer als die Halbhydrate. Um trotzdem eine technische Anwendung zu ermöglichen, wurden bereits frühzeitig **Härtungsbeschleuniger** (Anreger) entwickelt, die die Hydratationsgeschwindigkeit erhöhen sollen. Man unterteilt die Beschleuniger in sulfatische und in basische Vertreter. Zu den *sulfatischen Härtungsbeschleunigern* gehören Alkalimetall-, Ammonium- und Schwermetallsulfate wie z.B. K_2SO_4, Na_2SO_4, $(NH_4)_2SO_4$, $CuSO_4$, $FeSO_4$ und $ZnSO_4$, zu den *basischen* Beschleunigern $Ca(OH)_2$ und Portlandzement. Ihre Dosierung beträgt etwa 0,3%, bezogen auf die Masse des Anhydrits. Die Wirkungsweise dieser Härtungsbeschleuniger beruht vor allem auf der Beeinflussung der Löslichkeitsverhältnisse. Die überwiegend sulfatischen Verbindungen wirken als gleichioniger Zusatz (Kap. 3.6.2). Sie erniedrigen die molare Löslichkeit des $CaSO_4$ und führen zu einer beschleunigten Abscheidung von Gipskristallen. Der Einsatz basisch reagierender Substanzen wie $Ca(OH)_2$ oder Portlandzement bewirkt dagegen infolge der Erhöhung der Calciumionenkonzentration in der Lösungsphase ebenfalls eine Herabsetzung der $CaSO_4$-Löslichkeit. Wiederum ist eine beschleunigte Auskristallisation von Gipsstein die Folge. In der Praxis werden aus Kostengründen Mischungen von Beschleunigern verwendet, z.B. setzt man dem Anhydrit sowohl K_2SO_4 (sulfatische Beschleunigung) als auch Zement (basische Beschleunigung) zu.

Enthalten Gipsbaustoffe α- oder β-Halbhydrat als Bindemittel, werden häufig **Härtungsverzögerer** (Verzögerer) eingesetzt. Sie sollen durch Bildung von Calciumkomplexen oder schwerlöslichen Calciumverbindungen die Keimbildung unterdrücken und so die Geschwindigkeit der Auflösung des Halbhydrats und die Bildung der Dihydratkristalle erniedrigen. Als besonders wirksam haben sich α-Hydroxycarbonsäuren wie Citronen- oder Weinsäure bzw. deren Salze erwiesen. Daneben kommen Iminodisuccinat, Aminosäuren, carboxylgruppenenthaltende Polymere, Zucker und Leime sowie anorganische Substanzen wie Polyphosphate, Sulfonate, Phosphonsäuren oder Wasserglas zum Einsatz.

Die **Festigkeitseigenschaften** der Baugipse werden in erster Linie von der Gipsart und vom Wasser-Gips-Verhältnis bestimmt. Das Wasser-Gips-Verhältnis (Verhältnis: Anmachwassermenge/Gipsmenge) wird in der Baupraxis durch den **Wassergipswert** erfasst (DIN 13279-2). Er ist entsprechend Gl. (6-30) als Quotient aus der Wassermenge (100 g) und der Einstreumenge Gips (in Gramm) definiert:

$$Wassergipswert = \frac{100 \ g \ Wasser}{Einstreumenge \ Gips \ in \ g} \qquad\qquad (6-30)$$

Die *Einstreumenge* ist die Gipsmenge in Gramm, die beim Einstreuen in 100 g Wasser gerade durchfeuchtet wird. Stuckgipse sollten bei einem Wassergipsverhältnis von 0,6...0,8 verarbeitet werden. In Analogie zur Zementerhärtung gilt: *Die Festigkeit der Gipse nimmt mit zunehmender Menge an Anmachwasser ab.*

6.3.4.3 Eigenschaften von Bindemitteln auf Basis von CaSO$_4$

Aus dem physikalisch-chemischen Verhalten der Calciumsulfathydratphasen und des Anhydrits können einige wichtige Eigenschaften für die Baupraxis abgeleitet werden:

• **Gipslösung reagiert chemisch neutral** $\Rightarrow$ für Eisen und Stahl ist somit kein Rostschutz gegeben, Stahlteile müssen durch Schutzanstriche (Lacke, Bitumen) geschützt werden.

• **Relativ hohe Wasserlöslichkeit des Dihydrats** $\Rightarrow$ CaSO$_4 \cdot$ 2 H$_2$O besitzt bei normalen Temperaturen eine verhältnismäßig hohe Wasserlöslichkeit (ca. 2 g/Liter). Gips ist deshalb nur an Bauteilen zu verwenden, die *nicht* ständiger Feuchtigkeit ausgesetzt sind bzw. mit fließendem Wasser in Berührung kommen. Kurzzeitige Feuchtigkeitsaufnahme, z.B. in Wohnungsküchen und -bädern, führt zu keinen Schäden, obwohl natürlich die Festigkeit reduziert wird. Sind Gipskartonplatten wasserabweisend imprägniert, können sie auch in Räumen mit einem erhöhten Kondenswasseranfall eingebaut werden, z.B. in ständig genutzten Baderäumen von Krankenhäusern. Für Außenputz, der permanent feuchter Witterung (Regen, Schnee, Hagel usw.) ausgesetzt ist, darf Gipsbinder nicht verwendet werden.

• **Gips wirkt feuchtigkeitsregulierend** $\Rightarrow$ Gipsbauteile und -flächen besitzen aufgrund ihres hohen Porengehaltes im trockenen Zustand ein beachtliches Saugvermögen für Wasser (Wasseraufnahme bis zu 50% ihrer Eigenmasse), das aber ebenso schnell wieder abgegeben werden kann. Gips ist „atmungsaktiv", deshalb sind Gipsplatten für den Ausbau von Wohnräumen besonders empfehlenswert.

• **Feuerschutzwirkung von Gipsstein und Gipsbaustoffen** $\Rightarrow$ Gipsbaustoffe wirken feuerhemmend, da das in der Hitze verdampfende Kristallwasser die Temperatur am Brandherd erniedrigt. Gipsplatten besitzen eine hohe Feuerschutzwirkung.

• **Volumenzunahme beim Abbinden** $\Rightarrow$ Da die Bildung von Dihydrat durch Aufnahme von Kristallwasser mit einer Volumenzunahme von etwa 1% verbunden ist, kann das Auftreten von Schwindrissen bei Gipsputzen bzw. die Lockerung von Verdübelungen weitgehend ausgeschlossen werden. Feinste Unebenheiten werden ausgeglichen.

6.3.5 Magnesiabinder

Magnesiabinder. Der Magnesiabinder ist ein nichthydraulisches Bindemittel. Er besteht aus trockenem Magnesiumoxid MgO (*Magnesia*) und löslichen Magnesiumsalzen (Chloride oder Sulfate). Die erstmalige Verwendung dieses Bindemittels geht auf das Jahr 1867 zurück. Sie wurde vom Franzosen *S. Sorel* beschrieben, weshalb man in der Folgezeit Magnesiabinder „Sorelzement" nannte. Diese Bezeichnung ist insofern unkorrekt, als es

sich beim Magnesiabinder um eine hydratisches und nicht um ein hydraulisches Bindemittel handelt.

Kaustische („ätzende") Magnesia erhält man durch Brennen von $MgCO_3$-haltigen Rohstoffen, z.B. von *Magnesit*, unterhalb der Sintergrenze von 800...900°C. In feingemahlener
Form erhärtet das so hergestellte MgO in Gegenwart von konzentrierten $MgCl_2$- bzw.
$MgSO_4$-Lösungen nach einigen Stunden steinartig. Das Massenverhältnis $MgCl_2$: MgO
soll zwischen 1 : 2,5...3,5 liegen. Es muss eingehalten werden, da ein Überschuss an
$MgCl_2$ aufgrund seiner Hygroskopizität eine erhöhte Durchfeuchtung des Mörtels, ein Un-
terschuss an $MgCl_2$ dagegen die Bildung eines porösen Mörtels geringer Festigkeit bewirken.

Die infolge Protolyse schwach sauer reagierende $MgCl_2$-Lösung (Gl. 6-31) ist in der Lage,
größere Mengen an Magnesiumoxid, das selbst mit H_2O nur sehr langsam reagiert, aufzulösen (Gl. 6-32). Es läuft quasi eine Neutralisation ab. Im Verlaufe der Erhärtung des
Magnesiamörtels scheiden sich aus der zunächst entstehenden gallertartigen Masse nadelförmige Kristalle aus.

$$Mg^{2+} + 2\,Cl^- + 4\,H_2O \;\rightleftharpoons\; Mg(OH)_2 + 2\,H_3O^+ + 2\,Cl^- \qquad\qquad (6\text{-}31)$$

$$MgO + 2\,H_3O^+ \;\rightarrow\; Mg^{2+} + 3\,H_2O \qquad\qquad (6\text{-}32)$$

Neben schwerlöslichen Chloriden wie z.B. $MgCl_2 \cdot 3\,Mg(OH)_2 \cdot 8\,H_2O$ treten im erhärteten
Mörtel MgO, $Mg(OH)_2$, $MgCO_3$ und freies $MgCl_2$ als Nebenprodukte auf. $MgCO_3$ entsteht
durch Reaktion des gebildeten $Mg(OH)_2$ mit dem CO_2 der Luft. Die basischen, schwerlöslichen Neubildungen weisen eine *außerordentlich hohe Festigkeit* auf, sie liegen immer als
Mischungen vor. Da Chloridionen die Korrosion fördern, müssen vor der Verarbeitung des
Magnesiabinders alle mit ihm in Kontakt stehenden Metallteile geschützt werden, z.B.
durch Bitumenanstriche.

Den Magnesiabindern können anorganische (Sand, Korund Al_2O_3, Bims) oder organische
(Sägespäne, Holzschliff, Kork, Textilfasern, Papier) **Zusatz- oder Füllstoffe** beigegeben
werden. Zur Einfärbung setzt man häufig Farbpigmente zu.

Magnesiabinder werden zur Herstellung von **Magnesiaestrich** *(„Steinholz")* und von *Holz-
wolle-Leichtbauplatten* verwendet. Da Steinholz empfindlich gegen Feuchtigkeit ist, sollte
es gegen eindringende Nässe mit Ölen oder Wachsen geschützt werden. Die Feuchtigkeit
bedingt eine erhöhte elektrische Leitfähigkeit, so dass im Magnesiabinder verlegte Rohre
und Leitungen unbedingt geerdet sein müssen. Beim Auftragen von Steinholz auf Stahl-
betondecken bzw. Beton sind $MgCl_2$-Überschüsse unbedingt zu vermeiden. Neben einer
erhöhten Korrosionsanfälligkeit des Bewehrungsstahls durch die Chloridionen kann auch
der Beton angegriffen werden (Kap. 6.3.8.1.2, Magnesiatreiben).

Die Hygroskopizität des Magnesiaestrichs wird verringert, wenn $MgSO_4$ statt $MgCl_2$ benutzt
wird. Die entstehenden Erhärtungsprodukte (z.B. $MgSO_4 \cdot 5\,Mg(OH)_2 \cdot 8\,H_2O$) besitzen
allerdings eine geringere Festigkeit als die basischen Chloride.

6.3.6 Phosphatbinder

Phosphatbinder gehören ebenfalls zu den nichthydraulischen Bindemitteln. Abbinden und
Erhärten erfolgt bei diesem Bindemitteltyp sowohl hydratisch (wie beim Magnesiabinder)
als auch durch Neutralisation zwischen einer sauren und einer basischen Komponente.
Phosphatbinder werden deshalb auch als *Säure-Base-Binder* bezeichnet. Die Produkte
des Erhärtungsprozesses sind Salze mit einem mehr oder weniger hohen Anteil an Kris-

tallwasser. Als saure Komponenten kommen anorganische Säuren, „saure" Salze wie Ammonium- oder Alkalimetallhydrogenphosphate sowie organische Komplexbildner in Frage. Die basischen Komponenten bestehen meist aus einem basischen bzw. amphoteren Metalloxid (MgO, CaO, Al_2O_3, ZnO) oder aus Metallhydroxiden wie $Al(OH)_3$ und $Mg(OH)_2$.

Aus der Vielzahl möglicher saurer und basischer Komponenten resultiert eine Vielzahl möglicher Phosphatbindersysteme. Das Reaktionsprinzip dieses Bindertyps soll am Beispiel des **Magnesiumphosphatbinders** dargestellt werden (Gl. 6-33).

$$MgO + (NH_4)_2HPO_4 + 5 H_2O \longrightarrow NH_4MgPO_4 \cdot 6 H_2O + NH_3 \qquad (6\text{-}33)$$

Das im Resultat einer stark exothermen Reaktion gebildete schwerlösliche Ammoniummagnesiumphosphat-Hexahydrat $NH_4MgPO_4 \cdot 6 H_2O$ (*Struvit*) ist das (erwünschte!) Hauptprodukt des Erhärtungsprozesses. Nach etwa einer Stunde ist das Bindemittel erhärtet, innerhalb von 4 Stunden sind mehr als 50% der Endfestigkeit erreicht. Die Abbindereaktion, die außerordentlich schnell verläuft, kann durch Verzögerer wie Borsäure, Borax und Natriumsilicat verlangsamt werden. *Anwendungsfelder:* Mörtel oder Betone für schnelle Ausbesserungsarbeiten, z.B. Schlaglochreparaturen auf Betonfahrbahnen.

Mischungen von Aluminiumhydroxid und Phosphorsäure (H_3PO_4) reagieren unter Bildung von schwerlöslichem Aluminiumphosphat (Gl. 6-34, **Aluminiumphosphatbinder**).

$$Al(OH)_3 + H_3PO_4 \rightarrow AlPO_4 + 3 H_2O \qquad (6\text{-}34a)$$

$$3\, Al(OH)_3 + 2\, H_3PO_4 + 3 H_2O \rightarrow 2\, AlPO_4 \cdot Al(OH)_3 \cdot 5 H_2O \qquad (6.34b)$$
$$\textit{Wavellit}$$

Aluminiumphosphatbinder haben gegenüber Zement den Vorteil, dass ihre Verfestigungsprodukte nicht alkalisch reagieren. Sie werden gemeinsam mit weiteren Hochtemperaturzuschlägen (Schamotte, Korund) zu feuerfesten Ausmauerungen verwendet.

6.3.7 Kalksandsteine und Porenbetone

Kalksandstein wird aus gemahlenem Branntkalk CaO und Quarzsand SiO_2 (Massenverhältnis 1 : 12) unter Zugabe geringer Mengen Wasser zum Ablöschen des Kalks hergestellt. Die abgelöschte Kalk-Sand-Masse wird nach 3...4 Stunden zu Rohlingen verpresst und anschließend unter Sattdampfdruck (~ 16 bar) bei 160...220°C in einem Härtekessel (Autoklaven) 4...8 h gehärtet. Unter diesen hydrothermalen Bedingungen findet eine chemische Reaktion zwischen dem Kalk und dem durch den heißen Wasserdampf aufgeschlossenen Siliciumdioxid statt. An der Oberfläche der Sandkörnchen entstehen kristalline **C-S-H**-Phasen, die eine dauerhafte feste Verkittung der Sandkörner bewirken. Kalksandsteine sind feste Mauersteine, die nach dem Verlassen des Autoklaven und anschließender Abkühlung auf der Baustelle unmittelbar verarbeitet werden können.

Chemische Prozesse unter Beteiligung von Wasser, die bei Temperaturen > 100°C und bei Drücken > 1 bar ablaufen, bezeichnet man als **hydrothermale Prozesse.** *Sie werden, da die angewendeten Temperaturen weit über dem Siedepunkt, häufig sogar über dem kritischen Punkt liegen, in Druckgefäßen oder Autoklaven durchgeführt.*

Porenbeton (früher: Gasbeton) gehört zu den Leichtbetonen. Leichtbetone besitzen gegenüber Normalbeton infolge ihrer hohen Porosität (70...80 Vol.-%) eine verminderte Rohdichte und damit eine geringere Masse. Mit der Verminderung der Rohdichte und der Erhöhung der Porigkeit ist eine verringerte Druckfestigkeit verbunden. Porenbetone werden im Herstellungsstadium im flüssigen Zustand mit Hilfe eines zugesetzten Gasbildners porosiert, d.h. aufgebläht. Als Bindemittel verwendet man gebrannten Kalk und/oder Zement in wechselnden Massenverhältnissen. Der Zement dient der Stabilisierung des erzeugten Porengerüsts sowie der Verbesserung der Festigkeit. Als Zuschlagstoffe kommen quarzhaltige Sande oder geeignete Flugaschen zum Einsatz. Mitunter werden auch geringe Anteile an Gips oder Anhydrit beigegeben. Der Wasseranteil wird so dosiert, dass eine fließfähige Suspension entsteht.

Als Gasbildner (*Treibmittel*) fungiert metallisches Aluminium, das als feinkörniges Aluminiumpulver oder als Aluminiumpaste in die Suspension eingebracht wird und in der stark alkalischen Lösung des Betons gemäß Gl. (5-3) Wasserstoff freisetzt. Die Durchmesser der erzeugten Poren liegen im Millimeterbereich mit Höchstwerten zwischen 1,5...2 mm. Darüber hinaus befinden sich im Mörtel die üblichen Poren des Zementsteins. Das in Formen gegossene und geblähte Gemisch wird hydrothermal im Autoklaven gehärtet. Porenbetone eignen sich hervorragend zur wärmedämmenden Ausführung von Mauerwerksbau.

6.3.8 Korrosion nichtmetallisch-anorganischer Baustoffe

Korrosive Prozesse sind nicht nur auf metallische Werkstoffe beschränkt (Kap. 5.3). Dem zerstörenden Einfluss korrosiver Medien sind alle Werkstoffe ausgesetzt, die im Bauwesen Verwendung finden. Die zugrunde liegenden Wirkmechanismen sind sehr vielgestaltig. Man unterscheidet:

- physikalische Einflüsse   Wärme, Temperaturwechsel, Strahlung (insbes. UV-Strahlung), Frost bzw. Frost-Tau-Wechsel, fließendes Wasser, Wind- und Staubbelastung
- chemische Einflüsse   anorganische bzw. organische Säuren und Basen, Salze, Rauch- und Abgase sowie Fette und Öle
- biologische Einflüsse   Bakterien, Algen, Pilzbefall, Flechten und Moose.

Während die aufgeführten Faktoren bereits einzeln eine korrosive Belastung darstellen, führt ihre Kombination meist zu einer Potenzierung der Wirksamkeit und damit zu einer verstärkten bzw. vollständigen Zerstörung des Werkstoffs. Im Weiteren soll die Betonkorrosion besprochen werden, obwohl die beschriebenen Mechanismen auch bei Korrosionsprozessen an Bindemitteln wie Kalk und Gips anzutreffen sind.

6.3.8.1 Chemischer Angriff auf Beton

Die für die Baustoffkorrosion entscheidenden Prozesse sind im Wesentlichen chemischer Natur. Voraussetzung für das Einsetzen der Korrosion ist die *Anwesenheit von Wasser* in jeglicher Form (→ Regen, Tau, Nebel, Luftfeuchtigkeit, Grundwasser, aufsteigende Baufeuchtigkeit), da anorganische und organische Stoffe, gleichgültig ob fest oder gasförmig, den Beton nur dann korrosiv angreifen können, wenn sie in wässriger Lösung vorliegen.

Gegenüber einem Angriff aggressiver Medien stellt der Zementstein im Gefüge *Zementstein-Gesteinskörnung-Bewehrung* den schwächsten Punkt dar. Da der Zementstein wesentlich die Festigkeitseigenschaften des Betons bestimmt, sind diese Schädigungen eine ernsthafte Gefahr für die Bausubstanz. Die zumeist silicatischen Zuschlagstoffe werden seltener angegriffen (Ausn.: Alkali-Kieselsäure-Reaktion, Kap. 6.3.8.1.2). Besitzt der Zementstein eine geringe Dichtigkeit und demzufolge eine hohe Porosität, bietet sich den angreifenden Medien eine große innere Angriffsfläche. Es muss also zunächst der w/z-Wert niedrig gehalten werden (< 0,40), um die Widerstandsfähigkeit und damit die Dauerhaftigkeit des Betons zu erhöhen. Im Ergebnis chemischer Reaktionen, die anorganische und/oder organische Verbindungen mit dem Zementstein eingehen, können lösliche (*lösender Angriff*) oder voluminöse, sich im Inneren der Bausubstanz bildende Reaktionsprodukte (*treibender Angriff*) entstehen. Beide Arten von Schädigungen unterscheiden sich in ihrem äußeren Erscheinungsbild und in ihren Auswirkungen auf die Festigkeit des Gefüges.

6.3.8.1.1 Lösender Angriff

Beim lösenden Angriff kommt es zu chemischen Reaktionen angreifender Stoffe an der Betonoberfläche. Aus den schwerlöslichen Verbindungen des Zementsteins bilden sich leichtlösliche Reaktionsprodukte. Der Zementstein wird von der Oberfläche her aufgelöst und es entsteht zunächst eine „waschbetonartige" Oberfläche. Später bricht die Gesteinskörnung heraus und es erfolgt ein allmählicher Abtrag des Betons.

• **Angriff durch Säuren**. Starke Säuren wie die Mineralsäuren Salzsäure HCl, Salpetersäure HNO_3 und Schwefelsäure H_2SO_4 greifen die Komponenten des Zementsteins unter Bildung leichtlöslicher Calcium-, Aluminium- und Eisensalze sowie gallertartiger Kieselsäure an. Zum Beispiel reagiert Salpetersäure mit der $C_3S_2H_3$-Phase des Zementsteins bzw. mit vorliegendem Calciumhydroxid gem. Gl. (6-35) und (6-36).

$$3\,CaO \cdot 2\,SiO_2 \cdot 3\,H_2O + 6\,HNO_3 \;\rightarrow\; 3\,Ca^{2+} + 6\,NO_3^- + 2\,SiO_2 + 6\,H_2O \qquad (6\text{-}35)$$

$$Ca(OH)_2 + 2\,HNO_3 \;\rightarrow\; Ca^{2+} + 2\,NO_3^- + 2\,H_2O \qquad (6\text{-}36)$$

Für den **Angriffsgrad** der Säuren ist nicht nur ihre Konzentration (je höher, umso stärker der Angriff), sondern auch ihre Säurestärke (Kap. 3.9.3) ausschlaggebend. Starke Säuren greifen alle Bestandteile des Zementsteins an. Schwache Säuren wie die Kohlensäure (s.u.) oder zahlreiche organische Säuren reagieren dagegen überwiegend mit dem $Ca(OH)_2$, wobei meist wasserlösliche Calciumsalze entstehen. Der Angriffsgrad organischer Säuren ist damit deutlich geringer als der von Mineralsäuren, die auftretenden Schäden sind oft erst nach längerer Zeit erkennbar.

Mineralsäuren gelangen sowohl in Form von Säuredämpfen (z.B. chemische Industrie) als auch als Bestandteil gewerblicher und industrieller Abwässer der metallverarbeitenden Industrie in Kontakt mit der Bausubstanz. *Organische Säuren*, wie z.B. die Milchsäure, die Ameisensäure, die Essigsäure und Fruchtsäuren, stammen in erster Linie aus den Abwässern der Lebensmittelindustrie. Gerbsäuren wie Tannin sind in den Abwässern der Gerbereien und lederverarbeitenden Industrie zu finden.

Kalklösender Angriff von Kohlensäure. Von besonderer Bedeutung ist der *Angriff CO_2-haltiger Wässer („Kohlensäure")* auf Kalkputz oder Beton. Kohlendioxid ist in Wasser sehr gut löslich (Kap. 2.2). In geringfügigem Maße bildet sich im Ergebnis der chemischen Reaktion von CO_2 mit Wasser Kohlensäure H_2CO_3. Deren Protolyse ist für die saure Reaktion des CO_2-haltigen Wassers verantwortlich (Gl. 2-10 bis 2-12).

Die Kohlensäure ($H_2CO_3 \;\rightleftharpoons\; CO_2/H_2O$) setzt sich anfangs mit Calciumhydroxid unter Bildung schwerlöslichen Calciumcarbonats um (s. Gl. 6-6).

$$Ca(OH)_2 + CO_2 + H_2O \;\rightarrow\; CaCO_3 + 2\,H_2O$$

Damit erfolgt zunächst eine Verfestigung der Beton- oder Kalkoberfläche. Durch weiteren Einfluss von Kohlensäure bildet sich aus dem $CaCO_3$ („Kalk") leichtlösliches Calciumhydrogencarbonat $Ca(HCO_3)_2$. Der „Kalk" (bzw. das Calciumcarbonat) wird abgebaut (s.a. Kalkstein-Kohlensäure-Gleichgewicht, Gl. 2-13).

$$CaCO_3 + CO_2 + H_2O \rightleftharpoons Ca^{2+} + 2\,HCO_3^-$$
(Kalklösender Angriff von Kohlensäure)

Das lösliche Calciumhydrogencarbonat wird vom Regen- oder Sickerwasser aufgenommen und wegtransportiert. Auf diese Weise werden das $Ca(OH)_2$ bzw. das $CaCO_3$ (*Calcit*) des Kalkputzes wie auch des Zementsteins allmählich abgebaut. Kalklösende Kohlensäure ist oft in weichen Grundwässern aus magmatischen (Granit), metamorphen (Glimmerschiefer) oder Sedimentgesteinen (Quarzite bzw. quarzitische Schiefer) enthalten.
Dringt Kohlendioxid der Luft durch Diffusion über die Poren allmählich in das Innere des Betons vor, wird das bei der Zementhydratation entstandene $Ca(OH)_2$ unter $CaCO_3$-Bildung neutralisiert **(Betoncarbonatisierung)**. Der pH-Wert sinkt und der natürlich gegebene Korrosionsschutz des Bewehrungsstahles geht verloren (Kap. 6.3.8.1.3).

• **Angriff durch Laugen.** Gegenüber Laugen ist der Zementstein, der selbst basisches Milieu aufweist, weitgehend beständig. Höher konzentrierte Alkalilaugen (> 10%ig) können jedoch die Calciumaluminathydratphasen unter Aluminatbildung auflösen (Gl. 6-37).

$$4\,CaO \cdot Al_2O_3 \cdot 13\,H_2O + 2\,NaOH \rightarrow 4\,Ca(OH)_2 + 2\,Na[Al(OH)_4] + 6\,H_2O \quad (6\text{-}37)$$
Natriumaluminat

• **Angriff durch Salzlösungen.** Die Lösungen einiger sauer reagierender Salze wie der *Ammonium-, Aluminium- und Eisen(III)-Chloride und -Nitrate,* greifen den Beton unter Bildung leichtlöslicher Calciumverbindungen an. In Analogie zum Säureangriff, wenngleich bedeutend langsamer, reagieren die infolge Protolyse schwach sauer reagierenden Salzlösungen mit dem Calciumhydroxid des Zementsteins. Nachdem das $Ca(OH)_2$ umgesetzt ist, kann es infolge der Absenkung des pH-Wertes auch zu einer hydrolytischen Zersetzung der Hydratphasen kommen. Dabei werden die Calciumionen gegen NH_4^+-, Al^{3+}- oder Fe^{3+}-Ionen „ausgetauscht" und als lösliche Calciumsalze vom Regen- oder Sickerwasser weggeführt.
Obwohl wässrige Magnesiumsalzlösungen, z.B. eine $MgCl_2$-Lösung, neutral bis schwach sauer reagieren, sind auch sie zu einem Austausch von Ca^{2+} gegen Mg^{2+} unter Verminderung der Festigkeitseigenschaften in der Lage. Im Gegensatz zum kristallinen Calciumhydroxid ist das entstehende Magnesiumhydroxid $Mg(OH)_2$ eine amorphe lockere Masse, die nicht in der Lage ist, die verfestigende Funktion der entsprechenden Calciumverbindung zu übernehmen. Unter Umständen kann sie aufgrund ihrer Quellfähigkeit zu einer gallertartigen Masse sogar Treiberscheinungen hervorrufen.

• **Angriff durch weiche Wässer.** Sehr weiche Wässer, die nur einen geringen Gehalt an gelösten Calcium- und Magnesiumsalzen enthalten (< 3°dH, z.B. Gletscher- und Gebirgswasser, Regenwasser), können Betonoberflächen auslaugen. Zunächst wird Calciumhydroxid gelöst, anschließend kann es zu einer hydrolytischen Zersetzung der Hydratphasen kommen. Die Porosität des Betons erhöht sich und die Festigkeit des Gefüges nimmt ab. Sachgemäß hergestellte Betone hoher Dichtigkeit sind gegenüber einem korrosiven Angriff durch weiche Wässer weitestgehend widerstandsfähig.

• **Angriff durch Fette und Öle.** Tierische und pflanzliche Öle und Fette sind Ester des dreiwertigen Alkohols Glycerin $HOH_2C\text{-}CHOH\text{-}CH_2OH$ (Kap. 7.1.3) mit längerkettigen Carbonsäuren, den Fettsäuren. Das alkalische Milieu des Zementsteins spaltet die Fette oder

Öle auf (*Verseifung*, Kap. 7.1.7). Die freigesetzten organischen Säuren greifen den Beton unter Bildung von Calciumsalzen („*Kalkseifen*") an:

Fett, Öl + Ca(OH)$_2$ → Kalkseife + Glycerin

Kalkseifen besitzen eine teigige, seifige Konsistenz. Sie weichen den Beton auf und setzen seine Festigkeit herab. Äußerlich sichtbar wird die vom basischen Milieu des Betons initiierte Verseifung der Öle und Fette, wenn man beispielsweise einen leinölhaltigen Anstrich auf Beton oder Kalkmörtel aufbringt. Durch die Kalkseifenbildung blättert die Anstrichschicht allmählich ab.

6.3.8.1.2 *Treibender Angriff*

Bilden sich im Innern eines Betonbauteils durch chemische Reaktion zwischen einem aggressiven Medium und dem Zementstein bzw. der Gesteinskörnung Produkte, die ein größeres Volumen beanspruchen als die festen Ausgangsstoffe, kommt es zum sogenannten **Treiben**. Der durch die Neubildungen hervorgerufene Druck führt zu Gefügespannungen, die ein Auftreiben des Betons bewirken. Als Folge dieser auch als *Sprengkorrosion* bezeichneten Schädigung treten Risse und Abplatzungen auf, was mit einem Verlust an Festigkeit verbunden ist. Treibvorgänge wirken stärker schädigend als Löseprozesse, in der Regel treten beide kombiniert auf. Sie sind deshalb so gefährlich, da sie zunächst äußerlich nicht erkennbar sind. Die nachstehend beschriebenen Treibprozesse werden entweder durch den Angriff sulfathaltiger bzw. Mg^{2+}-haltiger Wässer auf den Zementstein, durch eine nicht sachgemäße Rohstoffzusammensetzung des Zementklinkers oder durch Fehler in der Technologie des Zementbrennens verursacht.

• **Sulfattreiben**. Das Sulfattreiben ist eine der häufigsten Ursachen der chemischen Zersetzung von Beton. Sulfate gelangen auf unterschiedliche Weise in Oberflächen- und Grundwässer. Die wichtigsten Sulfatquellen sind das SO$_2$ der Luft (Saurer Regen), Gips-/Anhydrit- oder MgSO$_4$-haltige Bodenschichten, industrielle und gewerbliche Abwässer, landwirtschaftliche Aktivitäten (Mineraldüngung) sowie bakterielle Abbauprozesse schwefelhaltiger organischer Stoffe.
Greifen sulfathaltige Wässer erhärteten Beton oder Mörtel an, kann sich durch Auflösen des kristallisierten Calciumhydroxids bzw. anderer calciumhaltiger Phasen aus der Lösung Gips ausscheiden (Gl. 6-38).

$$Ca(OH)_2 + SO_4^{2-} + 2\,H_2O \rightarrow \underset{\textit{Gips}}{CaSO_4 \cdot 2\,H_2O} + 2\,OH^- \qquad (6\text{-}38)$$

Die Gipsbildung ist mit einer Volumenvergrößerung verbunden, was bei hohen Konzentrationen an SO$_4^{2-}$-Ionen zu einer Treibwirkung führen kann. In Gegenwart von Tricalciumaluminat **C$_3$A** (Gl. 6-14) bzw. Calciumaluminathydraten wie z.B. **C$_4$AH$_{13}$** (Gl. 6-39) entsteht **Ettringit** *(Trisulfat)*.

$$3\,CaO \cdot Al_2O_3 + 3\,(CaSO_4 \cdot 2\,H_2O) + 26\,H_2O \rightarrow$$
$$(\mathbf{C_3A})$$
$$\underset{\textit{Ettringit}}{3\,CaO \cdot Al_2O_3 \cdot 3\,CaSO_4 \cdot 32\,H_2O} \qquad (\rightarrow 6\text{-}14)$$

$$4\,CaO \cdot Al_2O_3 \cdot 13\,H_2O + 3\,(CaSO_4 \cdot 2\,H_2O) + 14\,H_2O \rightarrow$$
$$(\mathbf{C_4AH_{13}})$$
$$\underset{\textit{Ettringit}}{3\,CaO \cdot Al_2O_3 \cdot 3\,CaSO_4 \cdot 32\,H_2O} + Ca(OH)_2 \qquad (6\text{-}39)$$

Bei der Ettringitbildung gem. Gl. 6-14 erhöht sich das **Volumen auf das Achtfache!** Durch den mit der Volumenvergrößerung verbundenen Quelldruck kommt es zur Ausbildung von Treibrissen und zu Abplatzungen. Ettringit kristallisiert bevorzugt in den Mikroporen (Abb. 6.28, links) und an der Oberfläche der Gesteinskörnung. Die stäbchenförmigen bis nadeligen Kristalle wurden wegen ihrer zerstörenden Wirkung früher als *Zementbazillus* bezeichnet.

Greifen Sulfate (Saurer Regen) Kalkputze an, kann es ebenfalls zur Gipsbildung und zu Treibvorgängen kommen („**Gipstreiben**", Abb. 6.28, rechts).

Abbildung 6.28 Links: Ettringitbildung in einer Zementsteinpore; rechts: Putzschäden durch Sulfattreiben und kalklösenden Angriff. (Quelle: F. A. Finger-Institut, Universität Weimar)

Die **Sulfatbeständigkeit** eines Zements ist entscheidend vom C_3A-Gehalt und von dessen Reaktionsfähigkeit abhängig. Sulfattreiben kann bei Verwendung C_3A-armer bzw. C_3A-freier Zemente weitgehend vermieden werden. Liegt die Sulfatbelastung in angreifenden Wässern über 600 mg/l und in Böden über 3000 mg/kg (lufttrocken!), müssen Zemente mit hohem Sulfatwiderstand (HS-Zemente, Kap. 6.3.2.7) eingesetzt werden. Calciumaluminatferrathydrate sind ebenfalls in der Lage, mit Sulfationen komplexe Calciumverbindungen zu bilden. Allerdings ist die Geschwindigkeit der Umsetzung mit SO_4^{2-} im Vergleich zum C_3A stark vermindert.

Primäre (frühe) und sekundäre (späte) Ettringitbildung. Wie in den vorhergehenden Kapiteln ausgeführt, ist normgerechtes Erstarren des Zementleims ohne die Bildung von Ettringit im Frühstadium der Erhärtung nicht möglich. Man spricht von der *primären* oder *frühen Ettringitbildung*. In einem normal erhärteten Beton liegen sowohl Ettringit (Trisulfat) als auch Monosulfat vor. Sie machen etwa 10...15% der Hydratneubildungen aus. Ettringit ist demzufolge ein normales Reaktionsprodukt der Zementhydratation eines Portlandzements. Seine Anwesenheit im Betongefüge muss nicht zwangsläufig Auslöser für betonschädigende Reaktionen sein.

Nach dem Abklingen der Hydratationsreaktionen liegen neben dem Ettringit, der teilweise bei der Bildung von Monosulfat (Gl. 6-15) wieder verbraucht wurde, unterschiedliche Aluminatphasen vor. Sie sind später in der Lage, mit eindringenden Sulfationen zu Ettringit zu reagieren. Diesen Vorgang bezeichnet man als *sekundäre* oder *späte Ettringitbildung*. Je größer die Menge an aluminathaltigen Hydratphasen nach der Betonerhärtung ist, umso intensiver ist die Ettringitbildung bei einem späteren Sulfatangriff.

Allerdings kann Ettringit zu einem späteren Zeitpunkt im bereits erhärteten Beton auch ohne Sulfatangriff von außen entstehen. Seit den 80iger Jahren des vorigen Jahrhunderts wurde diese (verspätete) Ettringitbildung zunehmend an wärmebehandelten Betonfertigteilen wie Spannbetonschwellen, Außenwandelementen und Treppenstufen beobachtet. Und zwar immer dann, wenn sie der freien Bewitterung mit häufiger Durchfeuchtung ausgesetzt waren.

Die häufig in der Fertigteilindustrie angewandte Wärmebehandlung soll die Hydratationgeschwindigkeit des Zements erhöhen und damit die Periode der Festigkeitsentwicklung verkürzen. Das Problem ist, dass sich - neben einer schnelleren Festigkeitsentwicklung - bei zu hohen Temperaturen im Betonelement das Verhältnis Monosulfat : Trisulfat stark zum Monosulfat verschiebt. Die thermodynamische Stabilität von Ettringit nimmt im Bereich zwischen 70...90°C deutlich zugunsten von Monosulfat ab. Der theoretische Umwandlungspunkt Trisulfat → Monosulfat liegt bei 90°C, er wird jedoch durch die in der Porenlösung immer vorhandenen Alkalien abgesenkt (bei entsprechendem Alkaligehalt bis auf 50...60°C!). Die Zersetzung von Ettringit in Monosulfat und Sulfat wird also bereits bei niedrigeren Temperaturen ablaufen (Gl. 6-40).

$$C_3A(Cs)_3H_{32} + 4\ OH^- \xrightleftharpoons[20\ °C]{50...80\ °C} C_3A(Cs)H_{12} + 2\ SO_4^{2-} \tag{6-40}$$
$$Monosulfat$$
$$+\ 2\ Ca(OH)_2 + 20\ H_2O$$

Ein Teil des freigesetzten Sulfats liegt entweder in der Porenlösung oder adsorptiv an die **C-S-H**-Phasen gebunden vor. Im erhärteten Zustand kann das Monosulfat *unter feuchten Nutzungsbedingungen* mit dem Sulfat wiederum zu Ettringit reagieren (Gl. 6-40, Rückreaktion). Die Folge ist eine Volumenvergrößerung. Im Vergleich zur frühen Ettringitbildung bei der **C₃A**-Hydratation verläuft diese Reaktion sehr langsam. Die späte Ettringitbildung kann zu Treiberscheinungen führen, die erst nach Monaten, meist erst nach Jahren zu einem Zerfall von wärmebehandelten Betonen führen können.
Inzwischen sind auch einige wenige Beispiele bekannt, wo eine verspätete Ettringitbildung nicht als Folge der Wärmebehandlung von Betonbauteilen, sondern durch ungünstige Verarbeitungsbedingungen wie Temperaturen der Gesteinskörnung von weit über 30°C im Sommer oder hohe Eigentemperaturen des verwendeten Zements ausgelöst wurde.

Thaumasitbildung. Bis Anfang der 90er Jahre wurde ausschließlich die Bildung von Ettringit (und Gips) als Ursache für Schäden beim Sulfatangriff angesehen. Zunehmend rückte jedoch auch das Mineral **Thaumasit** $CaSiO_3 \cdot CaSO_4 \cdot CaCO_3 \cdot 15\ H_2O$ als Schadensverursacher beim Sulfatangriff in den Blickpunkt des wissenschaftlichen Interesses. Der erste Nachweis von Thaumasit in einer geschädigten Betonkonstruktion wurde 1965 bekannt. Danach konnten in den 90er Jahren zunächst in Großbritannien, später auch in Deutschland, mehrere Schadensfälle dokumentiert werden, die auf eine Thaumasitbildung zurückgeführt wurden.
Thaumasit entsteht durch Reaktion der **C-S-H**-Phasen mit Sulfaten (Gips oder Sulfatlösungen) in Anwesenheit einer Carbonatquelle. Er bildet ähnlich wie Ettringit nadelige, prismatisch hexagonale Kristalle.
In einer Stellungnahme des Deutschen Ausschusses für Stahlbetonbau (2003) werden folgende Randbedingungen für eine Thaumasitbildung angegeben:

- Feuchteeinwirkung
- überwiegend niedrige Temperaturen
- carbonathaltige Zusätze wie Kalksteinmehl bzw. Kalksteinzuschlag

Zurzeit geht man in der Literatur von zwei Reaktionswegen zur Bildung des Thaumasits aus [27]:

a) Direkte Reaktion der **C-S-H**-Phasen mit Sulfat- und Carbonationen in Gegenwart von Ca^{2+} und Wasser zu Thaumasit (Gl. 6-41).

$$C_3S_2H_3 + 2\,(CaSO_4 \cdot 2\,H_2O) + 2\,CaCO_3 + 24\,H_2O \rightarrow$$

$$\underset{Thaumasit}{2\,(CaSiO_3 \cdot CaSO_4 \cdot CaCO_3 \cdot 15\,H_2O)} + Ca(OH)_2 \qquad (6\text{-}41)$$

Es findet keine Substitution in der Kristallstruktur statt. Vielmehr erfolgt eine Ausfällung des Thaumasits aus einer übersättigten Lösung.

b) Bei einem zweiten Reaktionsweg werden im zunächst gebildeten Ettringit die Al^{3+}- und SO_4^{2-}-Ionen substituiert (durch Si^{4+}- und CO_3^{2-}-Ionen), wobei durch allmähliche Umkristallisation Thaumasit entsteht. Dieser Reaktionsweg wird als Woodfordit-Route bezeichnet (Gl. 6-42). Woodfordit ist ein nach seinem Entdecker benannter Mischkristall, dessen Endglieder Ettringit und Thaumasit sind.

$$C_3A \cdot 3\,Cs \cdot 32\,H + C_3S_2H_3 + 2\,CaCO_3 + 4\,H_2O \rightarrow$$

$$\qquad (6\text{-}42)$$

$$\underset{Thaumasit}{2\,(CaSiO_3 \cdot CaSO_4 \cdot CaCO_3 \cdot 15\,H_2O)} + CaSO_4 \cdot 2\,H_2O + 2\,Al(OH)_3 + 4\,Ca(OH)_2$$

Die Thaumasitbildung ist ebenfalls mit einer geringen Volumenvergrößerung verbunden, sie ist aber nicht schadenauslösend. Vielmehr werden durch die Thaumasitbildung die festigkeitsbildenden **C-S-H**-Phasen zerstört. Der Beton wird ganz oder teilweise aufgelöst und in eine breiige Masse umgewandelt. Damit unterscheiden sich auch die Schadensbilder. Während die Ettringitbildung zu Gefügespannungen, Rissen und Abplatzungen führt, kommt es im Ergebnis der Thaumasitbildung zur Schlammbildung und zur vollständigen Entfestigung des Betons.

Sollten die im zweiten Reaktionsweg freigesetzten Komponenten Gips, Aluminiumhydroxid und Calciumhydroxid wiederum zu Ettringit reagieren, sind neben den Entfestigungserscheinungen allerdings auch Treibererscheinungen zu erwarten.
Baupraktisch kann der Thaumasitbildung begegnet werden, indem ein völlig $CaCO_3$-freier Zement und ein $CaCO_3$-freier Zuschlag verwendet werden. Es hat sich gezeigt, dass die Thaumasitbildung bei moderaten Konzentrationen an Sulfationen zurückgedrängt werden kann, wenn bei der Betonherstellung ausreichende Mengen an puzzolanischen oder latenthydraulischen Stoffen zugegeben werden [27]. Thaumasitbildung konnte auch in Kalk-Gips-Mörteln nachgewiesen werden.

• **Kalk- und Magnesiatreiben.** Portlandzemente dürfen maximal 2% CaO (**Freikalk, Freier Kalk**) enthalten. Infolge der Bedingungen bei der Zementherstellung (1400...1500°C) fällt der Kalk dicht gesintert an. Die Reaktionsfähigkeit des CaO nimmt mit steigenden Brenntemperaturen ab, deshalb hydratisiert es bei der Erhärtung des Zements sehr langsam. Enthält ein Zement über 2% freien, nicht an SiO_2 und Al_2O_3 gebundenen Kalk, kann eindringende Feuchtigkeit zum Treiben führen (*Kalktreiben*). Das Kalktreiben beruht auf der Volumenzunahme des Kalks bei der Wasseraufnahme. Man beobachtet beim Übergang vom CaO (16,7 cm^3/mol) zum $Ca(OH)_2$ (35,6 cm^3/mol) eine Volumenzunahme um das 2,1-fache, die mit einer Abnahme der Dichte von $\rho = 3,35$ g/cm^3 auf $\rho = 2,08$ g/cm^3 (alle Werte für 20°C) verbunden ist.

Magnesiatreiben tritt ein, wenn der Zementklinker mehr als 5% Magnesiumoxid MgO enthält. Während etwa 2...2,5% des MgO in die Klinkerphasen eingebaut werden können, reagiert das freie, als *Periklas* vorliegende grobkristalline Magnesiumoxid langsam unter Bildung von Magnesiumhydroxid $Mg(OH)_2$. In Analogie zum Kalktreiben ist mit der Dichteabnahme beim Übergang vom MgO (ρ = 3,58 g/cm^3, 20°C) zum $Mg(OH)_2$ (ρ = 2,36 g/cm^3, 20°C) eine 2,2-fache Volumenzunahme verknüpft. Das Magnesiatreiben ist problematischer als das Kalktreiben, da die Schäden zum Teil erst nach Jahren zu beobachten sind.

• **Treibwirkung durch angreifende Magnesiumsalze.** Dringen Mg^{2+}-haltige Wässer in Beton ein, lösen sie aufgrund des kleineren Löslichkeitsprodukts von $Mg(OH)_2$ (Tab. 3.2) das Calciumhydroxid auf Gl. (6-43). Die Magnesiumionen können von $MgCl_2$ oder Magnesiumacetat $(CH_3COO)_2Mg$ stammen. Beide Salze sind Bestandteil zahlreicher Taumittel.

$$Mg^{2+} + 2\,Cl^- + Ca(OH)_2 \rightarrow Mg(OH)_2 + Ca^{2+} + 2\,Cl^- \tag{6-43}$$

Das entstehende weiche, gallertartige $Mg(OH)_2$ kann die verfestigende Funktion des Calciumhydroxids nicht übernehmen und aufgrund von Quellprozessen unter Umständen zu Treibwirkungen führen.

Eine besondere Rolle spielt in diesem Zusammenhang das Magnesiumsulfat. $MgSO_4$-haltige Lösungen bewirken nicht nur die Bildung von $Mg(OH)_2$, die Sulfationen führen zusätzlich zur Gipsbildung (Gl. 6-44). Die damit verbundene Volumenzunahme kann Sprengwirkungen hervorrufen.

$$Mg^{2+} + SO_4^{2-} + Ca(OH)_2 + 2\,H_2O \rightarrow CaSO_4 \cdot 2\,H_2O + Mg(OH)_2 \tag{6-44}$$

• **Alkali-Kieselsäure-Reaktion (AKR, Alkalitreiben).** Unter der Alkali-Kieselsäure-Reaktion versteht man die chemische Reaktion zwischen reaktiven kieselsäurehaltigen Bestandteilen der Gesteinskörnung einerseits und Alkalimetallhydroxiden der Porenlösung des erhärteten Betons bzw. von außen eindringenden Alkalien andererseits (Gl. 6-45).

$$
\begin{array}{ccccc}
2\,MOH & + & SiO_2 & \xrightarrow{\;H_2O\;} & \{\,M_2SiO_3\,\} \cdot x\,H_2O \\[4pt]
\textit{Alkalilauge} & & \textit{reaktive} & & \textit{Alkalimetallsilicatgel} \\
\textit{(M = Na, K)} & & \textit{Gesteinskörnung} & & \textit{voluminös, treibend} \\
& & \textit{(Opal, Flint)} & &
\end{array}
\tag{6-45}
$$

Das bei der AKR gebildete Alkalimetallsilicat geht bei Wasserzutritt unter Quellung in Alkalimetallsilicatgel (Alkali-Kieselsäure-Gel, "Alkalikieselgel") über. Diese Gelbildung ist mit einer *Volumenvergrößerung* verbunden, weshalb es zu Quelldruckspannungen im verfestigten Beton kommen kann (Abb. 6.29).

Ursachen für das Auftreten der AKR:

• Verwendung von reaktiver, kieselsäurehaltiger Gesteinskörnung
• hoher Alkaligehalt des eingesetzten Zements
• ständige bzw. häufige Durchfeuchtung des Betons
• externe Alkalibelastungen durch Taumittel, durch sulfathaltige Wässer bzw. durch Grund- oder Bergwässer

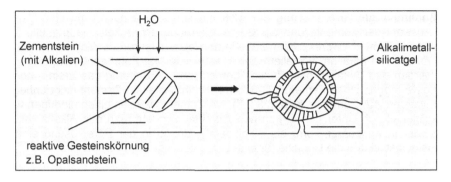

Abbildung 6.29   Aufbau von Quelldruckspannungen durch AKR (Schema)

Als *AKR-auslösend* gelten in erster Linie amorphe, gittergestörte SiO_2-Mineralphasen wie Opal, Chalcedon, Cristobalit, Tridymit sowie durch Druck- und Temperaturspannungen stark beanspruchte Quarze (gestresste Quarze, Stressquarze). Gestresste Quarze enthalten Quarzanteile, die während der gesteinsbildenden Prozesse metamorph beansprucht wurden und deren Kristallstruktur dadurch stark verzerrt wurde. Wichtige alkaliempfindliche Gesteine sind Opalsandstein, Flint, Kieselkreide und Kieselschiefer, Rhyolit (Quarzporphyr), Grauwacken und bestimmte Granite und Basalte. Opalsandsteine, Flinte und Kieselkreiden kommen vor allem im Ostseeküstenraum und den angrenzenden norddeutschen Gebieten vor. Die Gewinnungsgebiete präkambrischer Grauwacken liegen in der Lausitz (Görlitz, Boxberg, Cottbus). Bei recyclisierten Gesteinskörnungen (gebrochener Altbeton) wurden ebenfalls Alkali-Kieselsäure-Reaktionen beobachtet [26].

Die Reaktion zwischen der reaktiven SiO_2-Mineralphasen (*reaktive Kieselsäure*) und den Alkalien hängt in empfindlicher Weise vom kristallinen Zustand des SiO_2 und von der Konzentration an OH^--Ionen in der Porenlösung ab. Die OH^--Ionen der Porenlösung reagieren mit den reaktiven Oberflächen-OH-Gruppen der reaktiven Gesteinskörnung im Sinne einer Säure-Base-Reaktion, Säure: Oberflächen-OH-Gruppen der SiO_2-Mineralphase, Base: OH^--Ionen der Porenlösung. Die Protonen der Oberflächen-OH-Gruppen werden abgespalten und es entstehen Si-O$^-$-Ionen, an die sich in der Folge Alkalimetall- und Calciumionen anlagern. Die freigesetzten H^+-Ionen lagern sich dagegen an innere Si-O-Si-Gruppierungen an und brechen sie auf. Allmählich wird der Vernetzungsgrad im Inneren des Quarzkorns abgebaut. Steht weiteres Alkalimetallhydroxid zur Verfügung, schreitet die Reaktion unter Bildung des Alkalimetallsilicatgels fort.
Die beim Abbau des Quarzkristalls gebildeten Kieselsäureanionen können mit Ca^{2+}-Ionen der Porenlösung zu Calciumsilicathydraten **C-S-H** oder mit Calcium- *und* Kaliumionen zu Calcium-Kaliumsilicathydraten **C-K-S-H** weiter reagieren [26].

Grobkristalline und nicht gittergestörte Quarze werden vom alkalischen Milieu des Porenwassers kaum angegriffen. Die chemischen Reaktionen sind auf die Oberfläche des Quarzkorns beschränkt. Die Kornoberflächen werden angeätzt bzw. aufgeraut, was den Verbund mit dem Zementstein sogar verbessert.

Äußerlich erkennbare Merkmale einer schädigenden AKR sind feine, netzartig verzweigte Risse auf Betonoberflächen, Abplatzungen sowie aus Rissen an der Oberfläche austretende Geltropfen. Das dickflüssige, anfänglich klare Alkali-Kieselsäure-Gel reagiert mit dem CO_2 der Luft zu M_2CO_3 (M = Na, K) und SiO_2 (Gl. 6-50) und trocknet zu weiß-grauen Belägen aus. Durch Auswaschen des Alkalicarbonats bleibt amorphes Kieselgel zurück.

Die **Maßnahmen zur Verhinderung der AKR** müssen sich je nach Umweltbedingungen auf die Auswahl der Zemente und die Gesteinskörnung erstrecken. Hauptquelle für die Alkalien ist der Zement - wenngleich gerade in den letzten Jahren deutlich wurde, dass die externe Zufuhr von Alkalien, vor allem durch Tausmittel auf Fahrbahnbeton, nicht unterschätzt werden darf. Alkalien beeinflussen gemeinsam mit Sulfaten das Erstarrungs- und Erhärtungsvermögen eines Zements. Deshalb kann ihr Anteil im Zement nicht unbegrenzt reduziert werden (NA-Zemente, Kap. 6.3.2.7). NA-Zemente weisen einen niedrigen wirksamen Alkaligehalt auf. Unter der **wirksamen Alkalität** versteht man den Alkalianteil eines Zements, der in wirksamer Form als Alkalimetallhydroxid in der Porenlösung eines Zementleims gelöst ist und die Ursache für eine betonschädigende AKR sein kann.

Beispielsweise wird im Fall einer opalhaltigen Gesteinskörnung bei einer Mindestmenge von ca. 3 kg Na_2O-Äquivalenten pro m^3 Beton eine Schadensreaktion ausgelöst [22]. Für andere Gesteinskörnungen oder bei äußerer Alkalizufuhr gilt dieser Richtwert nicht.
Ein weiteres Mittel zur Reduzierung der Gefahr einer AKR stellt die Verwendung puzzolanischer und/oder latent-hydraulischer Zusatzstoffe dar, wobei eine Abpufferung der freien Alkalien erreicht werden soll.
Die Beurteilung der Gesteinskörnung hinsichtlich alkaliempfindlicher Bestandteile erfolgt nach der DAfStb-Richtlinie (**Alkali-Richtlinie**) „Vorbeugende Maßnahmen gegen schädigende Alkalireaktion im Beton", Neufassung vom Januar 2007, Deutscher Ausschuss für Stahlbeton (DAfStb). In der neu gefassten Alkali-Richtlinie wurde aus aktuellem Anlass (zunehmende Schäden durch AKR an Fahrbahnbetonen!) neben den Feuchtigkeitsklassen WO, WF und WA die Klasse **WS - "feucht + Alkalizufuhr + starke dynamische Beanspruchung"** eingeführt. Für diese Feuchtigkeitsklasse wurden für die anzuwendenden Zemente zusätzliche Anforderungen bezüglich des Alkaligehalts festgeschrieben. Die Prüfung der Alkaliempfindlichkeit der Gesteinskörnung (Teil 3) wurde um Schnellprüfverfahren erweitert (Referenzverfahren: DAfStb-Mörtelschnelltest; Alternativverfahren: LMPA-Mörtelschnelltest).

6.3.8.1.3 Korrosiver Angriff auf die Bewehrung

• **Carbonatisierung.** Der pH-Wert des Porenwassers liegt durch das bei der Hydratation der Calciumsilicatphasen gebildete $Ca(OH)_2$ (Gl. 6-11, 6-12) und die in Lösung gehenden Alkalien im Bereich pH = 13...13,8. Diffundiert CO_2 aus der Umgebungsluft in den Beton, erfolgt eine Neutralisation des basischen Milieus des Betons. Das CO_2 reagiert mit dem im Porenwasser gelösten $Ca(OH)_2$ zu Calciumcarbonat $CaCO_3$ (Gl. 6-6):

$$Ca(OH)_2 + CO_2 + H_2O \rightarrow CaCO_3 + 2\,H_2O$$

Diesen Vorgang bezeichnet man als **Carbonatisierung des Betons.** Durch die ablaufende Neutralisation wird die Konzentration der OH^--Ionen erniedrigt und der pH-Wert des Porenwassers sinkt ab. Die Umwandlung des $Ca(OH)_2$ in $CaCO_3$ führt zu einem ständigen Mangel an $Ca(OH)_2$ in der Porenlösung, was eine allmähliche Auflösung der Portlanditkristalle im Zementstein zur Folge hat. Durch die Bildung von Calcit erhöht sich das auf Portlandit bezogene Feststoffvolumen um etwa 13%. Damit verringert sich die Porosität des Zementsteins.
Im stark alkalischen Milieu des Zementsteins bildet der Stahl auf der Oberfläche eine dünne, nur wenige Atomlagen umfassende Oxidschicht aus, den sogenannten **Passivfilm.** Diese Schutzschicht besitzt eine Dicke von etwa 50 nm und besteht vor allem aus Eisenoxiden. Sie schützt die Stahlbewehrung im Bereich 11,5 ≤ pH ≤ 13,8 gegen Korrosion. Sinkt der pH-Wert unter Carbonatisierungsbedingungen auf Werte **unter 9,5** ab, wird die Passivität des Stahls aufgehoben. Diese sogenannte *Depassivierung*, die auf einem all-

mählichen Abbau der Passivierungsschicht beruht, beginnt bereits ab einem pH-Wert von ~ 11. Der Stahl beginnt in Gegenwart von Luft (O_2) und Feuchtigkeit zu rosten, wobei verschiedene Eisenoxide/-hydroxide entstehen (Kap. 5.3.1). Die Korrosionsprodukte nehmen allesamt ein größeres Volumen ein als der metallische Stahl. Im Falle der Bildung von FeO(OH) erhöht sich das Volumen auf mindestens das Doppelte. Die Folge sind Treibwirkungen. Sie reichen häufig aus, um die im Schadensfall zu geringe Betondeckung abzusprengen. Für den unbewehrten Beton hat die Carbonatisierung (früher auch: *chemische Alterung des Betons*) keinerlei Konsequenzen. Im Gegenteil: Durch die Bildung von kristallinem $CaCO_3$ erhöht sich die Dichtigkeit des Zementsteins bei Portlandzementen.

Das **Ausmaß der Carbonatisierung**, die im Beton langsam von außen nach innen fortschreitet, hängt wesentlich von der Betonzusammensetzung (Porosität), der Nachbehandlung des Betons, den Lagerungsbedingungen während der Carbonatisierung (Luftfeuchte, Feuchtigkeitsgehalt des Betons) sowie der Carbonatisierungsdauer ab. Relative Luftfeuchtigkeiten zwischen 50...70% bewirken einen schnellen Carbonatisierungsfortschritt, da für den Neutralisationsprozess CO_2 <u>und</u> H_2O benötigt werden. An trockener Luft (relative Luftfeuchtigkeit < 30%) kann der Zementstein nicht carbonatisieren. Mit zunehmender Feuchtigkeit dringt die Carbonatisierungsfront langsamer in Richtung Bewehrung vor, da die Diffusion des CO_2 sukzessive erschwert wird. Befindet sich der Beton vollständig unter Wasser, kann infolge weitgehenden Luftausschlusses eine Carbonatisierung ebenfalls vernachlässigt werden. Vor Regen ungeschützter Beton im Freien carbonatisiert etwa 2...3-mal langsamer als vor Regen geschützter („im Freien unter Dach"), da wie bereits betont, in den mit Wasser gefüllten Poren die Diffusion des CO_2 ins Betoninnere vernachlässigbar ist.

Die Betoncarbonatisierung verläuft entlang gut sichtbarer Fronten, denn erst wenn lokal der gesamte Kalk carbonatisiert ist, kann sich der Neutralisationsprozess nach innen fortsetzen. Die *Carbonatisierungstiefe s* verhält sich proportional der Quadratwurzel aus der Zeit: $s \sim \sqrt{t}$. Demnach wächst s am Anfang schnell, nach 20 bis 30 Jahren sehr langsam. Hat die Carbonatisierungsfront die Bewehrung erreicht, setzt die Korrosion am Stahl ein.

Ein niedriger w/z-Wert, ein hoher Zementgehalt und eine bessere Zementqualität (z.B. CEM I 52,5 R) sowie eine höhere Betondichtigkeit z.B. durch den Einsatz von Mikrosilica wirken dem Carbonatisierungsfortschritt entgegen.

In der Praxis wird die Carbonatisierungstiefe meist durch den **Phenolphthalein-Test** bestimmt. Man benutzt eine ca. 1%ige alkoholische Phenolphthaleinlösung, die auf die frische Bruchstelle des Mörtels oder Betons aufgesprüht wird. Carbonatisierte Bereiche bleiben farblos, nichtcarbonatisierte Bereiche färben sich rot. Die Carbonatisierungstiefe ergibt sich als Abstand der Grenze des Farbumschlags zur jeweiligen Baustoffoberfläche.

• **Chloridangriff.** Zu einer Depassivierung des Stahls im Beton kann es nicht nur durch das Absinken des pH-Wertes der Porenlösung infolge Carbonatisierung kommen. Die Passivität des Bewehrungsstahls geht auch verloren, wenn ein kritischer Chloridgehalt an der Stahloberfläche überschritten wird. Die angreifenden Chloride können entweder von Tausalzen (NaCl, $CaCl_2$, $MgCl_2$), aus Meerwasser bzw. chloriertem Schwimmbadwasser oder aus PVC-Brandgasen (Freisetzung von Chlorwasserstoff HCl!) stammen.
Der Transport der Chloridionen erfolgt über das Porenwasser. Im Gegensatz zur oben besprochenen Carbonatisierung diffundieren die Cl^--Ionen aufgrund ihres relativ kleinen Ionenradius durch die wassergefüllten Poren und treten, wenn sie die Stahloberfläche erreichen, in Wechselwirkung mit dem Passivfilm des Stahls. Wird eine kritische Konzen-

tration an Cl⁻ überschritten, bildet der Passivfilm keinen Schutz mehr und Korrosion tritt ein.

Die ablaufenden Vorgänge bei der durch Chloridionen induzierten Korrosion des Beton-stahls sind sehr komplex (s. [6]). Als gesichert gilt, dass aggressive Ionen wie die Chloride einen Zusammenbruch des hydratisierten Passivfilms bewirken. Die Cl⁻-Ionen zerstören die Passivschicht stets örtlich und an lokal scharf begrenzten Stellen. Die Korrosionspro-zesse, die zur Rostbildung führen, wurden in Kap. 5.3.1 besprochen. Der erforderliche Sauerstoff diffundiert durch das Porensystem zur Bewehrung und steht in ausreichender Menge zur Verfügung. Der anodische Bereich "frisst" sich rasch in die Tiefe und **Loch-fraßerscheinungen** sind die Folge. Die übrigen Oberflächenbereiche, an denen kein An-griff erfolgt, bleiben nahezu unbeeinflusst.

Betrachtet man die Betonzusammensetzung, die Porigkeit der Grenzschicht, die Zusam-mensetzung des Stahls, die Art der Chloride und die Umgebungsbedingungen, alles Fak-toren, die den kritischen, korrosionsauslösenden Chloridgehalt im Beton beeinflussen, so wird deutlich, dass es **den** kritischen Chloridgehalt als feststehende Größe nicht geben kann. Ein Wert von 0,4 % Cl⁻, bezogen auf die Zementmasse, stellt jedoch für die Mehr-zahl der Fälle einen guten Anhaltswert dar, der nicht überschritten werden sollte.

Ein großer Teil des in den Beton eingedrungenen Chlorids wird von den Komponenten des Zementsteins gebunden. Es entstehen Verbindungen unterschiedlicher, zum Teil noch un-geklärter Stöchiometrie. Beispielsweise bildet sich mit der Calciumaluminathydratphase das **Friedelsche Salz** $3\ CaO \cdot Al_2O_3 \cdot CaCl_2 \cdot 10\ H_2O$. Durch die Verbindungsbildung ver-ringert der Zementstein die Konzentration des Chlorids und schützt in gewisser Weise den Bewehrungsstahl, denn nur das im Porenwasser vorliegende ungebundene Chlorid ist zu einem korrosiven Angriff in der Lage.

6.3.8.2 Biokorrosion

Abgesehen von Spannungen durch Quell- und Wachstumsprozesse von Sporen, Samen und Wurzeln, die zu außerordentlich hohen Drücken im Baugefüge führen können, sowie von Verschmutzungen durch Tiere (z.B. Taubenkot) wurden bis in die 70er Jahre des ver-gangenen Jahrhunderts biologische Faktoren als Ursache für eine korrosive Zerstörung von Baustoffen in Untersuchungen nicht einbezogen. Diese Tatsache ist um so bemer-kenswerter, da bereits 1945 der australische Biologe Parker eine Arbeit über die Zerset-zung von Beton in Abwasserleitungen durch Bakterien der Gattung Thiobacillus publizierte und damit erstmalig den Beweis für eine mikrobielle Zerstörung nichtmetallisch-anorgani-scher Baustoffe lieferte. An mikrobiell beeinflussten Korrosionsvorgängen („Biokorrosion") können Mitglieder aus allen Gruppen von Mikroorganismen beteiligt sein, in erster Linie Bakterien, Algen, Flechten und Pilze.

Biogenen Schadensprozessen an anorganischen Werk- und Baustoffen ist im Zuge jüngs-ter Untersuchungen verstärkt Aufmerksamkeit gewidmet worden [34-37]. Eines wurde offensichtlich: Ihr Anteil an der Korrosion nichtmetallisch-anorganischer Baustoffe ist er-heblich größer als bisher angenommen. Biokorrosion verursacht hohe wirtschaftliche Kos-ten und einen unwiederbringlichen Verlust an Kulturgütern.

Die wichtigste und am besten untersuchte mikrobielle Materialschädigung ist der **Säurean-griff.** Bestimmte spezialisierte Mikroorganismen scheiden als Zwischen- oder Endprodukte ihres Stoffwechsels starke anorganische Säuren wie Schwefel- oder schweflige Säure (Oxidation von Sulfiden und/oder Schwefel durch Bakterien der Gattung Thiobacillus), Salpeter- oder salpetrige Säure (Oxidation von Ammonium-Stickstoff durch Nitrifikanten) und Kohlensäure (Endprodukt des heterotrophen Stoffwechsels) ab.

Ein seit Jahren intensiv diskutiertes Problem ist die Schädigung von Beton durch soge-nannte biogene Schwefelsäure (**Biogene Schwefelsäurekorrosion, BSK** [34-37]). An Kläranlagen, aber auch an Schächten und Kanälen aus Beton, die dem Einfluss von Faul-gasen ausgesetzt sind, treten häufig massive Schäden durch den Angriff von Schwefel-säure auf. Ihr Entstehen soll im Folgenden kurz skizziert werden (Abb. 6.30).

Im Abwasser enthaltene Eiweißstoffe werden zunächst durch anaerobe Mikroorganismen in Schwefelwasserstoff H_2S umgewandelt.

Schwefelwasserstoff (H_2S) ist ein farbloses, in Wasser lösliches, brennbares, stark giftiges Gas von unangenehmem Geruch (faule Eier!). Es ist noch in sehr großer Verdünnung an seinem Geruch wahrnehmbar. Seine Toxizität, die noch höher als die von Blausäure HCN ist, wird oft unterschätzt. Die wässrige Lösung von H_2S (Schwe-felwasserstoffwasser) ist eine schwache zweibasige Säure. Sie bildet bei Protolyse mit Wasser Hydrogensulfide HS^- (z.B. Natriumhydrogensulfid NaHS) und Sulfide S^{2-} (z.B. Zinksulfid ZnS).

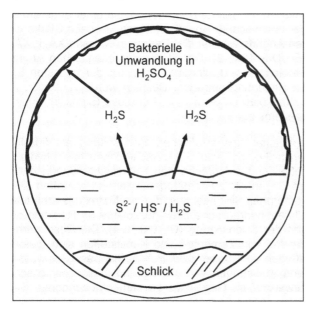

Abbildung 6.30

Entstehung biogener Schwe-felsäure:
 Bildung von sulfidischem Schwefel (S^{2-}) und (HS^-) in überwiegend anaerobem Wasser in einem Kanalrohr,

Ausgasen von Schwefelwas-serstoff und bakterielle Bil-dung von Schwefelsäure

Der in den Gasraum übergegangene Schwefelwasserstoff kann entweder dort verbleiben und evtl. durch Entlüftung abgeleitet werden (Geruchsprobleme!) oder aber von der Feuch-tigkeit unter Bildung von Sulfiden absorbiert werden. An den Kanalwänden wird der sulfidi-sche Schwefel von aerob lebenden, schwefeloxidierenden Mikroorganismen, z.B. Thioba-cillen, zu Schwefel und anschließend zu Schwefelsäure umgesetzt (Gl. 6-46, 6-47).

$$HS^- + \tfrac{1}{2}O_2 + H^+ \rightarrow S^{\pm 0} + H_2O \tag{6-46}$$
$$S^{\pm 0} + H_2O + 1\tfrac{1}{2}O_2 \rightarrow 2H^+ + SO_4^{2-} \tag{6-47}$$

Die gebildete (biogene) Schwefelsäure greift massiv Betonoberflächen an. Der Zements-stein wird aufgelöst und die Gesteinskörnung freigelegt. Die Schäden sind erwar-tungsgemäß oberhalb des Abwasserspiegels feststellbar. Sie sind abhängig von der Ab-wasserbeschaffenheit, den Milieubedingungen (Temperatur und Sauerstoffgehalt) sowie der Kontaktzeit des Abwassers mit dem Beton. Bei langen Aufenthaltszeiten, fehlender Belüftung, beim Mischen mit warmem oder saurem Abwasser und bei Turbulenzen ist die Gefahr des Auftretens von H_2S besonders groß.

Schutzmaßnahmen. *Aktive Schutzmaßnahmen* gegen die BSK sollen das Entstehen und die Emission von H_2S und anderen flüchtigen Sulfiden aus dem Abwasser verhindern. In erster Linie muss das Abwassernetz konstruktiv fachgerecht errichtet und entsprechende Betriebsbedingungen wie Vermeidung von Turbulenzen und Aufwirbelungen, keine Abwasserstaus, optimale Belüftung und regelmäßige Reinigung und Spülung der Abwasserleitungen (Beseitigung der Sielhaut) eingehalten werden.
Im Rahmen *passiver Maßnahmen* wird die biogene Schwefelsäurebildung nicht unterbunden, vielmehr soll der Beton vor der aggressiv wirkenden Schwefelsäure geschützt werden. Der chemische Widerstand des Betons gegenüber dem Angriff biogener Schwefelsäure kann zunächst durch bestimmte betontechnologische Maßnahmen erhöht werden, z.B. durch eine Verringerung des w/z-Wertes auf $\leq 0,45$, den Einsatz von Hochleistungsbetonen C 75/85 sowie den Einsatz reaktiver, die Dichtigkeit verbessernder Zusatzstoffe.

In DIN EN 206 werden Expositionsklassen für Betone beschrieben, die unter anderem die Anforderungen an Betone gegenüber chemischem Angriff festlegen. Je nach Stärke des auf den Beton wirkenden chemischen Angriffs werden die Betone in Klassen XA 1, XA 2 und XA 3 eingeordnet (DIN EN 206-1/DIN 1045-2). Der Stärke des chemischen Angriffs bei Belastung durch biogene Schwefelsäure wird allerdings auch mit der höchsten Eingruppierung XA 3 nicht ausreichend Rechnung getragen. Deshalb wurde zusätzlich die Expositionsklasse XBSK eingeführt (Merkblatt DWA M 211). Für diese Expositionsklasse stehen folgende Oberflächenschutzsysteme zur Verfügung:

- **Alkalisilicatmörtel** bestehen aus einer hochalkalischen Silicatlösung als flüssiger Komponente, einer pulvrigen Bindemittelkomponente aus verschiedenen latent-hydraulischen und/oder puzzolanischen Stoffen und entsprechenden Gesteinskörnungen neben weiteren Begleit- und Hilfsstoffen. Im Gegensatz zu zementgebundenen Baustoffen bildet sich bei den Alkalisilicatmörteln ein amorphes Silicatgel aus, das die Matrix des erhärteten Materials bildet. Angeregt wird die latent-hydraulische bzw. puzzolanische Reaktion des Bindemittels durch die hohe Alkalität der Silicatlösung (Gl. 6-3, 6-4). Die Besonderheit dieser rein mineralischen Mörtel, die frei von Zementen und Kunststoffen sind, besteht darin, dass sie anders als Beschichtungen auf Epoxid- bzw. Polyurethanbasis, als wasserdampfdiffusionsoffene Baustoffe keine Ablösungen vom Untergrund infolge osmotischer und/oder Dampfdiffusionsdrücke aufweisen. Im Gegensatz zu zementgebundenen Baustoffen sind sie beständig gegen alle anorganischen und organischen Säuren (außer Flusssäure) sowie gegenüber Lösemitteln, Fetten und Ölen. Beschichtungen auf Basis eines Alkalisilicat-Bindemittels sind flüssigkeitsdicht, aber dampfdiffusionsoffen.

- **Entkoppelte Oberflächenschutzsysteme** bestehen meist aus einem Trägersystem, das am Betonuntergrund mechanisch befestigt wird und auf das vor Ort, ohne flächigen Verbund zum Untergrund, z.B. ein Reaktionsharz als Oberflächenschutzschicht aufgebracht wird. Aufgrund der Entkopplung sind keine Schäden durch Osmose bei rückseitiger Durchfeuchtung zu erwarten.

- **Montagesysteme** sind vorgefertigte Oberflächenschutzsysteme, die aus einzelnen Segmenten vor Ort zusammengesetzt werden. Dabei sind unterschiedliche Temperaturkoeffizienten und daraus resultierende Längenänderungen zu beachten. Zu den Montagesystemen zählen unter anderem PE-HD- und GFK-Systeme (Kap. 7.3.4.2), keramische Systeme mit säurefesten Fugen, nichtrostende Stahlsysteme und Glassysteme. Darüber hinaus können Oberflächenschutzsysteme (Bahnen, Platten, Auskleidungen) nach DIN 28052 bzw. AGI - Arbeitsblatt S 20 verwendet werden.

6.3.8.3 Salzausblühungen – Salzschäden

Auf der Oberfläche von Bauteilen, die aus porösen mineralischen Baustoffen wie Mörtel, Ziegel, Beton oder Natursteinen bestehen, können weiße bis schmutzig-gelbe Salzablagerungen, sogenannte **Ausblühungen**, auftreten. Sie entstehen, wenn innerhalb eines Bauteils vorhandene wasserlösliche Stoffe durch Flüssigkeitsbewegung nach außen transportiert werden und sich nach dem Verdunsten des Wassers an der Oberfläche kristallin oder amorph ablagern. Ausblühungen sind nicht nur „Schönheitsfehler" am Bauwerk, sie schädigen durch das Herauslösen der ausblühenden Substanzen die Struktur der Baustoffe. Insofern existiert ein enger Zusammenhang zwischen der Chemie des lösenden bzw. auslaugenden Angriffs und der Chemie der Ausblühungen.

Voraussetzungen für ihr Entstehen sind:
– ein poriges Gefüge der Baustoffe
– das Vorliegen löslicher Salze bzw. deren Bildung durch ins Mauerwerk diffundierende Gase wie CO_2 und SO_2
– die Anwesenheit von Feuchtigkeit

Als Feuchtigkeitsquellen kommen die Witterungsfeuchtigkeit, die aufsteigende Bodenfeuchtigkeit, das in das Mauerwerk eindringende Gebrauchswasser und die durch den Erhärtungsprozess bedingte Baufeuchtigkeit in Betracht.

Der Laie bezeichnet die weißen Salzflecke, die unter bestimmten Bedingungen an der Oberfläche von Putzen und Mauerwerk auftreten, meist als *„Salpeter"*. Glücklicherweise ist der das Mauerwerk stark schädigende Mauersalpeter $Ca(NO_3)_2 \cdot 4\ H_2O$ heute nur noch selten anzutreffen. In der Mehrzahl der Fälle handelt es sich bei den abgelagerten Salzen um Carbonate und Sulfate.

Abbildung 6.31

a) $CaCO_3$-Ausblühungen auf Betonbauteilen;

b) Alkalimetallsulfat - Ausblühungen auf Ziegelsteinmauerwerk.

a)   b)

• **Carbonate**. Die häufigste Carbonatausblühung ist die Ablagerung von Calciumcarbonat $CaCO_3$ („Kalkausblühung", Kalksinter). Kalkausblühungen entstehen, wenn das $Ca(OH)_2$ des erhärtenden Kalkmörtels oder Betons durch eindringende oder aufsteigende Feuchtigkeit gelöst und durch Flüssigkeitsbewegung an die Oberfläche befördert wird. In Kontakt mit dem CO_2 der Luft kristallisiert es gemäß Gl. (6-6) als $CaCO_3$ aus. $CaCO_3$-Ausblühungen treten häufig als weiße Krusten auf Beton (Abb. 6.31a) oder von den Mörtelfugen ausgehend als vertikale Streifen auf Mauerwerksflächen auf. Im letzteren Fall sind die Ausblühungen ein Indiz dafür, dass zwei oder mehrere übereinander liegende horizontale Mörtelfugen undicht sind. Kalkablagerungen können durch Regenwasser/CO_2 in lösliches Hydrogencarbonat überführt (Gl. 2-13) und vom Regen weggespült werden.

• **Sulfate.** Sulfatausblühungen sind häufig anzutreffen. Dabei handelt es sich meist um auskristallisierte Alkalimetall- und Erdalkalimetallsulfate, vor allem Natriumsulfat-Decahydrat $Na_2SO_4 \cdot 10 H_2O$, Kaliumsulfat K_2SO_4 oder $MgSO_4 \cdot n H_2O$ sowie um schwerlösliches Calciumsulfat-Dihydrat (Gips, $CaSO_4 \cdot 2 H_2O$). Die Sulfate können aus den Baustoffen stammen (insbes. Ziegel sind sehr sulfatreich, Abb. 6.31b)), aus dem Untergrund zugeführt werden oder aus SO_2-haltigen Rauchgasen stammen.

$\Rightarrow$ **Gipsausblühungen** sind auf Beton, Kalk- und Zementmörtel sowie auf kalkhaltigen Natursteinen anzutreffen. Die Calciumionen entstammen meist dem Baustoff (Gl. 6-48).

$$Ca(OH)_2 + SO_2 + \tfrac{1}{2} O_2 + H_2O \rightarrow CaSO_4 \cdot 2 H_2O \qquad (6\text{-}48)$$

Wird beispielsweise Mörtelwasser von porösen Ziegeln oder anderen Gesteinen mit größeren Poren aufgesaugt, diffundiert es an die Oberfläche und bildet dort die häufig zu beobachtenden weißen Gipsablagerungen. Im Extremfall kann die gesamte Steinoberfläche mit einer Gipskruste überzogen sein. Gipsablagerungen weisen im Gegensatz zu Kalkablagerungen keine vertikale Ausrichtung auf. Sie sind bevorzugt an Mauerwerksflächen anzutreffen, bei denen durch undichte Stellen wie Risse, Mörtel- oder Kittfugen Wasser in größeren Mengen eindringt und eine Durchfeuchtung der angrenzenden Steine von innen her bewirkt.

$\Rightarrow$ Ausblühungen von **wasserlöslichen Sulfaten** entstehen meist im Übergangsbereich zwischen nassem und trockenem Mauerwerk. In den meisten Fällen handelt es sich um Salzgemische, bei denen entweder Magnesiumsulfat oder Natriumsulfat dominiert. Kaliumsulfat und Natriumcarbonat treten häufig als Beimischungen auf. Ausblühungen von wasserlöslichen Salzen sind oft jahreszeitlich begrenzt. Sie treten typischerweise in den Monaten Januar bis März auf, da in dieser Zeit das Mauerwerk am stärksten durchnässt wird und die tiefen Temperaturen die Kristallbildung fördern.

Die Verwitterung der Baustoffoberflächen ist häufig eine Folge des Wechselspiels zwischen Auflösung und Auskristallisation von Salzen. Der Übergang eines Salzes vom gelösten in den kristallisierten Zustand ist prinzipiell mit einer *Volumenvergrößerung* verbunden. Sie ist die Ursache für den **Kristallisationsdruck.** Der Kristallisationsdruck ist vergleichbar mit dem Druck, der entsteht, wenn Wasser gefriert (Volumenausdehnung ca. 9%, Kap. 3.2).). Befinden sich in den Poren eines Baustoffs übersättigte Salzlösungen, führt die Kristallisation dann zu einer Schädigung, wenn das Gefüge den Kristallisationsdruck nicht aufnehmen kann. Kristallisationsdrücke sind abhängig von den jeweiligen Temperaturverhältnissen sowie vom Sättigungsgrad der Lösung. Die Umwandlung dreier in Bindemitteln häufig enthaltener schwerlöslicher Carbonate in leichter lösliche, kristallwasserhaltige Sulfate ist mit folgenden Volumenzunahmen verbunden:

$CaCO_3 \rightarrow CaSO_4 \cdot 2 H_2O$ (ca. 100%), $MgCO_3 \rightarrow MgSO_4 \cdot 7 H_2O$ (*Bittersalz*; ca. 430%) und $FeCO_3 \rightarrow FeSO_4 \cdot 7 H_2O$ (ca. 480%) [38].

Von besonderem Interesse sind Salze, die in Abhängigkeit von der Temperatur und der Luftfeuchtigkeit unterschiedliche Hydrate, also unterschiedliche kristallwasserhaltige Formen (Kap. 3.6.1) ausbilden. Der mit der Umwandlung der Hydrate verbundene Druck wird in der bauchemischen Literatur häufig als **Hydratationsdruck** bezeichnet. Er kann ebenfalls Absprengungen bewirken. Zu gravierenden Schäden führen vor allem solche Salze, die in relativ niedrigen Temperaturbereichen durch Feuchtigkeitsaufnahme oder -abgabe Hydrate mit unterschiedlichem Kristallwassergehalt bilden.

Als Beispiele sollen die Salze **Natriumsulfat** (Na_2SO_4) und **Natriumcarbonat** (Na_2CO_3) angeführt werden. Kristallisiert z.B. Na_2SO_4 aus einer wässrigen Lösung aus, fällt es unterhalb von 32,4°C als Decahydrat $Na_2SO_4 \cdot 10\ H_2O$ (*Glaubersalz*) und oberhalb von 32,4°C als wasserfreies Na_2SO_4 (*Thenardit*) an. Natriumcarbonat kristallisiert unterhalb von 32,5°C ebenfalls als Decahydrat $Na_2CO_3 \cdot 10\ H_2O$ („Kristallsoda") aus. Oberhalb von 32,5°C geht das Deca- in das Heptahydrat ($Na_2CO_3 \cdot 7\ H_2O$) und oberhalb von 35,4°C das Hepta- in das Monohydrat ($Na_2CO_3 \cdot H_2O$) über. Scheiden sich die kristallwasserhaltigen Formen dieser Salze in den Poren ab, kann unter der Voraussetzung, dass der Wasserdampf-Partialdruck der Luft deutlich unter dem Dampfdruck des Hydrats liegt (trockene Witterung!), Kristallwasser an die Umgebungsluft abgegeben werden. Es entstehen die wasserärmeren bzw. wasserfreien Formen.

Tabelle 6.8   Hydratationsdrücke für die Bildung zweier Hydrate aus wasserärmeren Formen in Abhängigkeit von der Temperatur und der Luftfeuchtigkeit [38]

$CaSO_4 \cdot \frac{1}{2} H_2O \rightarrow CaSO_4 \cdot 2\ H_2O$			$Na_2CO_3 \cdot H_2O \rightarrow Na_2CO_3 \cdot 7\ H_2O$		
rel. Luft-feuchte (%)	Hydratations-drücke (N/mm^2)		rel. Luft-feuchte (%)	Hydratations-drücke (N/mm^2)	
	0°C	20°C		0°C	20°C
100	219,0	175,5	100	93,8	61,1
70	160,0	114,5	80	63,7	28,4
50	107,2	57,5	60	24,3	0

Durch fortgesetzte Auflösung, Auskristallisation und hohe Verdunstungsgeschwindigkeiten etwa bei längerer Trockenheit lagern sich größere Mengen an entwässerten Salzen in die Baustoffporen ein. Kommt es anschließend zu einer andauernden, extrem feuchten Witterungsperiode, bilden sich unter starker Volumenzunahme die wasserhaltigen Formen zurück. Durch die sich ständig ändernden Hydratationsdrücke zermürben allmählich Mörtel und Steine. Absprengungen und Risse sind die Folge. Tab. 6.8 enthält die Hydratationsdrücke für die Bildung von $CaSO_4 \cdot 2\ H_2O$ und $Na_2CO_3 \cdot 7\ H_2O$ aus wasserärmeren Hydraten in Abhängigkeit von der Temperatur und der Luftfeuchtigkeit [38].

• **Nitrate**. Der *Mauersalpeter*, Calciumnitrat-Tetrahydrat $Ca(NO_3)_2 \cdot 4\ H_2O$ (auch: Kalksalpeter), gehört zu den gefährlichsten Bauschädigungen. Oberhalb 40°C wandelt sich das Tetrahydrat in wasserärmere Formen um, über 100°C entsteht das wasserfreie Calciumnitrat. Der Übergang der verschiedenen Hydratstufen ineinander, insbesondere der Übergang zum Tetrahydrat, ist mit der Ausbildung von Hydratationsdrücken verbunden, die zu Baufolgeschäden führen können.

Mauersalpeter kann naturgemäß nur dort entstehen, wo Stickstoffverbindungen in hohen Konzentrationen auftreten. Das ist vor allem im landwirtschaftlichen Bereich der Fall. Das aus organischen Stickstoffverbindungen wie Harn/Jauche oder faulenden Eiweißstoffen freigesetzte Ammoniak wird durch nitrifizierende Bakterien zum Nitrat oxidiert, das sich mit dem Kalk des Mörtels zum $Ca(NO_3)_2 \cdot 4\ H_2O$ umsetzt. Mauersalpeter ist demnach vor allem auf Mauern von Ställen, Dung- und Jauchegruben, aber auch auf undichten Rohren in

WCs zu finden. Eine analoge Umsetzung zwischen Kalk und Nitrat findet statt, wenn Fäkalwasser in den Kapillaren eines Mauerwerkes hochsteigt.

Die fortgesetzte Bildung des leichtlöslichen Mauersalpeters führt vor allem infolge seiner Hygroskopie zu einer starken Zerstörung des Mauerwerks (**Mauerfraß**). Zum einen kommt es durch das Herauslösen der Kalkbestandteile zu einer Lockerung des Mörtelgefüges. Zum anderen wird – und das gilt genau so für die oben beschriebenen wasserlöslichen Salze – die Gesteinsoberfläche durch das ständige Ablagern und Lösen von Salzen geschädigt.

Mauersalpeter wird umgangssprachlich oft inkorrekt als *Salpeter* bezeichnet. Dieser Trivialname bezieht sich jedoch ausschließlich auf Kaliumnitrat KNO_3.

In Tab. 6.9 ist die chemische Zusammensetzung, das Vorkommen und das Aussehen typischer Salzausblühungen zusammengefasst.

Tabelle 6.9   Chemische Zusammensetzung, Vorkommen und Aussehen typischer Salzausblühungen

Salze	Zusammensetzung	Vorkommen	Aussehen
wasserlösliche **Sulfate**	Alkalimetall-, Erdalkalimetallsulfate, z.B. $Na_2SO_4 \cdot 10\ H_2O$ $MgSO_4 \cdot n\ H_2O$	vor allem auf Zlegelmauerwerk	weißer Salzbelag auf Oberflächc
schwerlösliche	$CaSO_4 \cdot 2\ H_2O$	Ziegelmauerwerk, Beton- und Putzoberflächen	Krusten, horizontale schmale Streifen, „Gipsnasen"
Carbonate	$CaCO_3$, tritt meist in Kombination mit $Ca(OH)_2$ auf	auf Beton, auf Mauerwerksoberflächen von Mörtelfugen ausgehend	weiße Krusten, vertikale Streifen, auch Zapfen
Nitrate	$Ca(NO_3)_2 \cdot 4\ H_2O$	gleichmäßiger weißer Belag auf Oberfläche, tritt auch in Streifen auf	Stallmauern, Dung- und Jauchgruben, alte Toiletten

Vermeidung und Behandlung von Ausblühungen. Ausblühungen gänzlich zu vermeiden ist in der Praxis schwer zu realisieren. Um den Salztransport zu unterbinden, muss eine der beiden Komponenten Salz bzw. Wasser ausgeschlossen werden. Da es nahezu unmöglich ist, salzfreie bzw. -arme Baustoffe zu verwenden, beschränkt sich die Schadensvermeidung auf das Wasser. Als erste Maßnahme muss die Ursache der Mauerdurchfeuchtung, z.B. aufsteigende Bodenfeuchtigkeit bzw. aufsteigende Salzlösungen aus dem Boden, gefunden und wenn möglich unterbunden werden.

Sind bereits Ausblühungen aufgetreten, sollte man ihre chemische Zusammensetzung bestimmen. Die am häufigsten auftretenden Salzausblühungen wie Carbonate und Sulfate werden vom Regen abgewaschen oder können im Inneren durch trockenes Abbürsten entfernt werden. Bei Nassbehandlung werden die durch das Wasser gelösten Salze meist wieder vom Mauerwerk aufgenommen. Ausnahme: Kalkausblühungen können nach intensivem Vornässen mit verd. Essigsäure behandelt werden. Dabei zersetzen sich die Carbonate (Kap. 2, Gl. 2-8).

Besonders problematisch ist das Auftreten von Mauersalpeter. Dort, wo die für die Nitrat-bildung notwendigen N-Verbindungen Harnstoff und Ammoniak aus der Umbebung stän-dig nachgeliefert werden, erfolgt eine kontinuierliche Bildung von $Ca(NO_3)_2 \cdot 4\ H_2O$. Bei starker Versalzung kommt nur noch ein Austausch des Mauerwerks als letzte und radi-kalste Lösung in Frage.

Korrosion von Natursteinen. Natursteine, die vor allem für Fassadenbekleidungen Ver-wendung finden, unterliegen beim Angriff aggressiver Medien im Prinzip den gleichen Re-aktionen wie die zementgebundenen Baustoffe. Das Ausmaß der durch die Luftschad-stoffe bedingten Gesteinsverwitterung hängt von der chemischen Zusammensetzung und der Porosität des Gesteins ab. Magmatite wie Basalte, Granite, Syenite und einige Porphy-rarten werden praktisch kaum angegriffen. Auch bestimmte Sedimentite wie dichte Kalk-steine, kieselig gebundene Sandsteine und Grauwacken sind relativ gut beständig. Da-gegen werden kalkig gebundene Sandsteine beim Angriff saurer Wässer ($\rightarrow$ Saurer Re-gen) durch Auflösung der Bindemittelmatrix geschädigt. Zu den über längere Zeiträume beständigen Metamorphiten gehören Quarzit, Dachschiefer und Marmor. Bestimmte Gnei-se und einige Schiefervarietäten können dagegen aufgrund ihres spezifisch lagigen Auf-baus schnell verwittern. Der Schutz von Natursteinen erfolgt in erster Linie durch Im-prägnierung mit Silanen/Siliconen.

6.3.8.4 Oberflächenschutz durch anorganische Systeme

• **Kieselsäureester** gehören zu den *Steinkonservierungsmitteln*. Praktische Bedeutung besitzen die Ester der Orthokieselsäure, allgemeine Formel $Si(OR)_4$, mit R = Alkyl- oder Arylresten. Kieselsäureester hydrolysieren unter dem Einfluss der Luftfeuchtigkeit zu Or-thokieselsäure (Kap. 6.2.2), die in anschließenden Kondensationsreaktionen in Polykie-selsäuren übergeht und schließlich amorphes Siliciumdioxid SiO_2 bildet (s. Abb. 6.3). Auf-grund der Toxizität von Methanol werden die methanolabspaltenden Orthokieselsäure-tetramethylester (Tetramethylorthosilicate) nicht mehr verwendet. Stattdessen kommen ausschließlich Tetraethylorthosilicate zum Einsatz (Gl. 6-49, R = Ethyl), die bei Hydrolyse das ungefährlichere Ethanol abspalten.

Die steinfestigende Wirkung der Kieselsäureester beruht auf der Ausbildung wasserhalti-ger, amorpher SiO_2-Gele im Porenraum der Gesteine. Tiefer gehende Schäden wie Rissbil-dungen oder sich von der Oberfläche ablösende Schalen können durch die Behandlung mit Kieselsäureestern nicht repariert werden. Dazu sind aufwendigere Maßnahmen notwendig wie das Verfüllen der Risse bzw. das Hinterfüllen der Schalen mit speziellen Mörteln.

$$Si(OR)_4 \quad + \quad 4\ H_2O \quad \xrightarrow{\ Kat.\ } \quad Si(OH)_4 \quad + \quad 4\ ROH$$

Kieselsäure-
ester   *Kieselsäure*   *Alkohol*

(6-49)

$$SiO_2 \quad + \quad 2\ H_2O$$

Kieselsäureester besitzen günstige Eindringtiefen und bilden keine störenden Krusten und bauschädigenden Nebenprodukte. Sie reduzieren die Wasser- und Schadstoffaufnahme. In der praktischen Anwendung muss der Hydrolyseschritt durch den Einsatz von Kata-lysatoren beschleunigt werden. Die bisher als Katalysatoren eingesetzten Säuren oder Ba-sen (saure bzw. basische Katalyse) werden zunehmend durch metallorganische Verbin-dungen ersetzt. Der Katalyseschritt wird im Vergleich zur sauren oder basischen Katalyse verlangsamt und der Gesamtprozess besser kontrollierbar. Trotzdem spielt die alkalisch katalysierte Hydrolyse bei Steinkonservierungen weiterhin eine Rolle.

Durch Zusatz von Alkylalkoxysilanen, die unter den gegebenen Reaktionsbedingungen und dem Einfluss katalytisch wirksamer Substanzen zu langkettigen Polyorganosiloxanen reagieren, wird eine zusätzliche hydrophobierende Wirkung erreicht. **Kieselsäureester mit hydrophoben Zusätzen** werden zum Verfestigen und Hydrophobieren von Natursteinen im Rahmen des Denkmalschutzes eingesetzt.

• **Wasserglasimprägnierungen** haben in den letzten Jahren an Bedeutung verloren, da ihre Eindringtiefe und damit ihre schützende Wirkung relativ gering ist. Wasserglas, meist Kaliwasserglas K_2SiO_3, zerfällt unter dem Einfluss des CO_2 der Luft zu kolloider Kieselsäure SiO_2 und K_2CO_3 (Gl. 6-50). In Anwesenheit von $Ca(OH)_2$ kann sich schwerlösliches Calciumsilicat bilden (Gl. 6-51).

$$K_2SiO_3 + CO_2 \xrightarrow{\ H_2O\ } \underset{\textit{Kieselgel}}{SiO_2 \cdot H_2O} + K_2CO_3 \qquad\qquad (6\text{-}50)$$

$$K_2SiO_3 + Ca(OH)_2 \rightarrow \underset{\textit{Calciumsilicat}}{CaSiO_3} + 2\,KOH \qquad\qquad (6\text{-}51)$$

Aufgrund ihrer Molekülgröße (polymere Kieselsäure-Anionen!) besitzen die Wassergläser ein schlechtes Eindringverhalten. Die Abscheidung von Kieselgel (Gl. 6-50) bewirkt eine Verfestigung der Oberfläche (Verkieselung). Das zusätzlich gebildete Kaliumcarbonat ist *hygroskopisch* (wasseranziehend), so dass feuchte Stellen bzw. Ausblühungen entstehen können. Darüber hinaus kann die hohe Alkalität der Lösungen Bestandteile des Untergrunds, z.B. Eisenoxide, mobilisieren und zu Verfärbungen führen.

• **Fluate** bewirken eine Härtung der Oberflächenschichten von Bauteilen aus Mörtel, Beton oder kalkhaltigen Natursteinen durch chemische Reaktion mit den vorhandenen angreifbaren Komponenten des Baustoffs. Fluate, chemisch: **Flu**oro**silicate**, sind die Salze der Hexafluorokieselsäure H_2SiF_6, z.B. Magnesiumhexafluorosilicat $Mg[SiF_6]$, das Magnesiumsalz der Hexafluorokieselsäure. Wird die Oberflächenschicht eines Kalkputzes mit wässriger $Mg[SiF_6]$-Lösung getränkt, entstehen in den Poren der Oberflächenschicht neben Wasser ausschließlich schwerlösliche Reaktionsprodukte (Gl. 6-52). Sie bewirken eine Härtung der Oberfläche sowie eine geringfügige Verbesserung der Widerstandsfähigkeit gegen eindringende aggressive Lösungen.

$$Mg[SiF_6] + 3\,Ca(OH)_2 \rightarrow 3\,CaF_2 + Mg(OH)_2 + SiO_2 + 2\,H_2O \qquad\qquad (6\text{-}52)$$

Stand der Technik heute sind vor allem **organische Oberflächenschutzsysteme** (Imprägnierungen, Polymerbeschichtungen), sie werden in Kap. 7.3.5 besprochen.

7 Organische Stoffe im Bauwesen

Im **Bauwesen** spielen Kohlenstoffverbindungen sowohl als Hilfsstoffe (Lösungs- und Verdünnungsmittel, Füllstoffe, Zusatzmittel) als auch direkt als Baustoffe (Bitumenhaltige Bindemittel, Kunststoffe, Holz) eine wichtige Rolle. Für ein besseres Verständnis ihres chemischen Aufbaus, ihres Verhaltens und ihrer Eigenschaften sollen in diesem Kapitel zunächst einige wichtige grundlegende organische Stoffklassen besprochen werden.

7.1 Ausgewählte Grundklassen organischer Verbindungen

7.1.1 Kohlenwasserstoffe

Kohlenwasserstoffe (gebräuchliche Abk.: KW) bestehen, wie der Name bereits sagt, ausschließlich aus Kohlenstoff und Wasserstoff. Sie werden in drei Hauptklassen unterteilt: gesättigte, ungesättigte und aromatische KW. Dieser Unterscheidung liegen die Typen der im Molekül auftretenden Kohlenstoff-Kohlenstoff-Bindungen zugrunde. Gesättigte KW besitzen ausschließlich C-C-Einfachbindungen, ungesättigte dagegen eine oder mehrere C-C-Doppel- oder C-C-Dreifachbindungen (oder beides) im Molekül. Die aromatischen KW sind eine besondere Gruppe cyclischer (ringförmiger) ungesättigter Verbindungen, die sich vom Benzol ableiten.

Die in der Literatur häufig anzutreffende Unterteilung der KW in aliphatische und alicyclische Verbindungen bezieht sich auf die Art des vorliegenden Kohlenstoffgerüsts. **Aliphatische** (oder *acyclische*) KW bestehen aus offenen Ketten von C-Atomen und enthalten keine Ringe. Die Ketten können unverzweigt, also linear, oder verzweigt sein. **Alicyclische** (oder *cyclische*) Verbindungen enthalten Ringe aus C-Atomen.

- **Gesättigte Kohlenwasserstoffe: Alkane und Cycloalkane**

Alkane und Cycloalkane enthalten neben C-H- nur C-C-Einfachbindungen. Die Kohlenstoffatome der Alkane bzw. Cycloalkane sind durch Bindung der maximal möglichen Anzahl von H-Atomen abgesättigt, man spricht von *gesättigten Kohlenwasserstoffen*. Die Molekülstruktur dieser Verbindungen kann durch eine sp^3-Hybridisierung der C-Atome beschrieben werden [6-8].

Alkane. Die Alkane bilden eine homologe Reihe von Verbindungen mit allgemeinen Formel C_nH_{2n+2}. In einer **homologen Reihe** unterscheiden sich zwei benachbarte Glieder jeweils um eine CH_2-Gruppe (*Methylengruppe*). Die Verbindungen einer homologen Reihe besitzen ähnliche chemische Eigenschaften und weisen hinsichtlich ihrer physikalischen Eigenschaften, wie z.B. den Schmelzpunkten (Abk.: Smp.) und den Siedepunkten (Abk.: Sdp.), eine regelmäßige Abstufung auf.

Alkane mit einem unverzweigten Gerüst, in dem die C-Atome in durchgehender Reihenfolge miteinander verbunden sind, nennt man **Normalalkane** (normale Alkane, n-Alkane). Die Bezeichnung *Paraffine* (*lat*. parum affinis, wenig reaktionsfähig) für Alkane entstammt ihrem Reaktionsverhalten. Von der Verbrennung abgesehen sind Alkane wegen der stabilen C-C- und C-H-Bindungen chemisch eher reaktionsträge.

Die **Summenformel** einer organischen Verbindung kennzeichnet Art und Anzahl der vorhandenen Atome. Die für anorganische Verbindungen häufig benutzte Valenzstrichformel wird bei organischen Verbindungen **Konstitutionsformel** genannt. Sie gibt zusätzlich Auskunft über die *Art der Verknüpfung* der Atome.

Summenformel:	C_2H_6	C_3H_8
Abgekürzte Konstitutionsformel:	$CH_3 - CH_3$	$CH_3 - CH_2 - CH_3$

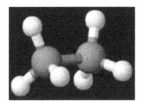

Die Konstitutionsformeln werden häufig dahingehend vereinfacht, dass die Valenzstriche völlig weggelassen werden, z.B. CH_3CH_3 oder $CH_3CH_2CH_3$. Tab. 7.1 enthält Namen, Formeln und Siedepunkte der ersten zehn Vertreter der unverzweigten Alkane.

Obwohl man die Alkane in der Regel als lineare Ketten schreibt (siehe oben), muss man stets bedenken, dass sie wegen der Tetraedergeometrie der gesättigten C-Atome (sp³-Hybridisierung) in Wirklichkeit als zickzackförmige, meist ineinander verknäuelte Ketten vorliegen, links: Ethan. rechts: n-Butan.

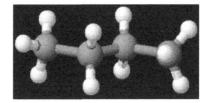

Tabelle 7.1   Namen, Formeln und Siedepunkte der ersten zehn unverzweigten Alkane

Name	Zahl der C-Atome	Summenformel	Konstituionsformel	Siedepunkt (°C)
Methan	1	CH_4	CH_4	-161
Ethan	2	C_2H_6	CH_3-CH_3	-89
Propan	3	C_3H_8	CH_3-CH_2-CH_3	-42
Butan	4	C_4H_{10}	CH_3-CH_2-CH_2-CH_3	-0,5
Pentan	5	C_5H_{12}	CH_3-CH_2-CH_2-CH_2-CH_3	36
Hexan	6	C_6H_{14}	CH_3-CH_2- CH_2-CH_2-CH_2-CH_3	68
Heptan	7	C_7H_{16}	CH_3-$(CH_2)_5$-CH_3	98
Octan	8	C_8H_{18}	CH_3-$(CH_2)_6$-CH_3	126
Nonan	9	C_9H_{20}	CH_3-$(CH_2)_7$-CH_3	151
Decan	10	$C_{10}H_{22}$	CH_3-$(CH_2)_8$-CH_3	174

Ab der Summenformel C_4H_{10} treten durch mögliche Kettenverzweigung in zunehmender Zahl Verbindungen auf, die sich von den n-Alkanen in ihren Siede- und Schmelzpunkten unterscheiden. Diese Erscheinung bezeichnet man als **Konstitutions-** oder **Stellungsisomerie**. *Konstitutionsisomerie liegt vor, wenn Verbindungen mit gleicher Summenformel unterschiedliche Konstitutionsformeln (also unterschiedliche Atomverknüpfungen) aufweisen.* Der Molekülformel C_4H_{10} können zwei Konstitutionsformeln zugeordnet werden, denen zwei Verbindungen (*Konstitutionsisomere, kurz: Isomere*) mit unterschiedlichen Siede- und Schmelzpunkten entsprechen: das n-Butan und das Isobutan.

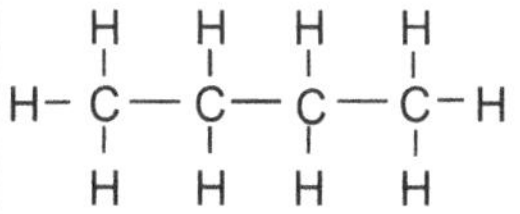

n-Butan (Sdp. - 0,5 °C)

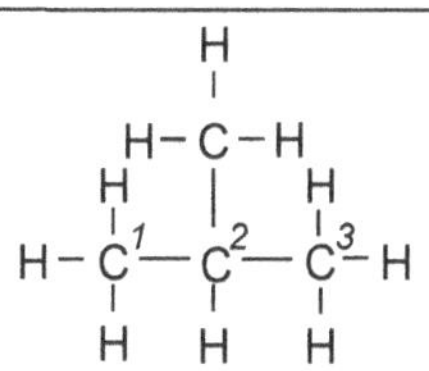

2-Methylpropan
(Sdp. -11,7 °C)
(Isobutan, i - Butan)

Die Anzahl der konstitutionsisomeren Alkane nimmt mit steigender Anzahl der C-Atome in den Molekülen zu. So gibt es bereits *drei* konstitutionsisomere Pentane:

$H_3C - CH_2 - CH_2 - CH_2 - CH_3$

n-Pentan (Sdp. 36,1 °C)

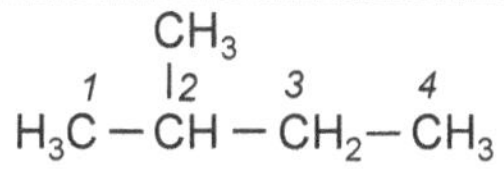

2-Methylbutan (Sdp. 29 °C)
(Isopentan, i - Pentan)

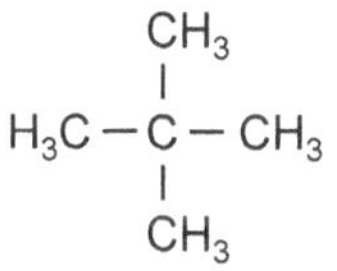

2,2-Dimethylpropan
(Sdp. 9,5 °C)

Die **Benennung** der verzweigten Alkane leitet sich von der längsten Kohlenstoffkette im Molekül ab, die als Verbindungsstamm oder Stammkette betrachtet wird. Gruppen, die an der Stammkette gebunden sind, bezeichnet man als **Substituenten**. Sie ersetzen (substituieren) ein Wasserstoffatom an der Stammkette. Substituenten, die sich von einem gesättigten Kohlenwasserstoff durch Entfernen eines H-Atoms ableiten (allgemeine Formel: C_nH_{2n+1}), bezeichnet man als **Alkylreste** oder **-gruppen**. Ihr Name ergibt sich aus der Bezeichnung des jeweiligen Alkans, indem die Endung **-an** gegen **-yl** ausgetauscht wird. Die in den obigen Beispielen an der Stammkette gebundenen Substituenten enthalten nur *ein* C-Atom. Sie leiten sich demnach vom Methan ab und heißen *Methylgruppen* (-CH_3). Weitere wichtige Alkylgruppen sind die *Ethylgruppe* (-C_2H_5), die *Propylgruppe* (-CH_7) und die *Butylgruppe* (-C_4H_9).

Die *Position* (Stellung) der Gruppe am Verbindungsstamm wird mit einer Ziffer bezeichnet. Die Nummerierung der C-Atome der Kette erfolgt so, dass der erste Substituent entlang der Kette die niedrigste Stellungsziffer erhält. Treten zwei oder mehrere gleiche Gruppen auf, so wird dies durch die Vorsilben di-, tri-, tetra- usw. gekennzeichnet. *Jeder* Substituent muss benannt und beziffert werden. Die Konstitutionsisomerie ist die eigentliche Ursache für die ungeheuer große Zahl organischer Verbindungen.

Aggregatzustand. Die ersten vier Glieder der homologen Reihe der Alkane ($C_1...C_4$) sind unter Normalbedingungen gasförmig. Ab Propan (C_3H_8) lassen sie sich durch Druck leicht verflüssigen. Das in Stahlflaschen gehandelte *Flüssiggas* besteht aus Propan, Butan und deren Gemischen. Die mittleren Homologen $C_5...C_{16}$ sind flüssige, farblose Verbindungen (typischer Benzingeruch!) und die höheren Homologen ab C_{17} (Heptadecan $C_{17}H_{36}$) sind farb- und geruchlose, feste Stoffe. Ursache der unterschiedlichen Aggregatzustände bei Raumtemperatur sind ansteigende Schmelz- und Siedetemperaturen (Tab. 7.1) innerhalb der homologen Reihe. Die in der Praxis als **Paraffin** (*Paraffinwachs*) bezeichnete wachs-ähnliche, mitunter auch dickflüssige Masse ist ein Gemisch gesättigter Kohlenwasserstoffe, das vorwiegend aus Alkanen der Kettenlänge C_{14} bis C_{30} besteht.

Verbrennung und Löslichkeit. Die Alkane verbrennen bei genügender Luftzufuhr zu Kohlendioxid und Wasser. Mit Luft bilden die gasförmigen und leichtflüchtigen Vertreter explosive Gemische.

Wegen der geringen Elektronegativitätsdifferenz zwischen Kohlenstoff und Wasserstoff sind die Alkane - wie alle anderen Kohlenwasserstoffe auch - **unpolare Verbindungen.** Sie lösen sich deshalb nicht im polaren Lösungsmittel Wasser, sie sind *hydrophob*. Zum Beispiel bildet ein Hexan/Wasser-Gemisch zwei Phasen aus, da es den unpolaren Hexanmolekülen nicht gelingt, in die durch Wasserstoffbrückenbindungen dominierte Wasserstruktur einzudringen. Beide Flüssigkeiten sind nicht miteinander mischbar, sie bilden zwei Schichten (Phasen). Da alle Alkane eine geringere Dichte als Wasser besitzen, bilden sie die obere Phase. Gut löslich sind die Alkane dagegen in unpolaren bzw. schwach polaren Lösungsmitteln wie Benzol, Ether, Chloroform oder Tetrachlorkohlenstoff. Die praktische Bedeutung der Alkane Pentan, Hexan oder Heptan als **Lösungsmittel** ist vor allem auf ihre gute *Fettlöslichkeit* zurückzuführen.

• **Cycloalkane.** Spalten die endständigen CH_3-Gruppen eines n-Alkans je ein H-Atom ab und erfolgt ein Ringschluss, liegen Cycloalkane vor. Die homologe Reihe der Cycloalkane wird durch die allgemeine Formel C_nH_{2n} (n = 3, 4, ...) beschrieben. Sie beginnt mit dem kleinstmöglichen Ring aus drei CH_2-Gruppen, dem **Cyclopropan** (C_3H_6).

Cyclopropan   Cyclobutan   Cyclopentan   Cyclohexan

Cyclopentan (C_5H_{10}) und **-hexan** (C_6H_{12}) sind farblose, mit Wasser nicht mischbare Flüssigkeiten. Sie sind reaktionsträge wie die Alkane und verbrennen ebenfalls zu Kohlendioxid und Wasser. Vor allem Cyclohexan findet als Lösungsmittel Anwendung.

• **Ungesättigte Kohlenwasserstoffe: Alkene und Alkine**

Alkene (auch: *Olefine*) bilden eine homologe Reihe von Verbindungen der allgemeinen Formel C_nH_{2n}, mit n = 2, 3, ... (Tab. 7.2). Charakteristisches Merkmal der Alkene ist das Vorliegen einer **kovalenten Doppelbindung** zwischen zwei C-Atomen. Das erste Glied der homologen Reihe der Alkene ist das *Ethen* (auch: Ethylen) $CH_2=CH_2$. Der **Name** eines Alkens ergibt sich aus dem Namen des zugrundeliegenden Alkans, indem die Endung **-an** durch die Endung **-en** ersetzt wird. Bei verzweigten Alkenen bildet die Kette mit den meisten Gliedern den Verbindungsstamm, an ihm sind die übrigen Substituenten gebunden. Die Bindungsverhältnisse zwischen den an der Doppelbindung beteiligten C-Atomen können durch eine sp^2-Hybridisierung [6-8] beschrieben werden.

Beginnend mit Buten gibt es für die Lage der Doppelbindung im Molekül mehrere Möglichkeiten. Ihre Position in der C-Hauptkette ist durch die kleinstmögliche Ziffer anzugeben. So existiert z.B. das 1-Buten und das 2-Buten, nicht aber das 3-Buten (Tab. 7.2).

Die Alkene unterscheiden sich hinsichtlich ihrer physikalischen Eigenschaften kaum von den Alkanen. Die Verbindungen von Ethen bis Buten (C_2... C_4) sind gasförmig, von Penten bis Pentadecen (C_5...C_{15}) flüssig und die längerkettigen ab Hexadecen ($\geq C_{16}$) fest. Sie verbrennen wie die Alkane an der Luft nach Entzündung mit leuchtender Flamme zu CO_2 und H_2O. Hinsichtlich ihrer **chemischen Reaktivität** unterscheiden sich die Alkene allerdings deutlich von den Alkanen, sie sind wesentlich reaktiver. Beispielsweise wird bei der Reaktion von Ethen mit Brom das Br_2-Molekül an die Doppelbindung des Ethens zum 1,2-Dibromethan (Formel: CH_2Br-CH_2Br) addiert. Dabei verschwindet die braune Farbe des elementaren Broms (*analytischer Nachweis für Doppelbindungen*). Es läuft eine Additionsreaktion ab.

Tabelle 7.2 Namen, Konstitutionsformeln und Siedepunkte (bei Normaldruck) einiger wichtiger Alkene und Alkine

Name	Konstitutionsformel	Siedepunkt (°C)
Ethen (Ethylen)	$H_2C = CH_2$	-104
Propen (Propylen)	$H_2C = CH - CH_3$	-48
1-Buten	$H_2C = CH - CH_2 - CH_3$	-6
2-Buten	$H_3C - CH = CH - CH_3$	4 (cis)
1-Penten	$H_2C = CH - CH_2 - CH_2 - CH_3$	30
2-Penten	$H_3C - CH = CH - CH_2 - CH_3$	36
1,3-Butadien	$H_2C = CH - CH = CH_2$	-4
Ethin (Acetylen)	$HC \equiv CH$	-84
Propin (Methylacetylen)	$HC \equiv C - CH_3$	-23
1-Butin (Ethylacetylen)	$HC \equiv C - CH_2 - CH_3$	8
2-Butin (Dimethylacetylen)	$H_3C - C \equiv C - CH_3$	27

Ethen   Brom   1,2-Dibromethan

Die Restgruppe, die durch Entfernen eines H-Atoms aus einem Alkenmolekül entsteht, benennt man nach dem Alkenmolekül, indem die Endung **-yl** angefügt wird. Der einfachste Alkenrest ist die *Ethenyl-* oder *Vinylgruppe* (-CH=CH$_2$). Ethen, Propen und Vinylverbindungen, z.B. Vinylchlorid CH_2=CHCl, Vinylacetat CH_2=CH-O-COCH$_3$, Acrylnitril CH_2=CH-CN und Styrol CH_2=CH-C$_6$H$_5$, sind wichtige *Monomere für die Kunststoffherstellung* (s. Polymerisation Kap. 7.3.4.1).
Enthalten organische Moleküle zwei oder mehrere C=C-Doppelbindungen, so gibt es für deren Anordnung verschiedene Möglichkeiten: **Kumulierte** Doppelbindungen folgen direkt aufeinander, **konjugierte** Doppelbindungen sind durch *eine* und **isolierte** Doppelbindungen durch *mehrere* Einfachbindungen voneinander getrennt. Verbindungen mit zwei Dop-

pelbindungen werden als **Diene**, solche mit einer größeren Anzahl von Doppelbindungen als **Polyene** bezeichnet. Die größte Bedeutung sowohl für großtechnische Synthesen als auch auf dem Gebiet der Naturstoffchemie besitzen Verbindungen mit *konjugierten* Doppelbindungen. Wichtige Diene sind 1,3-Butadien (kurz: Butadien) $CH_2=CH-CH=CH_2$ und das Isopren (2-Methylbutadien) $H_2C=C(CH_3)-CH=CH_2$. Sie werden im großtechnischen Maßstab zu Synthesekautschuk verarbeitet.

Alkine bilden eine homologe Reihe von Verbindungen der allgemeinen Formel C_nH_{2n-2}, mit n = 2, 3, … ; Tab. 7.2). Charakteristisches Merkmal dieser Moleküle ist das Vorliegen einer kovalenten **Dreifachbindung** zwischen zwei C-Atomen. Die Bindungsverhältnisse der an der Dreifachbindung beteiligten C-Atome können durch eine sp-Hybridisierung [6-8] beschrieben werden.

Der Name eines Alkins leitet sich wiederum vom Namen des zugrundeliegenden Alkans ab, indem die Endung *–an* durch die Endung *-in* ersetzt wird. Die Restgruppe, die durch Entfernen eines H-Atoms aus einem Alkinmolekül entsteht, benennt man nach dem Alkinmolekül, indem die Endung **-yl** angefügt wird, z.B. HC≡C- *Ethinylrest*.

Der einfachste und zugleich technisch bedeutendste Vertreter der Alkine, das **Ethin C_2H_2** (*Acetylen*), ist ein farbloses, angenehm riechendes, narkotisch wirkendes Gas. Mit Luft bildet es explosive Gemische. C_2H_2 verbrennt bei genügender Luftzufuhr mit hellleuchtender Flamme zu CO_2 und H_2O. In reinem Sauerstoff erreicht die Acetylenflamme Temperaturen von über 2700°C. Diese hohe Verbrennungswärme wird zum Schweißen und Schneiden von Metallen genutzt. Im Gegensatz zu Ethan und Ethen löst sich Ethin gut in Wasser. Acetylen wird heute überwiegend aus Erdgas bzw. Erdöl gewonnen. Es ist Ausgangspunkt für zahlreiche großtechnische Synthesen.

Anders als in den Alkanen sind in den Alkenen und Alkinen aufgrund des Vorliegens von Doppel- und Dreifachbindungen die C-Atome nicht mehr mit der maximal möglichen Anzahl von H-Atomen abgesättigt. Deshalb werden sie als **ungesättigte Kohlenwasserstoffe** bezeichnet. Typische Reaktionen der ungesättigten Kohlenwasserstoffe sind Additionen und Polymerisationen.

• Aromatische Kohlenwasserstoffe

Zu den aromatischen Verbindungen zählen das **Benzol**, davon abgeleitete substituierte Benzole (Benzolderivate) sowie Verbindungen, die mehrere „kondensierte" Benzolringe (s.u.) enthalten. Bereits 1865 erkannte der deutsche Chemiker *Kekulé*, dass Benzol C_6H_6 einen besonderen Typ einer „ungesättigten" Verbindung darstellt. Er postulierte eine dreifach ungesättigte Sechsringformel, in der die sechs CH-Gruppen alternierend durch C-C-Einfach- und C=C-Doppelbindungen untereinander verknüpft sind und ein konjugiertes System bilden (Abb. 7.1a). Die ungewöhnliche Trägheit des Benzols gegenüber bestimmten, für Alkene typischen Reaktionen, erklärte *Kekulé* mit sehr raschen Positionsänderungen der Doppelbindungen, so dass Additionsreaktionen nicht stattfinden können. Der schnelle Wechsel zwischen Einfach- und Doppelbindung (7.1b) lieferte gleichzeitig eine plausible Begründung für die Gleichartigkeit der C-C-Bindungslängen im Benzolmolekül. Im Licht moderner Bindungstheorien sind die sechs C-Atome des Benzols zu einem ebenen, regulären Sechseck verbunden (σ-Gerüst, [6-8]). Senkrecht auf jedem C-Atom steht ein π-Orbital, das jeweils ein Elektron enthält (π-Elektron). Diese π-Elektronen sind nicht an bestimmten Ring-C-Atomen lokalisiert, sondern über den Sechsring delokalisiert („verschmiert"). Es bildet sich ein *π-Elektronensextett* aus. Dies bringt die Schreibweise 7.1c zum Ausdruck. Für die Diskussion chemischer Reaktionsmechanismen wird gewöhnlich die vereinfachte Konstitutionsformel 7.1b verwendet.

Der nach Entfernen eines H-Atoms aus dem Benzol verbleibende Rest -C_6H_5 wird als **Phenylrest** und nicht als Benzylrest bezeichnet (Benzyl steht für die C_6H_5-CH_2-Gruppe!). Für einen nicht näher benannten aromatischen Rest benutzt man die Bezeichnung **Arylrest**.

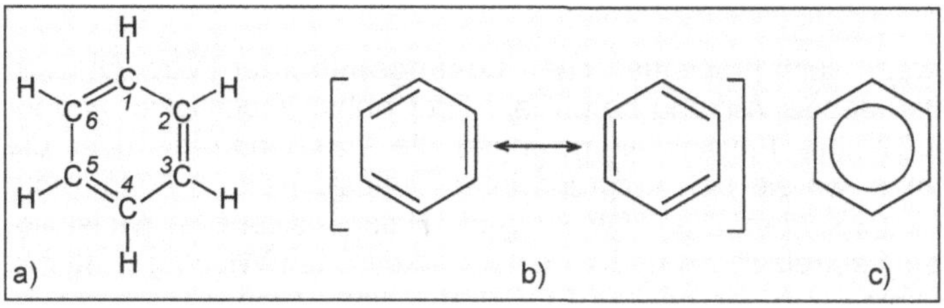

Abbildung 7.1 a) Dreifach ungesättigte Sechsringformel für Benzol (nach Kekulé); b) mesomere Grenzformeln für Benzol (nach Kekulé); c) Benzolsymbol nach Robinson: Der Kreis im Ring veranschaulicht die Delokalisation der π-Elektronen im Sechsring.

Benzol (Benzen) ist eine farblose, stark lichtbrechende, unangenehm riechende Flüssigkeit (Sdp. 80,1°C), die an der Luft mit gelber, stark rußender Flamme verbrennt. Wie alle Kohlenwasserstoffe ist Benzol mit Wasser nicht mischbar. Das Einatmen seiner Dämpfe führt zu schweren Vergiftungen. Benzol ist krebserregend. Weitere wichtige benzoide Kohlenwasserstoffe sind Toluol (Methylbenzol), Styrol (Vinylbenzol) und Naphthalin:

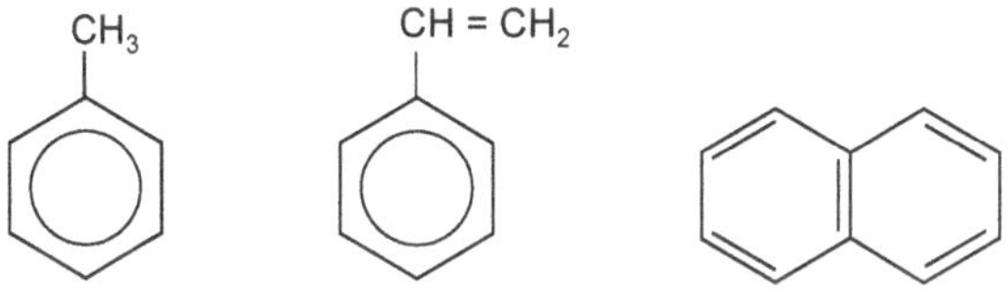

Toluol   Styrol   Naphthalin
(Methylbenzol)   (Vinylbenzol)

Toluol ist eine farblose, giftige Flüssigkeit, die als Lösungsmittel Verwendung findet. **Styrol** ist das Monomere des Kunststoffs Polystyrol (Kap. 7.3.4.1).

Durch *Annelierung*, d.h. Anfügen eines oder mehrerer Ringe an das Benzolmolekül, entstehen kondensierte aromatische Ringsysteme (**kondensierte Aromaten**), deren einzelne Kohlenstoffringe mindestens zwei gemeinsame C-Atome aufweisen müssen. Sie werden auch als *p*olycyclische *a*romatische *K*ohlenwasserstoffe (kurz: PAK) bezeichnet. Der bekannteste und zugleich einfachste Vertreter ist das **Naphthalin**. Der charakteristische Geruch dieser bei Raumtemperatur in farblosen, glänzenden Blättchen vorliegenden Verbindung (Smp. 80°C) ist von Mottenkugeln her bekannt. Zahlreiche hochkondensierte aromatische Ringsysteme sind Inhaltsstoffe von Teeren und Bitumen (Kap. 7.2).

7.1.2 Halogenkohlenwasserstoffe

Halogenalkane entstehen durch Halogenierung von Alkanen, wobei ein oder mehrere Wasserstoffatome des zugrunde liegenden Alkans durch Halogenatome ersetzt werden. Die wichtigsten Vertreter sind die chlorierten Abkömmlinge des Methans Chlormethan (Methylchlorid) CH_3Cl, Dichlormethan (Methylenchlorid) CH_2Cl_2, Trichlormethan (Chloroform) $CHCl_3$ und Tetrachlormethan (Tetrachlorkohlenstoff „Tetra") CCl_4 sowie des Ethans, z.B. Chlorethan (Ethylchlorid) CH_3-CH_2Cl.

Bei Raumtemperatur liegen Chlormethan und Chlorethan gasförmig, Dichlormethan, Trichlormethan und Tetrachlormethan dagegen als farblose, charakteristisch riechende Flüssigkeiten vor. Die Halogenalkane sind mit Wasser nicht mischbar. Beim Vermischen entstehen Zweiphasensysteme, in denen das Halogenalkan die jeweils spezifisch schwerere (untere) Phase bildet.

Halogenalkane sind gute (wenn auch problematische!) **Lösungsmittel** für Fette, Öle und Harze. Ihre gesundheitsgefährdende Wirkung beruht auf ihrer hohen Flüchtigkeit und ihrem Fettlösevermögen. Durch ihre Flüchtigkeit gelangen die Halogenalkane über die Atemwege in den Organismus, wo sie sich aufgrund ihrer Fettlöslichkeit im Fettgewebe und im Zentralnervensystem anreichern. Die Giftwirkung der Halogenalkane ist zweistufig: Zunächst kann es zu Schleimhautreizungen und zu einer narkotischen Wirkung (Rausch, Suchtgefahr, Schnüffeln) kommen. In der zweiten Stufe treten dann schwere Schädigungen der Leber, der Nieren und des Zentralnervensystems auf. Tetrachlorkohlenstoff ist darüber hinaus als krebserregend eingestuft.

Beim Umgang mit Lösungen bzw. Dispersionen, die als Lösungsmittel halogenierte Kohlenwasserstoffe, aber auch Alkane oder Cycloalkane enthalten, ist Vorsicht geboten!

Fluorchlorkohlenwasserstoffe (**FCKW**) sind fluorierte und chlorierte Kohlenwasserstoffe. Zumeist handelt es sich um Abkömmlinge des Methans bzw. des Ethans. Wichtige Vertreter sind Trichlorfluormethan (CCl_3F, Industriebezeichnung: *R 11*), Dichlordifluormethan (CCl_2F_2, *R 12*), Chlortrifluormethan ($CClF_3$, *R 13*) und 1,1,2-Trichlor-1,2,2-Trifluorethan ($CCl_2F - CClF_2$, *R 113*).

Fluorchlorkohlenwasserstoffe sind überwiegend leicht zu verflüssigende Gase, die über eine Reihe herausragender Eigenschaften verfügen: Sie sind chemisch und thermisch stabil, besitzen niedrige Siedetemperaturen und Wärmeleitfähigkeiten sowie eine geringe Brennbarkeit und Toxizität. Damit waren sie zunächst für zahlreiche Anwendungen wie den Einsatz als Treibgas für Aerosole und Schäume (Schaumpolystyrol, PUR-Hartschaum), als Kühlmittel in Kühlschränken und Klimaanlagen, als Lösungsmittel in der Mikroelektronik sowie als Feuerlöschmittel geradezu prädestiniert. Die ökologischen Auswirkungen der Produktion und der Freisetzung von FCKW im Hinblick auf den stratosphärischen Ozonabbau und den Treibhauseffekt wurden im Kap. 2.2.1 besprochen. Der EU-weite Ausstieg aus der Produktion und dem Einsatz von FCKW erfolgte zum 01.07.1997.

7.1.3 Alkohole und Phenole

Werden in die Moleküle der Kohlenwasserstoffe Heteroatome (= Nichtkohlenstoffatome wie O, N, S) eingebaut, bestimmen diese Heteroatome oft die Eigenschaften der neuen Verbindungen. Ursache sind in der Regel Elektronegativitätsunterschiede zwischen Hetero- und Kohlenstoffatom und daraus resultierende Polaritäten im Molekül.

⇒ **Alkohole** sind wie die Aldehyde und Ketone, die Ether und die Carbonsäuren organische *Sauerstoffverbindungen*. Die funktionelle Gruppe der Alkohole und Phenole ist die **Hydroxygruppe** (auch: Hydroxylgruppe).

Die Alkohole leiten sich von den Kohlenwasserstoffen durch Austausch eines oder mehrerer H-Atome gegen Hydroxygruppen (-OH) ab. Nach der Anzahl der Hydroxgruppen im Molekül unterscheidet man ein- und mehrwertige Alkohole (s.u.). Einwertige gesättigte Alkohole werden als *Alkanole* bezeichnet. Ist die Hydroxygruppe an einen Benzolring gebunden, liegen *Phenole* vor.

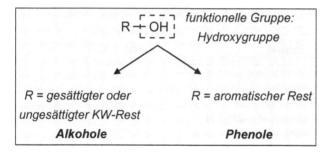

Sind zwei, drei oder mehrere Hydroxygruppen im Molekül vorhanden, wird der Endung -ol das entsprechende griechische Zahlwort di-, tri- usw. vorangestellt. Je nach der Anzahl der OH-Gruppen spricht man von **ein-**, **zwei-** oder **mehrwertigen Alkoholen**. Dabei gilt die *Erlenmeyer-Regel:* Pro C-Atom kann nur maximal eine Hydroxygruppe gebunden sein.

Hinsichtlich der **Stellung der OH-Gruppe** im Molekül teilt man die Alkohole in primäre, sekundäre und tertiäre Alkohole ein. Bei **primären** Alkoholen ist die OH-Gruppe mit einem C-Atom verknüpft, an dem *zwei H-Atome* gebunden sind (primäres C-Atom). Bei **sekundären** Alkoholen ist die OH-Gruppe mit einem C-Atom verknüpft, das nur *ein H-Atom* gebunden enthält (sekundäres C-Atom) und bei **tertiären** Alkoholen ist die OH-Gruppe mit einem C-Atom verknüpft, an das *kein H-Atom* gebunden ist (tertiäres C-Atom). Eine Ausnahme bildet der einfachste primäre Alkohol, das Methanol, bei dem die OH-Gruppe an einem C-Atom hängt, an dem drei H-Atome gebunden sind.

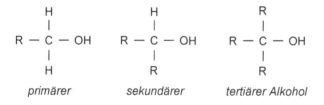

primärer   *sekundärer*   *tertiärer Alkohol*

Die **Alkanole** leiten sich von den Alkanen ab. Sie bilden eine homologe Reihe von Verbindungen der allgemeinen Formel $C_nH_{2n+1}OH$, mit n = 1, 2, …(Tab. 7.3) Die Namen der einzelnen Vertreter werden durch Anfügen der Endung -ol an den Namen des zugrunde liegenden Alkans gebildet. Die Stellung der Hydroxygruppe in der Kette wird im Namen durch die kleinstmögliche Zahl gekennzeichnet, z.B. $CH_3\text{-}CH(OH)\text{-}CH_2\text{-}CH_3 \Rightarrow$ 2-Butanol und nicht 3-Butanol. Bei den Alkoholen liegt ein ähnlicher Fall wie bei den Ethern (Kap. 7.1.4) vor. Im Umgangssprachgebrauch versteht man unter „Alkohol" den Ethylalkohol (Ethanol), obwohl sich hinter der Bezeichnung Alkohol eine umfangreiche Stoffklasse organischer Verbindungen verbirgt.

Methanol (Methylalkohol), **Ethanol** (Ethylalkohol) und **Propanol** (Propylalkohol) sind farblose, brennbare Flüssigkeiten von charakteristischem Geruch und brennendem Geschmack, die sich mit Wasser in jedem Verhältnis mischen. Mit zunehmender Größe des KW-Restes (R = C_4 bis C_{11}) kompensiert dessen hydrophober Charakter die hydrophilen Eigenschaften der funktionellen Gruppe und die Wasserlöslichkeit nimmt rasch ab. Höhermolekulare Alkohole sind feste, wasserunlösliche Stoffe. Alkohole reagieren praktisch neutral. Die niedermolekularen Alkohole ($C_1...C_4$) werden vor allem als Konservierungsmittel, als Kraftstoffzusatz sowie in unterschiedlicher Weise für die Synthese von Folgeprodukten wie Kunstharzen, Klebstoffen und Farben verwendet.

Tabelle 7.3 Namen, Formeln und Siedepunkte (bei Normaldruck) einiger Alkohole

Name	Formel	Sdp. ($^{\circ}$C)
Methanol	CH_3OH	65
Ethanol	$CH_3 - CH_2 OH$	78
1-Propanol	$CH_3 - CH_2 - CH_2OH$	97

2-Propanol (Isopropanol)	$CH_3 - CH - CH_3$
	          |
	          OH
		82

1-Butanol	$CH_3 - CH_2 - CH_2 - CH_2OH$	118

2-Butanol	$CH_3 - CH - CH_2 - CH_3$
	          |
	          OH
		100

2-Methyl-1-propanol (Isobutanol)	$CH_3 - CH - CH_2OH$
	          |
	          CH_3
		108

2-Methyl-2-propanol (tert. Butanol)	$CH_3 - C(OH) - CH_3$
	          |
	          CH_3
		83

Die wichtigsten **mehrwertigen Alkohole** sind Ethylenglycol als einfachster zweiwertiger Alkohol und Glycerin als einfachster dreiwertiger Alkohol. **Ethylenglycol** (unkorrekt: *Glycol*) ist ein farbloses, viskoses Öl, das mit Wasser und Ethanol in jedem Verhältnis mischbar ist. Es wird als Frostschutzmittel verwendet. Daneben ist es - in reiner wie auch in abgewandelter Form (z.B. als Ether) - ein wertvolles Lösungsmittel für Lacke und Acetylcellulose sowie ein wichtiges Ausgangsprodukt für die Polyesterfaserproduktion. **Glycerin** (Glycerol) kommt als Baustein in nahezu allen tierischen Fetten und pflanzlichen Ölen vor (Kap. 7.1.7). Es ist eine farblose, sirupöse, hochsiedende Flüssigkeit, die in jedem Verhältnis mit Wasser mischbar ist. Glycerin dient als Bremsflüssigkeit sowie im Gemisch mit Wasser als Frostschutzmittel.

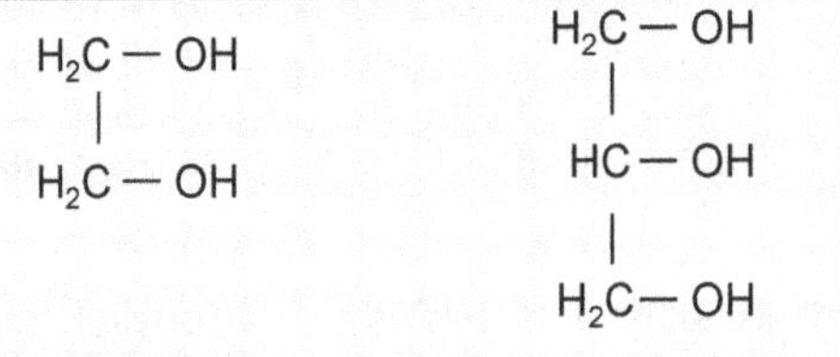

$$
\begin{array}{ll}
H_2C - OH & H_2C - OH \\
\quad | & \quad | \\
H_2C - OH & HC - OH \\
& \quad | \\
& H_2C - OH \\[4pt]
\textit{Ethylenglycol} & \textit{Glycerin} \\
\textit{(1,2 - Ethandiol)} & \textit{(1,2,3 - Propantriol)}
\end{array}
$$

Reaktionen. Alkohole sind vor allem zu Substitutionsreaktionen ($\rightarrow$ im Substrat wird ein Atom oder eine Atomgruppe durch ein anderes Atome oder eine Atomgruppe ersetzt) und zu Oxidationsreaktionen in der Lage. Primäre Alkohole werden zu Aldehyden und sekundäre Alkohole zu Ketonen (Kap. 7.1.5) oxidiert.

⇒ **Phenole.** Im Gegensatz zu den Alkoholen zeigen die Phenole eine schwach saure Reaktion, worauf die ältere Bezeichnung *Carbolsäure* zurückzuführen ist. Phenol dissoziiert in Wasser in geringem Umfang unter Bildung des Phenolat- und Hydroniumions (Gl. 7-1).

$$\text{Phenol} - OH + H_2O \longrightarrow \text{Phenolat-Anion} - \overline{\underline{O}}|^{\ominus} + H_3O^{\oplus} \tag{7-1}$$

Phenol bildet farblose Kristalle von charakteristischem Geruch (Smp. $41^{\circ}C$), die sich an der Luft schwach rötlich färben und in kaltem Wasser nur mäßig lösen. In Alkohol und Ether ist Phenol leicht löslich. Phenollösungen (ca. 5%ig) wirken desinfizierend und keimtötend. Phenol ist ein wichtiges Ausgangsprodukt für die Herstellung von Kunststoffen (Kap. 7.3.4.2) sowie von künstlichen Farb- und Gerbstoffen.
Das vollchlorierte Phenol, **Pentachlorphenol PCP**, hat eine weite Verbreitung als Holzschutzmittel und Fungizid gefunden. Bald wurde jedoch bekannt ist, dass PCP ähnlich wie andere Chloraromaten nicht nur fischtoxisch ist, sondern auch beim Menschen aufgrund seiner schweren Abbaubarkeit und seiner Akkumulation im Fettgewebe zu erheblichen gesundheitlichen Schäden führen kann. Im Jahr 1989 wurde die Produktion, das Inverkehrbringen und die Verwendung von PCP in der BRD verboten. PCP ist stark krebserregend.

7.1.4 Ether

Ether sind organische Verbindungen, in denen zwei Kohlenwasserstoffreste über ein Sauerstoffatom verbunden sind. Die allgemeine Formel für einen Ether lautet: **R - O - R**, wobei die Reste R (R = Alkyl-, Aryl- oder heterocyclischer Rest) identisch oder verschieden sein können. Im ersten Fall spricht man von symmetrischen, im zweiten von asymmetrischen bzw. gemischten Ethern. Ist der Sauerstoff Bestandteil eines ringförmigen KW, liegt ein cyclischer Ether vor. Die Benennung der Ether erfolgt, indem man dem Wort „ether" die Namen der Kohlenwasserstoffreste voranstellt.
Bei der im Umgangssprachgebrauch als „Ether" bezeichneten Verbindung handelt es sich um **Diethylether** $C_2H_5\text{-}O\text{-}C_2H_5$. Diethylether war lange Zeit <u>das</u> Standardnarkotikum bei operativen Eingriffen. Wegen der Nebenwirkungen ist er inzwischen als Narkotikum abgelöst worden, wird aber immer noch als Hautdesinfektionsmittel verwendet. Diethylether ist brennbar, seine Dämpfe bilden mit Luft explosive Gemische. Aufgrund der leichten Flüchtigkeit (Sdp. $34,6^{\circ}C$) sind beim Umgang mit Ether besondere Vorsichtsmaßnahmen erforderlich. Bei Einwirkung von Licht reagiert Ether mit Luftsauerstoff zu Peroxiden, die beim Erwärmen explosionsartig zerfallen können (Aufbewahrung in braunen Flaschen!). Diethylether ist mit Wasser nicht mischbar.
Ether sind allesamt farblose Verbindungen mit einem charakteristischen, durchaus angenehmen Geruch. Ihre Reaktionsträgheit, kombiniert mit der Fähigkeit, nahezu alle organischen Verbindungen lösen zu können, machen die Ether zu wichtigen *Lösungs-* und *Extraktionsmitteln*.

7.1.5 Aldehyde und Ketone

Aldehyde und Ketone gehören zu den Carbonylverbindungen, deren strukturelles Merkmal die polare Carbonylgruppe (C = O) ist. In den **Aldehyden** ist die Carbonylgruppe mit einem H-Atom *und* einem Alkyl-, Aryl- oder heterocyclischen Rest R verknüpft:

R —+ C $\diagup\diagdown$ O / H   *funktionelle Gruppe*
                                    der Aldehyde

Eine Ausnahme bildet der Formaldehyd (Methanal) als einfachster Vertreter der homologen Reihe der aliphatischen Aldehyde, bei dem die Carbonylgruppe mit *zwei* H-Atomen verbunden ist. Der *Name* der aliphatischen Aldehyde leitet sich vom jeweiligen Stammkohlenwasserstoff durch Anhängen der Endung **-al** ab (*Beispiel*: Methan → Methanal). Die allgemeine Bezeichnung für die Stoffklasse lautet daher auch **Alkanale.**
Bei aromatischen und heterocyclischen Aldehyden hängt man die Endung **-aldehyd** an den (evtl. verkürzten!) Namen des Ringsystems (*Beispiel*: Benzol → Benzaldehyd). Für die homologe Reihe der Alkanale gilt die allgemeine Formel $C_nH_{2n+1}CHO$, mit n = 0, 1, ...

Tabelle 7.4   Namen, Formeln und Siedepunkte (bei Normaldruck) ausgewählter
              Aldehyde und Ketone

Name	Formel	Sdp. (°C)
Methanal (Formaldehyd)	$H - CHO$	-19
Ethanal (Acetaldehyd)	$CH_3 - CHO$	21
Propanal (Propionaldehyd)	$CH_3 - CH_2 - CHO$	49
Benzaldehyd	$C_6H_5 - CHO$	180
Propanon (Aceton)	$CH_3 - CO - CH_3$	56
Butanon (auch: Methylethylketon)	$CH_3 - CO - CH_2 - CH_3$	80

Die Stoffklasse der **Ketone** enthält die Carbonyl- oder *Ketogruppe* zwischen zwei Alkyl-, Aryl- oder heterocyclischen Resten (auch gemischt).

R $\diagdown$ C = O R $\diagup$ *funktionelle Gruppe*
                                    der Ketone

Der *Name* der aliphatischen Ketone (**Alkanone**) leitet sich vom jeweiligen Stammkohlenwasserstoff durch Anhängen der Endung **-on** ab (*Beispiel*: Propan → Propanon). Für komplizierter aufgebaute Ketone gilt die allgemeine Nomenklaturregel: Benennung der beiden an die Carbonylgruppe gebundenen Reste sowie Anhängen der Silbe **-keton**. *Beispiele* sind: Ethylphenylketon, Ethylpropylketon und Dimethylketon (Propanon). Zur Bezeichnung von Aldehyden und Ketonen sind eine Reihe von Trivialnamen üblich. Sie sind in Tab. 7.4 jeweils in Klammern angegeben.
    Carbonylverbindungen sind die Oxidationsprodukte der primären und sekundären Alkohole. Die Oxidation primärer Alkohole führt zu Aldehyden, die Oxidation sekundärer Alkohole zu Ketonen. Demnach werden Ethanol zu Ethanal (Acetaldehyd, Gl. 7-2) und Isopropanol zu Propanon (Aceton, Gl. 7-3) oxidiert. Im Gegensatz zu Ketonen können Aldehyde weiter zu Carbonsäuren oxidiert werden.
    Aldehyde besitzen somit *reduzierende* Eigenschaften. Der Nachweis ihres Reduktionsvermögens kann mittels **Tollens Reagenz** (ammoniakalische Silbernitratlösung) erfolgen. Dabei wird aus der Lösung fein verteiltes metallisches Silber (Braun- bis Schwarzfärbung, evtl. Silberspiegel, Gl. 7-4) ausgeschieden.

$$CH_3-\underset{\underset{H}{|}}{\overset{\overset{H}{|}}{C}}-OH \xrightarrow{+O} CH_3-\underset{\underset{\underset{\underset{H}{|}}{\overset{|}{O}}}{\overset{\overset{H}{|}}{C}}}{}-\boxed{OH} \xrightarrow{-H_2O} CH_3-C\overset{\displaystyle O}{\underset{\displaystyle H}{\diagup}} \qquad (7\text{-}2)$$

Ethanol   *Ethanal*
                                                                    (Acetaldehyd)

$$CH_3-\underset{\underset{H}{|}}{\overset{\overset{CH_3}{|}}{C}}-OH \xrightarrow{+O} CH_3-\underset{\underset{\underset{\underset{H}{|}}{\overset{|}{O}}}{\overset{\overset{CH_3}{|}}{C}}}{}-\boxed{OH} \xrightarrow{-H_2O} \overset{\displaystyle H_3C}{\underset{\displaystyle H_3C}{\diagdown}}C=O \qquad (7\text{-}3)$$

Isopropanol   *Propanon*
                                                                      (Aceton)

$$CH_3CHO + 2\,[Ag(NH_3)_2]^+ + H_2O \;\rightarrow\; 2\,Ag^{\pm 0} + CH_3COOH + 2\,NH_3 + 2\,NH_4^+ \qquad (7\text{-}4)$$

Formaldehyd (H-CHO) ist der für baupraktische Belange wichtigste Aldehyd. H-CHO ist ein sehr reaktives, stechend riechendes, gut wasserlösliches Gas. Die im Handel erhältliche 35...40%ige Formaldehydlösung bezeichnet man als **Formalin**. Sie wird als Konservierungs- und Desinfektionsmittel verwendet. Formaldehyd gehört zu den am häufigsten auftretenden *Innenraumschadstoffen*. Er kann aus Baustoffen, aber auch aus Einrichtungsgegenständen (Möbel!), aus Textilien, aus Bodenbelägen sowie aus Reinigungs- und Pflegemitteln stammen. Baustoffe, die Formaldehyd emittieren, enthalten häufig Harnstoff-Formaldehydharze (Kap. 7.3.4.2). Harnstoff-Formaldehydharze werden zur Herstellung von Leimharzen für Holzwerkstoffe (Span- und Faserplatten, Sperrholz) sowie als Bindemittel in Mineralwolleerzeugnissen verwendet. Eine weitere Formaldehydquelle sind säurehärtende Lacke, die zur Oberflächenversiegelung von Möbeln, Paneelen und Parkettfußböden eingesetzt werden.

Aceton ist eine farblose, leicht entflammbare, wasserlösliche Flüssigkeit mit einem angenehmen Geruch. Aceton ist ein ausgezeichnetes Lösungsmittel, z.B. zum Lösen von Lacken und Kunstfasern.

7.1.6 Carbonsäuren und Ester

Die funktionelle Gruppe der Carbonsäuren ist die **Carboxygruppe** (auch: **Carboxylgruppe**) **-COOH**:

$$R-\boxed{C\overset{\displaystyle O}{\underset{\displaystyle OH}{\diagup}}} \qquad \textit{funktionelle Gruppe}$$
$$\textit{der Carbonsäuren}$$

Je nach der Anzahl der in einem Molekül gebundenen Carboxygruppen wird zwischen Mono-, Di- und Tricarbonsäuren unterschieden. Die in Tab. 7.5 aufgeführten organischen Säuren sind allesamt Monocarbonsäuren. Für R = Alkylrest gelangt man zur Gruppe der **Alkansäuren**.

Die gesättigten aliphatischen *Monocarbonsäuren* bilden eine homologe Reihe von Verbindungen der allgemeinen Formel C_nH_{2n+1}**COOH** (n = 0, 1, ...). Die ersten vier Glieder sind die Ameisensäure (Methansäure), Essigsäure (Ethansäure), Propionsäure (Propansäure) und Buttersäure (Butansäure). Bei der Essigsäure ist der Methylrest ($-CH_3$), bei der Propionsäure der Ethylrest ($-C_2H_5$) und bei der Buttersäure der Propylrest ($-C_3H_7$) mit der Carboxygruppe verbunden.

Tabelle 7.5   Namen, Formeln sowie Schmelz- und Siedepunkte (bei Normaldruck) einiger ausgewählter Carbonsäuren

Systematischer Name	Trivialname (Salze)	Formel	Smp.	Sdp.
			($^\circ$C)	
Methansäure	Ameisensäure (Formiate)	$H - COOH$	8	101
Ethansäure	Essigsäure (Acetate)	$CH_3 - COOH$	17	118
Propansäure	Propionsäure (Propionate)	$CH_3 - CH_2 - COOH$	-22	141
1-Butansäure	n-Buttersäure (Butyrate)	$CH_3 - CH_2 - CH_2 - COOH$	-6	164
Hexadecansäure	Palmitinsäure (Palmitate)	$CH_3 - (CH_2)_{14} - COOH$	63	390*
Octadecansäure	Stearinsäure (Stearate)	$CH_3 - (CH_2)_{16} - COOH$	70	376*

Zersetzung

Die *Benennung* der Alkansäuren erfolgt entsprechend der Nomenklaturregeln durch Anhängen der Endung **-säure** an den Namen der Stammkohlenstoffverbindung. Für die meisten Carbonsäuren werden, wie die obigen Beispiele bereits zeigen, Trivialnamen verwendet. In Tab. 7.5 sind neben der systematischen Bezeichnung auch jeweils die Trivialnamen der Säure und des zugehörigen Salzes angegeben.
Wie schon bei den Alkoholen und den Aldehyden resultiert auch bei den Carbonsäuren das Löslichkeitsverhalten aus der Konkurrenz zwischen polarer Carboxygruppe und unpolarem Alkylrest. Niedermolekulare Alkansäuren ($C_1 ... C_3$) sind mit Wasser in jedem Verhältnis mischbar. Mit zunehmender Kettenlänge nimmt die **Löslichkeit** ab.

Carbonsäuren gehören zu den **schwachen Säuren** (Kap. 3.9.3). Innerhalb der homologen Reihe der aliphatischen Monocarbonsäuren stellen jeweils die Anfangsglieder die stärksten Säuren dar. Mit zunehmender Kettenlänge nimmt die Säurestärke ab. Carbonsäuren protolysieren in wässriger Lösung unter Bildung eines **Carboxylations** und eines Hydroniumions:

$$CH_3COOH \ + \ H_2O \ \rightleftharpoons \ CH_3COO^- \ + \ H_3O^+$$
Carbonsäure   Carboxylation
(Essigsäure)   (Acetation)

Bei der Neutralisation von Carbonsäuren mit Basen bilden sich Salze, z.B. entsteht bei der Umsetzung von Essigsäure mit Natronlauge Natriumacetat CH_3COONa (Gl. 7-5).

$$CH_3COOH \ + \ NaOH \ \rightleftharpoons \ CH_3COONa \ + \ H_2O \qquad (7\text{-}5)$$
Essigsäure   Natriumacetat

In wässriger Lösung liegt Natriumacetat protolysiert vor, die Lösung reagiert alkalisch (s. Kap. 3.9.4: $CH_3COO^- + H_2O \rightleftharpoons CH_3COOH + OH^-$).   .

Ameisensäure $H\text{-}COOH$ ist eine farblose, stechend riechende Flüssigkeit. Sie nimmt eine *Sonderstellung* zwischen einem Aldehyd und einer Carbonsäure ein, da sie gleichzeitig eine Carboxygruppe und eine Aldehydgruppe enthält. Aufgrund dieser besonderen Struktur kann Ameisensäure sowohl als Carbonsäure als auch als Aldehyd reagieren, weshalb sie sich hinsichtlich ihrer Reaktivität deutlich von den anderen Alkansäuren unterscheidet. Sie besitzt wie die Aldehyde *reduzierende* Eigenschaften. Ameisensäure wird u.a. als Konservierungs- und Desinfektionsmittel verwendet.

Essigsäure ist die wichtigste organische Säure. Wie die Ameisensäure ist sie eine stechend riechende, ätzende Flüssigkeit. In stark verdünnter Form (5...10%ig) kommt sie als Speiseessig in den Handel. Ihre Salze, die Acetate, sind gut wasserlöslich. Wasserfreie Essigsäure erstarrt bereits bei 16,6°C zu einer eisartigen, festen Masse (*Eisessig*).

Ist die Carboxygruppe an Alkenylreste gebunden, liegen **ungesättigte Carbonsäuren** vor. Der beiden wichtigsten Vertreter sind die **Acryl-** bzw. Propensäure $CH_2{=}CH{-}COOH$ und die **Methacrylsäure** $CH_2{=}C(CH_3){-}COOH$. Beide ungesättigten Säuren sind Ausgangsprodukte für die Herstellung von Kunststoffen (Polyacrylate und Polymethacrylate, Kap. 7.3.4.1). Die **Ölsäure** $C_{17}H_{33}COOH$, ebenfalls eine ungesättigte Carbonsäure, ist ein wesentlicher Bestandteil fetter Öle und zahlreicher Fette.

Bei der **Benzoesäure** $C_6H_5{-}COOH$ (Abb. 7.2a) ist die Carboxygruppe direkt an einem Benzolring gebunden. Sie ist die einfachste **aromatische Carbonsäure**. Benzoesäure wird als Konservierungsmittel in der Lebensmittelindustrie verwendet, ihre Salze heißen *Benzoate*. Die Phthalsäure (Abb. 7.2b, Salze: Phthalate) gehört zu den aromatischen Dicarbonsäuren (zwei Carboxygruppen pro Molekül). Ihre Ester (7.2c) besitzen eine außerordentlich große Bedeutung als Weichmacher für Polyvinylchlorid (Kap. 7.3.4).

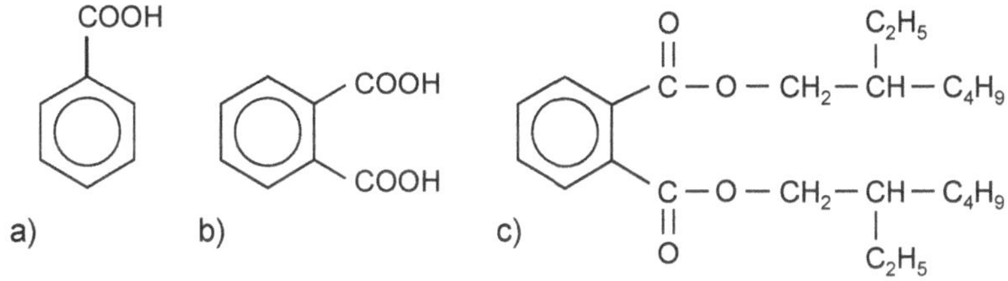

Abbildung 7.2

a) Benzoesäure
b) Phthalsäure
c) Phthalsäureester (Di(2-ethylhexyl)-phthalat Abk. DEHP)

• **Carbonsäureester** (**Ester**). Eine der wichtigsten Reaktionen der Carbonsäuren ist ihre Umsetzung mit Alkoholen zu Carbonsäureestern unter Abspaltung von Wasser (**Veresterung**). Die Veresterung ist eine typische Gleichgewichtsreaktion, sie läuft säurekatalysiert ab. Gl. (7-6) zeigt die Veresterung von Essigsäure mit Ethanol.

$$\textbf{Carbonsäure} + \textbf{Alkohol} \underset{\text{Verseifung}}{\overset{\text{Veresterung}}{\rightleftharpoons}} \textbf{Carbonsäureester} + \textbf{Wasser} \tag{7-6}$$

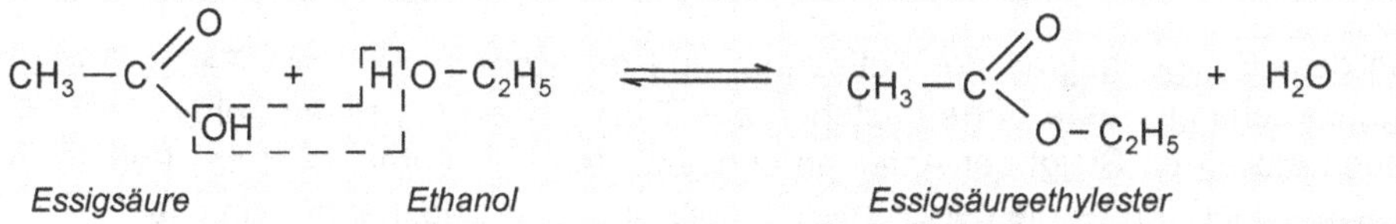

Zur Erhöhung der Ausbeute an Ester muss das Gleichgewicht nach rechts, auf die Seite der Reaktionsprodukte verschoben werden. Dies geschieht entweder durch Erhöhung der Konzentration eines der Ausgangsstoffe (meist des Alkohols) oder durch Verwendung von konz. H_2SO_4 als Katalysator. Die konzentrierte H_2SO_4 bindet gleichzeitig das bei der Ve-resterung frei werdende Wasser und entzieht es so dem Gleichgewicht. Der systematische Name des Esters wird aus dem Namen der Carbonsäure, dem Restnamen des Alkohols und der Endung **-ester** gebildet. Ester sind keine Salze, sondern Molekülverbindungen. Trotzdem ist es in der Praxis immer noch gebräuchlich, den Ester nach dem Restnamen des Alkohols und dem Namen der Salze der Carbonsäuren zu benennen. Die Bezeich-nungen Essigsäureethylester und Ethylacetat für das in Gl. (7-6) gebildete Produkt werden gleichberechtigt verwendet.

Ester niedermolekularer Carbonsäuren mit einfachen Alkoholen sind farblose, leicht ent-flammbare Flüssigkeiten mit einem meist angenehmen fruchtartigen Geruch (Fruchtaro-men). Essigsäuremethylester (Sdp. $57°C$) und Essigsäureethylester (Sdp. $77,2°C$) sind wichtige *Lösungs- und Lackverdünnungsmittel*.

Die Rückreaktion von Gl. (7-6), die Hydrolyse des Esters, wird als **Verseifung** bezeichnet. Dieser Name ist historisch entstanden, da bei der Spaltung von Fetten ($\rightarrow$ Ester der Fett-säuren, Gl. 7-8) in alkalischer Lösung **Seifen** entstehen. Seifen sind Kalium- bzw. Natrium-salze der höheren Fettsäuren.

7.1.7 Fette – Öle – Seifen

Natürliche Fette und Öle sind Ester des Alkohols *Glycerin* mit langkettigen, unverzweigten Carbonsäuren, deren Hauptkette in der Regel aus 12 – 20 C-Atomen bestehen (Tab. 7.5). Die in den Fetten veresterten Carbonsäuren nennt man allgemein **Fettsäuren.** Da Glycerin ein dreiwertiger Alkohol ist, kann er mit drei Fettsäuremolekülen verestert werden (Gl. 7-7). Die entstehenden Ester sind somit Triester (auch: **Triglyceride**). Die am Aufbau der Fette und Öle am häufigsten beteiligten Fettsäuren sind die ungesättigte Ölsäure $C_{17}H_{33}COOH$, die Stearinsäure $C_{17}H_{35}COOH$ und die Palmitinsäure $C_{15}H_{31}COOH$. Die einzelnen Fette und Öle unterscheiden sich vor allem hinsichtlich ihres Gehaltes an diesen drei Säuren. Einheitliche Triglyceride kommen in der Natur selten vor, in der Regel handelt es sich bei den Fetten und Ölen um komplexe Gemische von Triglyceriden mit jeweils drei verschie-denen Fettsäuren.

Natürliche Fette kommen in Pflanzen ($\rightarrow$ Oliven-, Raps-, Sonnenblumen- oder Erdnussöl, Kakaobutter, Kokos- oder Palmkernfett u. a.) oder in Tieren ($\rightarrow$ Schweineschmalz, Rinder-talg und Butter, Wal- oder Robbenöle, Leberfette vom Dorsch u. a.) vor.

$$
\begin{array}{lll}
H_2C-O-[H & + & HO]OC-C_{15}H_{31} \\
| & & \\
HC-O-[H & + & HO]OC-C_{17}H_{35} \quad\longrightarrow \\
| & & \\
H_2C-O-[H & + & HO]OC-C_{17}H_{33} \\
\\
\textit{Glycerin} & & \textit{Fettsäuren}
\end{array}
\qquad
\begin{array}{l}
H_2C-O-CO-C_{15}H_{31} \\
| \\
HC-O-CO-C_{17}H_{35} \quad + \;\; 3\,H_2O \\
| \\
H_2C-O-CO-C_{17}H_{33} \\
\\
\textit{Fett}
\end{array}
\qquad (7\text{-}7)
$$

Zwischen dem Sättigungsgrad der Fettsäuren und der Konsistenz eines Fettes besteht eine enge Beziehung. **Feste Fette** bestehen aus Triglyceriden mit einem hohen Anteil an gesättigten Fettsäuren. Steigt der Anteil an ungesättigten Fettsäuren, wird das Fett flüssi-ger (niedrigviskoser). Fette, die bei Zimmertemperatur flüssig sind, nennt man **Öle.**

Fette sind Ester des Glycerins mit unverzweigten, gesättigten oder ungesättigten Fettsäu-ren. Bei Zimmertemperatur flüssige Fette bezeichnet man als Öle.

Eigenschaften der Fette. Fette und Öle sind überwiegend unpolare Substanzen und deshalb in Wasser nicht löslich. Sie lösen sich aber in Lösungsmitteln wie Diethylether, Chloroform, Benzol oder Kohlenwasserstoffen. Reine Fette und Öle sind geruch- und geschmacklose Substanzen mit einer geringen Flüchtigkeit.

Unter dem Einfluss von Luftsauerstoff neigen Öle mit einem hohen Gehalt an mehrfach ungesättigten Fettsäuren wie z.B. Leinöl zur oxidativen Vernetzung, sie **verharzen**. Diese sogenannten "**trocknenden Öle**" finden in Firnissen, Ölfarben sowie Ölkitten Anwendung. Sie wirken als oxidativ trocknende Bindemittel. Die zur Bildung der harzigen Produkte führende Vernetzung der Moleküle erfolgt an den Stellen, an denen sich die Doppelbindungen der ungesättigten Fettsäuren befinden.

Verseifung der Fette. Erhitzt man Fette oder Öle mit Alkalilauge, z.B. mit NaOH, werden die Esterbindungen gespalten und es entstehen Glycerin sowie die Alkalisalze der Fettsäuren (*Seifen*). Die alkalische Esterhydrolyse wird als Verseifung bezeichnet (Gl. 7-8).

$$
\begin{array}{llll}
H_2C-O-CO-C_{15}H_{31} & & H_2C-OH & C_{15}H_{31}COO^-\ Na^+ \\
\qquad | & & \qquad | & \\
HC-O-CO-C_{17}H_{35} & +\ 3\ NaOH \longrightarrow & HC-OH\ \ + & C_{17}H_{35}COO^-\ Na^+ \qquad (7\text{-}8)\\
\qquad | & & \qquad | & \\
H_2C-O-CO-C_{17}H_{33} & & H_2C-OH & C_{17}H_{33}COO^-\ Na^+ \\
\\
\textit{Fett} & & \textit{Glycerin} & \textit{Seifen}
\end{array}
$$

Wachse unterscheiden sich von den Fetten dadurch, dass anstelle des dreiwertigen Alkohols Glycerin langkettige Alkohole (C_{16} ...C_{36}) mit Fettsäuren verestert sind. Damit liegen keine Tri-, sondern Monoester vor. Beispielsweise enthält **Bienenwachs** als Hauptkomponente den Palmitinsäureester des Myricylalkohols, einem Gemisch der höheren Alkohole $C_{30}H_{61}OH$ und $C_{32}H_{65}OH$. Weitere Bestandteile sind - wie bei vielen anderen natürlichen Wachsen - Paraffine unterschiedlicher Kettenlänge.

Mineralöle besitzen eine grundsätzlich andere chemische Zusammensetzung als natürliche Öle. Sie fallen als Gemische gesättigter und aromatischer Kohlenwasserstoffe bei der Destillation von Erdöl an.

7.2 Bitumen, Teer und Asphalt

Im täglichen Leben werden Bitumen und Teer immer noch verwechselt, obwohl sie sich in ihrer chemischen Zusammensetzung grundlegend unterscheiden (Tab. 7.6). Bis heute werden beim Umgang mit Bitumen noch Gefahren gesehen, die es nachweislich nur beim Umgang mit Teeren und Pechen gibt. Das betrifft insbesondere den Gehalt an polycyclischen aromatischen Kohlenwasserstoffen (PAK).

• **Begriffe**: *Bitumen* sind Bindemittel, die als Rückstand bei der Destillation von Erdöl anfallen, *Teere* entstehen bei der thermischen Zersetzung fossiler Brennstoffe, vor allem von Steinkohle (→ Steinkohlenteer). *Peche* sind Rückstände, die bei der Destillation von Steinkohlenteer erhalten werden. Jahrzehntelang wurde sowohl im Straßenbau als auch im Bautenschutz Pech verwendet, jedoch als Teer bezeichnet. Im Umgangssprachgebrauch heißt es immer noch: „Die Straße wird geteert ...", wenn eine Fahrbahn eine neue Asphaltschicht erhält. Dabei werden Asphalte seit den 80er Jahren nicht mehr mit Teerpechen, sondern mit bitumenhaltigen Bindemitteln produziert.

Tabelle 7.6 Gegenüberstellung von Bitumen und Teeren (Pechen)

	Bitumen	Teere, Peche
Farbe	schwarz	schwarz
Ausgangsstoff	Erdöl	Kohle
Herstellungsverfahren / ungefähre Herstellungs- temperatur	Destillation 350 – 400°C	Pyrolyse: thermische Zersetzung bei Temp. >1000°C unter Luftausschluss
Hauptbestandteile	Asphaltene und Maltene	PAK (polycyclische aromatische Kohlenwasserstoffe)
BaP-Gehalt [a]	max. 5 mg/kg	ca. 5 g/kg
Phototoxische Reaktionen / Hautkrebsrisiko	nicht bekannt / nicht bekannt	Teer kann in Verbindung mit Sonnenein- strahlung Hauterkrankungen bzw. Hautver- färbungen verursachen, teerverursachte Hautkrebserkrankungen werden als Beruf- krankheit anerkannt.

[a] BaP Benzo[a]pyren, aromatisches 5-Ringsystem, krebserzeugend (Abb. 7.3).

7.2.1 Bitumen – Bitumensorten

Nach DIN EN 12597 werden bitumenhaltige Bindemittel in zwei Gruppen unterteilt, in „Bitumen in Naturasphalt" und in „Bitumen und abgeleitete Produkte".

Bitumen (*lat.* pix tumens ausschwitzendes Pech) ist nach DIN EN 12597 ein „nahezu nicht flüssiges, klebriges und abdichtendes, erdölstämmiges Produkt, das auch im Naturasphalt vorkommt und das in Toluol vollständig oder nahezu vollständig löslich ist. Bei Umgebungstemperatur ist es hochviskos oder nahezu fest."
Rohstoff für die Herstellung von Bitumen ist das Erdöl. Es wird in einer ersten Stufe nach Erwärmen unter Atmosphärendruck destilliert, wobei Benzin und die Mitteldestillate Petroleum und Gasöle verdampfen und anschließend wieder kondensieren. Unterzieht man in einer zweiten Stufe den Rückstand einer Vakuumdestillation, werden weitere Bestandteile abgetrennt (Schmieröle). Zurück bleibt ein hochsiedender braunschwarzer Rückstand, das *Bitumen*. Sein Härtegrad ist in gewissen Grenzen steuerbar, indem mehr oder weniger Destillatanteile „abgezogen" werden.

Chemische Zusammensetzung. Die Bitumenbestandteile, die beim Lösen mit dem 30fachen Volumen n-Heptan ausfallen, also praktisch nicht löslich sind, nennt man **Asphaltene.** Die tiefschwarzen Asphaltene besitzen hohe Molekülmassen (1000...4000), durch Micellbildung können sich die Molekülmassen auf über 50.000 erhöhen. Micellen sind Aggregate aus grenzflächenaktiven Substanzen (Kap. 3.3), die sich in einem meist wässrigen Dispersionsmedium spontan zusammenlagern. Die in Normalheptan löslichen öligen, niedermolekularen Bestandteile werden als **Maltene** bezeichnet. Ihre relativen Molekülmassen liegen zwischen 500-1000.

Bitumen sind *kolloide Systeme*, in denen Bestandteile hoher Molekülmasse in einer flüssigen Phase aus Bestandteilen niedrigerer Molekülmasse dispergiert sind. Das Dispersionsmittel besteht aus gesättigten Kohlenwasserstoffen und partiell hydrierten, kondensierten aromatischen Ringsystemen (Maltenen). Hochmolekulare Asphaltene und Erdölharze sind kolloidal verteilt, sie bilden die disperse Phase. Die Stabilisierung der Asphalten-Micellen in der öligen Maltenphase erfolgt durch polare Aromaten niedriger Molekülmasse (**Erdölharze**). Die Erdölharze bilden eine Schutzschicht um die Asphalten-Micellen und bewahren sie auf diese Weise vor dem Ausflocken. Durch Einblasen von Luft (Oxidationsbitumen, s.u.) wird infolge einsetzender chemischer Reaktionen und von Aggregationsvorgängen die Schutzschicht um die Asphaltene zerstört. Dabei wandeln sich die polaren Aromaten teilweise in Asphaltene um. Es entsteht ein Asphaltengerüst, in dessen Hohlräume Maltene eingelagert sind. Das Bitumen geht aus dem Solzustand in eine gelartige Konsistenz höherer Härte über.

Bitumen sind kolloide Systeme (meist Sole), die in öligen Maltenen dispergierte Asphaltene und Erdölharze enthalten.

Eigenschaften. Bitumen liegen bei Raumtemperatur als braunschwarze, halbfeste, mitunter auch feste, spröde Massen vor. Sie zeigen *thermoplastisches Verhalten*. Unterhalb des Brechpunktes (BP) liegen sie in einem festen,spröden Zustand vor, oberhalb des Erweichungspunktes (EP) werden sie zunehmend flüssig. Im Temperaturbereich zwischen BP und EP weisen sie zähplastisches Verhalten auf (Plastizitätsbereich bzw. -spanne). Für die Praxis ist es wünschenswert, dass der Gebrauchsbereich eines Bitumens mit seiner Plastizitätsspanne weitgehend übereinstimmt. EP und BP sind wichtige Temperaturpunkte für die praktische Anwendung von Bitumen, sie werden mittels spezieller Prüfverfahren bestimmt (s. Lehrbücher der Baustoffkunde [1, 2]).

- Bitumen sind in Wasser praktisch unlöslich. Da Bitumen auch gegenüber Lufteinwirkung (O_2) beständig sind, gelten sie als ideale Abdicht- und Korrosionsschutzmittel.
- Gegenüber Lösungen von Salzen, aggressiven Wässern, Säuren und Laugen sind Bitumen, zumindest bei Normaltemperatur, weitgehend beständig. Ihre *Widerstandsfähigkeit gegen Chemikalien* erhöht sich mit zunehmender Härte.
- Bitumen lösen sich in gesättigten Kohlenwasserstoffen, Benzinen und Ölen, aber auch in anderen organischen Lösungsmitteln wie Schwefelkohlenstoff (CS_2), Chloralkanen (z.B. CCl_4, $CHCl_3$), Benzol und Toluol. Die Löslichkeit von Bitumen in Benzin führt zu Zerstörungen der Asphaltdecke durch auslaufendes oder tropfendes Benzin auf Straßen oder an Tankstellen.

Bitumensorten und Einsatzbereiche. Nach der Herstellungsweise oder ihren Anwendungsgebieten werden verschiedene Bitumensorten unterschieden: *Destillationsbitumen* werden durch Destillation von Erdöl in mehreren Stufen unter vermindertem Druck bei Temperaturen zwischen 350...380°C erhalten. Es handelt sich um weiche bis mittelharte Bitumensorten, die bevorzugt als Bindemittel im Straßenbau Verwendung finden. *Hochvakuumbitumen* entsteht bei der Weiterbehandlung von Destillationsbitumen in einer zusätzlichen Bearbeitungsstufe im erhöhten Vakuum. Es weist eine harte bis spröde Konsistenz auf und findet vor allem als Bindemittel für Gussasphalt (Estriche) und bei der Produktion von Lacken, Gummiwaren sowie Isoliermaterial Verwendung. *Oxidationsbitumen (geblasenes Bitumen)* stellt man in speziellen Reaktoren her, indem weiche Destillationsbitumen bei Temperaturen zwischen 230...290°C durch Einblasen von Luft oder Wasserdampf weiterbehandelt werden. Je nach dem eingesetztem Produkt, der Temperatur und der Blaszeit erhält man Bitumensorten mit verbesserter Kälte- und Wärmebeständigkeit. Verwendung: Dach- und Dichtungsbahnen, Klebemassen, Isoliermaterial.
Hartbitumen sind spezielle Oxidationsbitumen mit der harten bis springharten Konsistenz von Hochvakuumbitumen. Verwendung: siehe Hochvakuumbitumen.

Polymermodifizierte Bitumen (PmB) werden durch chemische Vernetzung von Destillationsbitumen und Polymeren wie Ethylenvinylacetat, Ethylenbutylacrylat und Styrol-Copolymerisaten hergestellt. Dabei verändern sich das thermo- und das elastoviskose Verhalten beider Komponenten. Anwendungsfelder sind besonders beanspruchte Verkehrsflächen im Straßen- und Flughafenbau sowie Dach- und Dichtungsbahnen. Durch den größeren Plastizitätsbereich der PmB verbessern sich bei ihrer Verwendung als Tränk- und Deckmassen solche Eigenschaften wie das Kaltbiegeverhalten und die Wärmestandfestigkeit der Bahnen. Besonders interessant ist der Einsatz von Trägereinlagen in Polymer-Bitumendachdichtungsbahnen und Polymer-Bitumenschweißbahnen. Neben den üblichen Trägereinlagen wie Jute- und Glasgewebe kommen auch Bahnen mit Polyesterfaservlies zum Einsatz. Die Zugfestigkeit kann vergrößert und das Dehnverhalten verbessert werden.

Aus Bitumen abgeleitete Produkte liegen vor, wenn Bitumen mit anderen Komponenten wie Erdöldestillaten, Lösungsmitteln oder Wasser gemischt werden:

• **Bitumenlösungen.** Bitumen können mit anderen Komponenten vermischt („verschnitten" oder technisch korrekt: „gefluxt") werden. In Frage kommen bestimmte Fluxöle (früher: Verschnittöle) oder niedrigsiedende Lösungsmittel wie Benzine oder Benzol, die mit den Bitumen-Maltenen mischbar sind. Im ersten Fall erhält man **Fluxbitumen** (früher: Verschnittbitumen). Fluxbitumen werden unter Zusatz schwerflüchtiger Fluxöle in Raffinerien hergestellt, indem weiche Straßenbaubitumen mit bestimmten Erdöldestillaten bei etwa 100°C vermischt werden. Durch das Verschneiden wird die Viskosität der eingesetzten Bitumen deutlich herabgesetzt, so dass sie bei leichter Erwärmung verarbeitet werden können (Einbautemperatur: ~ 60°C). Verwendung finden die Fluxbitumen im Straßenbau, ihr Einsatz ist jedoch deutlich zurückgegangen. Werden zum Verschneiden von weichem bis mittelharten Straßenbaubitumen niedrigsiedende Lösemittel wie Benzine verwendet, erhält man **Kaltbitumen**. Kaltbitumen sind schnell abbindend und dienen zur Herstellung von Straßenbaugemischen für den Soforteinbau (Bitumenanteil ca. 70 bis 80%).

• **Bitumenemulsionen.** Obwohl nicht wasserlöslich, verteilt sich in heißes Wasser eingerührtes Bitumen tröpfchenförmig. Es bildet sich eine Bitumenemulsion. Sind der wässrigen Lösung vorher keine Emulgatoren zugesetzt worden, kommt es sofort nach Beendigung des Rührvorganges zu einer Koagulation, d.h. zu einem „Zusammenbacken" der Bitumentröpfchen. Sie fließen ineinander und bilden wieder eine zusammenhängende Masse. Zugesetzte Emulgatoren reichern sich an der Grenzfläche Bitumen/Wasser an und verhindern die Koagulation. Nach der Art der Emulgatoren wird zwischen einer *kationischen* und einer *anionischen Bitumenemulsion* unterschieden. Als kationische Emulgatoren kommen hochmolekulare Ammoniumsalze R-NH$_3^+$ Cl$^-$, mit R = organischer Rest, und als anionische Emulgatoren Alkalisalze von Fett- bzw. Harzsäuren zur Anwendung. Die hochmolekularen Ammoniumsalze lagern sich an die Bitumentröpfchen an. Die geladenen NH$_3^+$-Gruppen sind vom Bitumentropfen weg zur wässrigen Lösung gerichtet und vermitteln die Wasserlöslichkeit der Tröpfchen. Durch die positive Aufladung der Bitumenkügelchen und die daraus resultierende Abstoßung werden sie im Schwebezustand gehalten. Alkalische Emulgatoren (anionische Emulsionen) führen zu einer negativen Aufladung der Oberfläche der Bitumenteilchen und damit ebenfalls zur elektrostatischen Abstoßung der Bitumenkügelchen.

Nach dem Verarbeitungsschritt (Vermischen mit Mineralstoffen) muss die Emulsion zerfallen (*Brechen*), damit die Bitumenteilchen so dicht wie möglich an die Gesteinsoberfläche gelangen und den Bitumenfilm ausbilden können. Der *Brechvorgang* wird sowohl durch die chemische Natur des Emulgators als auch durch die mineralische Zusammensetzung und

Oberflächenbeschaffenheit des Untergrunds beeinflusst. Das Wasser scheidet sich ab und die Gesteinskörnung wird unter Filmbildung verklebt.

Haupteinsatzgebiete für Bitumen sind der *Asphaltstraßenbau*, die Abdichtungstechnik (Wasserbau, Hoch- und Tiefbau) und der Bautenschutz.

⇒ **Gesundheitliche Auswirkungen**. Zahlreiche Studien der letzten Jahre konnte keinen Nachweis erbringen, dass die bei der Heißverarbeitung von Bitumen entweichenden Dämpfe und Aerosole krebserregend für Mensch und Tier sind.

⇒ **Alterungsprozesse** von Bitumen sind in erster Linie auf die Einwirkung von UV-Strahlung, von Luftsauerstoff und auf hohe Temperaturen zurückzuführen. Bei Lichteinwirkung kommt es in Gegenwart von Luftsauerstoff zu einer Oxidation der Kohlenwasserstoffe, die Oberflächenschicht wird chemisch verändert (*„chemischer Verhärtung"*). Eine Bindemittelverhärtung kann auch auf ein geringfügiges Verdampfen der leichtflüchtigen Ölanteile bei erhöhten Gebrauchstemperaturen zurückzuführen sein (*„physikalische Verhärtung"*). Bei der Heißaufbereitung von Asphalt verringert sich infolge von Oxidationsprozessen der Anteil an leichten Maltenen zugunsten höhermolekularer Asphaltene. Die Folge ist eine ungünstigere Adhäsion des Bitumens an der Mineralstoffkörnung.

7.2.2 Teer – Pech – Asphalt

Teer ist ein aus verschiedenen organischen Verbindungen bestehendes, flüssiges bis halbfestes, tiefschwarzes bis braunes Gemisch, das durch trockene Destillation von organischen Naturstoffen wie Stein- oder Braunkohle, Holz, Torf und anderen fossilen Brennstoffen gewonnen wird. Steinkohlenteer fällt als Nebenprodukt der Verkokung an. Die chemische Zusammensetzung der Teere ist je nach Ausgangsmaterial recht unterschiedlich, Bestandteile sind vor allem aromatische Kohlenwasserstoffe wie Benzol, Naphthalin, Phenol, Pyridin, Kresole, Indole, Anthracen und Phenanthren. In die Diskussion sind die Teere in den 70-80er Jahren vor allem wegen ihres relativ hohen Anteils an polycyclischen aromatischen Kohlenwasserstoffen (PAK, s. Kap. 7.1.1) gekommen. Polycyclische aromatische Kohlenwasserstoffe, vor allem Benzo[a]pyren (Abb. 7.3), gelten als krebserzeugend.

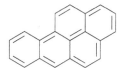

Abbildung 7.3

Benzo[a]pyren (BaP) als Vertreter der polycyclischen aromatischen Kohlenwasserstoffe (PAK)

Teerpeche sind die zähflüssigen bis festen, teerartigen bis schmelzbaren Rückstände, die bei der Destillation der oben genannten Naturstoffe zurückbleiben. Peche sind Gemische aus hochmolekularen cyclischen Kohlenwasserstoffen und heterocyclischen Verbindungen. Heterocyclische Verbindungen enthalten Nichtkohlenstoffatome wie N, O und S.
Längerfristige Einwirkung von Teer auf die Haut kann Hautveränderungen hervorrufen, die im schlimmsten Falle zu Hautkrebs führen können.
Wegen ihres Gehaltes an PAK sind die Teere und Peche in die Gruppe III der MAK-Liste (Krebserzeugende Stoffe, Kategorie 1) eingestuft worden. Seit 1987 werden in Deutschland Peche als Bindemittel für technische Asphalte (evtl. auch in Kombination mit Bitumen) nicht mehr eingesetzt.

Unter **Asphalten** versteht man natürlich vorkommende oder technisch hergestellte Gemische aus dem Bindemittel Bitumen und Mineralstoffen bzw. Gesteinskörnungen. **Naturasphalte** sind durch Verdunstung der leichtflüchtigen Bestandteile des Erdöls und oxidative Polymerisation der schwerer flüchtigen Bestandteile unter eventuellem Einfluss von Mikroorganismen entstanden. Nach ihrem Bitumengehalt werden sie in Asphaltite, Seeasphalte und Asphaltgesteine unterteilt.

Die als Straßenbelag eingesetzten Mischungen von körnigen Mineralstoffen und Bitumen werden als **technische Asphalte** bezeichnet. Als Mineralstoffe kommen entweder *natürliche* (Kiese, Sande, aus Felsgestein hergestellte Korngemische) oder *künstliche* Vertreter (Hochofen- und Metallhüttenschlacke bzw. Aschen) zum Einsatz. Asphalte zeichnen sich durch einen hohen Gesteinsanteil aus. Er liegt bei Asphalten für den Straßenbau etwa bei 95%.

7.3 Kunststoffe

Kunststoffe sind makromolekulare Werkstoffe, die ihren einstigen Ruf als „Ersatzstoffe" für Naturstoffe wie Kautschuk, Horn und pflanzliche Harze durch eine Reihe günstiger Eigenschaften und eine hohe Wirtschaftlichkeit lange widerlegt haben. Auf bestimmten Anwendungsgebieten sind die Kunststoffe den traditionellen Werkstoffen inzwischen weit überlegen. Obwohl im Bauwesen nach wie vor mineralische Baustoffe dominieren, findet heute bereits mehr als ein Viertel der Kunststoffproduktion der BRD im Bausektor Anwendung. Zu den *herausragenden Eigenschaften* der Kunststoffe zählen eine geringe Massendichte, eine hohe Korrosionsbeständigkeit, niedrige Verarbeitungstemperaturen, eine gute Verformbarkeit und eine geringe thermische und elektrische Leitfähigkeit. Kunststoffe weisen allerdings auch eine Reihe *nachteiliger Eigenschaften* auf. Sie sind meist nur wenig wärmebeständig, leicht brennbar und altern schnell. Darüber hinaus besitzen sie meist niedrigere Festigkeiten und eine deutlich höhere Wärmeausdehnung als die Metalle.

7.3.1 Aufbau und Struktur

Kunststoffe **(Polymere)** bestehen aus Makromolekülen, die durch Verknüpfung von kleineren Bausteinen, den **Monomeren**, entstehen. Da es eine Reihe natürlicher Polymere wie Cellulose, Eiweiße und Kautschuk gibt, bezeichnet man die Kunststoffe auch als **synthetische Polymere.** Durch bestimmte Aufbau- oder Bildungsreaktionen (Polymerisation, Polykondensation, Polyaddition, s.u.) werden Monomere zu Polymeren verknüpft.

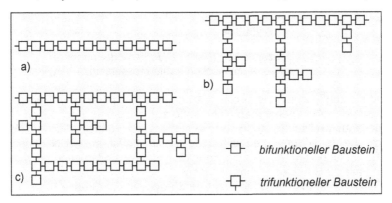

Abbildung 7.4   Schematische Darstellung a) linearer, b) verzweigter, c) vernetzter
                Makromoleküle gleicher Monomerbausteine (Homopolymere)

Synthetische Polymere bestehen aus Makromolekülen mit molaren Massen >10000 g/mol. Die Anzahl der Grundbausteine, aus denen ein Makromolekül aufgebaut ist, wird durch den **Polymerisationsgrad** P charakterisiert. Er ist der Quotient aus der molaren Masse des Polymers (M_{poly}) und der molaren Masse des Grundbausteins (M_o): $\boldsymbol{P = M_{poly} / M_o}$. Die

Moleküle eines Kunststoffs besitzen niemals die gleiche Länge. Für einen bestimmten Kunststoff kann deshalb immer nur ein mittlerer Polymerisationsgrad und eine mittlere Molmasse angegeben werden. Besitzt ein Kunststoff beispielsweise einen Polymerisationsgrad von 5000, so sind die Makromoleküle des Polymers aus *durchschnittlich* 5000 Monomermolekülen aufgebaut.

Für den **Aufbau von Makromolekülen** gibt es unterschiedliche Möglichkeiten: Um aus Monomeren Makromoleküle zu bilden, müssen die Grundbausteine zumindest *bifunktionell* im Sinne der angestrebten Polyreaktion sein. Im einfachsten Fall erhält man ein lineares *Polymer* (Abb. 7.4a). Dagegen führen *trifunktionelle* Bausteine zu verzweigten und vernetzten Polymeren (Abb. 7.4b,c). Vernetzte Makromoleküle bilden ein dreidimensionales Netzwerk aus.

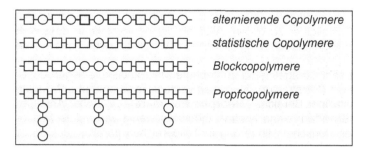

Abbildung 7.5

Arten von Copolymeren

alternierende Copolymere

statistische Copolymere

Blockcopolymere

Propfcopolymere

Makromoleküle können aus einer einzigen oder aus mehreren Arten von Monomereinheiten bestehen. Im ersten Fall liegen **Homopolymere** (z.B. Polyethylen) vor. Sind zwei oder mehrere *verschiedene* Arten von Monomerbausteinen zu sogenannten **Copolymeren** miteinander verknüpft, erhöhen sich naturgemäß die Variationsmöglichkeiten hinsichtlich der Struktur und der Eigenschaften des Kunststoffs (Abb. 7.5). Je nach ihrer Verknüpfung unterscheidet man *alternierende* und *statistische Copolymere*. *Blockcopolymere* entstehen, wenn entweder die Polymerisation der einen Komponente mit einer höheren Reaktionsgeschwindigkeit abläuft als die der anderen oder beide Polymerisationen zeitlich versetzt erfolgen. Zur Bildung von *Pfropfcopolymeren* kommt es, wenn eine zweite Komponente auf die Makromoleküle einer ersten als Seitenverzweigungen aufpolymerisiert wird. Indem sich die Seitenketten miteinander verbinden, erfolgt wiederum eine Vernetzung der Polymerketten.

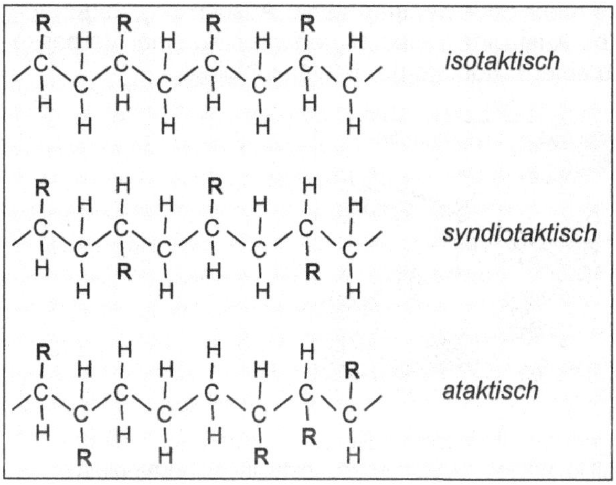

isotaktisch

syndiotaktisch

ataktisch

Abbildung 7.6

Unterteilung verzweigter Polymerketten hinsichtlich ihrer Taktizität

Die räumliche Anordnung der Substituenten einer polymeren Kette charakterisiert man durch die **Taktizität** (*griech.* taxis ordnen). Man unterscheidet zwischen einer isotaktischen, syndiotaktischen und ataktischen Anordnung der Substituenten (Abb. 7.6). Bei *isotaktischen* Polymeren befinden sich die Seitengruppen alle auf der gleichen Seite, bei *syndiotaktischen* Polymeren abwechselnd auf der einen und der anderen Seite und bei *ataktischen* Polymeren statistisch verteilt auf beiden Seiten der Molekülkette.

Der räumliche Molekülaufbau hat einen starken Einfluss auf physikalische Eigenschaften der Substanz wie etwa den Erweichungspunkt und die Härte. Zum Beispiel sinken bei ataktischen Strukturen im Vergleich zu den jeweiligen isotaktischen Strukturen des Polymers Härte und Erweichungstemperatur. Unverzweigt-lineare und verzweigte Makromoleküle können untereinander recht verschieden gelagert sein. Den kettenförmigen, teilweise ineinander verschlungenen Makromolekülen ist es nahezu unmöglich, sich regelmäßig im Raum anzuordnen und ein Kristallgitter zu bilden. Allenfalls ist es vorstellbar, dass sich innerhalb der unregelmäßigen Molekülanordnung kristalline bzw. teilkristalline Teilbereiche ausbilden.
Es gilt: Stark verzweigte und sehr unregelmäßig aufgebaute Makromoleküle liegen ungeordnet, ineinander verknäuelt vor (*Filzstruktur*). Sie bilden vorzugsweise amorphe Produkte mit einem geringen Anteil kristalliner Bereiche (**amorphe Polymere**). Ein hoher Anteil an kristallinen Bereichen ist zu erwarten, wenn lineare, möglichst wenig verzweigte Makromoleküle sich infolge geringer sterischer Hinderung in Teilbereichen parallel zueinander ausrichten.
Je weniger Seitenketten eine Polymerhauptkette hat, d.h. je „linearer" sie ist, umso höher ist der Anteil an kristallinen Bereichen. Polymere mit einem hohen Anteil kristalliner Bereiche, also einer hohen Kristallinität, werden als **kristalline Polymere** bezeichnet. Der Volumenanteil an kristallinen Bereichen im Kunststoff liegt häufig zwischen 40...70%. Bei Polyethylen kann er je nach Herstellungsverfahren noch darüber liegen (bis 80%). Der theoretische Wert von 100% kann jedoch nie erreicht werden.

7.3.2 Thermische und mechanische Eigenschaften

• **Thermoplaste** (*griech.* thermos warm, plastikos formbar) bestehen aus kettenförmigen oder verzweigten Makromolekülen, zwischen denen nur schwache intermolekulare Kräfte wirken. Je stärker die Verzweigung bzw. je sperriger die Seitengruppen, umso ungeordneter und stärker verknäuelt liegen die Makromoleküle vor (*amorpher Thermoplast*, Abb. 7.7a). Zeigen die Kettenmoleküle eine mehr oder weniger starke Ausrichtung, liegen teilkristalline Thermoplaste vor (Abb. 7.7b). Kristalline Teilbereiche führen zu einer Verbesserung mechanischer Kennwerte, z.B. zu einer Erhöhung der Schlagzähigkeit.

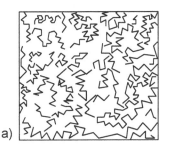
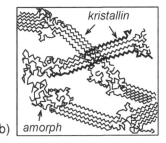

Abbildung 7.7 a) Thermoplast mit geringem Anteil kristalliner Bereiche (amorpher Thermoplast); b) Thermoplast mit höherem Anteil kristalliner Bereiche (teilkristalliner Thermoplast)

Im Gegensatz zu mineralischen oder metallischen Baustoffen, von denen jeweils *zwei* kondensierte Aggregatzustände (fest und flüssig) existieren, werden bei den Thermoplasten in Abhängigkeit von der Temperatur *drei* kondensierte Zustandsformen unterschieden: fest (bzw. hartelastisch), weichelastisch und ölig-flüssig.

Amorphe Thermoplaste sind durch die **Glasübergangstemperatur** T_g (auch: *Glastemperatur*) charakterisiert. Sie kennzeichnet die Temperatur, bei der die amorphen Polymere im Verlauf der Temperaturerhöhung vom glasartig harten, spröden in einen zäh- bis weichelastischen Zustand übergehen. Die Beweglichkeit der Molekülketten nimmt zu und die intermolekularen Wechselwirkungen werden allmählich überwunden. Sind sie vollständig abgebaut, können die Molekülketten ungehindert aneinander vorbeigleiten. Der Kunststoff nimmt eine teigig-zähe bis ölig-flüssige Konsistenz an. Der Übergang aus dem thermoelastischen in den thermoplastischen Bereich ist durch die **Fließtemperatur** T_f gekennzeichnet. Bei teilkristallinen Thermoplasten bezeichnet man diesen Übergang als **Kristallitschmelztemperatur** T_m. Ab einer bestimmten Temperatur T_z (**Zersetzungstemperatur**) erfolgt die thermische Zersetzung des Polymers durch Spaltung der kovalenten Bindungen im Makromolekül.

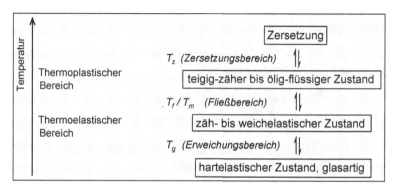

Abbildung 7.8

Zustandsbereiche und -formen von Thermoplasten

Die Zustandsbereiche und -formen der Thermoplaste sind in Abb. 7.8 dargestellt. Es wird deutlich, dass bereits geringe Temperaturunterschiede eine Veränderung der mechanischen Eigenschaften bewirken können. Im thermoelastischen Zustandsbereich lassen sich die Thermoplaste *umformen*, z.B. durch Biegen, Tief- oder Streckziehen, im thermoplastischen Bereich dagegen *urformen*, z.B. durch Gießen, Extrudieren und Kalandrieren, sowie schweißen.

Kühlt die Schmelze ab, wird unterhalb von T_g die Beweglichkeit und Drehbarkeit der Makromoleküle stark eingeschränkt und die intermolekularen Wechselwirkungskräfte werden wieder wirksam. Die Struktur wird praktisch „eingefroren". Man bezeichnet T_g deshalb auch als **Einfriertemperatur.** Im Gegensatz zu monomeren kristallinen Substanzen sind die Übergänge von einer Zustandsform zu einer anderen nicht exakt lokalisiert. Sie erstrecken sich vielmehr über ein mehr oder weniger breites Temperaturintervall. Man spricht deshalb besser vom *Erweichungs (Einfrier)-, Fließ-* und *Zersetzungsbereich.*

Thermoplaste erweichen bei Erwärmung und sind im erweichten Zustand verform- und verarbeitbar. Sie härten nicht aus.

Thermoplaste können je nach ihrer chemischen Zusammensetzung bei Normaltemperatur im hartelastischen (spröden), im weichelastischen oder sogar im ölig-flüssigen Zustand vorliegen. Dies hat seine Ursache in unterschiedlichen Erweichungsbereichen. Thermoplaste sind in den meisten organischen Lösungsmitteln gut löslich, da die Lösungsmittel-

moleküle die schwachen intermolekularen Wechselwirkungskräfte zwischen den Makromolekülen überwinden können.
Durch den Zusatz von **Weichmachern** zu Thermoplasten wie PVC werden Elastizitäts-
modul und Einfrier- bzw. Glasübergangstemperatur erniedrigt. Der thermoplastische Bereich wird zu niedrigeren Temperaturen verschoben. Das Formveränderungsvermögen
und die elastischen Eigenschaften erhöhen sich. Die Härte nimmt ab. Zu den wichtigsten
Thermoplasten gehören Polyethylen, Polyvinylchlorid, Polystyrol und Polymethylmethacrylat (s. Kap. 7.3.4.1).

• **Elastomere** (*griech.* elastos dehnbar, biegsam) sind polymere Werkstoffe, die aus
weitmaschig vernetzten, linearen bis schwach verzweigten Makromolekülen bestehen
(Abb. 7.9a). Durch kovalente und zwischenmolekulare Bindungen wird die freie Beweglichkeit der Kettenmoleküle zwar begrenzt, die Kettensegmente bleiben aber beweglich
und können aneinander vorbeigleiten. Die Folge ist ein **gummielastisches Verhalten** der
Elastomere. Wirkt beispielsweise auf ein Stück Gummi eine äußere Kraft, werden die Molekülketten aus einer ungeordneten, statistisch wahrscheinlicheren Position in eine geord-
netere, statistisch unwahrscheinlichere Position überführt. Die Makromoleküle strecken
sich. Lässt die äußere Kraft nach, gehen die Makromoleküle in ihre verknäuelte Lage zurück und der Gummi nimmt seine ursprüngliche Form wieder an.

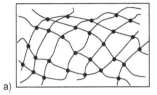 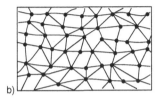

a)   b)

Abbildung 7.9   a) Weitmaschige Vernetzung der Makromoleküle in einem Elastomer;
                 b) engmaschiges Netzwerk in einem Duroplast

Der Zustand der Gummielastizität erstreckt sich über den gesamten Bereich oberhalb der
Glasübergangstemperatur T_g bis zur Zersetzungstemperatur T_z. Ein thermoplastischer Zustand wird nicht durchlaufen. Demnach zersetzen sich die Elastomere ohne vorher hoch-
viskos-flüssig zu werden, also ohne zu schmelzen. Im Gegensatz zu den Thermoplasten
ist keine plastische Verformbarkeit möglich, Elastomere können weder wärmeverformt
noch verschweißt werden. Unterhalb T_g sind die Elastomere hart und fest. Sie sind in den
gängigen Lösungsmitteln kaum löslich, jedoch quellbar. Beispiele für Elastomere sind der
Naturkautschuk, der durch Vulkanisation (Erhitzen mit Schwefel) hergestellte halbsyntheti-
sche Kautschuk sowie der aus Butadien durch Copolymerisation hergestellte vollsyntheti-
sche Kautschuk.
Auf dem Bausektor werden vor allem **Siliconkautschuke** (*SI*, Kap. 6.2.4) und **Polysulfidkautschuke** (*SR*) als reaktionshärtende Elastomere eingesetzt. Polysulfidkautschuke
bestehen aus Molekülsegmenten der allgemeinen Formel HS-(R-S-S)$_n$-R-SH, in denen lineare Makromolekülketten über zwei oder mehrere Schwefelatome miteinander verbunden
sind. Die endständige, reaktive SH-Gruppe (Mercaptogruppe) ist in der Lage, mit einem
Härter zu reagieren, wobei sich unter Wasseraustritt Disulfidbrücken ausbilden:

$$R - S - H + O + H - S - R \longrightarrow R - S - S - R + H_2O$$

Den zur Verknüpfung notwendigen Sauerstoff liefert das Härter- bzw. Vernetzersystem,
z.B. MnO$_2$ (*Braunstein*). Die meist flüssig vorliegenden aliphatischen Polysulfide werden
durch oxidative Vernetzung in hochmolekulare, gummielastische Produkte überführt, die
im Bauwesen vor allem als *Zweikomponenten-Dichtstoffe* Anwendung finden.

- **Duroplaste** (*lat.* duros hart, *griech.* plastikos formbar) bestehen aus Makromolekülen, die durch kovalente Bindungen fest zu einem engmaschigen Raumnetzwerk verknüpft sind (Abb. 7.9b). Sie liegen bei Raumtemperatur als harte, spröde Polymerwerkstoffe vor, die ihre starre Form und ihre mechanische Festigkeit bis zur Zersetzungstemperatur T_z beibehalten.

Duroplaste sind plastisch nicht verformbar. Oberhalb von T_z geht die Festigkeit durch Bindungsbruch innerhalb des polymeren Netzwerks verloren. Duroplaste sind in organischen Lösungsmitteln praktisch unlöslich, kaum quellbar und besitzen eine hohe thermische und chemische Widerstandsfähigkeit.

In der Praxis sind die Ausgangsmaterialien der Duroplaste entweder feste vorgeformte Pressmassen aus Harzen oder hochviskose zähflüssige Reaktionsharze. Während erstere unter Druck und gegebenenfalls Hitze räumlich vernetzen und aushärten, benötigt man für die räumliche Vernetzung der Reaktionsharze eine Härterkomponente. Die endgültige Form des Duroplastes ist erst nach der Aushärtung erreicht. Der Prozess der Härtung ist irreversibel.

Bautechnisch wichtige Duroplaste sind die durch *Polykondensation* entstehenden Amino- und Phenoplaste sowie die Furanharze, die durch *Polyaddition* entstehenden Polyurethane und Epoxidharze sowie die durch vernetzende *Polymerisation* entstehenden Polyacrylate (Kap. 7.3.4).

7.3.3 Hilfs-, Füll- und Verstärkungsstoffe in Polymeren

Die unterschiedlichen physikalisch-chemischen Eigenschaften von Kunststoffen lassen sich nicht nur durch eine gezielte Beeinflussung von Struktur und Vernetzung der Makromoleküle bzw. durch Kombination verschiedener Polymere mit sich ergänzenden Eigenschaften abwandeln, sie sind auch durch den Einsatz geeigneter Füll-, Hilfs- und Verstärkungsstoffe steuerbar.

Füllstoffe sind feste, nichtreaktive Stoffe, die sowohl reaktionshärtenden Duroplasten und Elastomeren als auch Thermoplasten in sehr feiner Verteilung zugegeben werden und die nahezu alle Eigenschaften des Kunststoffs beeinflussen können. Zum Einsatz kommen sowohl anorganische ($CaCO_3$, $CaSO_4 \cdot 2\ H_2O$, $BaSO_4$, Quarz, Tone und Glimmer) als auch organische (Holzmehl und Cellulose) Stoffe.

Zu den **Hilfsstoffen**, die den Polymeren zur Einstellung günstiger Verarbeitungs- und Gebrauchseigenschaften in relativ kleinen Mengen zugesetzt werden, zählen vor allem **Weichmacher**. Ihre Aufgabe ist es, die Wechselwirkungen zwischen den Makromolekülen zu verringern. Die kleinen, beweglichen Weichmachermoleküle, häufig Phthalsäureester (Kap. 7.1.6, Abb. 7.2), schieben sich zwischen die Kettenmoleküle des Kunststoffs, wo sie durch intermolekulare Wechselwirkungskräfte festgehalten werden. Auf diese Weise vergrößern sie den Abstand zwischen den Makromolekülen und verringern die zwischen ihnen existierenden Anziehungskräfte. Die Polymerketten werden aufgelockert und beweglicher. Weichheit und Dehnbarkeit des Kunststoffs nehmen zu.

Weitere Hilfsstoffe:
Initiatoren sind Verbindungen, die beim Erwärmen oder in Gegenwart eines Beschleunigers in Radikale zerfallen und dadurch eine Kettenreaktion auslösen können. In der Regel handelt es sich um Peroxide wie H_2O_2 und Benzoylperoxid sowie um Persulfate. Substanzen mit Initiatorfunktion werden in der Praxis, aber auch in der baupraktischen Literatur häufig unkorrekterweise als Katalysatoren bezeichnet. Zugesetzte **Beschleuniger** bewirken einen raschen Zerfall der Initiatoren. In Abhängigkeit von der gewählten Perverbin-

dung werden Co(II)-Salze bzw. Co(II)-Komplexe oder tertiäre Amine verwendet. Die Bildung der Radikale unter Zersetzung der Peroxide bzw. -sulfate erfolgt im Ergebnis einer Redoxreaktion.

Katalytisch wirksame Substanzen finden vor allem bei der Härtung von Epoxidharzen und Polyurethanen Anwendung. Sie sollen die Geschwindigkeit der Härtungsreaktion erhöhen. Dagegen werden dem Reaktionsgemisch **Inhibitoren** zugesetzt, um radikalische Polymerisations- und/oder Vernetzungsvorgänge zu verzögern. Indem die Inhibitorsubstanzen die entstehenden Radikale binden, wird die Lagerstabilität der reaktiven Ausgangsprodukte, z.B. der ungesättigten Polyester- und Methacrylatharze, erhöht.

Antioxidantien (Antioxidationsmittel) sind chemische Substanzen, die unerwünschte, durch Sauerstoffeinwirkung und/oder andere oxidative Prozesse bedingte Abbauprozesse in Kunststoffen hemmen bzw. verhindern sollen. Verantwortlich für den Polymerabbau sind in der Regel Radikale. Die *primären* Antioxidantien wandeln die durch Wärme, mechanische Beanspruchung oder auch durch Licht gebildeten freien Radikale um. Sie wirken als Radikalfänger. Meist handelt es sich um substituierte Phenole mit sterisch anspruchsvollen Gruppen, z.B. 2-tert.-Butylphenol. *Sekundäre* Antioxidantien wie z.B. Phosphite wie Na_2HPO_3 zersetzen die Peroxide präventiv. Sie verhindern von vornherein die Entstehung von Radikalen. Häufig werden primäre und sekundäre Antioxidantien kombiniert.

Die als **Stabilisatoren** zugesetzten Stoffe sollen den Kunststoff vor Schädigungen durch Licht, vor allem von UV-Licht der Wellenlängen 315...400 nm (*UV-Stabilisatoren*), durch Wärme (*Wärmestabilisatoren*) und durch Mikroorganismen (*Biostabilisatoren*) schützen. *UV-Stabilisatoren* zeichnen sich durch ein ausgeprägtes Absorptionsvermögen im ultravioletten Bereich aus. Die durch Absorption aufgenommene Energie wird als Wärme wieder abgegeben (strahlungslose Desaktivierung) und so eine photochemisch induzierte Zersetzung der Makromoleküle verhindert. Als UV-Absorber verwendet man substituierte Benzophenone und Übergangsmetallkomplexe, z.B. des Nickels. Wo es das Anwendungsprofil erlaubt, kommt auch Ruß als UV-Absorber zum Einsatz. Bei Zusatz von TiO_2 soll das hohe Reflexionsvermögen des Weißpigments genutzt werden. Die Alterung von Polymeren durch *Wärmeeinwirkung*, also durch Sonneneinstrahlung, künstliche Wärmequellen oder heiße Gase bzw. Flüssigkeiten, wird meist durch die zugesetzten Antioxidationsmittel minimiert. Die Stabilisierung gegen Mikroorganismen ($\rightarrow$ Schimmel- und Mikrobenbefall) durch den Zusatz von *Biostabilisatoren* ist nur für einige bestimmte, bedingt beständige Kunststoffe wie Polyurethan, Polyvinylacetat oder Polyvinylalkohol bedeutsam. Mitunter führt erst die Anwesenheit von niedermolekularen Zusatzstoffen wie Weichmachern und organischen Füllstoffen zu einer Instabilität gegenüber Mikroorganismen.

Zur farblichen Gestaltung werden dem Polymer **Farbmittel** zugesetzt. Dabei handelt es sich überwiegend um Pigmente, also in Lösungs- und Bindemitteln praktisch unlösliche, meist anorganische Substanzen, die feinkristallin im Kunststoff dispergiert sind (Teilchengröße $10^{-6}...10^{-8}$m). Das wichtigste anorganische *Weißpigment* ist Titandioxid TiO_2. Es verfügt über ein ausgezeichnetes Deckvermögen und ist witterungs- und chemikalienbeständig. Das wichtigste *Schwarzpigment* ist Ruß (amorpher Kohlenstoff).

Als **Verstärkungsstoffe** kommen in erster Linie Glasfasern zum Einsatz. Durch die Einbettung der Glasfasern in die Polymermatrix lassen sich wichtige mechanische Eigenschaften wie die Festigkeit und dadurch bedingt die konstruktive Belastbarkeit deutlich steigern. Von bautechnischem Interesse sind vor allem glasfaserverstärkte Polyester- und Epoxidharze. Eine verstärkende Wirkung wird auch durch Zusatz von Kohlenstoff- und Textilfasern erreicht.

7.3.4 Einteilung der Kunststoffe nach ihrer Bildungsreaktion

Polymere können nach der Art ihrer Bildungsreaktion klassifiziert werden, in Polymerisate, Polykondensate und Polyaddukte.

7.3.4.1 Polymerisationskunststoffe (Polymerisate)

Polymerisationskunststoffe entstehen im Resultat einer Polymerisationsreaktion. Darunter versteht man die Bildung von Makromolekülen aus Monomeren mit reaktionsfähigen Doppelbindungen, ohne dass ein niedermolekulares Nebenprodukt abgespalten wird.

Die Polymerisation läuft als **Kettenreaktion** ab, die grundlegenden Reaktionsschritte sind *Kettenstart*, *Kettenwachstum* und *Kettenabbruch*. Sie sollen am Beispiel der radikalischen Polymerisation von Ethen (Ethylen) kurz erläutert werden:

Kettenstart: $R\bullet + CH_2 = CH_2 \rightarrow R - CH_2 - \overset{\bullet}{CH_2}$

Kettenwachstum: $R - CH_2 - \overset{\bullet}{CH_2} + CH_2 = CH_2 \rightarrow R - CH_2 - CH_2 - CH_2 - \overset{\bullet}{CH_2}$ *usw.*

Kettenabbruch: $2 R - CH_2 - \overset{\bullet}{CH_2} \rightarrow R - CH_2 - CH_2 - CH_2 - CH_2 - R$

Beim **Kettenstart** entstehen Radikale R•, die im Folgeschritt an die C=C-Doppelbindung eines Ethenmoleküls addiert werden. Dabei „entkoppelt" das Radikal die π-Bindung der Doppelbindung und es entsteht ein neues Radikal. Als Radikalbildner werden vorwiegend instabile Peroxide (Zerfall: R-O-O-R → 2 R-O•) eingesetzt. Während des **Kettenwachstums** reagieren Alkylradikale mit weiteren Ethylenmolekülen zu neuen, stets um eine Monomereinheit verlängerten Radikalen. Im Ergebnis der fortgesetzten Kettenreaktion erhält man Makromoleküle, in denen mehr als 1000 Ethylenmoleküle miteinander verknüpft sind. Zum **Kettenabbruch** kommt es, wenn zwei Radikale rekombinieren, d.h. sich miteinander umsetzen. Indem sie eine kovalente Bindung ausbilden, verlieren beide Reaktionspartner ihren radikalischen Charakter.
Polymerisate zeigen ein mehr oder weniger ausgeprägtes thermoplastisches Verhalten. Ihre leichte Verarbeitbarkeit und ihre vielseitigen Einsatzmöglichkeiten sind die Ursache für die dominierende Stellung solch wichtiger Polymerisationskunststoffe wie Polyethylen, Polypropylen, Polyvinylchlorid und Polystyrol.

Einige bautechnisch wichtige Polymerisate:

• **Polyethylen (Polyethen), PE** $-\!\!\left[CH_2 - CH_2\right]\!\!_n$ n Anzahl der verknüpften Monomerbausteine

Die Herstellung von Polyethylen erfolgt überwiegend nach dem Hochdruck- oder dem Niederdruckverfahren. In Abhängigkeit vom jeweiligen Verfahren unterscheiden sich die Makromoleküle hinsichtlich Verzweigungs- und Kristallisationsgrad sowie Molekülmasse. Das beim *Hochdruckverfahren* anfallende PE (**PE-LD**; *engl.* LDPE Low Density Polyethylene) besteht aus verzweigten Makromolekülen, die einen relativ großen Abstand voneinander haben. Daraus resultiert eine gewisse Beweglichkeit der Makromoleküle, so dass PE-LD als ein weiches Material geringer Festigkeit und Dichte (ρ = 0,91...0,93 g/cm^3) erhalten wird. Der Volumenanteil an kristallinen Bereichen liegt zwischen 40 - 55%. Die maximale

Gebrauchstemperatur beträgt etwa 85°C. Bei Temperaturen zwischen 105...115°C beginnt PE-LD zu erweichen.

Das beim *Niederdruckverfahren* erhaltene PE (**PE-HD**; *engl.* HDPE *High Density Poly-ethylene*) besitzt wegen der weitgehend linearen und unverzweigten Struktur seiner Mak-romoleküle eine höhere Dichte (ρ = 0,94...0,97 g/cm^3). Es weist eine höhere Kristallinität (bis zu 80%) und eine höhere mechanische Festigkeit auf. Niederdruckpolyethylen wird deshalb auch als **Hart-PE** und Hochdruckpolyethylen als **Weich-PE** bezeichnet. Die ma-ximale Gebrauchstemperatur von PE-HD liegt zwischen 10...120°C, die Erweichungstem-peratur bei etwa 130°C.

Polyethylen ist ein transparentes bis milchig durchscheinendes (*opakes*) Material. Gegen-über verdünnten Säuren und Laugen sowie gegenüber den meisten Lösungsmitteln ist es weitgehend beständig. Es ist auch resistent gegenüber dem Angriff von Mikroorganismen. Von oxidierenden Säuren wird PE jedoch angegriffen. Durch UV-Strahlen und den Einfluss von Wärme werden in Gegenwart von Sauerstoff Alterungsprozesse ausgelöst, weshalb die PE-Sorten grundsätzlich mit Stabilisatoren produziert werden. Aliphatische und aromatische Kohlenwasserstoffe bewirken eine Quellung. PE-Formmassen lassen sich durch Spritzgießen, Extrudieren und durch Blasverfahren bearbeiten. Sie sind spanend verformbar und gut schweißbar. Polyethylen enthält keine Weichmacher.

Verwendung: Folien, Dichtungsbahnen, Kabelummantelungen; Rohrleitungen für Trink-wasser, Abwässer und Gase; Behälter (Eimer, Wannen, Container, Mörtelkübel, Tanks), Tafeln, Rohrzubehör, Bodenverfestigungsgitter u.a.

- **Polypropylen (Polypropen), PP** $\left[\text{CH}_2-\underset{\underset{\text{CH}_3}{|}}{\text{CH}}\right]_n$

Polypropylen unterscheidet sich vom Polyethylen durch eine Methyl-Seitengruppe. Die gleichmäßige räumliche Ausrichtung der CH$_3$-Gruppen des isotaktischen PP (Abb. 7.6) führt zu einem Kristallinitätsanteil von 50...70% und einem im Vergleich zum PE erhöhten Erweichungsbereich (160...170°C). Deshalb ersetzt PP das Polyethylen vor allem dort, wo es auf eine gute Wärmebeständigkeit ankommt. Die maximale Gebrauchstemperatur liegt bei ca. 130°C. Das durchsichtige bis milchig-trübe Material zeichnet sich durch eine nied-rige Dichte (ρ = 0,90 g/cm^3) aus, was auf den Raumbedarf der Methylgruppen und die daraus resultierende geringe Packungsdichte der Makromoleküle zurückzuführen ist. Im Gegensatz zu PE ist seine Oberfläche hart und glänzend und lässt sich nicht mit dem Fin-gernagel ritzen. PP ist nicht spannungsrissempfindlich, versprödet unterhalb von 0°C je-doch leicht. Wie Polyethylen neigt auch Polypropylen zu statischer Aufladung. Sie wird für bestimmte Anwendungszwecke durch den Zusatz von Antistatika vermindert.

Gegenüber verdünnten Säuren, Laugen, Salzlösungen sowie den meisten Lösungsmitteln ist es beständig. Von konz. H$_2$SO$_4$ und HNO$_3$ sowie von Wasserstoffperoxid H$_2$O$_2$ wird es angegriffen. Nichtstabilisiertes PP ist empfindlich gegen Lichteinwirkung. Wie PE brennt es nach dem Entzünden mit nichtrußender, einen blauen Kern aufweisender Flamme unter Abtropfen weiter (Paraffingeruch). *Verwendung*: Rohre, Sanitärarmaturen, Beschläge, Folien, Haushaltgeräte.

- **Polybutylen (Polybuten), PB** $\left[\text{CH}_2-\underset{\underset{\underset{\text{CH}_3}{|}}{\underset{\text{CH}_2}{|}}}{\text{CH}}\right]_n$

PB ähnelt in seinen Eigenschaften weitgehend dem Polypropylen. Es besitzt eine Dichte von 0,915 g/cm^3, seine Erweichungstemperatur liegt bei 100°C. PB zeichnet sich durch eine hohe Schlagzähigkeit und Festigkeit sowie eine hohe Spannungsrissbeständigkeit aus. PB ist gegenüber nichtoxidierenden Säuren, Laugen, Ölen, Fetten und den meisten organischen Lösungsmitteln beständig. Von oxidierenden Säuren sowie aromatischen und Halogenkohlenwasserstoffen wird es angegriffen. Polybutylen brennt wie PE und PP mit einer leuchtenden, nichtrußenden Flamme, die einen blauen Kern aufweist. Die Rauchschwaden riechen stechend nach Paraffin. *Verwendung:* Rohrleitungen, Behälterauskleidungen, Folien, Kabelisolation u.a.

- **Polyisobutylen (Polyisobuten), PIB**

$$\left[CH_2 - \overset{\overset{\displaystyle CH_3}{|}}{\underset{\underset{\displaystyle CH_3}{|}}{C}} \right]_n$$

Polyisobutylen fällt je nach Polymerisationsgrad als klebrig-öliges bis kautschukartiges Produkt an. Die maximale Gebrauchstemperatur liegt bei 120°C, ab 380°C erfolgt Zersetzung. Durch Zusatz von Füllstoffen wie Ruß, Tonerde oder Talkum werden Festigkeit und Härte verbessert. Von Säuren, Laugen und Salzlösungen wird PIB nicht angegriffen, wohl aber von Mineralölen und Benzin. Nach dem Entzünden brennt es mit leuchtender Flamme, seine Schwaden riechen nach verbranntem Gummi. *Verwendung*: Folien, Dachbahnen und Dichtungsbahnen (hochmolekulares PIB), Klebstoffe und Abdichtmassen (niedermolekulares PIB).

- **Polyvinylchlorid, PVC**

$$\left[CH_2 - \overset{}{\underset{\underset{\displaystyle Cl}{|}}{CH}} \right]_n$$

Polyvinylchlorid ist neben Polyethylen und Polystyrol einer der am häufigsten verwendeten thermoplastischen Kunststoffe. Die Polymerisation des Vinylchlorids läuft in Gegenwart von Peroxiden als Initiatoren radikalisch ab. Im Ergebnis unterschiedlicher Polymerisationsverfahren fällt Polyvinylchlorid als Pulver bzw. in Form kleiner Perlen an. Um während der thermischen Verarbeitung des Roh-PVC (bei etwa 160°C) die Abspaltung von Chlorwasserstoff (HCl) zu vermeiden, werden ihm Stabilisatoren zugesetzt, z.B. anorganische Schwermetallsalze, Metallseifen des Ba, Zn und Ca, Soda und Alkaliphosphate.

Man unterscheidet weichmacherfreies (*u*nplasticized) Polyvinylchlorid **PVC-U** und weichgemachtes (*p*lasticized) Polyvinylchlorid **PVC-P**. Ersteres wird als Hart-PVC und letzteres als Weich-PVC bezeichnet. Reines PVC ist ein ziemlich sprödes Material. Je mehr Weichmacher hinzugefügt wird, umso geschmeidiger wird es.

- **Hart-PVC** (PVC-U) ist ein bei Raumtemperatur harter, polymerer Werkstoff, der zwischen 75...80°C in den weichelastischen Zustand übergeht. Er enthält grundsätzlich keine Weichmacher. Seine Dichte beträgt 1,38...1,40 g/cm^3, die maximale Gebrauchstemperatur liegt bei 60°C. Bei 170°C wird PVC-U ölig-flüssig und bei 230°C erfolgt Zersetzung. PVC-U ist leicht einfärbbar, spanend verarbeitbar, schweißbar, verklebbar und zwischen 130 - 140°C verformbar. Bis zu einer Temperatur von ca. 60°C zeigt Hart-PVC gegenüber den meisten Chemikalien eine gute bis sehr gute Beständigkeit (Ausn.: konz. H_2SO_4 und HNO_3). In Ketonen, Estern, Chlorkohlenwasserstoffen und aromatischen KW wird es angequollen bzw. gelöst. *Verwendung*: Rohre für Wasserleitungen und Gasversorgung, Dränrohre, Bedachungen, Tafeln, Dachrinnen u.a.

- **Weich-PVC** (PVC-P) enthält zwischen 20...50% Weichmacher, vor allem Phthalsäureester (Abb. 7.2). In Abhängigkeit vom Weichmachergehalt fallen Produkte von weichgummi- bis lederähnlicher Beschaffenheit an. Infolge der relativ tiefen Einfriertemperaturen ($< -5^{\circ}$C) liegen die weichgemachten PVC-Sorten bei normalen Gebrauchstemperaturen im thermoelastischen Zustand vor.

Die *Eigenschaften von PVC-P* hängen von der Art und der Menge des zugesetzten Weichmachers ab. Eine Urformung durch Extrudieren, Gießen, Tauchen, Streichen, Kalandrieren, Schäumen und Hohlkörperblasen ist oberhalb 150°C möglich. Bei einem Weichmacheranteil von 30...40% Dioctylphthalat (DOP) beträgt die Dichte des PVC-P etwa 1,3 g/cm^3. Weich-PVC besitzt naturgemäß eine geringere chemische Beständigkeit als Hart-PVC. Es ist stärker quellbar und leichter in organischen Lösungsmitteln löslich. Verlust des Weichmachers durch Verflüchtigung, Herauslösen oder mikrobiellen Verzehr der Weichmachermoleküle, etwa bei bekiesten PVC-Flachdächern mit unzureichendem Gefälle und Pfützenbildung, führt zur **Versprödung** des Polyvinylchlorids. PVC ist schwer entflammbar. Es brennt in der Flamme gelb-rußend, wobei der untere Flammenteil bei Anwesenheit von Cu grün gesäumt ist (*Beilstein-Probe,* Cu-Nachweis). Außerhalb der Flamme erlischt es wieder. *Verwendung*: Folien, Planen, Dichtungs- und Dachbelagbahnen, Fußbodenbeläge, Schaumstoff, Schläuche, Draht- und Kabelisolation u.a.

- **Polystyrol, PS**

$$\left[\!\!\begin{array}{c} CH_2-CH \\ | \\ C_6H_5 \end{array}\!\!\right]_n$$

Polystyrol wird hauptsächlich durch radikalische Polymerisation von Styrol in Gegenwart peroxidischer Radikalbildner hergestellt. Das Polymerisat ist ein harter, glasklarer Werkstoff geringer Schlagzähigkeit. Es besitzt eine glänzende Oberfläche, die allerdings nicht kratzfest ist. Die Sprödigkeit unterhalb der Glasübergangstemperatur ist auf die sterische Behinderung der Makromoleküle durch die Phenylgruppen zurückzuführen. Sie erschwert ihre Beweglichkeit. Reines Polystyrol (Homopolymerisat) besitzt eine Dichte von 1,05 g/cm^3. Es erweicht zwischen 80...90°C und ist gut verformbar. PS lässt sich problemlos einfärben, spanabhebend bearbeiten, polieren und kleben.

Gegenüber Säuren, Laugen, Alkoholen und Mineralölen ist es beständig, gegenüber den meisten organischen Lösungsmitteln jedoch unbeständig. PS brennt mit leuchtender, stark rußender Flamme nach dem Entfernen der Zündquelle weiter und verbreitet einen süßlichen Geruch (Styrol!). Unter dem Einfluss von UV-Licht erfolgt eine allmähliche Vergilbung des Polystyrols. Seine Festigkeit nimmt ab und die Oberfläche wird langsam matt. *Verwendung*: PS-Formmassen werden zu Haushaltsgegenständen (Dosen, Behälter, Wegwerfgeschirr, Spielzeuge usw.) sowie zu Profilen, Beschlägen, Folien für Kabel u.a. verarbeitet.

PS-Hartschaum besitzt als Dämmstoff allergrößte technische Bedeutung. Er ist ein geschlossenzelliger, harter Schaumstoff entweder aus reinem Polystyrol oder aus Mischpolymerisaten mit einem überwiegenden Polystyrolanteil.

Bei der **Herstellung von Schäumen** unterscheidet man zwei grundsätzliche Herangehensweisen: die chemische und die physikalische Schaumerzeugung. Bei der *chemischen Schaumerzeugung* wird das notwendige Treibgas entweder in einer chemischen Reaktion erzeugt (PUR-Weichschaum, s.u.) oder es entsteht durch Zersetzung des zugesetzten Treibmittels (PVC). Bei der physikalischen Schaumerzeugung erfolgt das Aufblähen des Polymerisats durch Änderung des physikalischen Zustands des Treibmittels (z.B. Ver-

dampfen; PS- und PUR-Hartschaum) oder aber Gase werden in die Grundmasse einge-
mischt (Phenolharze, PF).

Nach der Herstellungsart der PS-Schaumstoffe unterscheidet man zwischen dem eher
grobporigen Partikelschaumstoff aus geblähtem Polystyrolgranulat (*EPS-Partikelschaum*;
EPS steht für expandierbares PS), z.B. *Styropor* (BASF), und dem eher feinporigen extru-
dergeschäumten PS-Schaumstoff (XPS, E̱xtrudierter PS-Hartschaum), z.B. Styrodur
(BASF).

Polystyrolpartikelschaum (EPS): Enthält das Polymerisat in der Hitze verdampfende
Treibmittel, entsteht geschäumtes Polystyrol. Als Treibmittel finden Pentan (Sdp. 36°C)
oder CO_2 Einsatz. Beispiel: **Styropor** (BASF): Das Ausgangspolymerisat für Styropor sind
kleine Polymerkugeln. Sie werden mit H_2O-Dampf bei Temperaturen >90°C vorgeschäumt,
wobei die PS-Perlen infolge des verdampfenden Treibmittels Pentan, zum Teil auch infolge des eingedrungenen H_2O-Dampfs, um das 20...50fache ihres ursprünglichen Volumens aufblähen. Im Inneren der Polymerperlen bildet sich eine geschlossene Zellstruktur
aus. Der Grad der Aufschäumung bestimmt die Rohdichte der späteren Styroporplatte, sie
liegt zwischen 10...35 kg/m^3. Der Aufschäumgrad hängt von der Dauer der Wärmeeinwirkung ab. Die vorgeschäumten Perlen müssen einige Zeit unter Luftzufuhr zwischengela-
gert werden (bis 48 Stunden). Beim Abkühlen der Partikel kondensieren in den einzelnen
Zellen noch vorhandenes Treibmittel und Wasserdampf. Der sich hierbei ausbildende Un-
terdruck wird durch eindiffundierende Luft ausgeglichen. Beim späteren Einsatz sind die
Zellen mit Luft gefüllt. Die vorgeschäumten, zwischengelagerten Schaumstoffperlen werden anschließend in Formen gefüllt und durch weiteres Erhitzen mit H_2O-Dampf bei etwa
130°C zu Platten u.a. verschmolzen (Quelle: Fa. Knauf).

Verwendung: Dämmstoffe für die Wärmedämmung (WDVS), für Trittschalldämmung bei
Estrichen, für Drainplatten und als Verpackungsmaterial.

Extrudergeschäumtes Polystyrol (XPS). Das Polystyrol-Granulat wird in einem Extruder
aufgeschmolzen und unter Zugabe von Kohlendioxid als Treibmittel über eine Breitschlitz-
düse ausgetragen, hinter der sich kontinuierlich der Schaumstoffstrang aufbaut. Nach
Durchlaufen einer Kühlzone wird der Strang zu Platten gesägt.

Extrudergeschäumtes Polystyrol ist homogen und geschlossenzellig. Die mit CO_2 aufge-
schäumten XPS-Dämmplatten enthalten nach raschem Gasaustausch mit der Umgebungsluft bei ihrem Einsatz nur noch Luft als wärmedämmendes Gas ($\rightarrow$ **Styrodur**,
BASF). Extrudergeschäumtes PS besitzt aufgrund der kompakteren Zellstruktur eine höhere Festigkeit als ein durch zugesetzte Treibmittel geschäumtes PS.

Verwendung: XPS-Hartschaum wird aufgrund seiner höheren Festigkeit und seiner geringeren H_2O-Aufnahme für die Dämmung von Gebäuden gegen das Erdreich eingesetzt;
weiterhin: Verwendung für Dachdämmung, Bodendämmung bei hoher Belastung, Einsatz
im Sockelbereich (Wand).

In speziellen **Brandschutzplatten** ist geschäumtes Polystyrol mit wasserhaltigem Natriumsilicat kombiniert, das durch eine wasserdichte Epoxidharzschicht gegen Austrocknen geschützt ist (BASF). Bei Hitzeeinwirkung (Feuer!) blähen sich die dünnen Platten infolge der
Zersetzung des PS und des freiwerdenden Wasserdampfs auf und erzeugen eine un-
brennbare, poröse Brandschutzschicht (Verwendung für Wände und Türen).

Um die thermischen und mechanischen Eigenschaften des Homopolymerisats zu verbessern, wird PS mit anderen Monomeren copolymerisiert. Das sogenannte **schlagfeste Polystyrol** ist ein Styrol-Butadien-Pfropfcopolymer (Kurzzeichen: **SB**), dessen Butadienanteil
zwischen 10...15% liegt. SB-Formmassen sind Zweiphasensysteme. Die gummiartigen

Butadienteilchen (disperse Phase) sind im thermoplastischen Werkstoff Polystyrol (Dispersionsmittel) verteilt und verbessern dessen Schlagzähigkeit entscheidend. SB-Copolymere weisen allerdings eine geringere Alterungsbeständigkeit als das Homopolymerisat auf und neigen zur Versprödung.

Für die Praxis wichtige Copolymerisate sind die **Acrylnitril-Butadien-Styrol-Copolymerisate (ABS)** und die **Styrol-Acrylnitril-Copolymerisate (SAN).** Das chemische Verhalten der Copolymerisate unterscheidet sich nicht grundlegend von dem der Reinpolymerisate, wenngleich sich die Unbeständigkeit gegenüber oxidierenden Säuren, Alkoholen, Estern, Aceton, aromatischen und Chlorkohlenwasserstoffen etwas erhöht. *Verwendung der Copolymerisate*: Rohre, Gehäuse für Telefonapparate und Radios, Geräteteile, Schutzhelme, Kfz-Teile usw.

- **Polyacrylate** (Polyacrylsäureester) sind Polymere auf Basis von Estern der *Acrylsäure* $H_2C=CH-COOR$ mit niederen Alkoholen. Sie entstehen durch radikalische Polymerisation und fallen je nach Polymerisationsgrad als durchsichtige, farblose, viskose, evtl. klebrige Flüssigkeiten oder als feste Produkte an. Ihre Einsatzmöglichkeiten sind durch ihre sehr niedrigen Glasübergangstemperaturen limitiert. Durch Copolymerisation mit Methacrylsäure, Styrol, Acrylnitril, Vinylchlorid oder Vinylacetat können ihre Eigenschaften verbessert werden. *Verwendung*: Elastische Harze (Acrylharze), Klebstoffe (Acrylat-Klebstoffe), Beschichtungen, Anstriche (Acrylat-Lacke), Imprägnierungen, Betonzusätze, Grundstoffe für Fugendichtmassen.

- **Polymethacrylsäuremethylester , PMMA**
  (Polymethylmethacrylate)

$$\left[\begin{array}{c} CH_3 \\ | \\ C-CH_2 \\ | \\ COOCH_3 \end{array}\right]_n$$

Polymethacrylate (Polymethacrylsäureester) werden durch radikalische Polymerisation von Estern der Methacrylsäure $H_2C=C(CH_3)-COOR$ mit R = CH_3, C_2H_5, C_3H_7, ... als amorphe, glasartig harte und transparente Kunststoffe **("organisches Glas")** erhalten. Die technisch größte Bedeutung haben die *Polymethylmethacrylate* (obiges Formelbild, Veresterung mit Methanol) erlangt. Polymethylmethacrylate (ρ = 1,18 g/cm^3) sind glasklare polymere Werkstoffe (**Acrylglas**) hoher Härte und Festigkeit sowie hoher Wärme- und Witterungsbeständigkeit an. Im Gegensatz zu Fensterglas sind sie auch für UV-Licht durchlässig. Sie sind hochglänzend, kratzfest und lassen sich gut bearbeiten, z.B. polieren, sägen, fräsen und bohren. Sie können verklebt und verschweißt werden. Die Erweichungstemperaturen der Polymere liegen zwischen 120...140°C. Bei etwa 150°C, also im thermoelastischen Bereich, können sie gebogen, gezogen bzw. tiefgezogen werden.

PMMA sind beständig gegenüber verdünnten Säuren ($\leq$ 20%), verdünnten Laugen, Benzin, Mineralölen sowie tierischen und pflanzlichen Ölen. Nicht beständig bzw. löslich bis quellbar sind sie in Benzol, Toluol, Estern, Ketonen, Chlorkohlenwasserstoffen sowie konz. Säuren und Laugen. PMMA brennt nach der Entzündung mit leuchtender, nichtrußender Flamme (blauer Kern) knisternd ab, wobei ein scharfer, fruchtartiger Geruch entsteht. *Verwendung*: Verglasungen, lichtdurchlässige Platten, Stäbe, Rohre, Profile, Sanitärartikel; Sicherheitsglas (splitterfrei und schusssicher). Das bekannteste Polymethylmethacrylat ist *Plexiglas* (Fa. Röhm).

- **Polyvinylacetat, PVAC**

$$\left[\begin{array}{c} CH - CH_2 \\ | \\ O - COCH_3 \end{array}\right]_n$$

PVAC wird durch radikalische Polymerisation von Vinylacetat CH_2=CH-O-COCH$_3$ erhalten. Die Polymerisate sind glasklare, spröde, licht-, wärme- und witterungsbeständige Thermoplaste mit Dichten zwischen 1,16 und 1,18 g/cm^3. Die Glasübergangstemperaturen der Polyvinylacetate liegen in Abhängigkeit von der relativen Molekülmasse zwischen 28...180°C. PVAC ist unlöslich in Wasser, jedoch löslich in vielen organischen Lösungsmitteln. Aufgrund seiner geringen mechanischen Festigkeit kann PVAC nicht als Konstruktionswerkstoff eingesetzt werden. *Verwendung*: Bindemittel für Anstriche und Beschichtungen, zur Herstellung von Lacken, Klebstoffen und Spachtelmassen, Haft- und Kontaktmittel.

- **Polyvinylether**

$$\left[\begin{array}{c} CH - CH_2 \\ | \\ O - R \end{array}\right]_n$$

Polyvinylether entstehen überwiegend durch kationische Polymerisation von Alkylvinylethern CH_2=CH-OR. Technische Bedeutung haben der **Polymethylvinylether** (R = CH$_3$), der **Polylethylvinylether** (R = C$_2$H$_5$) und der **Polyisobutylvinylether** (R = CH$_2$-CH(CH$_3$)$_2$) erlangt. Polyvinylether besitzen in Abhängigkeit von Alkylrest und Polymerisationsgrad eine klebrig-flüssige bis feste wachsartige Konsistenz. Sie lösen sich in den meisten organischen Lösungsmitteln und besitzen eine außerordentlich gute Haftfähigkeit. *Verwendung*: Klebstoffe (z.B. auf Klebe- und Isolierbändern), wiederbefeuchtbare Papierklebstoffe (PVM), Lacke u.a.

7.3.4.2 Polykondensationskunststoffe (Polykondensate)

Polykondensationskunststoffe entstehen im Resultat einer Kondensationsreaktion. Monomere mit zwei funktionellen, meist endständigen Gruppen (bifunktionelle Monomere) bilden lineare, unverzweigte Polymere, polyfunktionelle Monomere mit drei oder mehr funktionellen Gruppen bilden dagegen verzweigte oder räumlich vernetzte Polymere.

Bei einer Polykondensation reagieren Monomere mit mindestens zwei meist verschiedenen funktionellen Gruppen zu einem Makromolekül unter Abspaltung kleiner anorganischer Moleküle, in der Regel H$_2$O, seltener NH$_3$ oder HCl.

Bautechnisch wichtige Polykondensate:

- **Polyamide, PA** entstehen durch Umsetzung von Diaminen und Dicarbonsäuren oder durch Polykondensation von Aminosäuren. Sie werden sowohl zu Textilfasern als auch zu Werkstoffen verarbeitet. Gl. (7-9) zeigt die Umsetzung von Hexamethylendiamin H$_2$N-(CH$_2$)$_6$-NH$_2$ mit Adipinsäure HOOC-(CH$_2$)$_4$-COOH unter Wasserabspaltung zu einem Polyamid. Polyamide sind ziemlich harte, zähe, abriebfeste, farblose bis schwach gelbliche Thermoplaste mit glänzender Oberfläche. Die hornartigen Stoffe besitzen aufgrund ihres relativ hohen kristallinen Anteils keinen breiten Erweichungsbereich, sondern einen mehr oder weniger scharf ausgeprägten Schmelzpunkt. Er liegt je nach PA-Sorte zwischen 185 und 255°C. PA lassen sich verspinnen, gießen, pressen und spanabhebend bearbeiten. Von Nachteil für den Einsatz als Werkstoff ist ihre Empfindlichkeit gegenüber Luftsauerstoff bei Temperaturen >100°C und gegenüber UV-Strahlung. Darüber hinaus nehmen sie in Abhängigkeit von der Luftfeuchtigkeit wechselnde Mengen Wasser auf (bis zu 10%). Gegenüber Alkalien und den meisten organischen Lösungsmitteln sowie Kraftstoffen und Ölen sind die PA beständig. Von konz. Säuren und starken Oxidationsmitteln werden sie angegriffen. Polyamide brennen mit leuchtender Flamme unter Abtropfen (Geruch nach verbranntem Horn). *Verwendung*: Folien, Platten, Schrauben, Dübel, Beschläge, Dichtungen, Textilfasern u.a.

$$n \left\{ H_2N - (CH_2)_6 - N \overset{\textstyle\mid}{\underset{\textstyle H}{+}} H + HO|OC - (CH_2)_4 - COOH \right\} \xrightarrow{\;-\,(2n-1)\,H_2O\;}$$

$$\left[H \overset{}{+} \underset{\underset{\textstyle H}{\textstyle\mid}}{N} - (CH_2)_6 - \underset{\underset{\textstyle H}{\textstyle\mid}}{N} - \overset{\overset{\textstyle O}{\textstyle \|}}{C} - (CH_2)_4 - \overset{\overset{\textstyle O}{\textstyle \|}}{C} + OH \right]_n$$

(7-9)

• **Phenol-Formaldehyd-Harze, PF** *(Phenolharze, Phenoplaste)* entstehen durch Einwirkung von Formaldehyd auf Phenol im basischen bis schwach sauren Milieu. Phenol und Formaldehyd reagieren unter Wasserabspaltung zunächst stufenweise zu Zwischenprodukten (Abb. 7.10a), wobei die Substitution der H-Atome des Phenols in ortho- und in para-Stellung erfolgen kann. Aus den zunächst gebildeten Zwischenprodukten entsteht durch fortschreitende Polykondensation ein räumlich vernetztes Polykondensationsprodukt (Abb. 7.10b). Ein Phenol-Formaldehyd-Harz war der erste und lange Zeit einer der wichtigsten synthetischen Kunststoffe, der unter dem Namen seines Erfinders *L. H. Baekeland* als **Bakelit** bekannt geworden ist.

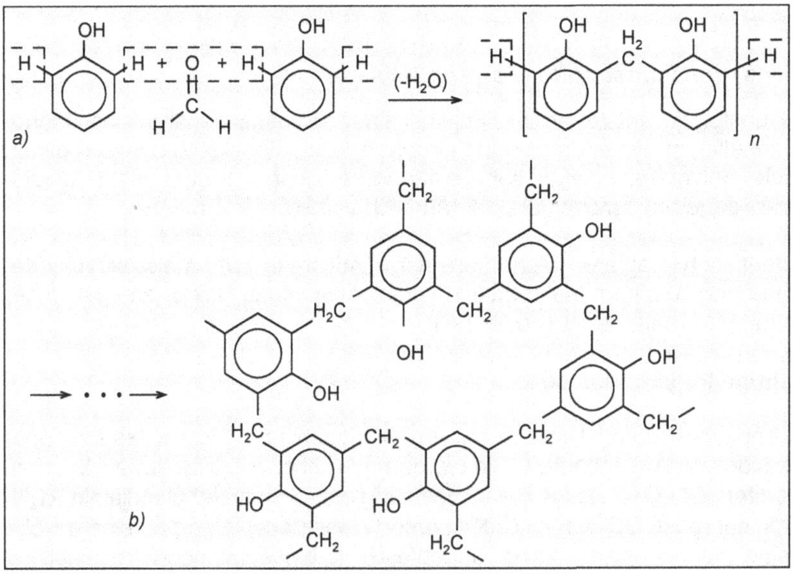

Abbildung 7.10   Phenol-Formaldehyd-Harze: a) Bildung des Vorkondensats durch inter molekulare H_2O-Abspaltung; b) Ausschnitt aus der vernetzten Struktur

Die geruch- und geschmacklosen Phenol-Formaldehyd-Harze besitzen den Nachteil, dass sie im Laufe der Zeit nachdunkeln. Deshalb werden sie vor der Weiterverarbeitung meist dunkelbraun oder schwarz eingefärbt. Sie sind widerstandfähig gegenüber Wasser und Chemikalien, auch gegenüber organischen Lösungsmitteln, und besitzen etwa die Härte des Kupfers. *Verwendung*: Wegen ihrer niedrigen elektrischen und Wärmeleitfähigkeit werden Phenolharze zur Herstellung von Isolatoren, Schaltern, Steckdosen usw. verarbeitet. Darüber hinaus finden sie Verwendung in Schichtpressstoffen, Holzspan- bzw. Holzfaserplatten.

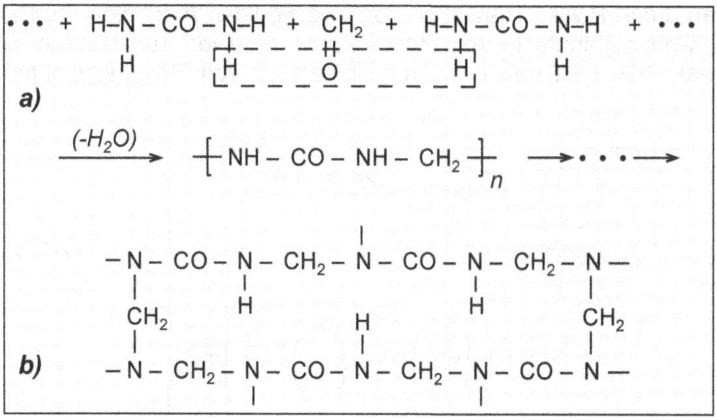

Abbildung 7.11   Harnstoff-Formaldehyd-Harze: a) Bildung des Vorkondensats unter H_2O-Abspaltung; b) Ausschnitt aus der vernetzten Struktur

• **Harnstoff-Formaldehyd-Harze**, **UF** *(Harnstoffharze)* gehören zur Gruppe der **Aminoplaste**. Aminoplaste sind Kunststoffe, die durch Einwirkung von Aldehyden (meist Formaldehyd) auf Amine hergestellt werden. Das Kurzzeichen **UF** leitet sich von *U*rea (griech. -lat. Harnstoff) und *F*ormaldehyd ab. Bei der Umsetzung von *Harnstoff* (H_2N-CO-NH_2) und *Formaldehyd* (H-CHO) entstehen unter entsprechenden Reaktionsbedingungen zunächst kettenförmige Moleküle (Abb. 7.11a) als **Vorkondensate**. Sie werden ähnlich wie die Phenolharze durch Erhitzen unter Druck vernetzt. Abb. 7.11b zeigt einen Ausschnitt aus der vernetzten Struktur eines Harnstoff-Formaldehyd-Harzes.

Harnstoff-Formaldehyd-Harze sind glasklar und farblos, jedoch gut anfärbbar. Sie werden meist mit Füllstoffen zu weißen Pressmassen verarbeitet, die sich durch Lichtechtheit sowie Geschmacks- und Geruchlosigkeit auszeichnen. Allerdings sind sie empfindlich gegen Hitze und Feuchtigkeit. Ihre Widerstandsfähigkeit gegenüber Chemikalien entspricht der der Phenolharze. *Verwendung*: Bindemittel für Pressmassen (Sanitärbereich, Elektroinstallation), Bindemittel für Holzwerkstoffe und nichtelastische Schaumstoffe.

Problematisch ist die nachträgliche Abspaltung von Formaldehyd aus den Fertigprodukten. Die Emission von Formaldehyd aus Möbeln und Spanplatten führt zu einer teilweise beträchtlichen Belastung der Innenraumluft.

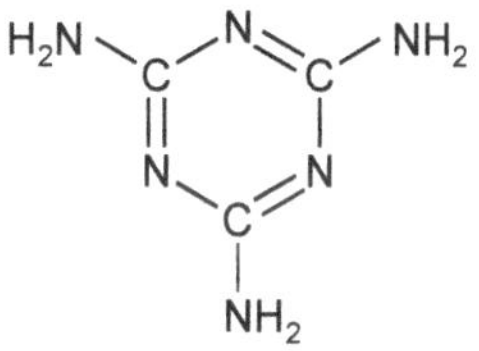

• **Melamin-Formaldehyd-Harze**, **MF** (*Melaminharze)*, entstehen durch Polykondensation von Melamin (2,4,6-Triamino-1,3,5-triazin) mit Formaldehyd. Wie die Harnstoffharze gehören auch die Melaminharze zu den Aminoplasten. Sie sind glasklar, gut anfärbbar und übertreffen die Harnstoffharze in Bezug auf Wasser- und Temperaturbeständigkeit deutlich. MF sind geruchsfrei

Melamin

und physiologisch unbedenklich. *Verwendung*: Mit Füllstoffen wie Gesteinsmehl, Holzmehl, Cellulose oder Textilfasern versetzt, werden die Melaminharze zu Pressmassen verarbeitet, die in der Elektroindustrie, Möbelindustrie (Deko-Platten, Deckfurniere) sowie in der Rundfunk- und Fernsehtechnik Verwendung finden.

- **Polyesterharze - Alkydharze**

- *Lineare Polyester* werden durch Polykondensation von zweiwertigen Alkoholen mit Dicarbonsäuren erhalten. Der wohl bekannteste Vertreter dieser Gruppe von Kunststoffen ist das **Polyethylenterephthalat, PET.** PET entsteht durch Umsetzung von Ethylenglycol mit Terephthalsäure (Gl. 7-10).

$$n \left\{ HO-(CH_2)_2 -O[\underline{H} + \underline{HO}]OC- \bigcirc -COOH \right\} \xrightarrow{- (2n-1) H_2O}$$

Ethylenglycol   Terephthalsäure   (7-10)

$$H \left[O-(CH_2)_2 -O-\overset{O}{\underset{||}{C}}- \bigcirc -\overset{O}{\underset{||}{C}}- \right]_n -OH$$

Aus PET werden vor allem Dichtungsbahnen für Bauwerksabdichtungen und Folien mit einer außerordentlich hohen Reißfestigkeit und Temperaturbeständigkeit hergestellt. PET wird außerdem zu Kunstfasern und Polyesterseilen verarbeitet.

- *Vernetzte Polyester.* Bei der Polykondensation eines dreiwertigen (z.B. Glycerin) oder höherwertigen Alkohols (Kap. 7.1.3) mit einer zweiwertigen aromatischen Dicarbonsäure oder deren Anhydrid bilden sich bei Temperaturen um 250°C vernetzte, schwer schmelzbare Kondensationsprodukte (*Glyptalharze*). Setzt man pflanzliche Öle, z.B. Leinöl, oder Fettsäuren zu, bilden sich im Resultat von Polykondensationsreaktionen **Alkydharze (öl-modifizierte Alkydharze).** Dabei wird mindestens eine OH-Gruppe des mehrwertigen Alkohols mit einer Fettsäure verestert. Je nach „Ölbasis" unterscheidet man lufttrocknende, halb- und nichttrocknende Alkydharze. Alkydharze bilden wetter- und wasserfeste, lichtbeständige Anstrichfilme, weshalb sie vor allem als Lackharze verwendet werden.

- *Ungesättigte Polyesterharze, UP* werden durch Polykondensation ungesättigter Dicarbonsäuren bzw. polyfunktioneller ungesättigter Carbonsäurederivate mit mehrwertigen Alkoholen erhalten. Die zunächst durch Kondensation entstehenden linearen bzw. verzweigten ungesättigten Polyester fallen als glasig-amorphe, feste Massen an. Indem man sie in einem polymerisationsfähigen Lösungsmittel wie Styrol löst, erreicht man eine Vernetzung (**vernetzte Polyester**). Ihre Synthese stellt eine Kombination aus Polykondensations- und Polymerisationsreaktionen dar.
Die Lösungen der ungesättigten Polyester in Styrol *(**Achtung:** Styroldämpfe wirken reizend auf Augen, Atemwege und Haut!)* bezeichnet man als *Gieß-* oder *Reaktionsharze (auch: Laminarharze).* Die Aushärtung kann je nach eingesetztem Härter und evtl. zugesetzten Beschleunigern bei höheren Temperaturen oder bei Normaltemperatur erfolgen. Durch Zugabe organischer Peroxide als Härter erfolgt die Polymerisation der Kondensate bei Temperaturen zwischen 80...160°C. Soll eine Aushärtung unter 80°C erreicht werden, müssen Beschleunigersubstanzen (Metallsalze) zugesetzt werden.

Die **vernetzten, ausgehärteten Polyesterharze** sind harte, spröde, farblose und glasklare Werkstoffe, die sich leicht einfärben lassen. Sie sind beständig gegenüber Wasser, verdünnten Mineralsäuren und Alkalien, Salzlösungen sowie den meisten organischen Lösungsmitteln (Ausn.: Aceton, Essigsäureethylester). Die mechanischen Eigenschaften der Polyesterharze können durch Glasfaserverstärkung verbessert werden **(Glasfaserverstärkte Kunststoffe, GFK).**

Verwendung: Klebstoffe (Zweikomponenten-Kleber), Polymermörtel und -betone, Gießharze, glasfaserverstärkte Polyesterharze **(UP-GF).** UP-GF finden im Bausektor für lichtdurchlässige, ebene bzw. gewellte Platten und Tafeln für Fassadenbekleidungen, Wände und Decken, des Weiteren für Profile, Rohre sowie Bauelemente für Schwimmbäder Verwendung. Neben UP-GF sind eine Reihe weiterer Kunststoffe mit Glasfaserverstärkung im Handel: Epoxidharze (EP-GF), Polystyrol, Polyamide, Polycarbonate, Phenol- und Melaminharze.

Polycarbonate, PC sind *lineare Polyester*, die durch Polykondensation von Derivaten der Kohlensäure mit Dialkoholen hergestellt werden. Die Bezeichnung dieser Kunststoffe als Polycarbonate geht auf die Gruppierung (-O-CO-O-, *Carbonat*: CO_3^{2-}) zurück.

PC sind klare, durchsichtige, farblose bis schwach gelbliche, thermoplastische Kunststoffe, die in ihren mechanischen, thermischen und elektrischen Eigenschaften zahlreichen anderen Kunststoffen überlegen sind. Sie sind hartelastisch und lassen sich polieren, spanend bearbeiten, kleben, schweißen und nageln. Sie sind beständig gegenüber Wasser, Salzlösungen, verdünnten Mineralsäuren, Kohlenwasserstoffen, Ölen und Fetten. Darüber hinaus weisen sie eine ausgezeichnete Beständigkeit gegenüber Sonnenlicht, Witterungseinflüssen und radioaktiver Strahlung auf. Von Alkalien (Zement!) werden sie angegriffen.

Verwendung: Platten, Tafeln, Stangen, lichtdurchlässige Formplatten, Verglasungen, Telefonzellen, durchsichtige Geräteabdeckungen, CD und DVD u.a.m.

7.3.4.3 Polyadditionskunststoffe (Polyaddukte)

Polyadditionskunststoffe entstehen im Resultat einer Polyadditionsreaktion bei der die Bildung eines Makromoleküls durch wechselseitige Verknüpfung (Addition) verschiedenartiger Monomere erfolgt. Ein Molekül mit zwei oder mehreren reaktiven Gruppen addiert sich an ein zweites Molekül, das als reaktives Strukturelement Doppelbindungen aufweist. Dabei wird ein Proton von der funktionellen Gruppe der addierten Verbindung zu einem Atom des ungesättigten Monomers übertragen. Im Gegensatz zur Polykondensation entstehen keine Nebenprodukte.

Zu den Polyaddukten gehören die beiden wichtigen Kunststoffgruppen Polyurethane und Epoxidharze.

• **Polyurethane, PUR.** Setzt man aliphatische Diisocyanate, z.B. 1,6-Hexandiisocyanat, mit Diolen wie Ethylenglycol (Gl. 7-11) oder 1,4-Butandiol um, erhält man überwiegend **lineare Polyurethane.** Sie besitzen ähnliche Eigenschaften wie die Polyamide. Durch Zusatz von Füllstoffen wie Ruß oder Metalloxide (Al_2O_3, TiO_2) können ihre Gebrauchseigenschaften verbessert werden. **Vernetzte Polyurethane** entstehen durch Polyaddition von Di- und Triisocyanaten (Gemische!) an höhermolekulare Alkohole oder verzweigte Polyester. Die Eigenschaften der Polyurethane sind je nach Vernetzungsgrad über einen weiten Bereich variierbar. PUR-Harze haften gut auf unterschiedlichen Untergrundmaterialien, altern nur geringfügig und werden von verdünnten Säuren und Laugen, Kohlenwasserstoffen sowie Ölen und Fetten kaum angegriffen. Konzentrierte Laugen und Säuren lösen die Harze allerdings an. PUR-Harze sind reißfest und elastisch.

Polyurethane fallen als harte, spröde Feststoffe oder als Elastomere (*Polyurethanelasto-mere*) an. Entsprechend breit gefächert ist ihr Verwendungsgebiet. Es reicht von zähharten Fußbodenbeschichtungen (Gießharze) bis hin zu Polyurethanschaumstoffen (s.u.). Weitere Einsatzgebiete: Fugenfüllstoff, Abdichtungen, Lackbindemittel, Klebstoffe, Spachtelmassen.

$$n \left\{ HO-CH_2-CH_2-OH \quad + \quad O=C=N-(CH_2)_6-N=C=O \right\} \longrightarrow$$

Ethylenglykol   1,6-Hexandiisocyanat

$$\left[-O-CH_2-CH_2-O-\overset{\overset{\displaystyle O}{\|}}{C}-\underset{\underset{\displaystyle H}{|}}{N}-(CH_2)_6-\underset{\underset{\displaystyle H}{|}}{N}-\overset{\overset{\displaystyle O}{\|}}{C}- \right]_n$$

(7-11)

Polyurethanschaumstoffe lassen sich in *PUR-Weich-* und *PUR-Hartschaumstoffe* unterteilen. Sie wurden in der Vergangenheit ausnahmslos durch FCKW (bes. CCl_3F, R 11) geschäumt. Die Suche nach Alternativen machte schnell deutlich, dass es ein halogenfreies Treibmittel, das alle günstigen Eigenschaften der FCKW in sich vereint, nicht geben kann. So wurden je nach Schaumstofftyp anwendungsspezifische Ersatzlösungen entwickelt. Ein alternatives Treibmittel für die **Weichschäume** zu finden, war nicht schwierig. Führt man nämlich die Polyaddition in wässriger Lösung durch, kommt es unter Abspaltung von CO_2 zur Bildung von Diaminen (Gl. 7-12), die als Vernetzerkomponente wirken. Zu Beginn der Polyaddition kann das CO_2 noch aus der flüssigen Reaktionsmischung entweichen. Je viskoser die Mischung wird, umso weniger Gasblasen können entweichen. Sie bleiben „gefangen" und verleihen dem festen Polymer eine schaumige Struktur. Das CO_2 besitzt demnach blähende und schaumbildende Eigenschaften (*chemische Schaumerzeugung*).

$$O=C=N-(CH_2)_n-N=C=O + 2 H_2O \longrightarrow H_2N-(CH_2)_n-NH_2 + 2 CO_2 \uparrow$$

(7-12)

Für die Produktion von **PUR-Hartschäumen** ist heute vor allem Cyclopentan (BASF) das Treibmittel der Wahl (*physikalische Schaumerzeugung*). Cyclopentan verdampft durch die Reaktionswärme. Es kommt hinsichtlich seines Siedepunkts (49°C) und seiner Wärmeleitfähigkeit den Anforderungen an ein FCKW-Ersatztreibmittel am nächsten. Die physikalische Schäumung ist besonders für die Herstellung harter geschlossenzelliger Schaumstoffe geeignet. Die zukünftige Entwicklung wird zum alleinigen Einsatz von CO_2 als Treibmittel gehen.
PUR-Weichschäume finden ein breites Einsatzspektrum, z.B. als Polster- und als Teppichrückenmaterial sowie als Filtermaterial. *PUR-Hartschäume* werden in erster Linie zur Wärmedämmung von Gebäuden, von Wärme- und Kältespeichern sowie zur Dämmung in bestimmten Rohrsystemen eingesetzt.

● **Epoxidharze**, **EP** sind härtbare, industriell hergestellte organische Verbindungen, deren Reaktivität auf den im Molekül befindlichen Epoxidgruppierungen beruht. *Epoxide* enthalten den Sauerstoff in einer cyclischen, aus drei Atomen bestehenden Etherstruktur, bei der ein Sauerstoffatom an zwei direkt miteinander verknüpfte C-Atome gebunden ist.

$-CH-CH-$ *Epoxidgruppe*
     $\diagdown_{\ O\ }\diagup$

Epoxidharze sind aus zwei Komponenten bestehende Reaktionsharze (2 K-Systeme), einem Grund- oder Basisharz und einem Härter. Die **Grundharze** entstehen durch Umsetzung von Epichlorhydrin (exakt: 1-Chlor-2,3-epoxipropan) mit zumeist aromatischen Dihydroxyverbindungen (Phenolen), unter Zusatz von Alkalilauge. Als phenolische Komponente verwendet man hauptsächlich das bereits von den Polycarbonaten bekannte Bisphenol A (Dian). Aufgrund der endständigen Epoxidgruppen sind die Grundharze (Abb. 7.12a) in der Lage, mit aminogruppenhaltigen Härtern zu reagieren (Abb. 7.12b). Zur Herabsetzung der Viskosität und Verbesserung der Gießbarkeit können den Epoxiden Reaktivverdünner wie Glycidether aliphatischer und aromatischer Alkohole oder Glycidester höherer Carbonsäuren zugesetzt werden.

Bisphenol A (Dian)

Abbildung 7.12   a) Struktur eines Epoxid-Grundharzes; b) Reaktion der endständigen Epoxidgruppen eines Grundharzes mit dem Härter (z.B. Amin R-NH$_2$)

Durch Polyaddition der **Härterkomponenten** an die Epoxid(grund)harze entstehen vernetzte Makromoleküle unter Bildung eines harten Duroplasts. Als Härter werden vor allem mehrfunktionelle primäre und sekundäre Amine verwendet, z.B. Dipropylentriamin oder Diaminodiphenylamin. Verantwortlich für die räumliche Vernetzung des EP-Grundharzes sind die reaktiven H-Atome des Amins, damit liegen im ausgehärteten Epoxidharz überwiegend tertiäre Amine vor (Abb. 7.12b). Die Heißhärtung der Grundharze erfolgt bei Temperaturen zwischen 100...150°C mit sauren Härtern, z.B. Dicarbonsäureanhydriden. Dabei werden Harze mit einer höheren Wärmebeständigkeit und günstigeren elektrischen Eigenschaften erhalten. Die ausgehärteten EP-Harze sind relativ hart und abriebfest, chemisch sehr beständig und haften gut auf den verschiedensten Untergrundmaterialien.

Breite Anwendung finden heute in der Baupraxis **Epoxidharzemulsionen** (*wässrige 2-Komponenten-EP-Systeme*). Die Besonderheit dieser Emulsionen, die wie die konventionellen EP-Systeme auf der Umsetzung von EP-Harz mit reaktiven Polyaminen beruhen, besteht darin, dass mindestens eine Komponente wasserverdünnbar sein muss. Zur Bildung eines kolloiddispersen Systems setzt man überwiegend Dispergiermittel ein. Als Härter finden wasserverdünnbare Polyaminoamide oder hydrophil modifizierte Epoxid-Amin-Addukte Verwendung.

Grundharz und Härter werden auf der Baustelle vermischt, wo sie unter Freisetzung von Wärme das Epoxidharz bilden. Nach 12...16 Stunden ist die Aushärtung im wesentlichen abgeschlossen.

Da Epoxidharze als Duromere eine harte Oberfläche aufweisen, eignen sie sich sehr gut für mechanisch stark belastete Beschichtungen. Sie zeigen eine geringe Feuchtigkeitsempfindlichkeit und eine hohe Chemikalienbeständigkeit, haften gut und weisen eine geringe Wasserdampfdurchlässigkeit auf.

Verwendung: Lack- und Gießharze, Injektionsharz für Abdichtungen, Klebstoffe (Zweikomponenten-Kleber), Bindemittel zur Beschichtung oder zur Herstellung von Kunstharzmörtel und Kunstharzbeton.

Achtung: Der *ungeschützte* Einsatz von Epoxiden (Epoxidharze, Reaktivverdünner, Härter und ggf. Lösungsmittel) kann neben Reizungen der Augen zu allergischen Kontaktekzemen führen (Handschuhe!).

Polyurethan- und Epoxidharze, aber auch die vorher besprochenen ungesättigten Methacrylat- und Polyesterharze bezeichnet man als **Reaktionsharze.** Sie werden in der Regel als Vorprodukte angeliefert bzw. eingesetzt und vor Ort verarbeitet.

7.3.5 Organische Oberflächenschutzsysteme

Oberflächenschutzsysteme besitzen die Aufgabe, Beton-, insbesondere Stahlbetonkonstruktionen, vor dem Angriff von Wasser, in Wasser gelösten Schadstoffen (Salze, Luftschadstoffe, Staubpartikel), aber auch vor dem Zutritt von CO_2 (Carbonatisierungsbremse) zu schützen. Sie werden weiterhin eingesetzt, um mechanisch oder chemisch stark beanspruchte Fußböden, z.B. in Parkhäusern, Werk- und Lagerhallen, vor Verschleiß zu schützen.

a)   b)

Abbildung 7.13   Schematischer Vergleich zwischen einer a) imprägnierten
                  und b) einer beschichteten Betonoberfläche

Darüber hinaus sollen sie die Reinigung der Betonoberflächen erleichtern, einen schädigenden bakteriologischen Befall unterbinden und eine eventuelle farbliche Gestaltung ermöglichen. Je nach Anforderungsprofil reichen die Schutzmaßnahmen von der Imprägnierung (Hydrophobierung) bis hin zu Kunststoffbeschichtung.

• **Imprägnierungen** sollen möglichst tief in den porösen Untergrund eindringen, ohne einen dichten, deckenden Film auszubilden (Abb. 7.13a). Die Poren werden nicht gefüllt, vielmehr überzieht das Imprägniermittel die Innenwandungen der Poren mit einem dünnen Film. Damit bleibt der zu schützende Baustoff wasserdampfdurchlässig.

Imprägnierungen sollen hydrophob (wasserabstoßend) wirken. Sie sollen das Eindringen von Wasser in den Baustoff und so die kapillare Wasseraufnahme durch die Betonoberfläche (weitgehend) verhindern. Damit verbunden ist ein erhöhter Frost- und Frost-Tausalz-Widerstand und eine verringerte Aufnahme von in Wasser gelösten schädigenden Substanzen, z.B. Chloriden. Hydrophobierende Imprägnierungen sollen darüber hinaus alkali-, UV- und witterungsbeständig sein sowie klebfrei auftrocknen.

Alle diese Forderungen werden von den siliciumorganischen Verbindungen (Kap. 6.2.4) erfüllt. Silane, Siloxane und Siliconharze sind die wichtigsten **Hydrophobierungsmittel** im Bautenschutz.

Bei der korrekt ausgeführten Hydrophobierung einer Betonoberfläche sollte die **Eindring-tiefe** etwa 5...10 mm betragen. Diese Angabe ist natürlich nur ein Richtwert, denn die reale Eindringtiefe hängt von vielfältigen Einflüssen wie z.B. der Betongüte und der Porosität ab.

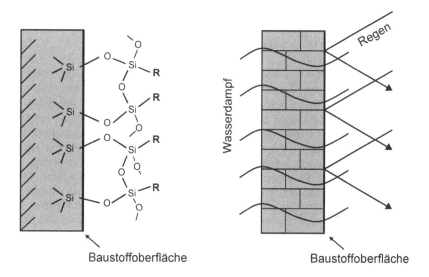

Baustoffoberfläche   Baustoffoberfläche

Abbildung 7.14
a) Molekülorientierung von Siliconen auf einer Baustoffoberfläche: Die unpolaren Kohlenwas-serstoffreste sind von der Oberfläche weggerichtet. *b)* Wirkung einer Siliconimprägnierung: schlagregenabweisend und wasserdampfdurchlässig

Die besondere Stabilität der Siliconimprägnierungen beruht auf dem Vermögen der Sili-cone, sich kovalent an die mineralischen Baustoffe zu binden (s. Abb. 6.8). Dadurch besit-zen sie eine außerordentlich gute Haftung zum Untergrund. Die Bindung erfolgt derart, dass die unpolaren Kohlenwasserstoffreste von der Oberfläche weggerichtet sind. Diese **Molekülorientierung** ist die Ursache für die wasserabweisende Wirkung der Silicone. Molekülorientierung und Funktion einer hydrophobierenden Siliconimprägnierung sind in Abb. 7.14 gezeigt. Siliconimprägnierungen werden bei Natursteinen, Kalksandsteinen, Ziegelmauerwerk und Betonen angewandt.

• **Versiegelungen** (versiegelnde Imprägnierungen oder Grundierungen) dienen dazu, das Eindringen flüssiger und gasförmiger Stoffe *weitgehend* zu verhindern. Sie sollen wie Imprägnierungen in den Beton eindringen, allerdings aufgrund intensiveren Tränkens so-wie einer anderen Stoffzusammensetzung (höherer Bindemittelgehalt) den oberflächen-nahen Porenraum stärker ausfüllen. Durch eine Versiegelung entsteht auf der Oberfläche ein ungleichmäßiger, weitgehend geschlossener, dünner Film (bis 0,3 mm Dicke). Zum Einsatz kommen Versiegelungen auf der Basis von Polyurethan-, Acrylat- und Epoxidhar-zen.

• **Beschichtungen** auf Kunststoffbasis bilden die weitaus größte Gruppe von Oberflä-chenschutzsystemen. Sie werden in flüssiger Form aufgestrichen, aufgespritzt oder aufgespachtelt und führen zu durchgehenden, gleichmäßigen Schichten auf der Betonoberfläche (Abb. 7.13b). Die Oberflächenporen werden durch das aufgebrachte Bindemittel gefüllt und es entsteht ein geschlossener, ca. 1...5 mm dicker Polymerfilm.

Beschichtungen sollen das Eindringen flüssiger und gasförmiger Stoffe in den Beton sowie das Austrocknen des Betons weitgehend verhindern, den Beton vor mechanischen Belastungen und dem Angriff chemischer Substanzen schützen und/oder Risse in der Betonoberfläche überbrücken (Haftbrücken). Sie bestehen in der Regel aus mehreren Schichten, weshalb sie auch als Beschichtungssysteme bezeichnet werden. Ihr genauer Aufbau hängt vom konkreten Ziel und den gegebenen Bedingungen ab. Zum Einsatz kommen Kunststoffdispersionen oder Dispersionspulver.

- **Kunststoffdispersionen** enthalten in wässrigen, seltener nichtwässrigen Dispersionsmitteln fein verteilte thermoplastische Kunststoffe. Die im Bauwesen verwendeten milchigweißen Dispersionen sind durch Teilchengrößen $> 10^{-6}$ m charakterisiert. Der Polymeranteil wässriger Kunststoffdispersionen kann bis zu 55% betragen. Ihre Herstellung erfolgt meist durch **Emulsionspolymerisation**, einem Verfahren, bei dem die Polymerisation durch Radikale ausgelöst wird (Kap. 7.3.4.1). Zunächst werden die Monomere mit Hilfe von Dispergiermitteln (Emulgatoren) in wässriger Lösung verteilt. Anschließend erfolgt in den entstandenen Tröpfchen die Polymerisation zu langkettigen Makromolekülen. Die adsorbierten Dispergiermittelmoleküle richten sich an der Oberfläche der Kunststoffpartikel entsprechend ihrer tensidischen Struktur so aus, dass sich die dispergierten Partikel in Wasser abstoßen und nicht zusammenballen. Eine weitere Möglichkeit der Stabilisierung von Kunststoffdispersionen besteht im Zusatz von Schutzkolloiden, z.B. von Polyvinylalkohol oder Cellulosederivaten.

Kunststoff- bzw. Polymerdispersionen werden in der Praxis oft als **Latexdispersionen** bezeichnet (*lat.* latex Flüssigkeit, Plural latices). Im historischen Sinne verstand man darunter Dispersionen von Naturprodukten wie dem Naturkautschuk, einer Dispersion des Milchsaftes des Kautschukbaumes.

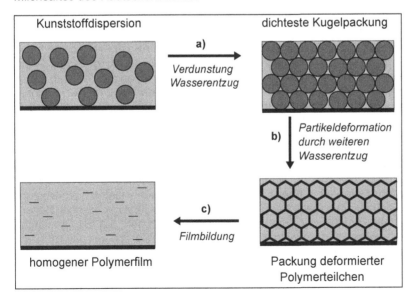

Abbildung 7.15 Filmbildung von Polymerteilchen einer Kunststoffdispersion

Wichtige in Kunststoffdispersionen verwendete Monomere sind Acrylate bzw. Methacrylate, Vinylacetate, Vinylpropionate, Styrol sowie Butadien. Im *Baubereich* finden häufig Copolymere Anwendung, z.B. Acrylat-Styrol-Copolymere, Styrol-Butadien-Copolymere und Vinylacetat-Copolymere.

Die filmbildende Wirkung beruht auf der Verschmelzung der Polymerkugeln zu einem Film unter Verdunstung des Wassers. Die Temperatur, bei der die Filmbildung einsetzt, bezeichnet man als **Mindestfilmtemperatur.** Sie liegt beispielsweise für PVAC (und Copolymere) zwischen 10...30°C und für Polyvinylpropionat (und Copolymere) zwischen 20...30°C. Der Kunststofffilm ist umso fester, je langkettiger die dispergierten Makromoleküle sind. Durch zugesetzte Vernetzer werden zusätzliche kovalente Bindungen geknüpft.

Man geht von **drei Phasen der Filmbildung** aus (Abb. 7.15): *a)* Verdunstung und/oder Entzug des Wassers durch den kapillaren Untergrund führt zu allmählicher Einengung der Bewegungsfreiheit der Polymerteilchen (Aufkonzentration); *b)* Die Teilchen nähern sich infolge wirkender Kapillarkräfte an und die Makromoleküle werden zunehmend aneinandergepresst und deformiert. Es bildet sich eine dreidimensionale Wabenstruktur aus. *c)* Weiteres starkes Aneinanderpressen der Polymerteilchen bewirkt ein „Verhaken" der hochmolekularen Polymerketten zwischen den verschiedenen Wabenelementen. Die vollständige Verdunstung bzw. der Entzug des Wassers durch kapillares Saugen des Untergrunds führt zur Ausbildung eines homogenen Polymerfilms.

- **Dispersionspulver.** Durch Sprühtrocknung können aus Dispersionen Dispersionspulver *(redispergierbare Pulver)* erzeugt werden. Rührt man die Pulver mit Wasser an, bildet sich wieder eine stabile wässrige Dispersion. Um zu vermeiden, dass bei der Herstellung der Dispersionspulver zu früh eine Filmbildung einschließlich irreversibler „Verklebung" einsetzt, umhüllt man die entstehenden feinen Pulverpartikel mit einem wasserlöslichen Schutzkolloid, z.B. mit Celluloseetherderivaten. Redispergierbare Pulver werden zumeist in der Trockenmörtelindustrie eingesetzt.

Kunststoffdispersionen finden neben ihrem Einsatz in Oberflächenschutzsystemen Verwendung in Kunststoffdispersionsfarben, Dispersionsklebern, kunststoffmodifizierten Zementmörteln, Reaktionsharzbetonen bzw. -mörteln sowie in Spachtel- und Fugenmassen. Man spricht auch von *dispersionsgebundenen Baustoffen.*

7.3.6 Beton mit Kunststoffen

Im praktischen Sprachgebrauch werden die Begriffe Kunstharzbeton bzw. Polymerbeton mitunter als Sammelbezeichnung für Werkstoffe aus Beton verwendet, in denen zur Verbesserung der Verarbeitungs- und/oder Gebrauchseigenschaften das hydraulische Bindemittel ganz oder teilweise durch Zusatzstoffe auf der Basis von Harzen, insbesondere Reaktionsharzen, ersetzt ist. Da sich ein Kunstharz-Zementmörtel hinsichtlich Verarbeitung und Eigenschaften grundsätzlich von einem Gemenge unterscheidet, das nur Kunststoff(e) als Bindemittel enthält, hat es sich aus baustofftechnologischen Gründen als notwendig erwiesen, zwischen beiden Fällen klar zu unterscheiden. In der Literatur hat sich die in Tab. 7.7 angeführte Einteilung von Betonen mit Kunststoffen durchgesetzt.

Für kunststoffmodifizierte Betone wurde die Abkürzung **PCC** (*Polymer Cement Concrete*), für Reaktionsharzbetone die Abk. **PC** (*Polymer Concrete*) und für kunststoffgetränkte Betone die Abk. **PIC** (*Polymer Impregnated Concrete*) eingeführt. Im letzteren Fall werden die Kapillarporen eines bereits erhärteten Zementsteins mit unvernetztem bzw. unpolymerisiertem Kunststoff getränkt. Nach der Tränkung polymerisieren die Monomere bzw. Harzvorstufen in den Zementporen aus. PIC konnten sich vor allem auf dem Gebiet des Denkmalschutzes durchsetzen.

Tabelle 7.7 Einteilung von Betonen mit Kunststoffen

Kunststoffmodifizierter Beton (PCC)	Zement und Kunststoffe erfüllen im Idealfall gemeinsam eine Bindemittelfunktion
Reaktionsharzbeton/ Kunstharzgebundener Beton (PC)	Reaktionsharze sind das einzige Bindemittel
Kunststoffgetränkter Beton (PIC)	Kunststoff füllt die Kapillarporen eines zementgebundenen, bereits erhärteten Betons.

Im Folgenden soll näher auf die kunststoffmodifizierten und die Reaktionsharzbetone eingegangen werden.

→ **Kunststoffmodifizierte Mörtel und Betone** (**PCC/ECC**) sind Mörtel bzw. Betone, bei denen bestimmte Eigenschaften durch die Zugabe eines Kunststoffes (Polymers) günstig beeinflusst werden sollen. Zement bleibt das Hauptbindemittel. Der Kunststoffanteil handelsüblicher kunststoffmodifizierter Mörtel liegt zwischen 5...10%, bezogen auf die Zementmasse. Für eine Modifizierung werden die Polymere entweder in Form von Dispersionen oder als Pulver (Redispersionspulver) zugesetzt. Zum Einsatz kommen heute vor allem Dispersionen folgender Kunststoffe: Polyvinylpropionat (u. Copolymere), Polyvinylacetat-Copolymere, Polyacrylate und Acrylharze, Polyvinylchlorid (u. Copolymere), Polyacrylat-Acrylnitril-Copolymere, Polyacrylat-Styrol-Copolymere.

Die für PCC eingesetzten Kunststoffdispersionen müssen folgende Anforderungen aufweisen:
*   *Alkalibeständigkeit*: Das basische Milieu des Zementmörtels darf den Aufbau eines räumlich vernetzten Kunststoffs nicht beeinflussen oder gar verhindern.
*   Zugesetzte Kunststoffdispersionen dürfen die *Zementhydratation nicht oder nur unwesentlich beeinflussen.*
*   Dispersionen dürfen beim Anrühren des Mörtels *nicht koagulieren*, bei späterer Wasserbelastung nicht quellen und bei höheren Temperaturen keine korrosiv wirksamen Substanzen abspalten.

Während im Laufe der Entwicklung kunststoffmodifizierter Mörtel und Betone die Kunststoffe zunächst ausschließlich als flüssige Dispersion zugegeben wurden, ist heute der Kunststoffanteil redispergierbar im Trockenmörtel enthalten. Damit kann der Mischfehler verringert werden, da dem Trockenmörtel ausschließlich Wasser im vorgeschriebenen Verhältnis „zugemischt" werden muss.

Verbesserung wichtiger Eigenschaften durch die Zugabe von Kunststoffen:

*   Verarbeitbarkeit des Frischmörtels
*   Reduzierung des w/z-Wertes, Erhöhung der Dichtigkeit durch Auffüllen des Porengefüges
*   bessere Haftung des Frisch- und Festmörtels, z.B. auf Altbeton, Holz und PVC
*   Verringerung des Blutens und Schwindens des Festmörtels
*   bessere Biegezugfestigkeit

Eine Erhöhung der Druckfestigkeit wird nicht erreicht. Es ist festzuhalten, dass mit einem Kunststoff niemals alle oben angeführten vorteilhaften Eigenschaften realisiert werden können. Je nach Art und Gehalt des eingesetzten Polymers sind immer nur bestimmte Eigenschaften zu erreichen.

Die **epoxidharzmodifizierten Systeme**, Abk. **ECC** (**E**poxy **C**ement **C**oncrete) bilden eine Untergruppe der PCC. Wie in Kap. 7.3.4.3 ausgeführt, erfolgt die Bildung des Festkörpers beim Epoxidharz durch Reaktion des Grundharzes mit einem Härter. Zur Herstellung der ECC werden die in Wasser emulgierten Gemische aus EP-Grundharz und Härter dem Frischbeton bzw. -mörtel zugegeben. Die chemische Vernetzung von Grundharz und Härter, die unmittelbar mit der Mischung der Komponenten einsetzt, verläuft idealerweise parallel zur Zementhydratation. PCC/ECC werden als Instandsetzungsbaustoffe für geschädigte Betonbauteile, für die Herstellung von Industrieestrichen sowie von Fahrbahnbelägen verwendet.

→ **Kunstharzgebundene Mörtel und Betone, Reaktionsharzbetone (PC)** werden in der Praxis auch als Polymermörtel bzw. -betone oder Kunststoffmörtel bzw. -betone bezeichnet. In kunstharzgebundenen Mörteln oder Betonen wird die Gesteinskörnung allein durch das Polymerbindemittel verkittet. Anstelle des Zementleims kommen flüssige Reaktionsharze zum Einsatz, die nach Zugabe von Reaktionsmitteln wie Härtern, Katalysatoren, Beschleunigern und Stabilisatoren durch Polyaddition oder -kondensation bei normaler Umgebungstemperatur aushärten. Im Vergleich zur „normalen" Hydratation des Zements verläuft die Erhärtung reaktionsgebundener Mörtel und Betone deutlich schneller. Als reaktive Harze werden vor allem ungesättigte Polyesterharze, aber auch Epoxide, Methacrylate, Phenole, Furane und Vinylester verwendet. Das breite Spektrum von Füllstoffen ermöglicht die Herstellung von Polymermörteln und -betonen mit sehr unterschiedlichen Eigenschaften, die den jeweiligen Erfordernissen angepasst werden können.

Tabelle 7.8 Orientierende Hinweise zur Auswahl des Polymerbindemittels [39]

Bindemittel	Hinweise für ihre Verwendung
Durch Polyaddition aushärtende Reaktionsharze:	
Epoxidharze (EP)	gute Chemikalienbeständigkeit, geringe Schrumpfung, hohe Festigkeit
Polyurethane (PUR)	hohe Dehnung, geringe Schrumpfung
Durch Polymerisation aushärtende Reaktionsharze:	
Ungesättigte Polyesterharze (UP)	gute Chemikalienbeständigkeit, hohe Festigkeit, hohe Schrumpfung
Ungesättigte Methacrylatharze (PMMA) u. a. Vinylesterharze	gute Chemikalienbeständigkeit, hohe Reaktivität bei niedrigen Temperaturen, hohe Festigkeit, hohe Schrumpfung
Durch Polykondensation härtbare reaktive Polymerbindemittel:	
Phenolharze	gute Chemikalienbeständigkeit

Vorteile des Einsatzes kunstharzgebundener Mörtel/Betone:

- kürzere Erhärtungsphasen, hohe Früh- und Endfestigkeiten
- höhere Dichtigkeit
- hohe Schlagzähigkeit und Abriebbeständigkeit
- vernachlässigbares Wasseraufnahme- bzw. Quellvermögen

Aufgrund des fehlenden Kapillarsystems weisen polymergebundene Mörtel und Betone eine sehr gute Beständigkeit gegenüber dem Angriff aggressiver Medien auf. Das prädestiniert sie für einen *Einsatz* in der Abwassertechnik und dem Unterwasserbau. Polymergebundene Mörtel und Betone werden auch zum Abdichten von Bauwerken gegen Feuchtigkeit (Korrosionsschutz), zum Ausbessern schadhafter Betonflächen *(Reparatur- und Beschichtungsmörtel)* sowie für Klebearbeiten verwendet.
Die Wahl des einzusetzenden Polymerbindemittels hängt für die konkrete Situation von Parametern wie Chemikalienbelastung, Verformungsverhalten, thermische Belastung und Haftung auf dem Untergrund ab. Eine Groborientierung zur Auswahl reaktiver Polymerbindemittel ist in Tab. 7.8 gegeben.

7.3.7 Klebstoffe und Fugendichtstoffe

Unter Klebstoffen versteht man laut DIN EN 923 nichtmetallische Bindemittel, die sowohl über Adhäsion als auch über Kohäsion in der Lage sind, zwei Fügeteile zu verbinden („Verkleben"). Die Haftung (Adhäsion) des Klebstoffs an der Oberfläche des zu verklebenden Fügeteils beruht auf der Wirkung schwacher zwischenmolekularer Wechselwirkungen und/oder starker chemischer Bindungen. Chemische Bindungen treten allerdings nur bei wenigen Fügeteil-Klebstoff-Kombinationen auf, z.B. zwischen Silicon(harz) und Glas, zwischen Polyurethan und Glas und zwischen Epoxid und Aluminium. Ihr Anteil kann bis zu 50% der gesamten Wechselwirkungen betragen.

Die in Kap. 7.3.2 vorgenommene Einteilung der Kunststoffe in Thermoplaste, Duroplaste und Elastomere ist bei Klebstoffen wenig hilfreich. So gibt es gibt z.B. Polyurethanklebstoffe, die als Duromere, als Elastomere oder als Thermoplaste aushärten können. Man bezieht sich vielmehr auf den Abbinde- bzw. Härtungsprozess als Ordnungskriterium und unterscheidet zwischen physikalisch abbindenden und chemisch vernetzenden Klebstoffen.

Physikalisch abbindende Klebstoffe bilden eine feste Verbindung durch Verdunsten des Dispergier-/Lösungsmittels oder durch Abkühlung:

- **Schmelzklebstoffe** (*Hotmelts*) sind bei Raumtemperatur feste, wasser- und lösungsmittelfreie Klebstoffe, die auf die zu verklebenden Teile im geschmolzenen Zustand aufgebracht werden. Sie erhärten nach dem Zusammenfügen der Teile unter Druck durch Erstarren der Schmelze beim Abkühlen. Der Klebstoff kann allerdings auch fest durch Auflegen als Folie oder Netz aufgebracht und anschließend heiß verpresst werden. Basisrohstoffe: Ethylen-Vinylacetat-Copolymere, Polyamide, Polyester u.a.; Anwendungsgebiete: Verpackungsindustrie, Holzverarbeitende Industrie, Fahrzeugbau.

- **Lösungsmittelhaltige Nassklebstoffe** (auch Kleblacke) enthalten in *organischen* Lösungsmitteln wie Aceton oder Dichlormethan gelöste Polymere. Anwendung finden Vinylverbindungen, Natur- und Synthesekautschuk, PUR, Polyacrylate, Cellulosenitrat (z.B. UHU[®]) u.a. Der Lösungsmittelgehalt beträgt etwa 75...85%. Die Erhärtung erfolgt wie bei den Dispersionen durch Verdunsten des Lösungsmittels. Löst das eingesetzte Lösungsmittel gleichzeitig die zu verklebenden Flächen an, ergibt sich eine besonders feste Verbindung zwischen den zu verklebenden Oberflächen und dem Klebefilm. Dieser „Anlöseprozess" wird beispielsweise beim Verkleben von PVC-Rohren mit Tetrahydrofuran-Klebstoff ausgenutzt. Ein ähnlicher Vorgang läuft beim *Quellverschweißen* ab. Die Überlappungsflächen von Dichtungs- oder Dachbahnen (z.B. Polyisobutylen) werden mit einem Lösungsmittel angelöst, wobei sich ein Klebefilm aus gelöstem Polymer ausbildet. Die Bahnen fügt man dann unter leichtem Druck zusammen und nach dem Verdunsten des Lösungsmittels entsteht eine in sich homogene, stabile Klebeverbindung. Weitere Anwendungsgebiete: Verpackungs- und Druckindustrie, Haushaltklebstoffe.

• **Kontaktklebstoffe** enthalten in organischen Lösungsmitteln gelöste Elastomere wie z.B. Polychloroprene (Chloropren, Formel $H_2C=CH–CH(Cl)=CH_2$) und Butadien-Acryl-Kautschuk. Der gummiartige Klebefilm wird erzeugt, indem der Kontaktklebstoff auf die beiden zu verklebenden Flächen aufgetragen wird und die Klebeflächen erst nach dem Verdunsten des Lösungsmittels kurzzeitig zusammengedrückt werden. Während die Nassklebstoffe einen feuchten Klebefilm verursachen und ihr Lösungsmittel erst während des Klebeprozesses entweicht, kleben Kontaktklebstoffe sozusagen „trocken" an. Anwendungsgebiete: Verkleben von Bodenbelägen und Schichtstoffplatten, Automobil- und Schuhindustrie. Wegen der gesundheitsgefährdenden Wirkung organischer Lösungsmittel werden von der Industrie zunehmend lösungsmittelarme bzw. -freie, wasserverdünnbare Klebstoffe entwickelt.

• **Dispersionsklebstoffe** (auch Klebedispersionen) enthalten im Dispersionsmittel Wasser unlösliche Thermoplaste, meist polymere Vinylverbindungen bzw. abgeleitete Copolymere, aber auch Elastomere wie Natur- und Synthesekautschuk. Zur Stabilisierung der Dispersionsklebstoffe werden spezielle stabilisierende Substanzen bzw. Dispergiermittel zugesetzt. Der „Abbindeprozess" erfolgt durch Verdunstung des Wassers. Zugesetzte Füllstoffe sollen die Klebeeigenschaften verbessern. Anwendung: Holzverarbeitende Industrie, Verpackungs- und Schuhindustrie u.a.

Zu den auf **Wasser als Dispersionsmittel** basierenden Klebstoffen (kurz: KS) gehören weiterhin a) KS auf Basis tierischer Bindegewebsproteine (Glutinleime), b) KS auf Basis pflanzlicher Naturprodukte (Stärkeleime → Mais, Kartoffeln, Reis; Methylcelluloseleime → Holz), c) KS auf Basis tierischer Eiweiße (Caseinleime → Milch) und d) PVAC-Leime (Weißleim). Die Ausbildung der Klebeschicht erfolgt durch Verdunstung oder Aufnahme des Wassers durch die Fügeteile.

• **Haftklebstoffe** nehmen innerhalb der Gruppe der physikalisch abbindenden Klebstoffe eine Sonderstellung ein. Sie binden nicht zu einem Feststoff ab, sondern bleiben zähflüssig. Haftklebstoffe liegen bereits auspolymerisiert in hochviskoser Form vor und werden in der Regel als Film auf ein flexibles Trägermaterial aufgebracht. Anwendung: Klebebänder oder Etiketten. Der Begriff „Haftklebstoff" ist so zu verstehen, dass im Unterschied zu anderen Klebstoffen beim Fügen sofort starke Adhäsions- und Kohäsionskräfte wirksam werden. Als Basispolymere kommen spezielle Polyacrylate, Polyvinylether, Naturkautschuk sowie Styrol-Copolymere in Kombination mit entsprechenden Zusätzen (klebrig machende Harze, Weichmacher, Antioxidantien u.a.) zum Einsatz.

Chemisch abbindende Klebstoffe (*Reaktionsklebstoffe*) erhärten durch chemische Reaktion. Sie liegen ein- oder mehrkomponentig vor.
Nach der Art der Härtung, d.h. der dem entstehenden Polymer zugrundeliegenden Aufbaureaktion, können sie in *Polymerisationsklebstoffe* (z.B. Cyanacrylat-Klebstoffe, Methyl-

methacrylat-Klebstoffe, anaerob härtende Klebstoffe, ungesättigte Polyester-Harze), *Polykondensationsklebstoffe* (z.B. Phenol-Formaldehyd-Klebstoffe, Silicone und silanvernetzende Polymerklebstoffe) und *Polyadditionsklebstoffe* (z.B. Epoxidharz- und Polyurethan-Klebstoffe) unterteilt werden. In der Praxis gebräuchlicher ist ihre *Unterteilung nach dem Mechanismus der Aushärtung.*

• **Zweikomponenten-Klebstoffe** (**2-K**). Klebstoffe, die nach Mischen mit ihrem Reaktionspartner spontan bereits bei Raumtemperatur reagieren, werden kommerziell als Zweikomponenten-Klebstoffe (2-K) vertrieben, und zwar getrennt als „Harz" (Harzmonomere) und als „Härter". Ihre Reaktivität ist quasi mechanisch blockiert. Erst vor dem Auftragen werden sie zum eigentlichen Klebstoff gemischt und erhärten dann zu festen hochpolymeren Verbindungen. Zu den wichtigsten Zweikomponenten-Klebstoffen gehören die Epoxidharze, die ungesättigten Acryl- und Polyesterharze, die Polyurethane sowie die Siliconkautschuke. Sie werden für Verklebungen von Steinen, Betonen und Metallen verwendet.

• **Einkomponenten-Klebstoffe** (**1-K**) liegen bereits vor der Verarbeitung in ihrer endgültigen Mischung vor. Sie kleben jedoch nicht, solange nicht die zur Härtung erforderlichen Bedingungen vorliegen, um den Verfestigungsmechanismus zu initiieren. Das können hohe Temperaturen oder das Verdunsten des Lösungsmittels, der Zutritt von Luftfeuchtigkeit oder der Ausschluss von Sauerstoff sein. Auch bei Einkomponenten-Klebstoffen sind für den Aufbau des Polymers chemische Reaktionen zwischen Harzmonomeren und Härter verantwortlich. Beide Komponenten können unter den vom Hersteller empfohlenen Lagerbedingungen jedoch nicht miteinander reagieren, sind „chemisch blockiert". Als Beispiel für einen Einkomponenten-Klebstoff soll der **Cyanacrylat-Klebstoff** auf Basis des 2-Cyanacrylsäuremethylesters (Gl. 7-13) näher betrachtet werden. Initiiert durch Spuren von Wasser polymerisiert der Ester zu einem harten, hochmolekularen Polymer *(„Sekundenkleber")*. Zur Auslösung der Polymerisation reicht im Allgemeinen die in der Luft bzw. auf den zu verklebenden Flächen befindliche Feuchtigkeit.

$$n \begin{array}{c} C \\ | \\ C=CH_2 \\ | \\ COOCH_3 \end{array} \xrightarrow{(H_2O)} \left[\begin{array}{c} CN \\ | \\ C-CH_2 \\ | \\ COOCH_3 \end{array} \right]_n \qquad (7\text{-}13)$$

2-Cyanoacrylsäure-   Polymethylcyanoacrylat
methylester   (Polycyanoacrylat)

• **Anaerob härtende Reaktionsklebstoffe.** Einkomponenten-Klebstoffe auf Basis von Diacrylsäureestern mit Diolen härten anaerob aus. Die Erhärtungsreaktion läuft nur unter Sauerstoffausschluss und in Gegenwart von Metallionen ab. Anaerobe Verhältnisse sind z.B. nach der Verarbeitung im Fügespalt gegeben, wenn die Geometrie der Fügeteile zu einem Sauerstoffausschluss führt. Diese Reaktionsklebstoffe werden in erster Linie zur Verklebung metallischer Werkstoffe (Fe, Cu) eingesetzt. Bei Metall-Nichtmetall-Verklebungen ist der Einsatz von Beschleunigern notwenig. Damit der Klebstoff nicht vorzeitig aushärtet, muss er bis zum Gebrauch in seinem Lagerbehälter Kontakt mit Sauerstoff haben. Man verwendet hierzu luftdurchlässige Kunststoffflaschen, die nur halb gefüllt sind und vor der Befüllung mit Sauerstoff durchspült werden. Ein häufig eingesetzter Grundstoff für anaerobe Klebstoffe ist Tetraethylenglycoldimethacrylat, TEGMA.

Fugendichtstoffe (Dichtstoffe) sind Stoffe, die als spritzbare Massen in Fugen eingebracht werden und sie abdichten, indem sie an geeigneten Flächen in der Fuge haften. Fugendichtstoffe sind als Ein- und Zweikomponenten-Dichtstoffe im Handel. Den größten Marktanteil besitzen die Silicon-Dichtstoffe, gefolgt von Polysulfid-, Acryl-, Polyurethan- und Butylkautschuk-Dichtstoffen.

Die neueste Generation von Verfugungs- und Klebstoffen enthält sogenannte **MS-Polymere**. MS-Polymere (MS steht für modified silanes) wurden Anfang der 80er Jahre in Japan entwickelt (Kaneka Corp. Osaka). Seit dieser Zeit werden sie erfolgreich als Rohstoff für Hochleistungsdicht- und -klebstoffe eingesetzt, seit den 90er Jahren auch auf dem europäischen Markt. Am Beginn dieser sich rasant entwickelnden Produktgruppe silanmodifizierter Polymere (silan modified polymers, SMP) standen Polymere aus einer Polypropylenglycol-Hauptkette mit Dimethoxymethylsilyl-Vernetzungsgruppen (Abb. 7.16). Die Aushärtung erfolgt bei Umgebungstemperatur als Folge von Hydrolyse- und Kondensationsreaktionen (s. Abb. 6.8). Ausgelöst wird der Vernetzungsprozess durch Luftfeuchtigkeit in Gegenwart eines Katalysators. Durch Verseifung der Methoxygruppen mit Wasser entstehen Silanole und Alkohol (hier: Methanol) wird frei. Inzwischen setzt man Silane mit Ethoxygruppen ein, so dass ungiftiges Ethanol entsteht. Die Silanole vernetzen durch Kondensation zum Silicongerüst.

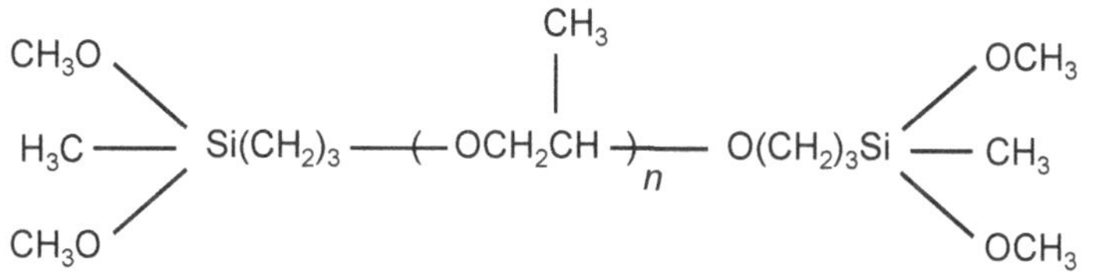

Abbildung 7.16   Struktur eines silanmodifizierten Polymers (MS-Polymer): Polypropylenglycol-Hauptkette

Das gebildete dreidimensional verzweigte Netzwerk kann entweder als Polyether verstanden werden, bei dem die Polyethereinheiten durch Siloxanbrücken verbunden sind oder es sind durch Polyetherbrücken verknüpfte Siliconketten.

MS-Polymere sind besonders umweltfreundliche Produkte. Im Gegensatz zu Polyurethan-Dichtstoffen, die immer einen geringen Anteil an freiem, in höheren Konzentrationen gesundheitsschädigendem Isocyanat aufweisen, enthalten die MS-Polymere weder Isocyanate noch Oxime oder Lösungsmittel. Die Mehrzahl der am Markt erhältlichen Dicht- und Klebstoffe dieser Substanzklasse sind Einkomponentensysteme (1-K), mit der Luftfeuchtigkeit als zweiter Komponente. Der besondere strukturelle Aufbau von MS-Polymeren und ihr Aushärtungsmechanismus bieten dem Anwender eine Reihe günstiger Verarbeitungseigenschaften. Es kommt im Gegensatz zu Polyurethan-Dichtstoffen zu keiner Blasenbildung und die MS-Polymere sind selbst bei tiefen Temperaturen (bis ca. 0°C!) gut ausspritzbar.

Die Netzstruktur des ausgehärteten MS-Polymers verleiht dem Dichtstoff eine *ausgezeichnete UV-Stabilität*, eine *sehr gute Haftung* auf unterschiedlichsten Baumaterialien z.B. auf Metallen wie Al, Messing, Stahl und Sn, auf Mörtel, Schiefer, Granit oder Keramikfliesen, auf den meisten Kunststoffen (nicht auf PE und PP!) sowie auf verschiedenen Holzarten sowie *stabile mechanische, insbesondere elastische Eigenschaften* über die gesamte Lebensdauer.

Silanmodifizierte Polymere bilden auch die Basis für **Hochleistungsklebstoffe.** Die unterschiedlichen Eigenschaften für die oben besprochenen Klebstoffe einerseits und die Dichtstoffe andererseits lassen sich durch Variation der Länge der Polymerketten und des Verzweigungsgrades einstellen. Die oft als *„Silyl-Klebstoffe"* bezeichneten Produkte können im Hoch- und Tiefbau, in der Automobil- und der Elektronikindustrie zum Einsatz kommen, in Feldern also, in denen heute noch Epoxid- und Polyurethan-Klebstoffe verwendet werden. Es hat sich gezeigt, dass die elastischen Silyl-Klebstoffe die beiden letzteren hinsichtlich Alterungsbeständigkeit und Haftung auf schwierig zu verklebenden Untergründen deutlich übertreffen.

Kombination: silanmodifizierte Polymere – Epoxidharze. Kombiniert man silylmodifizierte Polyether mit Epoxidharzen (Mischungsverhältnis 2 : 1), erhält man nach dem Aushärten ein stabiles Polymersystem, das aus zwei in sich verzahnten Strukturbereichen besteht. Die Silyl-Polyether-Matrix sorgt für Flexibilität und Zähigkeit, während die eingeschlossenen Epoxidbereiche dem ausgehärteten Polymer seine besondere Klebfestigkeit verleihen. Neben der generellen Lösungsmittelfreiheit bietet dieser Klebstoff mehrere Vorteile: schnelle Aushärtung bei Umgebungstemperatur, Verklebung ist über einen weiten Temperaturbereich stabil, exzellente Haftung auf zahlreichen Untergrundmaterialien sowie Unempfindlichkeit gegen verformende Spannungen. In den letzten Jahren hat es auf dem Gebiet der silanmodifizierten Polymere interessante Aktivitäten zur Modifizierung und Weiterentwicklung mit dem Ziel gegeben, diese Produkte für spezielle Anwendungsbereiche „maßzuschneidern". So wurde die Propylengruppe $-CH_2-CH_2-CH_2-$ (propylene spacer) zwischen dem Si-Atom und der Polymereinheit (Abb. 7.16) durch eine $-CH_2$-Gruppe ersetzt (α-Silane, Wacker-Chemie GmbH Deutschland). Infolge elektronischer Effekte erhöht sich die Reaktivität der Alkoxygruppen. Die Vernetzung bzw. das Aushärten des Polymers verläuft deutlich schneller. Inzwischen lassen sich zahlreiche Polymere durch den Einbau von Silanen feuchtigkeitsvernetzbar machen. Eine besondere Rolle spielen neben Polyethern vor allem Acrylate, Polyester und Polyurethane.

7.4 Holz und Holzschutz

7.4.1 Aufbau und Zusammensetzung des Holzes

Holz gehört zu den ältesten Bau- und Werkstoffen der Menschheitsgeschichte. Es wird zum einen *direkt* als Baugrund- oder Bauschnittholz für Gerüste, Rammpfähle (Grundbau), Träger, Stützen, Verschalungen sowie Zimmererarbeiten verwendet und zum anderen zu Holzwerkstoffen verarbeitet. Holzwerkstoffen wie Sperrholzplatten, Span- und Faserplatten finden vor allem für Wand- und Deckenverkleidungen Verwendung.

Der organische Baustoff Holz ist ein hartes festes Zellgewebe, das vom Kambium (Bildungsgewebe) unter der Rinde erzeugt wird. Das Kambium bildet durch Zellteilung nach innen Holzzellen und nach außen Bastzellen. Es befindet sich damit an der Grenze zwischen Rinde und jüngstem Holz. Durch das Aufreißen der Rinde als Folge des Dickenwachstums des Holzes sterben die oberen, aufgesprungenen Schichten ab und es entsteht die Borke. Gleichartige Zellen bilden stets einen Zellverband, ein Gewebe. Die vom Kambium erzeugten Zellen bzw. Gewebearten übernehmen unterschiedliche Aufgaben. Die wichtigsten sind der Wasser- und der Nährstofftransport (Leitgewebe), die Speicherung der Nährstoffe (Speichergewebe) und die mechanische Festigkeit des Holzgefüges (Festigkeitsgewebe). Aufbau, Größe und Verteilung der Gewebearten sind von Holzart zu Holzart verschieden, sie beeinflussen sehr wesentlich die Eigenschaften des Holzes.

Die unterschiedlichen Eigenschaften von Hölzern sind auf eine unterschiedliche *chemische Zusammensetzung* zurückzuführen. Obwohl die Elementaranalysen verschiedener Hölzer eine auffallende Übereinstimmung zeigen (C: ca. 50%, O: ca. 43%, H: ca. 6%, N und andere Elemente: ca. 1%), unterscheiden sich die chemischen Bestandteile je nach

Art, Alter, Standort und Wachstum des Holzes zum Teil recht deutlich. Die Hauptbestandteile des Holzes sind:

Cellulose	40 ... 60%	Lignin	15 ... 40%
Hemicellulose (Holzpolyosen)	15 ... 20%.		

Cellulose und Hemicellulose werden häufig unter dem Begriff *Holzcellulosen* zusammengefasst. Die **Cellulose** bildet als Gerüstsubstanz den Hauptbestandteil der pflanzlichen Zellwände. Sie nimmt die Zugspannung auf, damit ist sie funktionell mit dem Bewehrungsstahl im Stahlbeton vergleichbar ("Armierung"). Cellulose ist ein wasserunlösliches Polysaccharid der allgemeinen Formel $(C_6H_{12}O_5)_n$. Die Makromoleküle bestehen aus 500 - 5000 Glucosebausteinen ($C_6H_{12}O_6$, Abb. 7.17a und b), die kettenförmig unverzweigt über O-Brücken miteinander verknüpft sind (Abb. 7.17c). Da sich innerhalb des Makromoleküls zwischen den OH-Gruppen und den Ringsauerstoffatomen benachbarter Glucoseeinheiten Wasserstoffbrückenbindungen (*intramolekulare H-Brücken*) ausbilden, ist die freie Drehbarkeit um die verbrückenden C-O-C-Bindungen stark eingeschränkt. Die Folge ist eine lineare Versteifung des Kettenmoleküls. Durch zusätzliche Ausbildung von Wasserstoffbrücken zwischen den kettenförmigen Makromolekülen (*intermolekulare H-Brücken*) lagern sich etwa 60...70 Cellulosemoleküle zu den für die pflanzlichen Organismen typischen **Mikrofibrillen** zusammen.

a)   b)

c)   *Ausschnitt aus einer Cellulosekette*

Abbildung 7.17   a) und b) unterschiedliche Darstellungsweisen der Ringform der Glucose
c) Ausschnitt aus einer Cellulosekette

Hemicellulosen (Holzpolyosen) haben im Gegensatz zur Cellulose einen uneinheitlichen Aufbau. Sie bestehen aus Polysacchariden unterschiedlicher Hexosen (Sechsringzucker) und Pentosen (Fünfringzucker). Ihr Polymerisationsgrad beträgt 150...200, er liegt damit unter dem der Cellulose. Die Hemicellulosen dienen den Pflanzen teils als Gerüststoff, teils als Vorratsstoff. Sie sind von Schädlingen leicht angreifbar. **Lignin** ist eine chemisch kompliziert aufgebaute Verbindung, deren Struktur bis heute noch nicht vollständig aufgeklärt ist. Trotzdem gibt es ähnliche Struktureinheiten, die sich im chemischen Aufbau wiederholen und eine dicht vernetzte, amorphe Masse aufbauen. Lignin besitzt weniger polare Gruppen als die Polysaccharide, weshalb es sich nicht in Wasser löst. Es liegt als dreidimensionales Makromolekül vor, das aus Phenylpropan-Einheiten durch dehydrierende Polymerisation entstanden ist. Die Pflanze baut Lignin aus drei Grundbausteinen (Phenylpropan-Einheiten) auf: aus p-Cumarylalkohol, aus Coniferylalkohol und aus Sinapinalkohol. Hinsichtlich des Anteils dieser drei Grundbausteine an der Ligninstruktur bestehen signifikante Unterschiede zwischen Nadel- und Laubhölzern. Lignin bildet neben den Hemicellulosen den Hauptbestandteil der *Kittsubstanz*. Durch seine Einlagerung in das Cellulosegerüst erfolgt eine Versteifung der Zellwände (**Verholzung**). Als Kittsubstanz besitzt das Lignin die gleiche Funktion wie der Zementstein im Beton ($\rightarrow$ Aufnahme der Druckspannung!).

Nadelholz enthält einen höheren Anteil an Lignin als Laubholz, z.B. enthalten Kiefer und Fichte ca. 29% und Linde und Zitterpappel ca. 18% Lignin. Das technische Problem bei der Herstellung von Cellulose bzw. Papier aus Holz besteht im Aufschluss des wasserunlöslichen Lignins. Der Aufschluss kann sauer (*Sulfitverfahren*, Aufschlussmittel: schweflige Säure, SO_2 und Calciumhydrogensulfit) und basisch (*Sulfatverfahren*, Aufschlussmittel: NaOH, Na_2S u. Na_2SO_4) erfolgen.

Neben den drei gerade besprochenen Hauptbestandteilen enthält Holz immer Wasser und eine Reihe weiterer, meist in geringen Mengen (2...8%) vorkommende Nebenbestandteile wie Zucker, Stärke, Eiweiß, Harze, Wachse, Gerb- und Mineralstoffe. Sie können je nach Art und Menge ihrer Einlagerung die Eigenschaften und damit die Verwendbarkeit des Holzes merklich beeinflussen. Die **Harze** und **Wachse** besitzen eine erhebliche technische Bedeutung, z.B. für Firnisse, Bohnerwachs, Leime, Siegellack und pharmazeutische Präparate. Kiefern, Fichten und Lärchen sind besonders harzreich. **Gerbstoffe** wie die Gallussäure (3,4,5-Trihydroxybenzoesäure) und deren höhermolekulare Kondensationsprodukte schützen das Holz vor Pilzbefall. Gerbstoffreiches Holz wie Eichenholz ist deshalb sehr beständig. Laubhölzer sind generell gerbstoffreicher als Nadelhölzer. Schließlich sind im Holz unterschiedliche Mengen an **Mineralstoffen** enthalten. Sie werden in gelöster Form von der Pflanze über die Wurzelhaare mit dem Bodenwasser aufgenommen und bleiben beim Verbrennen des Holzes als Oxide, Carbonate, Phosphate oder Nitrate zurück.

Details zum biologischen Aufbau des Holzes s. Lehrbücher der Baustofflehre bzw. Werkstoffkunde [1, 2].

7.4.2 Holzschutz

Holz ist als kapillarporöser Werkstoff hygroskopisch. Es kann solange Feuchtigkeit aus der Umgebung (vor allem aus der Luft) aufnehmen oder wieder abgeben, bis sich ein Gleichgewichtszustand eingestellt hat. Dieses Gleichgewicht ist abhängig von der Temperatur, vom Luftdruck und von der relativen Luftfeuchtigkeit. Die technischen Eigenschaften des Holzes wie seine Festigkeit und seine Elastizität sind von der Feuchtigkeit abhängig.

Die Zerstörung des Holzes durch Witterungseinflüsse wie Wärme, Kälte/Frost, Temperaturwechsel und UV-Strahlung sowie durch chemische Einflüsse (Saurer Regen, Salzlösungen) tritt in ihrer Bedeutung weit hinter diejenige zurück, die durch lebende Holzzerstörer wie Insekten und Pilze hervorgerufen wird.

Holzzerstörende **Insekten** befallen das Holz im Wald, auf dem Holzlagerplatz („Frischholzinsekten") oder aber im bereits verbauten, trockenen Zustand („Trockenholzinsekten"). Zu nennen sind Käfer wie der Hausbock, der Gemeine Nagekäfer oder der Braune Splintkäfer. Sie befallen und zerstören Bau- und Werkholz. Borkenkäfer und Holzwespen gehören zu den Frischholzzerstörern. Sie greifen nur lebende kränkelnde Bäume bzw. frisch gefälltes Holz (> 20% Holzfeuchte) an.

Voraussetzung für einen **Pilzbefall** sind „günstige" Feuchten und Temperaturen. Holz mit einem Feuchtigkeitsgehalt oberhalb des Fasersättigungspunktes (28...30% rel. Holzfeuchte) ist prinzipiell hinsichtlich eines Pilzbefalls gefährdet. Der optimale Feuchtigkeitsbereich für das Pilzwachstum liegt zwischen 30...50% rel. Holzfeuchte, unter gewissen Umständen kann aber bereits ein Befall bei Feuchten von 20% eintreten. In vollkommen trockenem oder vollkommen durchnässtem Holz (z.B. Mühlräder) laufen kaum Schädigungs- und Fäulnisprozesse ab.

Das charakteristische Temperaturoptimum für das Wachstum der meisten Pilze liegt zwischen 20...25°C. Oberhalb und unterhalb des Temperaturbereichs von 3°C bis 40°C verfallen die Pilze in eine Wachstumsstarre.

Holzzerstörende Pilze bauen die Zellwände der Holzzellen ab und verursachen Fäulnisprozesse. Zum Beispiel wird durch den Angriff von *Braunfäule-* und *Weißfäulepilzen* die Holzstruktur zerstört und die Festigkeit des Holzes stark gemindert. Das kann im Endstadium bis zur Pulverisierung des Holzes führen. *Moderfäule* durch Ascomyceten tritt vor allem an Hölzern mit ständigem Erdkontakt wie Masten, Pfählen und Schwellen auf. Die Folge eines *Bläuepilzbefalls* können Verfärbungen des Holzes und eine Zerstörung des Anstrichfilms sein. Auch *Schimmelpilze* verursachen Holzverfärbungen. Sie wachsen jedoch nur auf der Holzoberfläche, ohne tiefer in das Innere vorzudringen. Schimmelpilze benötigen Feuchtigkeitsgehalte oberhalb des Fasersättigungspunktes. Entzieht man ihnen die Feuchtigkeit, sterben sie ab und können abgebürstet werden.

Holzschutzmaßnahmen sollen Holz und Holzwerkstoffe vor der unzulässigen Einwirkung von pflanzlichen und tierischen Schädlingen sowie vor der Zerstörung durch Feuer schützen. Obwohl gerade in jüngster Zeit vermehrt über Ansätze zu einer „rein biologischen Abwehr" des Angriffs von Pilzen und Insekten auf Holz nachgedacht wird, ist man gegenwärtig im Holzschutz immer noch auf den Einsatz von Chemikalien angewiesen. Man unterscheidet generell zwischen baulichen und chemischen Holzschutzmaßnahmen. Auf den baulichen, d.h. konstruktionsbedingten Holzschutz, soll im Rahmen des vorliegenden Buches nicht eingegangen werden.

Da sich der Einsatz **chemischer Holzschutzmittel** (HSM) in erster Linie gegen biologische Schädigungen durch Insekten und Pilze richten soll, müssen die HSM insektizide und fungizide Wirkstoffe enthalten. Diese Stoffe dürfen aufgrund ihrer mehr oder weniger starken gesundheitsschädigenden Wirkungen nur dort eingesetzt werden, wo es der Einsatzzweck erfordert (DIN 68800).

Holzschutzmittel sollen einer Reihe von *Anforderungen* genügen: Sie sollen einen sicheren und lang anhaltenden Schutz des Holzes vor schädigenden Organismen garantieren, Eindringtiefen von möglichst > 10 mm gewährleisten, beständig gegen Auslaugen und Verdunsten sein, verträglich mit Metallen, Beschichtungs- und Klebstoffen und anderen Baustoffen sowie weitgehend geruchlos und farblos sein. Sowohl die Verarbeitung der HSM als das mit dem HSM behandelte Holz sollen eine möglichst geringe Umweltbelastung darstellen.

Die heute auf dem Markt erhältlichen HSM sind in **vier Gefährdungsklassen** (GK) mit folgenden Mindestanforderungen eingeteilt:

GK 1	Iv	gegen Insekten vorbeugend wirksam
GK 2	Iv	gegen Insekten vorbeugend wirksam
	P	gegen Pilze vorbeugend wirksam (Fäulnisschutz)
GK 3	Iv	gegen Insekten vorbeugend wirksam

	P	gegen Pilze vorbeugend wirksam (Fäulnisschutz)
	W	auch für Holz, das der Witterung ausgesetzt ist, jedoch nicht im ständigen Erdkontakt und nicht im ständigen Kontakt mit Wasser
	(W)	wie W, aber nur für im Kesseldruckverfahren imprägniertes Holz
GK 4	Iv	gegen Insekten vorbeugend wirksam
	P	gegen Pilze vorbeugend wirksam (Fäulnisschutz)
	W	auch für Holz, das der Witterung ausgesetzt ist (wie bei GK 3)
	E	auch für Holz, das extremer Beanspruchung ausgesetzt ist (im ständigen Erd- und/oder Wasserkontakt sowie bei Schmutz-ablagerungen in Rissen und Fugen)
. . . .	(P)	gegen Pilze vorbeugend wirksam
. . . .	Ib	gegen Insekten bekämpfend wirksam
. . . .	M	Schwammsperrmittel

Für die angeführten Gefährdungsklassen gelten folgende Anwendungsbereiche:

Holzbauteile, die durch Niederschläge, Spritzwasser und dergleichen nicht bean-spruchtsprucht werden

GK 1	Innenbauteile bei einer mittleren relativen Luftfeuchtigkeit bis 70% und gleichartig beanspruchte Bauteile
GK 2	Innenbauteile bei einer mittleren relativen Luftfeuchtigkeit bis 70% und gleichartig beanspruchte Bauteile sowie Innenbauteile in Nassbereichen, Holzteile wasserabweisend abgedeckt und Außenbauteile ohne unmittelbare Wetterbeanspruchung

Holzbauteile, die durch Niederschläge, Spritzwasser und dergleichen beansprucht werden

GK 3	Außenbauteile mit Wetterbeanspruchung ohne ständigen Erd- und/oder Wasserkontakt und Innenbauteile in Nassräumen
GK 4	Holzbauteile mit ständigem Erd- und/oder Süßwasserkontakt, auch bei Ummantelung

- **Wasserbasierte Holzschutzmittel zum vorbeugenden Schutz von Holzbauteilen gegen holzzerstörende Pilze und Insekten**

Anwendung wasserbasierter HSM: Während anorganische Borverbindungen nur für witte-rungsgeschützte, nicht aber für durch Niederschläge, Spritzwasser und dergleichen bean-spruchte Holzbauteile verwendet werden sollen (Auswaschung!), können chromatfixierte CFB-, CK-, CKA-, CKB- und CKF-Salze im Innen- und Außenbau bei unterschiedlicher Auswaschungsbeanspruchung eingesetzt werden. Die übrigen Präparate (s. Tab. 7.9) werden je nach ihrer Zusammensetzung im Innen- und Außenbau verwendet. Wegen der Toxizität des Chroms in der Oxidationsstufe +VI ist man in letzter Zeit zunehmend zu anderen Fixierungsmitteln übergegangen (z.B. Kupfer-HDO, [6]).

- **Holzschutzmittel in organischen Lösungsmitteln zum vorbeugenden Schutz von Holzbauteilen gegen holzzerstörende Pilze und Insekten**

Hauptbestandteile dieser Gruppe von HSM sind organische Fungizide und Insektizide, gelöst in organischen Lösungsmitteln (teilweise angefärbt) mit unterschiedlich hohem Gehalt an Bindemittel. Prüfprädikate: Iv, P und W. Zum Einsatz als Fungizid kommen z.B. Propiconazol und Diclofluanid und als Insektizid Carbamate (z.B. Fenoxycarb, Abb. 7.18a), Deltamethrin und Permethrin (Abb. 7.18b). *Anwendung*: Innen- und Außenbau.

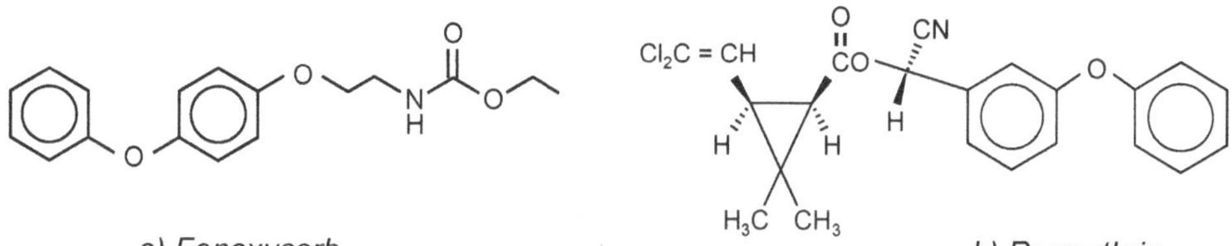

a) Fenoxycarb   *b) Permethrin*

Abbildung 7.18 Wirkstoffe in organischen Lösungsmitteln

• **Holzschutzmittel zum vorbeugenden Schutz von Holzbauteilen gegen holzzerstörende Insekten – ohne Wirksamkeit gegen holzzerstörende Pilze**

Hauptbestandteil dieser HSM sind organische Insektizide, z.B. Deltamethrin, gelöst in organischen Lösungsmitteln oder wasserverdünnbare organische Insektizide, z.B. Fenoxycarb. *Anwendung*: Innenausbau.

Tabelle 7.9   Schutzmitteltypen, Hauptbestandteile und Prüfprädikate nach dem Verzeichnis der Holzschutzmittel mit allgemeiner Zulassung (Stand: 01. Januar 2008)

Schutzmitteltyp	Hauptbestandteile	Prüfprädikate
Bor-Salze	Anorganische Borverbindungen (Borsäure H_3BO_3, Borax $Na_2B_4O_7 \cdot 10\ H_2O$)	Iv, P
CFB-Salze	Bor- und Fluorverbindungen, Chromate	Iv, P, W
CK-Salze	Kupferoxid (CuO), Cu-Salze, Chromate	Iv, P, W, E
CKA-Salze	Cu-Salze unter Zusatz von Arsenverbindungen (Arsen(V)-oxid As_2O_5), Chromate	Iv, P, W, E
CKB-Salze	Kupferoxid, Cu-Salze unter Zusatz von Borverbindungen, Chromate	Iv, P, W, E
CKF-Salze	Kupferoxid, Cu-Salze unter Zusatz von Silicaten, Kieselsäure, Chromate	Iv, P, W, E
Quat-Präparate	Quaternäre Ammoniumverbindungen	Iv, P, (W)
Quat-Bor-Präparate	Quaternäre Ammonium-Bor-Verbindungen	Iv, P, (W)
Chromfreie Cu-Präparate	Cu-Verbindungen, Cu-HDO[1] oder quaternäre Ammoniumverbindungen, z.T. unter Zusatz von Triazolen und/oder Borverbindungen	Iv, P, W, (E)
Sammelgruppe	Präparate, die in ihrer Zusammensetzung von den vorgenannten abweichen bzw. deren Wirksamkeit auf anderen Stoffen beruht (z.B. Propiconazol, Fenoxycarb, Deltamethrin, Permethrin).	Iv, P, W

[1] Cu-HDO (exakte Bezeichnung: Bis-(N-Cyclohexyldiazeniumdioxo)-Kupfer(II)

- **Steinkohlenteer-Imprägnieröle zum vorbeugenden Schutz von Holzbauteilen gegen holzzerstörende Pilze und Insekten**

Hauptbestandteile sind Steinkohlenteer-Imprägnieröle der Klassen WEI-Typ B und C nach der Klassifizierung des West-Europäischen Instituts für Holzimprägnierung (W.E.I.) mit einem Benzo[a]pyren-Gehalt bis zu höchstens 50 mg/kg. Prüfprädikate: Iv, P, W und E. *Anwendung*: Nur für Holzbauteile im Außenbau; vorzugsweise für Holz mit starker Gefährdung durch Auswaschbeanspruchung.

- **Sonderpräparate ausschließlich für Holzwerkstoffe zum vorbeugenden Holzschutz gegen holzzerstörende Pilze**

Hauptbestandteile sind anorganische Borverbindungen, KF oder K-HDO ($\rightarrow$N-Cyclohexyl-diazeniumdioxy-Kalium). Prüfprädikat: P; *Anwendung*: Ausschließlich werkseitig für Holzwerkstoffe.

Wirksamkeit und ***Wirkungsdauer eines Holzschutzmittels*** hängen wesentlich von der Wahl des Verfahrens zur Einbringung des Mittels in das Holz ab. Die einfachsten und bekanntesten Einbringverfahren sind das *Streichen* und das *Spritzen* (*Sprühen*). Allerdings bleiben die Eindringtiefen meist deutlich unter den geforderten 10 mm, häufig liegen sie in Abhängigkeit von der Holzart zwischen 2...6 mm. Effizientere Verfahren sind die *Trogtränkung* und großtechnisch die *Kesseldrucktränkung*.

Feuer- oder **Flammschutzmittel** sollen die Entzündung des Holzes verzögern und die Verbrennung des Holzes und damit die Ausbreitung des Feuers erschweren. Hinsichtlich ihres Brandverhaltens können Feuerschutzmittel als feuer- bzw. flammenerstickend, verkohlungsfördernd sowie sperrschicht- und dämmschichtbildend klassifiziert werden.

$\rightarrow$ *Feuer- oder flammenerstickende Schutzmittel* sind entweder kristallwasserhaltige Salze, die in der Hitze schmelzen und unter Wärmeentzug Wasser freisetzen oder Salze, die in der Feuerhitze flammenerstickende Gase abspalten, z.B. CO_2 aus Carbonaten oder Hydrogencarbonaten, SO_2/SO_3 aus Sulfaten oder Hydrogensulfaten und NH_3 aus Ammoniumhydrogenphosphat: $(NH_4)_2HPO_4 \rightarrow 2\ NH_3 + H_3PO_4$. Die gleichzeitig gebildete Phosphorsäure wirkt dehydratisierend, d.h. verkohlend.

$\rightarrow$ *Sperrschichtbildende Schutzmittel (Versiegelungsmittel)* bilden in der Hitze auf dem Holz eine schwer entflammbare, dünne Sperrschicht, die den Zutritt des Luftsauerstoffs zum Holz erschwert. Im Holz („aus dem Holz heraus") baut sich eine Holzkohleschicht auf, die wärmedämmend wirkt. Früher wurden als sperrschichtbildende Schutzmittel Wassergläser und Borate, heute Ammoniumpolyphosphate verwendet.

$\rightarrow$ *Schaumschichtbildende Schutzmittel* sind Substanzgemische, die die Eigenschaften der verkohlungsfördernden und sperrschichtbildenden Schutzmittel kombinieren. Auf der Oberfläche des Holzes wird eine gut isolierende Holzkohleschicht erzeugt, indem man Substanzen auf das Holz bringt, die sich beim Erwärmen schaumig aufblähen, verkohlen und anschließend verfestigen. Zum Einsatz kommen Gemische aus schichtbildenden Komponenten („Kohlenstoffspendern") wie Kohlenhydraten, Paraffinen oder Chlorparaffinen und aus blähenden und schäumenden Komponenten wie Polyphosphaten, Melamin, Harnstoff oder Dicyandiamid {NC-NH-C(NH_2)=NH} sowie evtl. TiO_2-Pigmenten.

8 Qualitative Analyse von Baustoffen

Mit Hilfe der qualitativen anorganischen Analyse wird festgestellt, aus welchen chemischen Elementen ein Stoff besteht. Entweder liegen die anorganischen Substanzen bereits in Ionenform vor (z. B. Inhaltsstoffe von Wässern) oder sie müssen durch Lösen erst in Ionen überführt werden. Häufig ist es von Bedeutung, welche Ionen die anwesenden Elemente bilden. Ob beispielsweise Schwefel als Sulfat (SO_4^{2-}) bzw. Sulfid (S^{2-}) auftritt oder Eisen in zweiwertiger (Fe^{2+}) oder dreiwertiger Form (Fe^{3+}) vorliegt.

Zum spezifischen Nachweis von Ionen wie Chlorid (Cl^-), Sulfat (SO_4^{2-}), Phosphat (PO_4^{3-}) und Sulfid (S^{2-}) mit anorganischen Reagenzien werden *Fällungsreaktionen* herangezogen, wobei schwerlösliche Verbindungen mit kleinen Löslichkeitsprodukten als Niederschläge ausfallen. Bei anderen Ionenarten ist man auf Farbreaktionen, z.B. Nitrat (NO_3^-) und dreiwertiges Eisen (Fe^{3+}), auf Gasentwicklung, z.B. Carbonat (CO_3^{2-}), auf Identifizierung durch Geruch, z.B. Acetat (CH_3COO^-) oder auf optische Methoden, z.B. Spektralanalyse bei Alkali- und Erdalkalimetallen, angewiesen. Mitunter ist der Zusatz von Säuren oder Basen notwendig, da für den eindeutigen Verlauf der analytischen Reaktion ein bestimmter pH-Wert erforderlich ist. Für die im Weiteren beschriebenen qualitativen Untersuchungen werden die Substanzen, falls nicht anders angegeben, in Wasser gelöst. Gegebenenfalls muss erwärmt werden. Gelingt dies nicht, kann zur Lösung der Substanz verd. bzw. konz. HCl und verd. bzw. konz. HNO_3 herangezogen werden. Carbonate und Acetate werden aus der Festsubstanz nachgewiesen.

Baupraktisch relevante Substanzen, deren Zusammensetzung im Praktikum Bauchemie chemisch analysiert wird, sind Schlacken, Aschen, Gesteine und Salzausblühungen.

⇒ *Kationennachweise*

• **Flammenfärbung - Spektralanalyse.** Bestimmte Verbindungen, vorzugsweise solche mit Elementen der ersten und zweiten Hauptgruppe, erteilen der nichtleuchtenden Brennerflamme charakteristische Färbungen:

      Na intensiv gelb,   K violett,   Ca ziegelrot.

Betrachtet man die Brennerflamme durch ein Handspektroskop, erhält man die für die Elemente typischen Spektrallinien im sichtbaren Spektralbereich, z.B. Na 589,3 nm.

Geringe Mengen von Natrium verdecken die Kaliumflamme. Betrachtet man sie aber durch ein blaues Cobaltglas von genügendem Absorptionsvermögen, so wird das gelbe Na-Licht absorbiert und nur das rötlich-violette Kaliumlicht strahlt hindurch.

Auf einem kleinen Uhrgläschen werden feste Proben von NaCl, KCl bzw. $CaCl_2$ mit etwas verd. HCl angefeuchtet. Ein sauberes ausgeglühtes Magnesiastäbchen wird eingetaucht, in die heiße Zone der nichtleuchtenden Brennerflamme gebracht und die Flammenfärbung beobachtet.

• **Nachweis von Ca^{2+} mit Ammoniumoxalat $(NH_4)_2C_2O_4$.**

$$Ca^{2+} + (NH_4)_2C_2O_4 \rightarrow CaC_2O_4 \downarrow + 2\,NH_4^+$$

Ca. 1 ml Calciumchloridlösung wird mit 3 Tropfen verd. Ammoniak (NH_3) und anschließend mit 3 Tropfen Ammoniumoxalatlösung $(NH_4)_2C_2O_4$ versetzt. Es fällt ein feinkristalliner, weißer Niederschlag von Calciumoxalat CaC_2O_4 aus. Der Niederschlag löst sich nicht in verd. Essigsäure, jedoch in verd. Salzsäure.

• **Nachweis von Fe^{3+} mit Thiocyanat (Rhodanid).** Eisen(III)-salzlösungen geben mit Thiocyanationen SCN$^-$ (auch: Rhodanidionen) eine charakteristische Farbreaktion:

$$[Fe(H_2O)_6]^{3+} + SCN^- \rightarrow [Fe(H_2O)_5(SCN)]^{2+} + H_2O$$
$$\textit{tiefrot}$$

3 Tropfen Eisen(III)-chloridlösung werden mit ca. 2 ml dest. Wasser verdünnt und anschließend mit einigen Tropfen Kaliumrhodanidlösung KSCN versetzt. Es entsteht eine intensive Rotfärbung, die bei zu hoher Konzentration fast schwarz erscheint.

• **Nachweis des Ammoniumions NH$_4^+$.** Starke Basen wie z.B. NaOH setzen aus Ammoniumverbindungen Ammoniak (NH$_3$) frei. Das entstehende Gas ist an seinem stechenden Geruch erkennbar und mit pH-Papier leicht nachweisbar.

$$NH_4^+ + OH^- \rightarrow NH_3 \uparrow + H_2O$$

Eine Spatelspitze Ammoniumchlorid NH$_4$Cl wird auf einem kleinen Uhrglas mit einigen Tropfen Natronlauge versetzt und verrührt. Anschließend deckt man <u>schnell</u> über das kleine ein größeres Uhrglas, das auf der Ober- und der Unterseite mit je einem angefeuchteten Streifen pH-Papier beklebt ist. Der der Substanz zugewandte Papierstreifen färbt sich blau, der obere Streifen dient dem Vergleich (!).

• **Nachweis von Aluminium**

   a) Umsetzung von Al^{3+} mit Alkalilauge, Ausfällung von Aluminiumhydroxid

Beim Umsetzen von Aluminium(III)-Salzen, z.B. Aluminiumchlorid AlCl$_3$, mit Hydroxidionen entsteht schwerlösliches Aluminiumhydroxid Al(OH)$_3$.

$$Al^{3+} + 3OH^- \rightarrow Al(OH)_3 \downarrow$$

Al(OH)$_3$ zeigt amphoteres Verhalten, d.h. es reagiert in Gegenwart einer stärkeren Base als Säure und umgekehrt in Gegenwart einer stärkeren Säure als Base.
In stark basischer Umgebung (Gegenwart von OH$^-$-Ionen!) reagiert Aluminiumhydroxid zum **Aluminatanion** (Alumination):

$$Al(OH)_3 + OH^- \rightarrow [Al(OH)_4]^-$$

in stark saurer Umgebung (Gegenwart von H$^+$-Ionen!) zum **Aluminiumkation** :

$$Al(OH)_3 + 3 H^+ \rightarrow Al^{3+} + 3 H_2O$$

Etwa 1 ml Aluminiumchloridlösung wird in einem Reagenzglas tropfenweise mit Natronlauge versetzt bis Aluminiumhydroxid ausflockt. Jetzt gibt man weiter Natronlauge bis zur Wiederauflösung des Aluminiumhydroxids zu ($\rightarrow$ Aluminatbildung). Die klare Aluminatlösung wird durch Zugabe von verd. HCl bis zum Aluminiumhydroxid-Niederschlag zurückgeführt. Durch weiteres Ansäuern mit HCl löst man den Niederschlag erneut auf, wobei Aluminiumchloridlösung entsteht.

b) Nachweis des Al^{3+} mit Alizarin-S: Aluminium bildet mit Alizarinsulfonsäure eine rote Komplexverbindung.

Ca. 1 ml Aluminiumchloridlösung wird mit einigen Tropfen Alizarin-S versehen und anschließend mit verd. Ammoniak schwach alkalisch gemacht. Nach Ansäuern mit verd. Essigsäure CH_3COOH entsteht ein roter Farblack.

⇒ *Anionennachweise*

• **Carbonatnachweis (CO_3^{2-}).** Carbonate reagieren beim Übergießen mit Säure unter Entwicklung von Kohlendioxid CO_2. Die Substanz schäumt auf. Letzteres kann mit Barytwasser (Bariumhydroxidlösung $Ba(OH)_2$) nachgewiesen werden (s.a. Kap. 2.2.1: CO_2 / Carbonate).

$$CO_3^{2-} + 2\,H^+ \;\rightarrow\; CO_2 \uparrow + H_2O$$
$$CO_2 + Ba(OH)_2 \;\rightarrow\; BaCO_3 \downarrow + H_2O$$

Zu einer Spatelspitze Natriumcarbonat, die sich auf einem Uhrglas befindet, gibt man vorsichtig einige Tropfen verd. Salzsäure. Die stattfindende Zersetzungsreaktion ist am leichten Aufschäumen erkennbar. Deckt man sofort ein zweites Uhrglas als Deckel darüber, auf das unmittelbar vorher ein Tropfen $Ba(OH)_2$ gebracht wurde, so wird dieser Tropfen durch das sich bildende $BaCO_3$ getrübt.

• **Chloridnachweis (Cl^-) mit Silbernitrat $AgNO_3$.** Chloridionen bilden mit Silberionen einen schwerlöslichen käsig-weißen Niederschlag von Silberchlorid, der in Salpetersäure unlöslich ist.

$$Ag^+ + Cl^- \;\rightarrow\; AgCl \downarrow$$

AgCl löst sich in verd. Ammoniak unter Komplexbildung, durch Säuren wird der Komplex wieder zerstört.

$$AgCl \downarrow + \;\; 2\,NH_3 \;\;\rightarrow\; [Ag(NH_3)_2]^+ + Cl^-$$

$$[Ag(NH_3)_2]^+ + Cl^- + 2\,H^+ \;\rightarrow\; AgCl \downarrow + 2\,NH_4^+$$

Etwa 3 Tropfen KCl-Lösung werden in einem Reagenzglas mit ca. 1 ml dest. Wasser verdünnt, mit verd. Salpetersäure angesäuert (3 - 4 Tropfen; gut durchschütteln!) und mit einigen Tropfen Silbernitratlösung versetzt. Bei Zugabe von verd. Ammoniak wird der AgCl-Niederschlag durch Komplexbildung wieder gelöst (<u>kräftiges Schütteln!</u>). Nochmaliges Ansäuern führt zur Zerstörung des Komplexes und AgCl fällt wieder aus.

• **Sulfatnachweis (SO_4^{2-}) mit Bariumchlorid $BaCl_2$.** Bariumionen bilden in salzsaurer Lösung mit Sulfationen einen schwerlöslichen weißen, feinkristallinen Niederschlag aus Bariumsulfat.

$$Ba^{2+} + SO_4^{2-} \;\rightarrow BaSO_4 \downarrow$$

3 Tropfen Natriumsulfatlösung verdünnt man mit ca. 2 ml dest. Wasser, säuert mit verd. Salzsäure *(intensiv schütteln!)* an und versetzt anschließend mit einigen Tropfen Bariumchloridlösung $BaCl_2$. Es bildet sich ein weißer, feinkristalliner Niederschlag von $BaSO_4$.

• **Nitratnachweis (NO$_3^-$) mit Lunges Reagenz.** Lunges Reagenz ist eigentlich ein Nachweismittel für *Nitrit* (NO$_2^-$). Reduziert man jedoch eingesetztes Nitrat zum Nitrit, z.B. mit Zn-Staub/Säure, so kann dieses Reagenz auch sehr spezifisch (!) für den Nachweis von NO$_3^-$ eingesetzt werden.

Auf zwei übereinandergelegte Rundfilter werden nacheinander folgende Chemikalien aufgebracht: 1 Spatelspitze Zn-Staub, 3 Tropfen Kaliumnitratlösung, 2 Tropfen Sulfanilsäure und 2 Tropfen α–Naphthylamin. Eine augenblicklich auftretende Rotfärbung (Azofarbstoff) zeigt Nitrat an.

• **Phosphatnachweis (PO$_4^{3-}$) mit Ammoniummolybdatlösung.** Ammoniummolybdatlösung fällt aus einer phosphathaltigen salpetersauren Probelösung das gelbe Ammoniumsalz der Dodecamolybdatophosphorsäure H$_3$[PMo$_{12}$O$_{40}$].
Auf 12 Atome Mo entfällt nur 1 Atom P ($\Rightarrow$ Überschuss an Reagenzlösung verwenden!).

$$HPO_4^{2-} + 23\,H^+ + 3\,NH_4^+ + 12\,MoO_4^{2-} \rightarrow (NH_4)_3[PMo_{12}O_{40}] \downarrow + 12\,H_2O$$

Zu einigen Tropfen der mit verdünnter Salpetersäure angesäuerten Phosphatlösung gibt man 1 ml Ammoniummolybdatlösung und anschließend konz. Salpetersäure. Allmählich fällt ein feinkristalliner charakteristischer gelber Niederschlag aus, unter Umständen erst nach leichtem Erwärmen. *Eine lediglich gelbe Lösung stellt noch keinen Nachweis dar!*

• **Sulfidnachweis (S^{2-}) mit Bleiacetatpapier (CH$_3$COO)$_2$Pb.** Säuren bilden mit Sulfiden intensiv nach faulen Eiern riechenden, giftigen Schwefelwasserstoff H$_2$S (Geruchsprobe), der durch Braun- bis Schwarzfärbung eines feuchten, mit Bleiacetatlösung getränkten Indikatorpapiers identifiziert werden kann.

$$S^{2-} + 2\,H^+ \rightarrow H_2S \uparrow$$

$$H_2S + (CH_3COO)_2Pb \rightarrow PbS \downarrow + 2\,CH_3COOH$$
$$\text{braun-schwarzer}$$
$$\text{Niederschlag}$$

Ein Tropfen einer Natriumsulfidlösung Na$_2$S wird mit wenigen Tropfen verdünnter Salzsäure angesäuert. Anschließend wird rasch ein angefeuchteter Streifen Bleiacetat-Papier in das Reagenzglas geschoben und gegebenenfalls schwach erwärmt. Eine braune bis schwarze Färbung zeigt die Anwesenheit von Sulfid an.

• **Acetatnachweis (CH$_3$COO$^-$).** Beim Verreiben eines Acetats (Salz der Essigsäure) mit Kaliumhydrogensulfat KHSO$_4$ entsteht freie Essigsäure, die am typisch stechenden Geruch erkennbar ist.

$$CH_3COONa + KHSO_4 \rightarrow NaKSO_4 + CH_3COOH$$

Ein Spatel Natriumacetat wird mit etwa der gleichen Menge an Kaliumhydrogensulfat in einem Mörser intensiv miteinander verrieben. Es tritt der typisch säuerliche Geruch nach Essigsäure auf.

Anstelle der bei den jeweiligen Nachweisen eingesetzten Probesubstanz ist im Rahmen der qualitativen Analyse die Analysensubstanz zu verwenden.

Literatur

Bau- und Werkstoffkunde

[1] Scholz, W.: Baustoffkenntnis. 17. Aufl., Düsseldorf: Werner-Verlag 2011.
[2] Wendehorst Baustoffkunde, Hrsg. Neroth, H., Vollenschaar, D.: 27. vollst. überarb. Aufl., Vieweg+Teubner, 2011.

Bau- und Baustoffchemie

[3] Henning, O.; Knöfel, D., Stephan, D.: Baustoffchemie. 7. Aufl., Berlin - Wien - Zürich: Beuth Verlag GmbH 2014.
[4] Knoblauch, H., Schneider, U.: Bauchemie. 7. Aufl., Düsseldorf: Werner-Verlag 2013.
[5] Karsten, R.: Bauchemie. 11. Aufl., Karlsruhe: Verlag C.F.Müller 2003.
[6] Benedix, R.: Bauchemie - Einführung in die Chemie für Bauingenieure und Architekten. 6. Aufl., Wiesbaden: Springer Vieweg 2015.

Allgemeine, anorganische und physikalische Chemie

[7] P. Kurzweil, P. Scheipers: Chemie Grundlagen, Aufbauwissen, Anwendungen und Experimente, Vieweg + Teubner, 9. Auflage 2012.
[8] Mortimer, C.E., Müller, U., Beck: Chemie - Das Basiswissen der Chemie, 11. Aufl., Stuttgart: Thieme Verlag 2014.
[9] Hoinkis, J., Lindner, E.: Chemie für Ingenieure, 13. Aufl., WILEY-VCH, 2007.

Organische Stoffe im Bauwesen, Holz und Holzschutz

[10] Beyer, H.; Walter, W., Francke, W.: Lehrbuch der Organischen Chemie. 24. Aufl., Stuttgart: S. Hirzel Verlag 2004.
[11] Hart, H., Craine, L.E., Hart, J.: Organische Chemie. 3. Aufl., Weinheim: WILEY-VCH 2007.
[12] Saechtling, H.(Hrsg.): Kunststoff-Taschenbuch. 30. Aufl., München: Carl Hanser Verlag 2007.
[13] Ettel, W.-P.: Kunstharze und Kunststoffdispersionen für Mörtel und Betone, 1. Aufl., Beton-Verlag GmbH 1997.
[14] Gieler, R.P.; Dimmig-Osburg, A.: Kunststoffe für den Bautenschutz und die Betoninstandsetzung, 1.Aufl., Basel-Boston-Berlin: Birkhäuser Verlag 2006.
[15] Fonds der Chemischen Industrie im Verband der Chemischen Industrie e.V., Informationsserie 27: Kleben / Klebstoffe, Frankfurt/Main 2001.

Umweltchemische und ökologische Probleme

[16] Bliefert, C.: Umweltchemie. 3. Aufl., Weinheim: WILEY-VCH 2010.
[17] Heintz, A.; Reinhardt, G.A.: Chemie und Umwelt. 4. Aufl., Braunschweig-Wiesbaden: Vieweg 2000.

Anorganische Bindemittel, Mörtel und Beton, Bauschäden und Bautenschutz

[18] Bogue, R.H.: The Chemistry of Portland Cement. New York: Reinhold Publishing Corp. 1947.
[19] a) Taylor, H.F.: Cement Chemistry, 2. Ed., London: Thomas Telford Ltd. 1997.;

      b) Older, I.: Setting and Hardening of Portland Cement, In: Lea´s Chemistry of Cement and Concrete, Editor: Hewlett, P.C., Arnold, Londen 1998, p. 30-50.

[20] Richartz, W., Locher, F.W.; Zement-Kalk-Gips, **18** (1965) 449.

[21] Locher, F.W., Richartz, W., Sprung, S.; Zement-Kalk-Gips, **29** (1976) 435 und **33** (1980) 271.

[22] Locher, F.W.: Zement: Grundlagen der Herstellung und Verwendung, Verlag Bau und Technik, Düsseldorf 2000.

[23] Zement-Taschenbuch 51. Aufl., Verein Deutsche Zementwerke e.V., Verlag Bau und Technik 2008.

[24] a) Stark, J., Wicht, B.: Anorganische Bindemittel. Schriften der Bauhaus-Universität Weimar, Universitätsverlag 1998. b) Stark, J., Wicht, B.: Dauerhaftigkeit von Beton, 2. Auflage, Springer Vieweg 2013.

[25] Stark, J., Möser, B., Bellmann, F.: Hydratation von Portlandzement, Lehrbrief des F. A. Finger-Instituts der Bauhaus-Universität Weimar, 2004.

[26] Stark, J.: Alkali-Kieselsäure-Reaktion, Schriftenreihe des F. A. Finger-Instituts für Baustoffkunde, Nr. 3, Weimar 2008.

[27] Stark, J., Bellmann, F., Nobst, P., Wicht, B.: Sulfatangriff auf Beton, Schriftenreihe des F. A. Finger-Instituts für Baustoffkunde, Nr. 5, Weimar 2010.

[28] a) Plank, J., Stephan, D., Hirsch, Chr.: Bauchemie, In: Winnacker / Küchler: Chemische Technik-Prozesse und Produkte, Band 7, 5. Aufl., S. 1-168, Weinheim: WILEY-VCH 2004;
      b) Plank, J. u. Mitarb.: Neues zur Wechselwirkung von Zementen und Fließmitteln, 16. ibausil, Bauhaus-Universität Weimar 2006, Tagungsband 1, p. 579-598 und dort zitierte Literatur.

[29] Plank, J.: Bauchemie, in Handbuch für Bauingenieure (K. Zilch, C. J. Diederichs und R. Katzenbach), 2. Aufl., Springer 2012, S. 158-205 und dort zit. Lit.

[30] Plank, J., Sakai, E., Miao, C. W., Yu, C. and Hong, J. X.: Chemical admixtures - Chemistry, applications and their impact on concrete microstructure and durability, Cement and Concrete Research, **78** (2015) 81-99.

[31] Tänzer, R., Stephan, D.: Intelligenter Einsatz von Sekundärrohstoffen, GDCH: HighChem hautnah, Aktuelles aus der Bauchemie, S. 39.

[32] Ludwig, H.-M.: Trends bei der Entwicklung von CO_2-reduzierten Zementen für nachhaltigen Beton, GDCh-Monografie, Bd. 44, S. 19-27, Frankfurt/Main, 2011.

[33] Gips-Datenbuch, Bundesvorstand der Gipsindustrie e.V., 2013.

[34] Brill, H. (Hrsg.): Mikrobielle Materialzerstörung und Materialschutz, Jena-Stuttgart: Gustav-Fischer-Verlag 1995.

[35] Dinh, H.T., Klüver, J. et al.: Iron corrosion by novel anaerobic microorganisms, Nature 427 (2004) 829.

[36] Beech, Iwona B.: "Sulfate-reducing bacteria in biofilms on metallic materials and corrosion." Microbiology today **30** (2003) 115-117.

[37] a) www.schwefelwasserstoff.de; b) Brill, H. (Hrsg.): Mikrobielle Materialzerstörung und Materialschutz, Jena-Stuttgart: Gustav-Fischer-Verlag 1995.

[38] Weber, H. u.a.: Fassadenschutz und Bausanierung. 5. Aufl., Renningen: expert-Verlag 1993.

[39] Ettel, W.-P.: Kunstharze und Kunststoffdispersionen für Mörtel und Betone, 1. Aufl., Beton-Verlag GmbH 1997.

Anhang

Anhang 1: Elemente, Symbole, Ordnungszahlen (OZ) und relative Atommassen (A$_r$)

Element	Symbol	OZ	A$_r$	Element	Symbol	OZ	A$_r$
Actinium	Ac	89	227,0278	Kohlenstoff	C	6	12,0112
Aluminium	Al	13	26,9815	Krypton	Kr	36	83,80
Americium	Am	95	(241)	Kupfer	Cu	29	63,546
Antimon	Sb	51	121,76	Lanthan	La	57	138, 9055
Argon	Ar	18	39,948	Lawrencium	Lr	103	(262)
Arsen	As	33	79,922	Lithium	Li	3	6,941
Astat	At	85	210	Lutetium	Lu	71	174,967
Barium	Ba	56	137,327	Magnesium	Mg	12	24,305
Berkelium	Bk	97	(249)	Mangan	Mn	25	54,9381
Beryllium	Be	4	9,0122	Mendelevium	Md	101	(260)
Bismut	Bi	83	208,9804	Meitnerium	Mt	109	(268)
Blei	Pb	82	207,19	Molybdän	Mo	42	95,94
Bohrium	Bh	107	(264)	Natrium	Na	11	22,9898
Bor	B	5	10,811	Neodym	Nd	60	144,24
Brom	Br	35	79,904	Neon	Ne	10	20,1797
Cadmium	Cd	48	112,411	Neptunium	Np	93	(237)
Cäsium	Cs	55	132,9054	Nickel	Ni	28	58,6934
Calcium	Ca	20	40,078	Niob	Nb	41	92,9064
Californium	Cf	98	(252)	Nobelium	No	102	(259)
Cer	Ce	58	140,115	Osmium	Os	76	190,23
Chlor	Cl	17	35,4527	Palladium	Pd	46	106,42
Chrom	Cr	24	51,9961	Phosphor	P	15	30,9738
Cobalt	Co	27	58,9332	Platin	Pt	78	195,08
Copernicium	Cn	112	(277)	Plutonium	Pu	94	(239)
Curium	Cm	96	(244)	Polonium	Po	84	209
Darmstadtium	Ds	110	(271)	Praseodym	Pr	59	140,9077
Dubnium	Db	105	(262)	Proactinium	Pa	91	231,0359
Dysprosium	Dy	66	162,50	Promethium	Pm	61	(145)
Einsteinium	Es	99	(252)	Quecksilber	Hg	80	200,59
Eisen	Fe	26	55,847	Radium	Ra	88	226,0254
Erbium	Er	68	167,26	Radon	Rn	86	222
Europium	Eu	63	151,965	Rhenium	Re	75	186,207
Fermium	Fm	100	(257)	Rhodium	Rh	45	102,9055
Fluor	F	9	18,9984	Roentgenium	Rg	111	(272)
Francium	Fr	87	223	Rubidium	Rb	37	85,4678
Gadolinium	Gd	64	157,25	Ruthenium	Ru	44	101,07
Gallium	Ga	31	69,723	Rutherfordium	Rf	104	(261)
Germanium	Ge	32	72,61	Samarium	Sm	62	150,36
Gold	Au	79	196,9665	Sauerstoff	O	8	15,9994
Hafnium	Hf	72	178,49	Scandium	Sc	21	44,9559
Hassium	Hs	108	(269)	Schwefel	S	16	32,066
Helium	He	2	4,0026	Seaborgium	Sg	106	(266)
Holmium	Ho	67	164,9303	Selen	Se	34	78,96
Indium	In	49	114,818	Silber	Ag	47	107,8682
Iod	I	53	126,9045	Silicium	Si	14	28,0855
Iridium	Ir	77	192,217	Stickstoff	N	7	14,0067
Kalium	K	19	39,0983	Strontium	Sr	8	87,62

Element	Symbol	OZ	A_r
Tantal	**Ta**	73	180,9479
Technetium	**Tc**	43	(99)
Tellur	**Te**	52	127,60
Terbium	**Tb**	65	158,925
Thallium	**Tl**	81	204,383
Thorium	**Th**	90	232,0381
Thulium	**Tm**	69	168,9342
Titan	**Ti**	22	47,88
Uran	**U**	92	238,0289

Element	Symbol	OZ	A_r
Vanadium	**V**	23	50,9415
Wasserstoff	**H**	1	1,00794
Wolfram	**W**	74	183,84
Xenon	**Xe**	54	131,29
Ytterbium	**Yb**	70	173,04
Yttrium	**Y**	39	88,9059
Zink	**Zn**	30	65,39
Zinn	**Sn**	50	118,710
Zirkonium	**Zr**	40	91,224

Anhang 2: Relative Molekülmassen bauchemisch wichtiger Verbindungen

Formel	M_r
Al_2O_3	102,0
$AlCl_3$	133,3
$Al_2(SO_4)_3$	342,2
CaO	56,1
$Ca(OH)_2$	74,1
$CaCO_3$	100,1
$CaCl_2$	111,0
$CaSO_4$	136,2
$CaSO_4 \cdot 1/2\ H_2O$	145,2
$CaSO_4 \cdot 2\ H_2O$	172,2
$Ca(NO_3)_2 \cdot 4\ H_2O$	236,1
CO_2	44,0
CO	28,0
Fe_2O_3	159,7
H_2O	18,0
HCl	36,5
H_2SO_4	98,1
HNO_3	63,0
H_3PO_4	98,0
H_4SiO_4	96,1
H_2SiO_3	78,1
K_2O	94,2
KOH	56,1
K_2CO_3	138,2
KCl	74,6
K_2SO_4	174,3
K_4SiO_4	248,5
K_2SiO_3	154,3

Formel	M_r
MgO	40,3
$Mg(OH)_2$	58,3
$MgCO_3$	84,3
$MgSO_4$	120,4
$Mg[SiF_6]$	166,4
Na_2O	62,0
$NaOH$	40,0
Na_2CO_3	106,0
$Na_2CO_3 \cdot 10\ H_2O$	286,0
$NaCl$	58,5
Na_2SO_4	142,0
Na_4SiO_4	184,1
Na_2SiO_3	122,1
NH_3	17,0
NH_4Cl	53,5
SO_2	64,1
SO_3	80,1
SiO_2	60,1
C_3A	270,3
C_2S	172,3
C_3S	228,4
C_4AF	486,1
C_4AH_{13}	560,4
$C_3S_2H_3$	342,5
$C_5S_6H_5$	731,1
Trisulfat	1254,6

Anhang 3: Stärke von Säuren und ihren korrespondierenden Basen (22°C)

pK_S	Säure	$\rightleftharpoons$	Proton	+	Base	pK_B
~ -10	$HClO_4$	$\rightleftharpoons$	H^+	+	ClO_4^-	~ 24
~ -10	HI	$\rightleftharpoons$	H^+	+	I^-	~ 24
~ -9	HBr	$\rightleftharpoons$	H^+	+	Br^-	~ 23
~ -6	HCl	$\rightleftharpoons$	H^+	+	Cl^-	~ 20
~ -3	H_2SO_4	$\rightleftharpoons$	H^+	+	HSO_4^-	~ 17
-1,74	**H_3O^+**	$\rightleftharpoons$	**H^+**	**+**	**H_2O**	**15,74**
-1,32	HNO_3	$\rightleftharpoons$	H^+	+	NO_3^-	15,32
1,81	H_2SO_3	$\rightleftharpoons$	H^+	+	HSO_3^-	12,19
1,92	HSO_4^-	$\rightleftharpoons$	H^+	+	SO_4^{2-}	12,08
2,12	H_3PO_4	$\rightleftharpoons$	H^+	+	$H_2PO_4^-$	11,88
2,22	$[Fe(H_2O)_6]^{3+}$	$\rightleftharpoons$	H^+	+	$[Fe(H_2O)_5OH]^{2+}$	11,78
3,14	HF		H^+	+	F^-	10,86
3,35	HNO_2	$\rightleftharpoons$	H^+	+	NO_2^-	10,65
4,75	CH_3COOH	$\rightleftharpoons$	H^+	+	CH_3COO^-	9,25
6,35	H_2CO_3 ($CO_2 + H_2O$)	$\rightleftharpoons$	H^+	+	HCO_3^-	7,65
6,92	H_2S	$\rightleftharpoons$	H^+	+	HS^-	7,08
7,20	$H_2PO_4^-$	$\rightleftharpoons$	H^+	+	HPO_4^{2-}	6,80
9,25	NH_4^+	$\rightleftharpoons$	H^+	+	NH_3	4,75
9,40	HCN	$\rightleftharpoons$	H^+	+	CN^-	4,60
9,51	H_4SiO_4	$\rightleftharpoons$	H^+	+	$H_3SiO_4^-$	4,49
10,40	HCO_3^-	$\rightleftharpoons$	H^+	+	CO_3^{2-}	3,60
11,74	$H_3SiO_4^-$	$\rightleftharpoons$	H^+	+	$H_2SiO_4^{2-}$	2,26
12,36	HPO_4^{2-}	$\rightleftharpoons$	H^+	+	PO_4^{3-}	1,64
12,90	HS^-	$\rightleftharpoons$	H^+	+	S^{2-}	1,10
15,74	**H_2O**	$\rightleftharpoons$	**H^+**	**+**	**OH^-**	**-1,74**
~16	C_2H_5OH	$\rightleftharpoons$	H^+	+	$C_2H_5O^-$	~ -2
~23	NH_3	$\rightleftharpoons$	H^+	+	NH_2^-	~ -9
~24	OH^-	$\rightleftharpoons$	H^+	+	O^{2-}	~ -10

**Anhang 4: Elektrochemische Spannungsreihe mit den Standardpotentialen E° aus-
gewählter Redoxpaare**

Reduzierte Form	$\rightleftharpoons$	Oxidierte Form	+ z e⁻	E° (in V)
Li	$\rightleftharpoons$	Li^+	+ e^-	-3,04
K	$\rightleftharpoons$	K^+	+ e^-	-2,92
Ca	$\rightleftharpoons$	Ca^{2+}	+ 2 e^-	-2,87
Na	$\rightleftharpoons$	Na^+	+ e^-	-2,71
Mg	$\rightleftharpoons$	Mg^{2+}	+ 2 e^-	-2,36
Al	$\rightleftharpoons$	Al^{3+}	+ 3 e^-	-1,66
Mn	$\rightleftharpoons$	Mn^{2+}	+ 2 e^-	-1,18
Zn	$\rightleftharpoons$	Zn^{2+}	+ 2 e^-	-0,76
Cr	$\rightleftharpoons$	Cr^{3+}	+ 3 e^-	-0,74
Fe	$\rightleftharpoons$	Fe^{2+}	+ 2 e^-	-0,44
Co	$\rightleftharpoons$	Co^{2+}	+ 2 e^-	-0,28
Ni	$\rightleftharpoons$	Ni^{2+}	+ 2 e^-	-0,23
Sn	$\rightleftharpoons$	Sn^{2+}	+ 2 e^-	-0,14
Pb	$\rightleftharpoons$	Pb^{2+}	+ 2 e^-	-0,13
$H_2 + 2\,H_2O$	$\rightleftharpoons$	$2\,H_3O^+$	+ 2 e^-	0
Cu	$\rightleftharpoons$	Cu^{2+}	+ 2 e^-	+0,34
$2\,I^-$	$\rightleftharpoons$	I_2	+ 2 e^-	+0,54
$H_2O_2 + 2\,H_2O$	$\rightleftharpoons$	$O_2 + 2\,H_3O^+$	+ 2 e^-	+0,68
Fe^{2+}	$\rightleftharpoons$	Fe^{3+}	+ e^-	+0,77
Ag	$\rightleftharpoons$	Ag^+	+ e^-	+0,80
Hg	$\rightleftharpoons$	Hg^{2+}	+ 2 e^-	+0,85
$NO + 6\,H_2O$	$\rightleftharpoons$	$NO_3^- + 4\,H_3O^+$	+ 3 e^-	+0,96
$2\,Br^-$	$\rightleftharpoons$	Br_2	+ 2 e^-	+1,07
Pt	$\rightleftharpoons$	Pt^{2+}	+ 2 e^-	+1,19
$6\,H_2O$	$\rightleftharpoons$	$O_2 + 4\,H_3O^+$	+ 4 e^-	+1,23
$2\,Cr^{3+} + 21\,H_2O$	$\rightleftharpoons$	$Cr_2O_7^{2-} + 14\,H_3O^+$	+ 6 e^-	+1,33
$2\,Cl^-$	$\rightleftharpoons$	Cl_2	+ 2 e^-	+1,36
Au	$\rightleftharpoons$	Au^{3+}	+ 3 e^-	+1,50
$Mn^{2+} + 12\,H_2O$	$\rightleftharpoons$	$MnO_4^- + 8\,H_3O^+$	+ 5 e^-	+1,51
Au	$\rightleftharpoons$	Au^+	+ e^-	+1,69
$4\,H_2O$	$\rightleftharpoons$	$H_2O_2 + 2\,H_3O^+$	+ 2 e^-	+1,76
$2\,F^-$	$\rightleftharpoons$	F_2	+ 2 e^-	+2,87

Anhang 5: Löslichkeiten einiger Salze (20°C)

Verbindung	Formel	Löslichkeit (g/100g H_2O)
Aluminiumchlorid-Hexahydrat	$AlCl_3 \cdot 6\ H_2O$	45,6
Aluminiumnitrat-Nonahydrat	$Al(NO_3)_3 \cdot 9\ H_2O$	75,4
Aluminiumsulfat-18-Hydrat	$Al_2(SO_4)_3 \cdot 18\ H_2O$	36,4
Ammoniumchlorid	NH_4Cl	37,6
Ammoniumnitrat	NH_4NO_3	187,7
Ammoniumsulfat	$(NH_4)_2SO_4$	75,4
Bleichlorid	$PbCl_2$	1
Bleinitrat	$Pb(NO_3)_2$	52,2
Bleisulfat	$PbSO_4$	$4,1 \cdot 10^{-3}$
Calciumcarbonat	$CaCO_3$	$1,4 \cdot 10^{-3}$
Calciumchlorid	$CaCl_2$	83
Calciumchlorid-Dihydrat	$CaCl_2 \cdot 2\ H_2O$	128,1 (40°C)
Calciumchlorid-Hexahydrat	$CaCl_2 \cdot 6\ H_2O$	74,5
Calciumsulfat-Dihydrat	$CaSO_4 \cdot 2\ H_2O$	0,204
Eisen(III)-chlorid-Hexahydrat	$FeCl_3 \cdot 6\ H_2O$	91,9
Eisen(II)-chlorid-Tetrahydrat	$FeCl_2 \cdot 4\ H_2O$	62,4
Eisen(II)-sulfat-Heptahydrat	$FeSO_4 \cdot 7\ H_2O$	26,6
Kaliumcarbonat	K_2CO_3	112,3
Kaliumchlorid	KCl	34,2
Kaliumdichromat	$K_2Cr_2O_7$	12,5
Kaliumhydrogensulfat	$KHSO_4$	51,4
Kaliumnitrat	KNO_3	31,7
Kaliumpermanganat	$KMnO_4$	6,4
Kaliumsulfat	K_2SO_4	11,1
Kupferchlorid-Dihydrat	$CuCl_2 \cdot 2\ H_2O$	77,0
Kupfersulfat-Pentahydrat	$CuSO_4 \cdot 5\ H_2O$	20,8
Magnesiumchlorid	$MgCl_2$	55,5
Magnesiumchlorid-Hexahydrat	$MgCl_2 \cdot 6\ H_2O$	54,6
Magnesiumsulfat-Heptahydrat	$MgSO_4 \cdot 7\ H_2O$	35,6
Natriumcarbonat	Na_2CO_3	29,4
Natriumcarbonat-Decahydrat	$Na_2CO_3 \cdot 10\ H_2O$	21,7
Natriumchlorid	$NaCl$	35,8
Natriumnitrat	$NaNO_3$	88,3
Natriumsulfat	Na_2SO_4	19,2
Natriumsulfat-Decahydrat	$Na_2SO_4 \cdot 10\ H_2O$	28,0 (25°C)

Anhang 6: Periodensystem der Elemente

PERIODENSYSTEM DER ELEMENTE

Legende:
- relative Atommasse
- Ordnungszahl
- Elektronegativität nach Pauling

Beispiel: 58,693 — Ni — 28 — 1,8

Ordnungszahl	Symbol	relative Atommasse	Elektronegativität	Gruppe
1	H	1,0079	2,1	I A
2	He	4,0026		VIII A
3	Li	6,941	1,0	I A
4	Be	9,0122	1,5	II A
5	B	10,811	2,0	III A
6	C	12,011	2,5	IV A
7	N	14,007	3,0	V A
8	O	15,999	3,5	VI A
9	F	18,998	4,0	VII A
10	Ne	20,18		VIII A
11	Na	22,99	0,9	I A
12	Mg	24,305	1,2	II A
13	Al	26,982	1,5	III A
14	Si	28,086	1,8	IV A
15	P	30,974	2,1	V A
16	S	32,066	2,5	VI A
17	Cl	35,453	3,0	VII A
18	Ar	39,948		VIII A
19	K	39,098	0,8	I A
20	Ca	40,08	1,0	II A
21	Sc	44,956	1,3	III B
22	Ti	47,88	1,5	IV B
23	V	50,942	1,6	V B
24	Cr	51,996	1,6	VI B
25	Mn	54,938	1,5	VII B
26	Fe	55,847	1,8	VIII B
27	Co	58,933	1,8	VIII B
28	Ni	58,693	1,8	VIII B
29	Cu	63,546	1,9	I B
30	Zn	65,39	1,6	II B
31	Ga	69,723	1,6	III A
32	Ge	72,61	1,8	IV A
33	As	74,922	2,0	V A
34	Se	78,96	2,4	VI A
35	Br	79,904	2,8	VII A
36	Kr	83,8		VIII A
37	Rb	85,468	0,8	I A
38	Sr	87,62	1,0	II A
39	Y	88,906	1,3	III B
40	Zr	91,224	1,4	IV B
41	Nb	92,906	1,6	V B
42	Mo	95,94	1,8	VI B
43	Tc	(98)	1,9	VII B
44	Ru	101,07	2,2	VIII B
45	Rh	102,91	2,2	VIII B
46	Pd	106,42	2,2	VIII B
47	Ag	107,87	1,9	I B
48	Cd	112,41	1,7	II B
49	In	114,82	1,7	III A
50	Sn	118,71	1,8	IV A
51	Sb	121,76	1,9	V A
52	Te	127,6	2,1	VI A
53	I	126,9	2,5	VII A
54	Xe	131,3		VIII A
55	Cs	132,91	0,7	I A
56	Ba	137,33	0,9	II A
57	La	138,91	1,1	III B
58	Ce	140,12	1,1	
59	Pr	140,91	1,1	
60	Nd	144,24	1,1	
61	Pm	(145)	1,2	
62	Sm	150,36	1,2	
63	Eu	151,96	1,2	
64	Gd	157,25	1,1	
65	Tb	158,93	1,2	
66	Dy	162,5	1,2	
67	Ho	164,93	1,2	
68	Er	167,26	1,2	
69	Tm	168,93	1,2	
70	Yb	173,04	1,1	
71	Lu	174,97	1,2	
72	Hf	178,49	1,3	IV B
73	Ta	180,95	1,5	V B
74	W	183,84	1,7	VI B
75	Re	186,21	1,9	VII B
76	Os	190,23	2,2	VIII B
77	Ir	192,22	2,2	VIII B
78	Pt	195,08	2,2	VIII B
79	Au	196,97	2,4	I B
80	Hg	200,59	1,9	II B
81	Tl	204,38	1,8	III A
82	Pb	207,2	1,8	IV A
83	Bi	208,98	1,9	V A
84	Po	(209)	2,0	VI A
85	At	(210)	2,2	VII A
86	Rn	(222)		VIII A
87	Fr	(223)	0,7	I A
88	Ra	(226)	0,9	II A
89	Ac	(227)	1,1	III B
90	Th	232,04	1,3	
91	Pa	231,04	1,5	
92	U	238,03	1,7	
93	Np	(237)	1,3	
94	Pu	(244)	1,3	
95	Am	(243)	1,3	
96	Cm	(247)	1,3	
97	Bk	(247)	1,3	
98	Cf	(251)	1,3	
99	Es	(252)	1,3	
100	Fm	(257)	1,3	
101	Md	(258)	1,3	
102	No	(259)	1,3	
103	Lr	(262)		
104	Ku	(261)		IV B
105	Db	(262)		V B
106	Sg	(266)		VI B
107	Bh	(264)		VII B
108	Hs	(269)		VIII B
109	Mt	(268)		VIII B
110	Ds	(271)		VIII B
111	Rg	(272)		I B
112	Uub			II B

Sachwortverzeichnis